太湖流域水文特性变化及设计洪水与径流研究

孟庆宇　林荷娟　刘　敏◎主编

·南京·

内容简介

本书针对太湖流域水旱灾害防御、水资源管理等方面的技术难题和业务需求，调查整理了太湖流域典型暴雨洪水资料，系统分析了近年来太湖流域水文要素的演变规律以及土地利用变化情况，并对设计暴雨、设计洪水、设计径流等成果进行了分析；以数据驱动和物理机制相结合的研究思路，采用数理统计和模型仿真等手段，结合实践经验，对太湖流域典型区域开展了降雨及下垫面、圩区工程等人类活动对太湖流域洪水和径流的影响研究。

本书可供从事太湖流域研究的工程技术及研究人员使用，亦可供相关专业的大专院校师生参考。

图书在版编目(CIP)数据

太湖流域水文特性变化及设计洪水与径流研究 / 孟庆宇，林荷娟，刘敏主编. -- 南京 : 河海大学出版社，2023.11

ISBN 978-7-5630-8234-6

Ⅰ. ①太… Ⅱ. ①孟… ②林… ③刘… Ⅲ. ①太湖—流域—水文情势—研究②太湖—流域—暴雨洪水—研究 Ⅳ. ①P344.253②P426.616③P333.2

中国国家版本馆 CIP 数据核字(2023)第 090835 号

书　　名 太湖流域水文特性变化及设计洪水与径流研究
书　　号 ISBN 978-7-5630-8234-6
责任编辑 张　媛
特约校对 任宇初
封面设计 徐娟娟
出版发行 河海大学出版社
地　　址 南京市西康路 1 号(邮编:210098)
网　　址 http://www.hhup.cm
电　　话 (025)83737852(总编室)
(025)83722833(营销部)
经　　销 江苏省新华发行集团有限公司
排　　版 南京布克文化发展有限公司
印　　刷 江苏凤凰数码印务有限公司
开　　本 787 毫米×1092 毫米　1/16
印　　张 20
字　　数 480 千字
版　　次 2023 年 11 月第 1 版
印　　次 2023 年 11 月第 1 次印刷
定　　价 87.00 元

编委会名单

主编

孟庆宇　林荷娟　刘　敏

主要编写人员

第 1 章：徐卫东

第 2 章：吴　娟　王凯燕　季海萍

第 3 章：刘　敏　徐卫东　吴　娟

第 4 章：林荷娟　吴　娟　甘月云

第 5 章：林荷娟　刘　敏　甘月云　徐卫东

第 6 章：刘　敏　甘月云

第 7 章：林荷娟　刘　敏　徐卫东　季海萍

第 8 章：孟庆宇

参与人员

胡　艳　金　科　姜桂花　王雪姣

姜悦美　房振南　薛　涛　钱傲然

左一鸣　季同德　武　剑　秦　红

前言

太湖流域位于长江三角洲核心区域，地跨江苏、浙江、上海和安徽三省一市，是我国人口最集中、经济最发达、城镇化程度最高的地区。随着流域经济社会快速发展，城市化进程不断加快，人类活动频繁，流域下垫面发生了显著变化，使得暴雨洪水的产汇流特性发生改变，圩外河网防洪压力大大增加，稍有降雨地区河网水位即超警，严重影响太湖洪水下泄，流域与区域防洪矛盾突出。2007 年无锡城市大包围建成后，大运河水位较以前有明显抬高趋势，2015 年梅汛期，无锡大运河最高水位更是刷新了历史记录(原历史最高水位发生在 1991 年大洪水期间)。流域下垫面变化、频繁的人类活动对流域洪水特性及设计洪水(设计径流)产生的影响已不容忽视，须加以分析研究。

太湖流域属平原河网地区，河网密布、水流流向往复不定，无流域出口控制断面，太湖流域设计洪水(设计径流)一般根据设计暴雨(设计降雨)采用流域产汇流模型间接推求。因此，设计暴雨(设计降雨)成果将直接影响流域防洪规划、水资源综合规划、工程设计、风险图编制等多项工作，其可靠性关系到流域的防洪安全和水资源管理，是一项十分重要的基础工作。20 世纪 80 年代以来，太湖流域管理局先后组织编制了《太湖流域综合治理总体规划方案》《太湖流域防洪规划》《太湖流域水资源综合规划》《太湖流域综合规划》等，对流域设计暴雨(设计降雨)、设计洪水(设计径流)等做过多次分析。1999 年太湖流域管理局组织开展了太湖流域防洪规划编制，太湖流域设计暴雨及产流计算是太湖流域防洪规划的重要专题之一，当时设计暴雨分析是采用 1928—1937 年、1951—1997 年降雨系列，并考虑 1999 年特大值(其中 1999 年降雨资料为报汛资料)；2000 年太湖流域管理局组织开展了太湖流域水资源综合规划编制，当时设计降雨分析是采用 1956—2000 年降雨系列。设计暴雨、设计降雨成果均通过了专家和流域相关水文部门的审查，一直沿用至今。随着全球气候变化，降水强度和频次均有不同程度的改变，同时太湖流域经济社会快速发展，流域下垫面、雨情、水情和工情等均发生了变化，对太湖流域水文设计成果进行修订是十分必要的。为此，水利部于 2012 年专门立项开展全国七大江河水文设计成果修订，并通过了发改委的审查。

太湖流域水文设计成果修订由太湖流域管理局水文局(信息中心)组织实施，主要在太湖流域防洪规划、水资源综合规划研究成果基础上，将降雨系列延长至 2010 年，分析提出流域水利分区雨量代表站，开展了全流域及各水利分区不同时段设计暴雨和设计降雨频率分析，推求了设计洪水和设计径流，成果于 2021 年通过水利部组织的验收。

本书以“七大江河水文设计成果修订—太湖流域水文设计成果修订”项目研究成果为基础，结合其他相关研究成果编著而成。全书共分 8 章：第 1 章绪论，主要包括研究背景、研究内容和研究思路等；第 2 章太湖流域降水特性变化分析，主要以全流域及典型区域浙西区、杭嘉湖区、武澄锡虞区为研究对象，通过分析降水量特征要素变化，揭示降水要素不同时空尺度的演变规律；第3章太湖流域水位特性变化分析，主要以全流域及典型区域浙西区、杭嘉湖区、武澄锡虞区为研究对象，通过分析太湖及各分区代表站水位特征值变化，揭示水位要素不同时空尺度的演变规律；第4章工程运行对典型区域洪水影响分析，根据太湖流域实际情况，选择人类活动影响较小的山丘区（浙西区）、人类活动影响较大的或相对较大的平原区（武澄锡虞区、杭嘉湖区）作为典型研究区域，分析工程运行等人类活动对典型区域洪水特性的影响；第5章太湖流域设计洪水分析，主要对1951—2015年流域及各分区不同特征时段暴雨进行频率分析，在复核典型洪水年基础上开展设计暴雨过程推求，并利用太湖流域产流模型推求设计洪水；第6章太湖流域设计径流分析，对1951—2015年太湖流域及各水利分区不同时段（全年、4—10月、5—9月、7—8月）的降水量进行频率分析，在复核50%、75%、90%、95%保证率降水典型年的基础上，利用太湖流域产汇流模型，计算逐年径流量；第7章土地利用变化对水文设计成果影响分析，主要开展了土地利用变化调查分析，根据调查分析得到的20世纪80年代、90年代、2000年、2005年、2010年、2015年不同时期流域下垫面资料，利用太湖流域产汇流模型计算3个洪水典型年（1954年、1991年、1999年）的洪量和4个枯水典型年（1990年、1976年、1971年、1967年）的径流量，分析比较下垫面变化对流域洪量和径流量的影响；第8章结论与展望，总结研究成果，提出展望。

本书共计48万字，其中孟庆宇编写0.78万字，林荷娟编写5.10万字，刘敏编写10.26万字，吴娟编写10.01万字，徐卫东编写10.12万字，甘月云编写5.13万字，季海萍编写3.80万字，王凯燕编写2.80万字。全书由林荷娟统稿，林荷娟、刘敏审核，孟庆宇审定。

本书的研究工作得到了水利部太湖流域管理局的大力支持，江苏省水文水资源勘测局、浙江省水文管理中心等单位为本书研究提供了相关资料，陈元芳、徐贵泉、胡余忠、刘曙光、顾圣华等专家为本书提出了宝贵意见。在此向对本书研究和编写给予关心、支持、指导和帮助的所有领导、专家和同行朋友表示衷心感谢。

由于本书内容的广泛性，研究问题的复杂性，加之作者水平有限，书中难免有偏颇、遗漏或不妥之处，敬请广大读者和同行批评指正，以利于后续深入研究。

CONTENTS 目 录

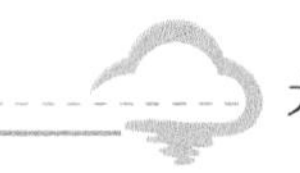

第1章 绪 论

1.1 研究背景与意义

太湖流域地处长江三角洲核心区域，地跨江苏、浙江、上海两省一市和安徽省一部分，是我国经济最发达的地区之一。太湖流域作为我国典型的平原河网地区，特殊的地理位置和地形地貌，使其常受洪、涝、台、潮等自然灾害的侵袭。

太湖流域河道长度达12万km，河网密度达3.3 km/km^2，河网互相连通，受降雨中心及流域外江外海潮汐等影响，水流流向往复不定，与长江相连的数十条河道也是视流域丰枯有引有排，且缺少系统的实测断面流量资料，因此无法完全控制流域外排流量，而流域降雨资料较丰富，太湖流域设计洪水一般是采用设计暴雨并运用太湖流域产汇流模型模拟河网入流过程，间接推求得到。因此，设计暴雨成果将直接影响流域防洪规划、工程设计、洪水风险图编制等工作，其可靠性关系到流域的防洪安全，是一项十分重要的基础性工作。20世纪80年代以来，水利部太湖流域管理局(以下简称“太湖局”)先后组织编制了《太湖流域综合治理总体规划方案》《太湖流域防洪规划》《太湖流域水资源综合规划》《太湖流域综合规划》等，对流域设计暴雨、设计洪水、地表水资源量、降雨典型年径流量等做过多次分析。

1987年原国家计委批复的《太湖流域综合治理总体规划方案》中确定，以1954年5—7月实况洪水作为太湖流域的设计洪水，其最大90 d降水量约相当于50 a一遇，设计洪量为223亿m^3。1991年、1999年，太湖流域相继发生了对流域防洪更为不利的成灾雨型，原流域设计洪水已不能全面反映流域防洪要求。为此，1999年在编制《太湖流域防洪规划》时，又根据1928—1937年、1951—1997年、1999年长系列降雨资料，重新对流域设计暴雨、设计洪水进行了修订，分别对太湖流域及上游区、下游区和七大水利分区各时段最大降水量进行了统计，并进行了频率分析，确定了太湖流域及各分区最大1 d、3 d、7 d、15 d、30 d、45 d、60 d、90 d设计暴雨量。根据设计暴雨量，对1954年、1991年、1999年等典型洪水年份的降雨过程进行同倍比或同频率缩放，在1997年流域下垫面条件下，通过太湖流域产汇流模型计算，得到流域50 a一遇、100 a一遇设计洪水，并对1954年、1991年、1999年三个典型实况洪水进行了复核。2000年，在编制《太湖流域水资源综合规划》时，根据1956—2000年长系列降雨资料，对年降雨量、4—10月降雨量、5—9月降雨量、7—8月降雨量系列进行了频率分析，选取了20%、50%、75%、90%、95%降雨典型年，在2000年太湖流域下垫面条件下，通过太湖流域产汇流模型计算，得到了太湖流域径流量等成果。

近年来，太湖流域又发生了多种典型水情，如2003年遭遇60 a以来严重的干旱，2009

年太湖流域发生流域性洪水，浙西东西苕溪发生了区域性大洪水，2010 年太湖流域发生严重春汛，2015 年太湖流域北部发生超历史洪水。因此，对太湖流域已有设计暴雨洪水等成果进行分析研究是十分必要的。

另外，随着太湖流域经济社会快速发展，城市化进程不断加快，太湖流域下垫面发生了显著变化。流域城镇建设和城市化进程的进一步加快，使得城市、工业、第三产业和基础设施对土地的需求急剧增大，城市面积进一步扩大，城市居民点和交通等基础设施的剧烈变化，改变了当地自然地貌和排水系统，地面硬化导致相同量级的降雨产汇流时间缩短，洪水总量增加，下垫面变化已使暴雨洪水的产汇流特性发生改变。同时，太湖流域人类活动频繁，自 20 世纪中叶开始围湖造地、联圩并圩，圩区标准和排涝模数越来越高，使得圩外河网防洪压力大幅增加。同时，随着流域经济高速发展，流域水污染问题越趋严重，地下水大量开采，致使地面严重沉降，稍有降雨，地区河网水位即超警，严重影响太湖洪水下泄，流域与区域防洪矛盾突出。人类活动改变了流域自然条件，改变了流域产汇流规律，从而影响了流域洪水特性。2007 年无锡城市大包围建成后，大运河水位较以前有明显抬高趋势，2015 年梅汛期，无锡大运河最高水位更是高达 5.18 m，超过 1991 年大洪水期间的历史最高水位。流域下垫面变化、频繁的人类活动对流域洪水特性产生的影响已不容忽视，须加以分析研究。

1.2 太湖流域水文特性变化及设计洪水与径流研究内容

1.2.1 研究目标和范围

分析太湖流域水文要素的变化以及下垫面变化和工程运行等对太湖流域洪水和径流的影响，为新形势下流域防洪、水资源管理、水环境保护等提供必要的技术支撑。

由于太湖流域经济发展程度不同，城市化和人类活动影响程度也不同，本书中人类活动对太湖流域洪水特性影响研究范围分别选取城市化变化最剧烈之一的武澄锡虞区、受人类活动影响最小的山丘区浙西区和介于两者之间的杭嘉湖区；水文要素演变规律及设计暴雨洪水研究范围为整个太湖流域，面积约 3.69 万 km^2，涉及太湖流域七大水利分区（见图 1.1）。

1.2.2 研究内容

1.2.2.1 太湖流域水文特性变化分析

（1）太湖流域降水特性分析

主要以全流域及典型区域浙西区、杭嘉湖区、武澄锡虞区为研究对象，通过分析降水量特征要素，得到太湖流域降水变化情况，揭示降水要素不同时空尺度的演变规律。

拟基于流域长系列逐日降水数据，从汛期降水量以及全年/汛期降水量的年际变化特征，年内各旬月降水量变化特征及集中情况，年内最大连续 1 d、3 d、7 d、15 d 和 30 d 降水量的变化及超定量降水情况等方面，采用 Mann-Kendall 方法、小波分析、累积距平等多种

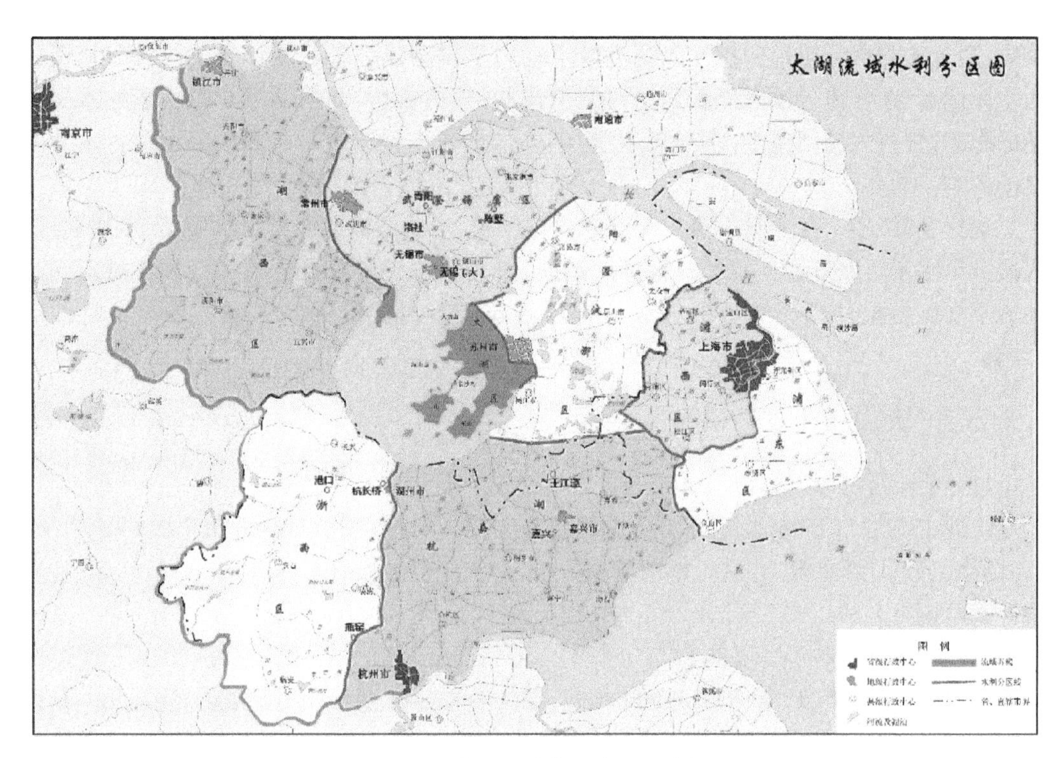

图 1.1 太湖流域水利分区示意图

数理统计方法，从趋势性、周期性及突变性等方面对降水要素的年内聚集特征和年际波动特征进行全面分析，详细分析降水特征要素的演变规律，尤其是引江济太以来（2002—2015 年）降水特征要素的变化情况。

（2）太湖流域水位特性分析

主要以全流域及典型区域浙西区、杭嘉湖区、武澄锡虞区为研究对象，通过分析太湖及各分区代表站水位，得到各分区水位特征值的变化情况，揭示水位要素不同时空尺度的演变规律。其中，浙西区以瓶窑、港口、杭长桥为代表站，杭嘉湖区以嘉兴、王江泾、乌镇为代表站，武澄锡虞区以无锡（二）、青阳、陈墅为代表站。

拟基于重要代表站长系列水位实测资料，从太湖及各分区代表站的年内最高水位、年内最低水位、时段各月平均水位（年平均水位和年内各月平均水位）、超定量水位日数等方面，采用 Mann-Kendall 方法、累积距平等多种方法，从趋势性、周期性及突变性等方面对水位要素的年际、年内变化规律进行全面分析，尤其是引江济太以来（2002—2015 年）水位特征要素的变化情况。

（3）太湖流域典型区域洪水特性影响分析

根据太湖流域实际情况，拟选择人类活动影响较小的山丘区（浙西区）、人类活动影响较大的或相对较大的平原区（武澄锡虞区、杭嘉湖区）作为典型研究区域，分析人类活动对典型区域洪水特性的影响。

选择对太湖流域南部区域浙西区、杭嘉湖区造成较大洪涝的 1999 年梅雨型洪水、2009 年“莫拉克”台风，对浙西区、杭嘉湖区实况水雨情、工程调度、区域进出水量等开展调研，通过实测资料统计分析和太湖流域水动力学模型模拟计算相结合的方法分析浙西区水库调蓄、东导流分洪等工程运用对东苕溪瓶窑、杭长桥、西苕溪港口等代表站水文特性的影响；分析太浦闸泄洪、东导流东泄、南排排水等工程运用对杭嘉湖区水位等水文特性的影响。

选择 2007 年 7 月 4 日等流域北部的典型暴雨，对武澄锡虞区实况水雨情、工程调度、区域进出水量以及圩区现状资料等开展调研，采用实测资料统计分析和太湖流域河网水动力学模型模拟计算相结合的方法分析圩区建设等对武澄锡虞区水位等水文特性的影响。

1.2.2.2 太湖流域设计洪水分析

(1) 设计暴雨成果分析

统计 1951—2015 年太湖流域及各水利分区不同时段(最大 1 d、3 d、7 d、15 d、30 d、45 d、60 d、90 d)降水量，并进行暴雨频率分析，对太湖流域及各分区 50 a 一遇、100 a 一遇设计暴雨进行分析。

(2) 流域设计暴雨过程推求

在原有 1954 年、1991 年、1999 年典型洪水年的基础上，延长降雨系列(2001—2015 年)进行研究分析，确定是否需要补充新的洪水典型年。对选择的洪水典型年，根据修订后的设计暴雨参数，按照同频率(或同倍比)缩放，推求流域 50 a 一遇、100 a 一遇设计暴雨过程。

(3) 设计洪量成果分析

利用太湖流域产汇流模型，在 2015 年下垫面条件下，对修订后的 50 a 一遇、100 a 一遇设计暴雨过程进行产汇流计算，得到太湖流域和各水利分区 50 a 一遇、100 a 一遇最大 30 d、60 d、90 d 洪量。

1.2.2.3 太湖流域设计降水与径流分析

(1) 时段降水量频率分析及枯水典型年选择

对 1951—2015 年太湖流域及各水利分区不同时段(全年、4—10 月、5—9 月、7—8 月)的降水量进行频率分析，选取 50％、75％、90％、95％保证率对应的典型年，对比本书研究延长的降雨系列(2001—2015 年)情况，分析其作为不同保证率降雨典型年的可能性。

(2) 径流量复核分析

利用太湖流域产汇流模型，在 2015 年下垫面条件下，对 1951—2015 年降水量系列进行产汇流计算，得到逐年流域径流量。

1.2.2.4 太湖流域土地利用变化及对洪水和径流的影响分析

(1) 土地利用变化调查分析

利用多源遥感影像和实地调查数据，解译太湖流域 1985 年、1995 年、2000 年、2005 年、2010 年、2015 年 6 个时相土地利用分布数据，按水利分区统计分析 20 世纪 80 年代、

20世纪90年代、2000年、2005年、2010年、2015年太湖流域土地利用情况，土地利用归类方案仍延续流域防洪规划、水资源综合规划阶段采用的四大类型。

(2) 下垫面变化对流域设计洪水和径流影响分析

根据调查分析得到的20世纪80年代、20世纪90年代、2000年、2005年、2010年、2015年不同时期流域下垫面资料，利用太湖流域产汇流模型计算三个洪水典型年(1954年、1991年、1999年)的洪量和四个枯水典型年(1990年、1976年、1971年、1967年)的径流量，分析比较下垫面变化对流域洪量和径流量的影响。

1.3 研究区域概况

1.3.1 自然概况

太湖流域地处长江三角洲的南翼，三面临江滨海，一面环山，北抵长江，东临东海，南滨钱塘江，西以天目山、茅山等山区为界。流域总面积为36 895 km^2，行政区划分属江苏、浙江、上海、安徽三省一市，其中江苏省19 399 km^2，占52.6%；浙江省12 093 km^2，占32.8%；上海市5 178.0 km^2，占14.0%；安徽省225.0 km^2，占0.6%。考虑到流域产流和汇流特征、水系的相对闭合性、流域工程现状和规划状况、传统分区习惯等因素，将太湖流域划分为湖西区、武澄锡虞区、阳澄淀泖区、太湖区、杭嘉湖区、浙西区、浦东浦西区等七大水利分区。

太湖是流域内最重要的调节库容，以太湖为中心，将流域划分为上游区和下游区，将降雨径流大部分汇入太湖的区域看作上游区，包括浙西、湖西、太湖3个分区，总面积16 914 km^2；其他区域为下游区，包括武澄锡虞、阳澄淀泖、杭嘉湖、浦东浦西4个分区，总面积19 981 km^2。考虑到太湖流域已发生的1991年和1999年典型暴雨，其中1991年暴雨中心在湖西区和武澄锡虞区，1999年暴雨中心在南部，为满足推求设计暴雨的空间分布要求，又将太湖流域划分为南部区和北部区。其中，以湖西区及武澄锡虞区为太湖流域北部区域，总面积11 511 km^2；以浙西区、杭嘉湖区、阳澄淀泖区、浦东浦西区及太湖区为流域南部区域，总面积25 384 km^2。

1.3.1.1 地形地貌

太湖流域地形特点为周边高、中间低，西部高、东部低，呈碟状。流域西部为山区，属天目山及茅山山区，中间为平原河网和以太湖为中心的洼地及湖泊，北、东、南三边受长江和杭州湾泥沙堆积影响，地势高亢，形成碟边。地貌分为山地丘陵及平原，西部山丘区面积7 338.0 km^2，约占流域面积的20%，山区高程一般为200.0～500.0 m(镇江吴淞基面，下同)，丘陵高程一般为12.0～32.0 m；中东部广大平原区面积29 557 km^2，分为中部平原区、沿江滨海高亢平原区和太湖湖区，中部平原区高程一般在5.0 m以下，沿江滨海高亢平原地面高程为5.0～12.0 m，太湖湖底平均高程1.0 m左右。

1.3.1.2 水系

太湖流域是长江水系最下游的一个支流水系，江湖相连，水系沟通，流域内河网如织，

湖泊棋布，是我国著名的平原河网区。流域水面面积达 5 551 km^2，水面率为 15%；河道总长约 12 万 km，河道密度达 3.3 km/km^2。流域河道水面比降小，平均坡降约十万分之一；水流流速缓慢，河网尾间受潮汐顶托，流向表现为往复流。

流域水系以太湖为中心，分上游水系和下游水系。上游水系主要为西部山丘区独立水系，包括苕溪水系、南河水系及洮滆水系；下游主要为平原河网水系，包括东部黄浦江水系、北部沿长江水系和东南部沿长江口、杭州湾水系。京杭运河贯穿流域腹地及下游诸水系，起着水量调节和承转作用。

(1) 苕溪水系

苕溪水系分为东、西两支，分别发源于天目山南麓和北麓，两支在湖州市区西侧汇合，东苕溪流域面积为 2 306 km^2，西苕溪流域面积为 2 273 km^2，东、西苕溪长分别为 150 km 和 143 km。苕溪水系是太湖上游最大水系，地处流域内的暴雨区，其多年平均入湖径流量约占太湖上游入湖总径流量的 50%。

杨家浦港、长兴港、合溪新港等位于浙江西部北端，紧靠苏、浙、皖交界，发源于长兴西部山丘区，汇集各路山水，由长兴入太湖，该区域通常称长兴片，面积为 1 352 km^2。

(2) 南河水系

南河水系发源于茅山山区，沿途纳宜溧山区诸溪，串联东氿、西氿和团氿 3 个小型湖泊，于宜兴大浦港、城东港、洪巷港入太湖，干流长 50 km，下游北与洮滆水系相连。南河水系多年平均入湖径流量约占太湖上游入湖总径流量的 25%。

(3) 洮滆水系

洮滆水系是由山区河道和平原河道组成的河网，以洮湖、滆湖为中心，纳西部茅山诸溪，后经东西向的漕桥河、太滆运河、殷村港、烧香港等多条主干河道入太湖；同时又以越渎河、丹金溧漕河、扁担河、武宜运河等多条南北向河道与沿江水系相通，形成东西逢源、南北交汇的网络状水系。洮滆水系多年平均入湖径流量约占太湖上游入湖总径流量的 20%。

(4) 黄浦江水系

黄浦江水系是太湖流域的主要水系，涉及流域下游大部分平原，北起京杭运河和沪宁铁路线，与沿江水系交错，东南与沿杭州湾水系相连，西通太湖，面积约 14 000 km^2；非汛期沿江沿海关闸或引水期间，汇水面积可达 23 000 km^2。黄浦江水系是太湖流域最具代表性的平原河网水系，湖荡棋布，河网纵横。水系涉及的平原地区地面高程为 2.5～5.0 m，是流域内的“盆底”。河道水流流程长，比降小，流速慢。水系内包罗了流域内大部分湖泊，主要有太湖、淀山湖、澄湖、元荡、独墅湖等大中型湖泊，湖泊水面约 2 600 km^2，约占流域内湖泊总面积的 82%。受东海潮汐影响，黄浦江水系下段为往复流。

本水系以黄浦江为主干，其上游分为北支斜塘、中支园泄泾和南支大泖港，并于黄浦江上游竖潦泾汇合，以下称黄浦江。黄浦江自竖潦泾至吴淞口长约 80 km，水深河宽，上中段水深 7.0～10.0 m，下段水深达 12.0 m，河宽 400.0～500.0 m。黄浦江是流域重要的排水通道，也是全流域目前唯一敞口的入长江河流。

(5) 沿长江水系

沿长江水系主要由流域北部沿长江河道组成，大都呈南北向，主要河道有九曲河、新

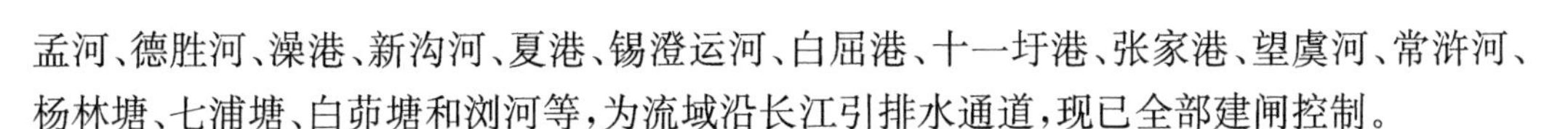

孟河、德胜河、澡港、新沟河、夏港、锡澄运河、白屈港、十一圩港、张家港、望虞河、常浒河、杨林塘、七浦塘、白茆塘和浏河等，为流域沿长江引排水通道，现已全部建闸控制。

(6) 沿长江口、杭州湾水系

沿长江口、杭州湾水系包括浦东沿长江口和杭嘉湖平原南部的入杭州湾河道，自北向南有上海浦东的川杨河、大治河和金汇港等河道，以及浙江杭嘉湖平原的长山河、海盐塘、盐官下河和上塘河等河道。杭嘉湖平原入杭州湾河道为流域南排洪涝水的主要通道。

1.3.1.3 湖泊

太湖流域湖泊面积 3 159 km^2(按水面积大于 0.5 km^2 的湖泊统计)，占流域平原面积的 10.7%，湖泊总蓄水量 57.68 亿 m^3，是长江中下游 7 个湖泊集中区之一。流域湖泊均为浅水型湖泊，平均水深不足 2.0 m，最大水深一般不足 3.0 m，个别湖泊最大水深达 4.0 m。

流域湖泊以太湖为中心，形成西部洮滆湖群、南部嘉西湖群、东部淀泖湖群和北部阳澄湖群。流域内面积大于 10 km^2 的湖泊有 9 个，分别为太湖、滆湖、阳澄湖、洮湖、淀山湖、澄湖、昆承湖、元荡、独墅湖，湖泊基本情况见表 1.1。

表 1.1 太湖流域主要湖泊基本情况表

湖泊名称	水面积 (km^2)	平均水深 (m)	最大水深 (m)	蓄水容积 (亿 m^3)
太湖	2 338.1	1.89	2.60	44.19
滆湖	146.9	1.07	1.45	1.57
阳澄湖	118.9	1.43	4.70	1.73
洮湖	89.0	1.00	1.95	0.86
淀山湖	63.7	1.73	2.30	1.11
澄湖	40.6	1.48	3.15	0.60
昆承湖	17.9	1.71	4.05	0.31
元荡	13.0	1.38	1.90	0.18
独墅湖	10.2	1.31	2.40	0.13

太湖湖区面积 3 192 km^2，其中水面积 2 338 km^2，岛屿面积 89 km^2，湖岸山丘地面积 765 km^2。太湖是流域内最大的湖泊，也是流域洪水和水资源调蓄中心。西部山丘区来水汇入太湖后，经太湖调蓄，从东部流出。太湖出入湖河流 228 条，环湖河道多年平均入湖水量 88.2 亿 m^3，多年平均出湖水量 92.0 亿 m^3，多年平均蓄水量 44.19 亿 m^3。

1.3.2 水文气象

太湖流域属亚热带季风气候区，四季分明，雨水丰沛，热量充裕。冬季受大陆冷气团侵袭，盛行偏北风，气候寒冷干燥；夏季受海洋气团的控制，盛行东南风，气候炎热湿润。

1.3.2.1 气温

太湖流域多年平均气温 15～17℃，气温分布特点为南高北低，极端最高气温为 41.2℃，极端最低气温为－17.0℃。

1.3.2.2 降水量

太湖流域 1986—2015 年多年平均降水量 1 218 mm，空间分布自西南向东北逐渐递减。受地形影响，西南部浙西山区多年平均降水量最大，达 1 430 mm，其次为杭嘉湖区，平均降水量为 1 247 mm。

受季风强弱变化影响，降水的年际变化明显，年内雨量分配不均。夏季(6—8 月)降水量最多，多年平均为 533 mm，约占年降水量的 44%；春季(3—5 月)降水量为 295 mm，约占年降水量的 24%；秋季(9—11 月)降水量为 206 mm，约占年降水量的 17%；冬季(12—2 月)降水量最少，为 184 mm，约占年降水量的 15%。

太湖流域全年有 3 个明显的雨季。3—5 月为春雨，特点是雨日多，雨日数占全年雨日的 30%左右；6—7 月为梅雨期，梅雨期降水总量大、历时长、范围广，易形成流域性洪水；8—10 月为台风雨，降水强度较大，但历时较短，易造成严重的地区性洪涝灾害。

1.3.2.3 蒸发量

太湖流域多年平均水面蒸发量为 822 mm，变化幅度为 750～900 mm，空间分布为东部大于西部，平原大于山区。受温度、风速、空气湿度和地面性状等因素影响，太湖流域蒸发量呈明显季节性特征，夏季蒸发量可达冬季的 3～4 倍。

1.3.2.4 径流量

太湖流域多年平均天然地表径流量为 160.1 亿 m^3，折合年径流深 438 mm，多年平均年径流系数为 0.36。已发生的天然年径流量最大值出现在 1999 年，达到 327.8 亿 m^3；最小值出现在 1978 年，仅为 25.7 亿 m^3。

1.3.3 社会经济

太湖流域位于长江三角洲的核心地区，是我国经济最发达、大中城市最密集的地区之一，地理和战略优势突出。流域内分布有特大城市上海，大中城市杭州、苏州、无锡、常州、嘉兴、湖州及迅速发展的众多小城市和建制镇，已形成等级齐全、群体结构日趋合理的城镇体系，流域城镇化率已达 77.6%。

据统计，2015 年太湖流域总人口达 5 997 万人，占全国总人口的 4.4%；国内生产总值(GDP)达 66 884 亿元，占全国 GDP 的 9.9%；人均 GDP 约为 11.2 万元，是全国人均 GDP 的 2.3 倍，2015 年公布的第十五届全国县域经济与县域基本竞争力百强县名单中，太湖流域占据 6 席，分别为江苏省的江阴市、昆山市、张家港市、常熟市、太仓市和宜兴市。

1.3.4 太湖流域水利工程

1.3.4.1 流域综合治理骨干工程

(1) 一轮治太骨干工程

1987年，太湖局基于有关单位和部门在1954年大水之后形成的《太湖流域综合治理规划报告》《太湖流域综合治理骨干工程可行性研究报告》等相关流域综合治理规划工作成果，编报了《太湖流域综合治理总体规划方案》(以下简称《总体规划方案》)，并得到原国家计委的批复。流域治理的标准为：防洪以1954年实际降雨过程为设计典型，其全流域平均最大90 d降水量约相当于50 a一遇；灌溉供水以1971年实际降雨过程为设计典型，其7—8月流域用水高峰期降水量保证率约相当于94%。

《总体规划方案》规划建设望虞河、太浦河、杭嘉湖南排、杭嘉湖北排通道、环湖大堤、湖西引排、红旗塘、东西苕溪防洪、扩大拦路港泖河及斜塘、武澄锡引排等10项骨干工程。1997年国务院治淮治太第四次工作会议又增列了黄浦江上游干流防洪工程为流域治理骨干工程。其中，望虞河、太浦河、杭嘉湖南排、环湖大堤工程为流域性工程，东西苕溪防洪、湖西引排、武澄锡引排工程为区域性工程，拦路港、红旗塘、杭嘉湖北排通道、黄浦江上游干流防洪工程为省际边界工程。

1991年太湖流域大水以后，国务院决定进一步治理太湖，流域综合治理十一项骨干工程相继开工建设。十多年来，在原国家计委、财政部、水利部和江苏、浙江、上海等省(市)政府的领导下，治太工程建设进展顺利。目前，已经全部完成。

流域综合治理十一项骨干工程全部完成后，结合流域内已有的水利工程，太湖流域已初步形成洪水北排长江、东出黄浦江、南排杭州湾，充分利用太湖调蓄，“蓄泄兼筹，以泄为主”的流域防洪骨干工程体系，流域内的防洪除涝、水环境和航运条件得到了较大改善，供水能力得到了一定的提高，流域初步具备防洪减灾、水资源合理调度的基本条件。如再遭遇1954年大洪水，太湖最高水位将不超过4.65 m(1954年实况水位)，下游平原地区洪水位均有较大幅度降低，可保证流域整体防洪安全。各地区防洪标准一般提高至10～20 a一遇。

治太骨干工程建设过程中，已建工程在抗御1995年、1996年、1998年的3次流域常遇洪水中发挥了重要作用，累计减灾直接经济效益达64亿元。尤其在应对1999年太湖流域发生的特大洪水中，虽然1999年的流域性洪水降雨与1954年相比雨量更集中、降雨分布对流域防洪更为不利，但通过流域合理调度及全力防汛抢险，充分发挥了治太骨干工程的作用，直接减灾经济效益达92亿元，是1991年至当时投入治太骨干工程建设资金的2.5倍。自2002年起，太湖局组织实施以望虞河为骨干引水河道的“引江济太”水资源调度工作，引江济太增加了水资源供给量，配合其他措施改善了水环境，成功缓解了2003年、2004年流域严重旱情和2007年无锡市供水危机。实践证明，《总体规划方案》所确定的流域骨干工程布局是科学合理的。

(2) 二轮治太骨干工程

为进一步完善治太骨干工程和流域防洪体系，增加太湖蓄泄能力，提高北排长江、东出黄浦江和南排杭州湾的能力，使流域近期达到防御不同降雨典型的 50 a 一遇的防洪标准要求，根据二轮太湖流域防洪规划对不同降雨典型的 50 a 一遇及 100 a 一遇洪水分析成果，结合水环境治理等工作实际需求，二轮太湖流域防洪规划、水环境综合治理总体方案又提出了 10 多项流域和区域重点工程，即环湖大堤后续工程、望虞河后续工程、太浦河后续工程、吴淞江行洪工程、新沟河延伸拓浚工程、新孟河延伸拓浚工程、走马塘拓浚延伸工程、太嘉河工程、杭嘉湖地区环湖河道整治工程、扩大杭嘉湖南排工程、苕溪清水入湖河道整治工程、平湖塘延伸拓浚工程。

1.3.4.2 水库、堤防及圩区防洪工程

(1) 大型水库

太湖流域上游的浙西山区苕溪水系和湖西宜溧山区南河水系，已建成大型水库 8 座，总库容约 11.26 亿 m^3。其中 5 座位于浙西山区，即青山、对河口、老石坎、赋石和合溪水库；3 座位于湖西区，即沙河、大溪和横山水库。大型水库为拦蓄上游洪水，保障地区防洪安全起到了重要的作用。

(2) 江堤海塘

太湖流域已建江堤海塘 512.3 km，分属江苏省、上海市和浙江省。

江苏省境内江堤海塘从镇江市丹阳复生圩起到苏沪交界的浏河口止，全长 207.2 km，其中江堤约 138 km（长江福山口以上），海塘约 69 km。江堤海塘顶高 8.0～9.0 m，1999 年汛前已完成主江堤达标建设。现有江堤海塘基本达到 50 a 一遇洪潮水位加 11 级风浪的防御标准。

上海市大陆一线海塘 170.8 km，沿长江口 104.4 km，沿杭州湾 66.4 km，现有海塘均已达到 100 a 一遇高潮位加 11 级风以上的防御标准。

浙江省钱塘江北岸海塘西起杭州市闸口，向东经余杭、海宁、海盐，止于平湖金丝娘桥（与上海市金山的江南海塘相接），长 134.3 km。海塘顶高 9.4～11.5 m，已达到 100 a 一遇高潮位加 11 级风以上的防御标准。

(3) 圩区

太湖流域现有圩区总面积 1.60 万 km^2，占流域平原面积的 54%，其中乡镇圩区面积为 1.41 万 km^2。修建圩区是平原洼地重要的防洪除涝工程措施之一，但是圩区排涝能力的提高也会对流域防洪产生不利影响。近年来，圩区排涝动力明显增强，造成圩外河道水位上涨加快，高水位持续时间延长。

2000 年以来，太湖流域圩区面积增加约 1 500 km^2，排涝能力也明显增加。据初步统计，圩区总排涝能力已由 2000 年的 10 000 m^3/s 左右增长到目前超过 18 000 m^3/s。

目前，流域内圩区布局虽已基本形成，但部分圩区防洪标准偏低，需根据经济社会发展水平、地面沉降及水情变化等进行统一规划和管理。

1.3.4.3 重要城市防洪工程

太湖流域是我国城市化程度最高的地区之一，有直辖市上海市、省会城市杭州市以及地级市苏州市、无锡市、常州市、嘉兴市和湖州市等。城市是经济、文化和政治中心，人口

密集，产业集中，是流域防洪的重点保护对象，对防洪保安要求高，一旦受灾，损失严重。

(1) 上海市城市防洪工程

上海市位于长江三角洲太湖流域的下游，黄浦江及苏州河横贯市区。上海市一线防汛工程包括海塘、黄浦江市区防汛墙、郊区江河堤岸、水闸以及排涝泵站等。黄浦江市区防汛墙已按 1 000 a 一遇高潮位防御标准(1985 年批准)建成。通过并港建闸、整治水系、洪涝分治、合理调度等措施，全市初步形成了 14 个水利分片(含长江口三岛)控制的综合治理格局。

上海市已建圩区 309 个、圩堤 2 637 km，排涝泵站 1 116 座、水闸 1 910 座，平均除涝标准达到 15 a 一遇。全市已建雨水排水系统 222 个，排水能力 2 483 m^3/s，服务面积 492 km^2，已建排水系统基本达到一年一遇排水标准(即每小时 36 mm)，重点区域已达 3～5 a 一遇。

(2) 杭州市城市防洪工程

杭州市位于杭嘉湖平原最南端，东南濒临钱塘江，西北靠近太湖水系的东苕溪，京杭运河贯穿杭州市中心。杭州市的防洪除涝工程主要有钱塘江及其支流堤塘、东苕溪西险大塘、排涝水闸、城区排水骨干河网等。钱塘江海塘和东苕溪西险大塘是杭州市的防洪屏障，中心城区段钱塘江北岸海塘堤顶高程已达 200 a 一遇标准，部分堤段达 500 a 一遇标准，其余堤段为 100 a 一遇标准；城区钱塘江及京杭运河两岸已建 32 座骨干排涝水闸；圣塘闸和古新河是西湖主要排洪通道。城区现状除涝标准已达 20 a 一遇。

(3) 苏州市城市防洪工程

苏州市位于太湖东侧，京杭运河穿城而过，地势低洼，水网稠密，太湖、京杭运河洪水和本地区暴雨均对苏州市造成洪涝威胁。城市防洪体系按受灾区地形水情设置防洪包围圈，城区按 6 个防洪分片包围的防洪格局已基本形成。城市中心区现状防洪能力为 50 a 一遇，工业园区局部地区已达 100 a 一遇，其他地区为 20 a 一遇。

(4) 无锡市城市防洪工程

无锡市位于太湖北部武澄锡虞低洼地区，市区主要分布在京杭运河两侧，境内河网北通长江、南连太湖、东邻望虞河。因受太湖洪水的直接威胁，又处于西部洪水东泄的要冲，因此城市防洪以流域和区域防洪工程为基础，防御太湖和长江洪水，以及湖西高片及澄锡虞高片来水，圩区按大、小两级分级设防。

目前已建成的城市防洪体系由 18 个重点圩区、40 个排水片区组成。城市防洪标准达到 50～200 a 一遇，排涝标准达 20 a 一遇。

(5) 常州市城市防洪工程

常州市属流域武澄锡低片，西部承泄湖西区山区和高亢平原来水，因此常州市防洪与长江堤防、湖西区和武澄锡虞区防洪关系密切。城市防洪以治太工程为基础，以武澄锡西控制线防御西部来水，以江堤防御长江洪水，并在低洼地区修筑圩区自保。

经多年建设，市区外围已初步形成防洪屏障，市区初步形成防洪工程体系，现状防洪能力约 20～50 a 一遇。

(6) 嘉兴市城市防洪工程

嘉兴市位于杭嘉湖地区中部，城区属杭嘉湖平原一部分，境内河道纵横、湖塘密布，水系向东汇入黄浦江，南经杭嘉湖南排工程各闸排入钱塘江和杭州湾。由于多条区域主干河道交汇并连接嘉兴市区，境内汛期水位直接受上下游的影响。城市现有防洪工程体系以钱塘江、杭州湾北岸海塘为抵御市区南部洪潮的屏障，以流域骨干工程杭嘉湖南排为基础，形成城市防洪大包围圈。现状防洪标准已达 100 a 一遇。

(7) 湖州市城市防洪工程

湖州市地处东西苕溪下游，是东西苕溪诸尾闾河道和杭嘉湖平原入湖河道的必经通道。每遇洪水，苕溪山洪直逼城区，下游受太湖洪水顶托，防洪形势严峻。湖州城市防洪依托太湖流域东西苕溪防洪工程，中心城区修筑圩区及相应的防洪排涝体系，形成封闭的包围圈以防御山区洪水。现状城区部分地区防洪能力 100 a 一遇，其他约 20 a 一遇。

第2章 太湖流域降水特性变化分析

受气象、地理等多种因素及其相互作用的影响，降水具有复杂的时空变异性，深刻影响着地表水量、水质的运移过程。分析流域降水要素的时空分布规律，诊断和检测其可能的变化特征，是预测流域未来水文情势变化，提高流域水文预报、水资源规划与管理、水利工程设计、防洪除涝能力的基础和前提。本章以全流域、典型分区浙西区（山丘区）、杭嘉湖区（人类活动影响相对较小的平原区）、武澄锡虞区（人类活动影响较大的平原区）两种不同的空间尺度，采用多种数理统计方法，对太湖流域降水特征要素的演变规律进行全面分析，重点揭示流域现阶段降水要素的变化特性。

2.1 分析方法

本章降水特性变化分析方法主要是数理统计方法，采用常规的滑动平均、累积距平、小波分析等统计方法对水文特征要素进行分析，主要分析降水、水位等水文要素的趋势性、周期波动及突变性等水文规律。

2.1.1 趋势检验方法

趋势检验的主要目的是诊断序列随时间变化是否表现出一致性上升或下降的态势。水文学和气象学领域有多种趋势检验方法。其中最常用的是 Mann-Kendall 秩次相关法（简称“MK”）。近年来，国内外有学者还对该方法作了改进，如提取了预置白处理的 MK 方法，已在长江流域等地区具有一定的应用。MK 方法的基本原理概述如下。

对于具有 n 个样本的时间序列 $X_t(t=1,2,\cdots,n)$，计算如下：

$$P=\sum_{t=1}^{n} p_t \tag{2-1}$$

式中，p_t 是 t 时刻数据大于 t 时刻以前数据的累计次数。对于趋势序列，P 的数学期望和方差分别为：

$$E=\frac{n(n-1)}{4} \tag{2-2}$$

$$V=\frac{n(n-1)(2n+5)}{72} \tag{2-3}$$

定义变量 $Z_{\alpha/2}=\dfrac{P-E}{V^{0.5}}$，给定某一置信水平 α，根据 Z 与标准正态分布临界值 $U_{\alpha/2}$ 的

大小关系，可以判断原序列是否存在显著趋势。若 $|Z|>U_{\alpha/2}$，则认为原序列趋势显著；否则，原序列趋势不显著。

MK 检验的一个重要指标是倾斜度，该指标表示单位时间内序列的变化量。其计算公式为：

$$\beta=\text{Median}\left(\frac{x_i-x_j}{i-j}\right),\ \forall j<i \tag{2-4}$$

式中，Median(·)为·的中位数符号。当 β 为正时，表示序列呈上升趋势；当 β 为负时，表示序列呈下降趋势。

趋势检验的结果与序列的长度相关。序列的长度不同，检验结果往往也具有差异，这一情况已为许多研究所证实。因此，在进行水文序列的趋势检验时，基本前提是要有足够数量的样本数据。同时，需要对检验的结果进行合理的分析和解释。

2.1.2　突变检验方法

在自然和人为因素的影响下，水文序列急剧地从一种状态过渡到另一种状态时，往往表现出突变特征。对降水序列进行突变性的识别和检验，是揭示降水要素变化特征的重要工作。常用的突变检验方法有 Petti 变点分析法、最优分割法以及累积距平法等。本书采用累积距平方法。

累积距平曲线是常用的一种用直观判断变化趋势的方法。对于单变量序列 x，其某一时刻 t 的累积距平表示为：

$$\hat{x}_t=\sum_{i=1}^{t}(x_i-\bar{x}),\ t=1,\ 2,\ \cdots,\ n \tag{2-5}$$

式中：

$$\bar{x}=\frac{1}{n}\sum_{i=1}^{n}x_i \tag{2-6}$$

将 n 个时刻的累积距平值全部算出，即可绘出累积距平曲线进行突变检验分析，累积距平曲线上对应的拐点或异常点往往是序列特征要素的变点。

累积距平法也可以推广到双变量分析，以检验两个序列之间的关系是否具有突变性。分别以两个序列的累积距平序列为自变量或因变量，作曲线图。如果在该曲线不同时段表现出不同的相关特征，则说明两个序列之间的关系具有突变性。

2.1.3　周期波动分析方法

降水等水文要素与大气环流、天文周期变化之间具有重要联系，因此常随这些因素的变化而表现出多时间尺度的准周期波动。常用的检验水文时间序列周期性的方法有功率谱法、最大熵谱法、方差图法、小波分析法等。本书主要采用小波分析法进行降水量周期波动分析。小波分析是近年出现的一种优秀的方法，因其多尺度分析功能，故较其他方法具有明显的优越性，素有“数学显微镜”之称。小波分析分为连续小波分析和离散小波分

析两种，以下仅简述连续小波分析的基本原理。

首先，定义某“小波函数”：设 $\varphi(t)$ 为一平方可积函数，若其傅立叶变换满足容许条件，则称 $\varphi(t)$ 为一个基本小波或母小波。将 $\varphi(t)$ 进行伸缩和平移，得到连续小波函数 $\varphi_{a,b}(t)$：

$$\varphi_{a,b}(t)=\frac{1}{\sqrt{a}}\varphi\left(\frac{t-b}{a}\right),\ a,\ b\in R,\ a>0 \tag{2-7}$$

对于任意连续且平方可积函数 $f(t)$，其连续小波变换为：

$$W_f(a,\ b)=\langle f(t),\ \varphi_{a,b}(t)\rangle=\frac{1}{\sqrt{a}}\int_R f(t)\varphi\left(\frac{t-b}{a}\right)\mathrm{d}t \tag{2-8}$$

变换结果称为小波变换系数。

当 $f(t)$ 为离散时间序列 $f(k\Delta t)$，$k=1,\ 2\cdots\cdots N$ 时，式(2-8)的离散形式为：

$$W_f(a,\ b)=\frac{1}{\sqrt{a}}\Delta t\sum_{k=1}^{N}f(k\Delta t)\varphi\left(\frac{k\Delta t-b}{a}\right) \tag{2-9}$$

$W_f(a,\ b)$ 关于 a 的所有小波变换系数平方的积分，称为小波方差。小波方差反映了波动能量随时间尺度的分布，通过小波方差图可确定水文序列的主周期。

$$W_p(a)=\int_{-\infty}^{+\infty}|W_f(a,\ b)|^2\mathrm{d}b \tag{2-10}$$

以上各式中：a 为尺度因子，反映小波的周期长度。b 为时间因子，反映时间上的平移。$W_f(a,\ b)$ 称为小波变换系数，$W_f(a,\ b)$ 随参数 a 和 b 变化。对于 Morlet 小波而言，其对应的尺度因子 a 与周期 T 之间具有如下关系：

$$T=\frac{4\pi}{(c+\sqrt{2+c^2})}a \tag{2-11}$$

根据式(2-11)，当 $c=5$ 时，$T=1.2a$；当 $c=6.2$ 时，$T=a$。

$W_f(a,\ b)$ 的二维等值图反映了不同时间尺度下系统的变化特征。正的小波变换系数对应着水文变量的偏多期，负的对应于偏少期，小波系数为零对应着突变点。因此，通过小波分析，不仅可识别水文系统多时间尺度周期演变特性，而且也可以发现水文序列的突变点。周期的显著性可以通过小波系数方差图识别。某一时间尺度对应的小波方差越大，说明准周期越显著。

2.2　降水资料获取

2.2.1　降水量代表站的选择

太湖流域共有 7 个水利分区，分区降水量代表站的选择主要考虑以下几方面因素：

①选用在分区内分布基本均匀并具有不同高程的降水量站，每个降水量站的控制面积不宜超过 500 km²，在 20 世纪 50 年代不宜超过 1 000 km²，以保证分区平均降水量计算

结果的精度；

②尽可能采用水文部门设立的站点，以保证日降水量起讫时间统一为 8 时至次日 8 时；

③在雨量站网密度较大的区域，优先选择实测年限较长、观测连续并具有代表性的站点，实测年限较短的站作为补充；

④采用观测精度高、观测项目多的站点，对于可靠性差且无法有效修正降水量的资料予以舍弃；

⑤优先选用在流域防洪规划、水资源综合规划及相关研究中常用的雨量站；

⑥综合考虑 20 世纪 50 年代、60 年代、70 年代以及 80 年代后雨量代表站的分布均匀，保证各年代雨量站分布条件下计算成果的可靠性和合理性；

⑦原则上单站降水量不重复使用，以免增加单站降水量的权重。

依据以上原则，2005 年太湖局在组织太湖流域综合规划水文分析时全流域选用了 106 个降水量代表站，降水量代表站的空间分布见图 2.1。其中，浙西区 23 个，湖西区 19 个，太湖区 8 个，武澄锡虞区 12 个，阳澄淀泖区 13 个，杭嘉湖区 17 个，浦东浦西区 14 个。本书在流域综合规划水文分析的基础上又进行了进一步的分析，认为 106 个代表站能够较好地代表流域各分区降水量，因此，本书降水分析中直接采用了该 106 个代表站。

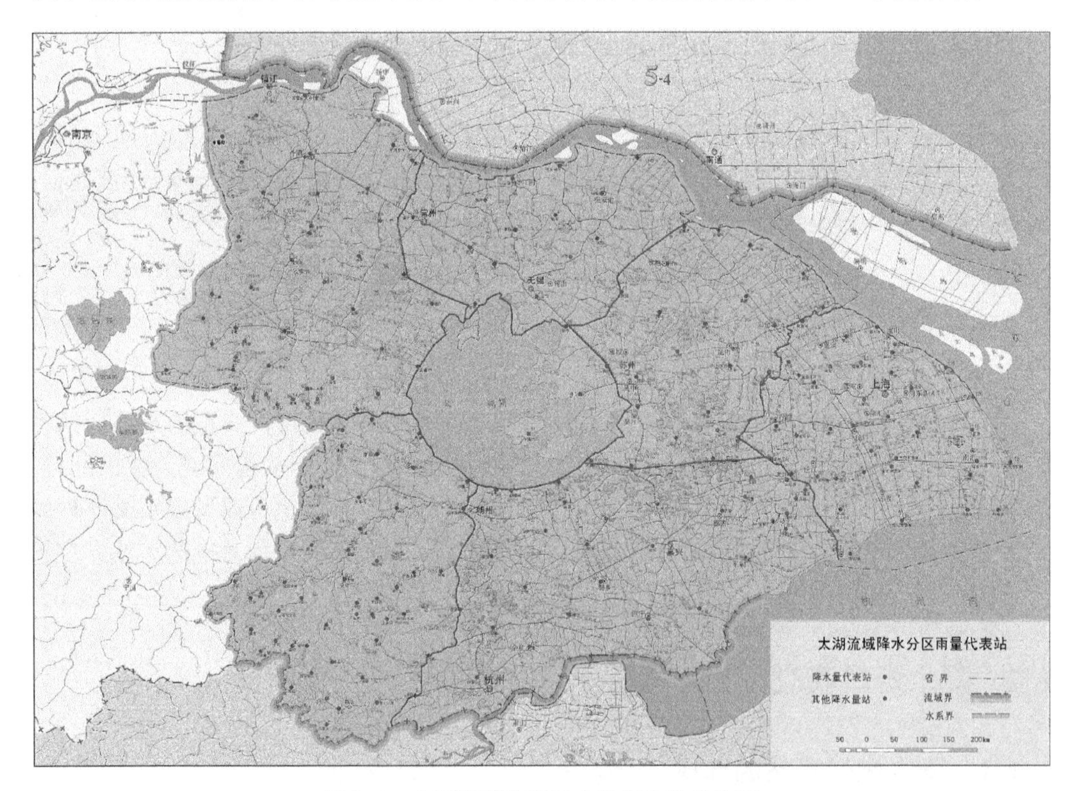

图 2.1 太湖流域分区降水量代表站分布图

由于各年代的降水量站点总数和分布存在差异，为了分析论证各个年代降水量代表站分布的合理性，对各分区逐年降水量代表站分布状况进行统计，分析历年降水量代表站

分布及变动情况。

20 世纪 50 年代流域降水量代表站较少，尤其是武澄锡虞区、浦东浦西区、杭嘉湖区站点偏少，但这 3 个区属平原地带，降水量分布相对均匀，得出的分区平均降水量结果也是符合技术规范要求的；湖西区和浙西区山丘地带站点相对较多，在选用降水量代表站时注意山丘区和平原区的站点均衡，保证计算结果基本合理。20 世纪 60 年代中期，流域降水量代表站达 80 多个，基本能够控制流域降水分布，分区平均降水量计算结果的可靠性大为提高。到 20 世纪 70 年代末，太湖流域雨量站基本完善。至 20 世纪 80 年代中期，选用的降水量代表站最多为 106 个。由于在一定时期内部分代表站降水停测或缺测，流域各年的降水量代表站个数等于或小于当年流域降水量代表站的总数。

从各分区雨量站逐年分布和发展过程看，太湖区、杭嘉湖区、阳澄淀泖区 3 个分区 20 世纪 50 年代中期降水量代表站布局已经基本稳定；浙西区在 20 世纪 60 年代初期基本稳定，下游丘陵平原区已经建立了足够多的雨量站，雨量代表站整体比较充足；湖西区雨量站在 20 世纪 70 年代初达到基本稳定；浦东浦西区直至 20 世纪 70 年代末雨量站超过 10 个，基本可以满足计算要求。各水利分区不同年份降水量代表站密度见表 2.1。

另外，本书计算得出的 1951—1997 年、1999 年最大 30 d、60 d、90 d 降水量的均值，与防洪规划同期均值进行对比，两者基本一致，详见表 2.2。对于全流域，最大 30 d、60 d、90 d 时段降水量均值相差不超过 0.3%，对于各分区，最大 30 d、60 d、90 d 时段降水量均值相差不超过 2.0%，说明本书降水量代表站优化后流域降水量均值与防洪规划成果差别很小。

通过对 1991 年、1999 年暴雨典型年时段降水量与防洪规划成果比较，1991 年结果比较接近，全流域最大 30 d、60 d、90 d 时段降水量相差不超过 0.5%，各分区最大 30 d、60 d、90 d 时段降水量除浙西区、浦东浦西区达到 3.0%～4.0%，其他各区基本在 2.0%以内，详见表 2.3。1999 年浦东浦西区各时段降水量和武澄锡虞区最大 60 d 降水量相差相对较大，均超过 5%，特别是浦东浦西区最大 90 d 降水量相对误差达到 11.4%，详见表 2.4，可能是防洪规划与本书计算所用的数据来源不同和代表站不同共同引起，防洪规划 1999 年降水量数据为报汛数据，而本书计算为整编数据。

总体上，所选择的 106 个降水量代表站综合考虑了 1951 年以后各阶段雨量站分布的均匀性，涵盖了主要的长系列雨量站，同时考虑了今后降水量资料收集的可靠性和可达性。106 个降水量代表站可以较好地控制流域及各分区的降水空间分布，采用算术平均法计算各分区平均降水量系列是合理的。

表 2.1　太湖流域七大水利分区降水量代表站密度　　单位：km^2/站

年份	湖西	武澄锡虞	阳澄淀泖	太湖	杭嘉湖	浙西	浦东浦西
1951	1 078	786	877	638	1 487	847	1 117
1961	581	786	628	532	465	330	893
1971	444	491	399	399	465	312	744
1981	397	327	338	399	437	297	372

续表

年份	湖西	武澄锡虞	阳澄淀泖	太湖	杭嘉湖	浙西	浦东浦西
1991	397	327	338	399	437	297	496
2001	397	327	366	399	437	270	344
2010	397	327	338	399	437	258	319
2015	397	327	338	399	437	258	319

表 2.2　与防洪规划 1951—1997 年、1999 年时段降水量均值比较

	时段	全流域	湖西	武澄锡虞	阳澄淀泖	太湖	杭嘉湖	浙西	浦东浦西
防洪规划（mm）	max 30 d	286.4	290.4	284.7	282.0	292.5	288.9	350.0	280.1
	max 60 d	423.6	421.0	411.4	409.8	423.1	426.5	518.6	406.8
	max 90 d	556.3	550.3	537.3	524.0	547.9	555.3	683.5	520.7
本书成果（mm）	max 30 d	285.6	291.6	288.5	283.5	293.6	292.1	345.3	278.6
	max 60 d	423.3	422.9	417.8	412.0	425.6	429.3	511.1	402.4
	max 90 d	555.9	551.9	542.9	528.3	550.2	560.3	675.5	516.9
绝对差（mm）	max 30 d	−0.8	1.2	3.8	1.5	1.1	3.2	−4.7	−1.5
	max 60 d	−0.3	1.9	6.4	2.2	2.5	2.8	−7.5	−4.4
	max 90 d	−0.4	1.6	5.6	4.3	2.3	5.0	−8.0	−3.8
相对差（%）	max 30 d	−0.3	0.4	1.3	0.6	0.4	1.1	−1.3	−0.5
	max 60 d	−0.1	0.5	1.6	0.5	0.6	0.7	−1.4	−1.1
	max 90 d	−0.1	0.3	1.0	0.8	0.4	0.9	−1.2	−0.7

注：分别以 max 30 d、max 60 d、max 90 d 表示最大 30 d、最大 60 d、最大 90 d。

表 2.3　与防洪规划 1991 年时段降水量比较

	时段	全流域	湖西	武澄锡虞	阳澄淀泖	太湖	杭嘉湖	浙西	浦东浦西
防洪规划（mm）	max 30 d	491.4	701.0	668.8	508.3	461.8	378.5	385.9	450.3
	max 60 d	681.2	880.2	858.6	644.1	593.9	559.6	639.8	606.9
	max 90 d	827.6	1 037.5	1 013.0	779.6	725.9	675.6	794.9	733.0
本书成果（mm）	max 30 d	489.1	698.6	680.9	516.1	459.4	371.1	388.5	431.6
	max 60 d	678.8	885.9	880.0	655.4	593.5	564.6	618.1	581.9
	max 90 d	824.4	1 049.1	1 032.9	786.1	727.7	673.2	769.2	709.0

续表

	时段	全流域	湖西	武澄锡虞	阳澄淀泖	太湖	杭嘉湖	浙西	浦东浦西
绝对差（mm）	max 30 d	−2.3	−2.4	12.1	7.8	−2.4	−7.4	2.6	−18.7
	max 60 d	−2.4	5.7	21.4	11.3	−0.4	5.0	−21.7	−25.0
	max 90 d	−3.2	11.6	19.9	6.5	1.8	−2.4	−25.7	−24.0
相对差（%）	max 30 d	−0.5	−0.3	1.8	1.5	−0.5	−2.0	0.7	−4.2
	max 60 d	−0.4	0.6	2.5	1.8	−0.1	0.9	−3.4	−4.1
	max 90 d	−0.4	1.1	2.0	0.8	0.2	−0.4	−3.2	−3.3

表 2.4　与防洪规划 1999 年时段降水量比较

	时段	全流域	湖西	武澄锡虞	阳澄淀泖	太湖	杭嘉湖	浙西	浦东浦西
防洪规划（mm）	max 30 d	614.3	487.0	456.8	609.1	714.4	654.4	752.8	649.7
	max 60 d	738.0	590.8	601.1	714.3	836.6	785.1	940.6	778.9
	max 90 d	1 013.0	839.2	922.6	1 012.4	1 125.9	1 024.4	1 244.4	1 023.2
本书成果（mm）	max 30 d	621.1	507.7	451.6	595.4	729.7	642.2	752.5	700.0
	max 60 d	744.4	603.9	641.8	698.1	851.9	770.7	924.9	844.3
	max 90 d	1 044.1	864.3	964.2	992.6	1 156.6	1 065.0	1 249.8	1 139.9
绝对差（mm）	max 30 d	6.8	20.7	−5.2	−13.7	15.3	−12.2	−0.3	50.3
	max 60 d	6.4	13.1	40.7	−16.2	15.3	−14.4	−15.7	65.4
	max 90 d	31.1	25.1	41.6	−19.8	30.7	40.6	5.4	116.7
相对差（%）	max 30 d	1.1	4.3	−1.1	−2.2	2.1	−1.9	0.0	7.7
	max 60 d	0.9	2.2	6.8	−2.3	1.8	−1.8	−1.7	8.4
	max 90 d	3.1	3.0	4.5	−2.0	2.7	4.0	0.4	11.4

2.2.2　分区逐日平均降水量计算

本书补充了太湖流域 106 个降水量代表站 2006—2015 年的逐日降水量数据。同时，对 1951—2005 年部分雨量站的数据进行核对和校正，形成了太湖流域各代表站 1951—2015 年逐日降水量数据，作为本书分析计算所采用的降水时间序列。

分区平均降水量的计算方法主要有等雨深线图法、加权平均法和算术平均法。

等雨深线图法计算结果可以反映流域降水量分布的非线性变化，比较符合降水的空间分布状况，但要求流域雨量站密度较高，且日平均降水量计算需要绘制每天的等雨深线图，工作量太大而不可行，仅适用于典型暴雨空间分布的分析。

加权平均法以距降水量站最近的控制面积为计算面降水量的权重，在雨量站分布不均匀情况下，可以充分利用全部降水量资料，成果可靠性较好。但随雨量站增减，面积权重系数会发生变化，人工调整很麻烦，需要借助专用的 GIS 软件系统实现，目前还无法在全流域各部门推广应用。

算术平均法要求各分区的雨量站分布较均匀，且雨量站不宜过少，太湖流域 1951 年以后雨量站的分布基本满足计算要求。一般来说，平原区域降水的空间变化不大，对雨量站均匀性要求低一些；对于山丘与平原混杂地区，如果选用的山丘区雨量站过密，计算结果可能系统偏大，因此，计算结果的合理性关键在于流域分区降水量代表站的选择。算术平均法计算简便，是容易统一太湖流域平均降水量的计算方法，便于对计算成果进行分析比较。

考虑到太湖流域雨量站较多，本书太湖流域分区日平均降水量的推求采用算术平均法。

根据流域降水量代表站每年的增减变化，按各站逐日降水量资料，采用算术平均法计算各降水分区逐日平均降水量。

$$\bar{P}_i = \frac{1}{n_i}\sum_{j=1}^{n_i} p_j \tag{2-12}$$

式中：$\bar{P}_i$ ——指定第 i 分区的日平均降水量(mm)；

p_j——指定分区第 j 个雨量站日降水量(mm)；

n_i——计算第 i 分区的日平均降水量的站点数。

由于各分区面积不同及降水量代表站疏密差异，全流域、上游区、下游区、北部区、南部区的日平均降水量按所属分区的面积，采用面积权重平均法分别计算。

$$\bar{P} = \frac{1}{F}\sum_{m=1}^{n_k} f_m P_m \tag{2-13}$$

式中：$\bar{P}$ ——流域(或上游区、下游区、北部区、南部区)平均降水量(mm)；

F——流域(或上游区、下游区、北部区、南部区)的面积(km^2)；

n_k——流域(或上游区、下游区、北部区、南部区)所包含的分区数目；

P_m——第 m 分区平均降水量(mm)；

f_m——流域(上游区、下游区、北部区、南部区)中第 m 分区面积(km^2)。

2.3 流域平均降水量变化分析

分析了 1951—2015 年太湖流域面平均降水量特征要素值，包括：汛期降水量以及全年/汛期降水量的年际变化特征、年内各旬月降水量变化特征及集中情况、年内极值降水量(年内极值降水量是指年内最大连续 1 d、3 d、7 d、15 d、30 d、45 d、60 d、90 d 降水量，分别以 max 1 d、max 3 d、max 7 d、max 15 d、max 30 d、max 45 d、max 60 d 和 max 90 d 表

示，本章下同）的变化及超定量降水情况。

2.3.1　降水量年际变化

对太湖流域年降水量及汛期（5—9 月）降水量的年际变化进行统计分析，参数如表 2.5 所示。1951—2015 年，太湖流域年降水量的均值为 1 194.9 mm，最大值为 1 629.6 mm（1954 年），最小值为 692.0 mm（1978 年），极值比为 2.35，Cv[*1] 为 0.16，Cs[*2] 为 0.21；汛期降水量平均为 715.8 mm，最大为 1 200.2 mm（1999 年），最小为 372.6 mm（1978 年），极值比为 3.22，Cv 为 0.23，Cs 为 0.49，汛期降水量的离散程度明显高于年降水量。由表 2.5 可知，太湖流域年/汛期降水量具有显著的年代际差异，2002 年前后两个降水系列相比，流域年降水量的最大值、均值和离势系数 Cv 基本持平，最小值增加 243.7 mm，极值比有所下降；汛期降水量的最大值减少 222.0 mm，最小值和均值基本持平，极值比有所下降，汛期降水量多数年份在均值附近波动。多年平均情况下汛期降水量约占年降水量的 60%，最大可接近 80%，两者的相关系数高达 0.90，太湖流域汛期降水量与年降水量的丰枯变化具有高度的同步性。对流域年/汛期降水量进行 MK 趋势检验，2002—2015 年流域年/汛期降水量均在 95%的置信水平上显著上升。

太湖流域年/汛期降水量变化趋势如图 2.2 所示。由图 2.2 可以看出，年/汛期降水量呈现出明显的丰枯周期性变化，且极其相似。从 5 a 滑动平均值变化可见，1951—1968 年、1978—1982 年、1994—1998 年和 2003—2007 年流域年/汛期降水量 5 a 滑动平均值呈下降趋势；1969—1977 年、1983—1993 年、1999—2002 年、2008—2015 年流域年/汛期降水量 5 a 滑动平均值整体上升，尤其是 2007 年以后降水量明显上升，并于 2015 年达到 2002 年以后年降水量最大值 1 625.4 mm 和汛期降水量最大值 978.2 mm。从 10 a 滑动平均值变化可以看出，流域年/汛期降水量呈现出更加明显的周期性变化，1972 年以前流域年/汛期降水量 10 a 滑动平均值基本呈下降趋势，1973—1999 年降水量 10 a 滑动平均值呈波动上升趋势，1999 年之后又呈下降趋势，2012 年开始有所上升。

表 2.5　太湖流域年/汛期降水量的年际变化

	年份	最大值（mm）	最小值（mm）	均值（mm）	极值比	Cv	Cs	MK 值
全年	1951—2015	1 629.6	692.0	1 194.9	2.35	0.16	0.21	0.24
	1951—2001	1 629.6	692.0	1 192.1	2.35	0.16	0.12	−0.03
	2002—2015	1 625.4	935.7	1 205.2	1.74	0.15	0.68	1.97
汛期	1951—2015	1 200.2	372.6	715.8	3.22	0.23	0.49	−0.12
	1951—2001	1 200.2	372.6	720.1	3.22	0.24	0.50	−0.23
	2002—2015	978.2	460.6	700.0	2.12	0.21	0.26	2.08

*1　Cv：离势系数，用来描述各种水文气象变量的离散程度。
*2　Cs：偏态系数，用来反映随机系列分配不对称程度。

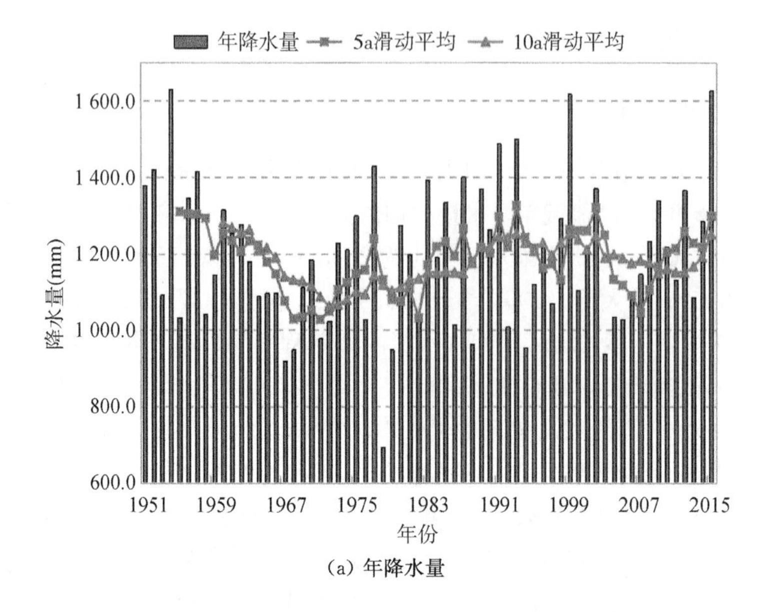

(a) 年降水量

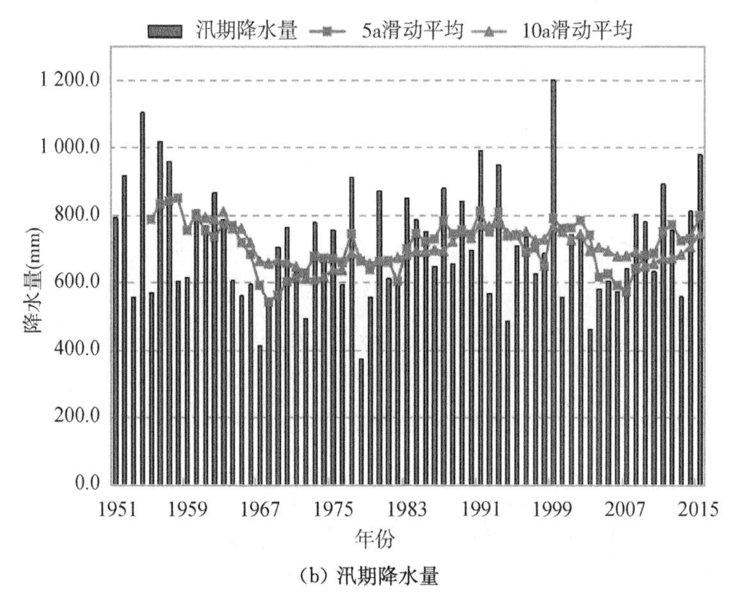

(b) 汛期降水量

图 2.2　太湖流域年降水量及汛期降水量变化趋势

图 2.3 和图 2.4 分别给出了采用 Morlet 连续小波分析对应的太湖流域年/汛期降水量的小波系数实部等值线图和方差时序图，可以看出太湖流域年/汛期降水量的多尺度准周期波动是比较显著的，且极其相似。由图 2.3(a)和图 2.4(a)可以看出，流域年/汛期降水量均有 3 个较为明显的峰值，依次对应着 2 a、21 a 和 41 a 的时间尺度，说明这三个周期控制着流域降水量在整个时间域内的变化特征。图 2.3(b)和图 2.4(b)给出了 3 个主周期的小波系数实部过程图，可以看出太湖流域年/汛期降水量具有显著的多时间尺度演变特征，表现出不同时间尺度的周期振荡和多个变异点：在 2 a 特征时间尺度上，流域年/汛期降水量降水周期震荡非常剧烈，没有明显的规律，但是随着时间尺度的增加，周期规律越来越明显，在 21 a 特征时间尺度上，流域降水变化的平均周期是 8 a，大约经历了 7 个

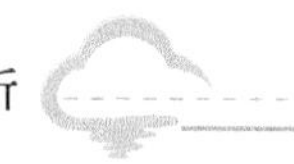

丰-枯转换循环期，在 41 a 特征时间尺度上，流域降水变化的平均周期是 35 a 左右，大约经历了 2 个丰-枯转换循环期，规律性最明显。图 2.3(c)和图 2.4(c)给出了太湖流域年/汛期降水量小波系数实部等值线图，可以看出，在主周期 38 a 的时间尺度上(对应的主周期 41 a)，降水量周期振幅最大。在这一级时间尺度上，降水量基本上经历了 5 个丰枯演变阶段，相应的丰枯突变点分别是 1962 年、1982 年、1999 年和 2007 年，且 2015 年降水增多的等值线即将闭合但还没有闭合，说明太湖流域降水量未来还有可能继续增多，过后可能出现减少的趋势。1951—2015 年太湖流域年/汛期降水量累积距平曲线(图 2.5)也说明了降水量的丰枯变化。从累积距平曲线可以看出，太湖流域年降水量和汛期降水量呈现出明显的丰枯变化，且极其相似。第 1 阶段(1951—1962 年)，年/汛期降水量总体偏丰：年平均降水量为 1 278.0 mm，最大降水量为 1 629.6 mm(1954 年)；汛期平均降水量为 798.1 mm，最大降水量为 1 102.5 mm(1954 年)。第 2 阶段(1963—1982 年)，年/汛期降水量总体偏枯：年平均降水量为 1 098.0 mm，最小降水量为 692.0 mm(1978 年)；汛期平均降水量为 641.1 mm，最小降水量为 372.6 mm(1978 年)。第 3 阶段(1983—1999 年)，年/汛期降水量总体偏丰：年平均降水量为 1 245.9 mm，最大降水量为 1 616.1 mm(1999 年)；汛期平均降水量为 766.6 mm，最大降水量为 1 200.2 mm(1999 年)。第 4 阶段(2000—2007 年)，年/汛期降水量总体偏枯：年平均降水量为 1 114.4 mm，最小降水量为 935.7 mm(2003 年)；汛期平均降水量为 611.4 mm，最小降水量为 460.6 mm(2003 年)。第 5 阶段(2008—2015 年)，年/汛期降水量总体偏丰：年平均降水量为 1 285.0 mm，最大降水量为 1 625.4 mm(2015 年)；汛期平均降水量为 775.6 mm，最大降水量为 978.2 mm(2015 年)。

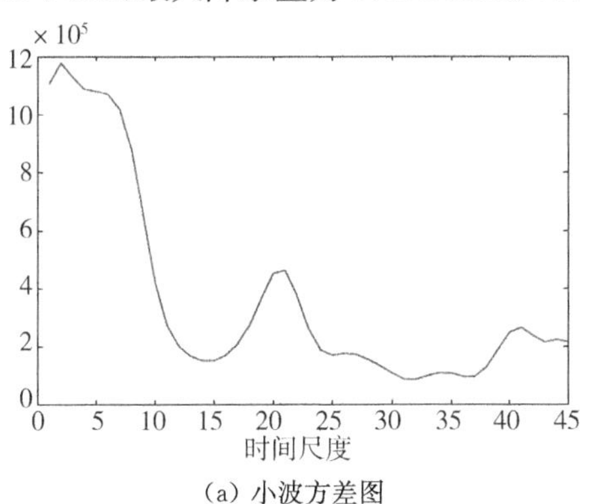

(a) 小波方差图

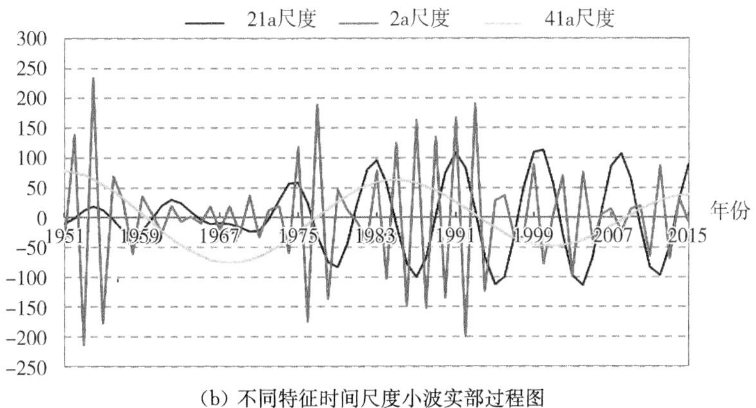

(b) 不同特征时间尺度小波实部过程图

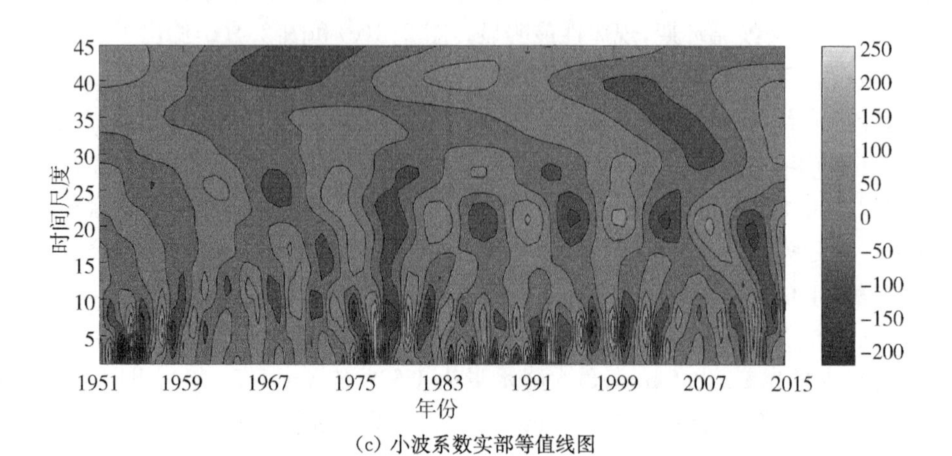

（c）小波系数实部等值线图

图 2.3　太湖流域年降水量小波系数实部等值线图和方差时序图

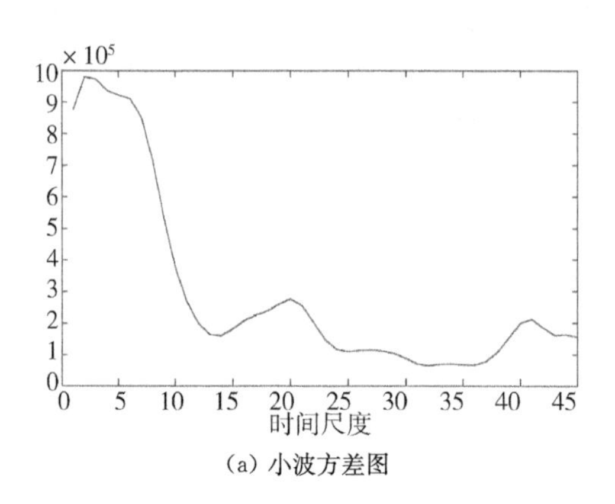

（a）小波方差图

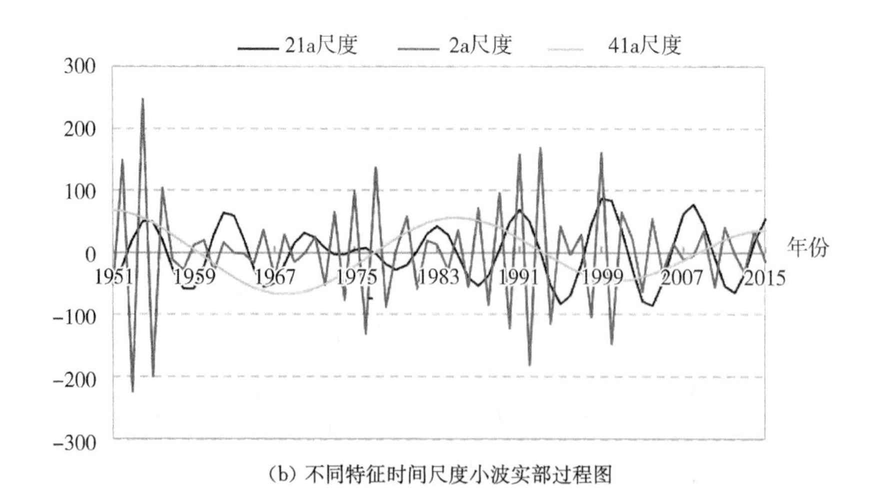

（b）不同特征时间尺度小波实部过程图

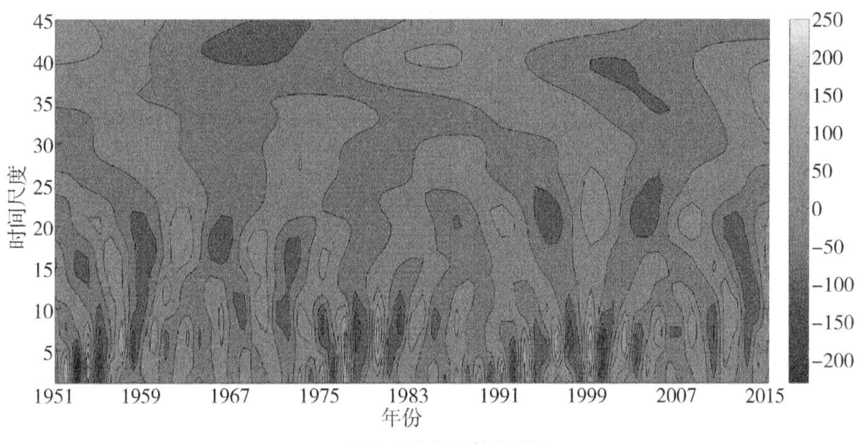

(c) 小波系数实部等值线图

图 2.4　太湖流域汛期降水量小波系数实部等值线图和方差时序图

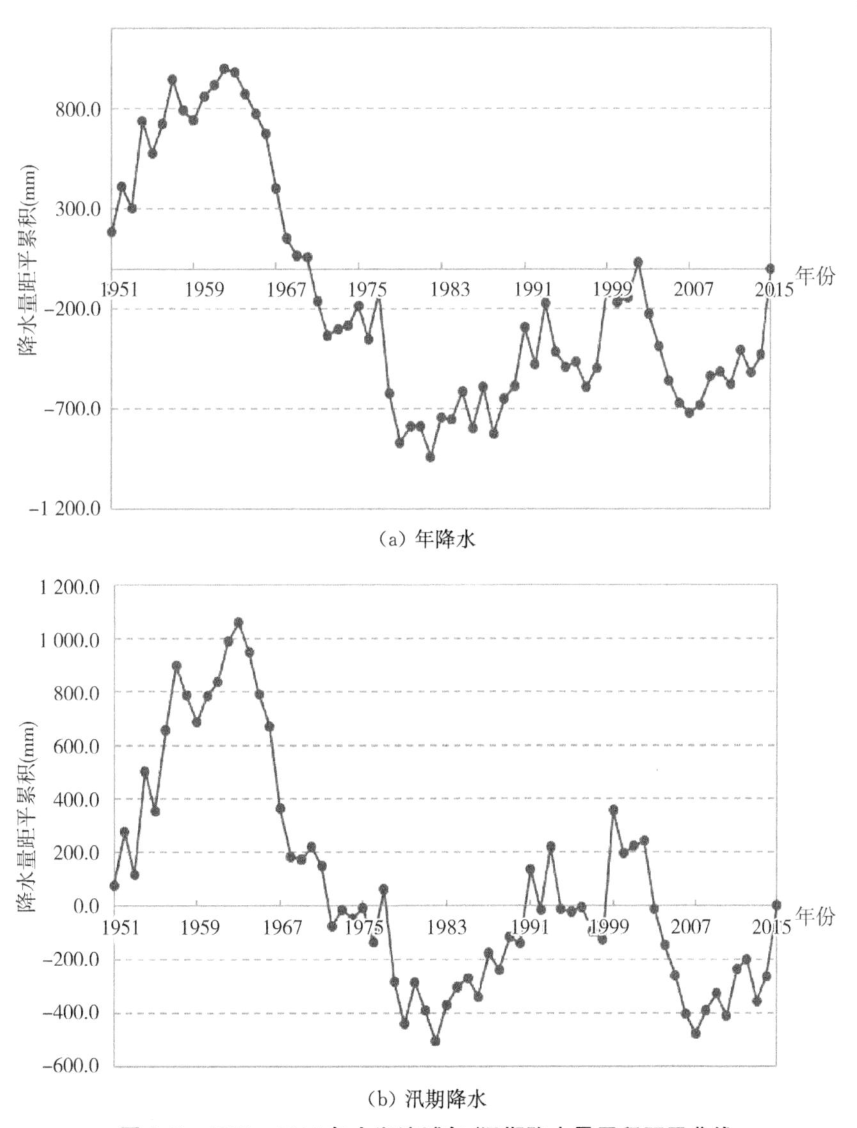

图 2.5　1951—2015 年太湖流域年/汛期降水量累积距平曲线

2.3.2 降水量年内变化

2.3.2.1 各月降水量

1951—2015 年太湖流域不同时段降水量箱线图见图 2.6,不同时段降水量占全年的百分比箱线图见图 2.7。

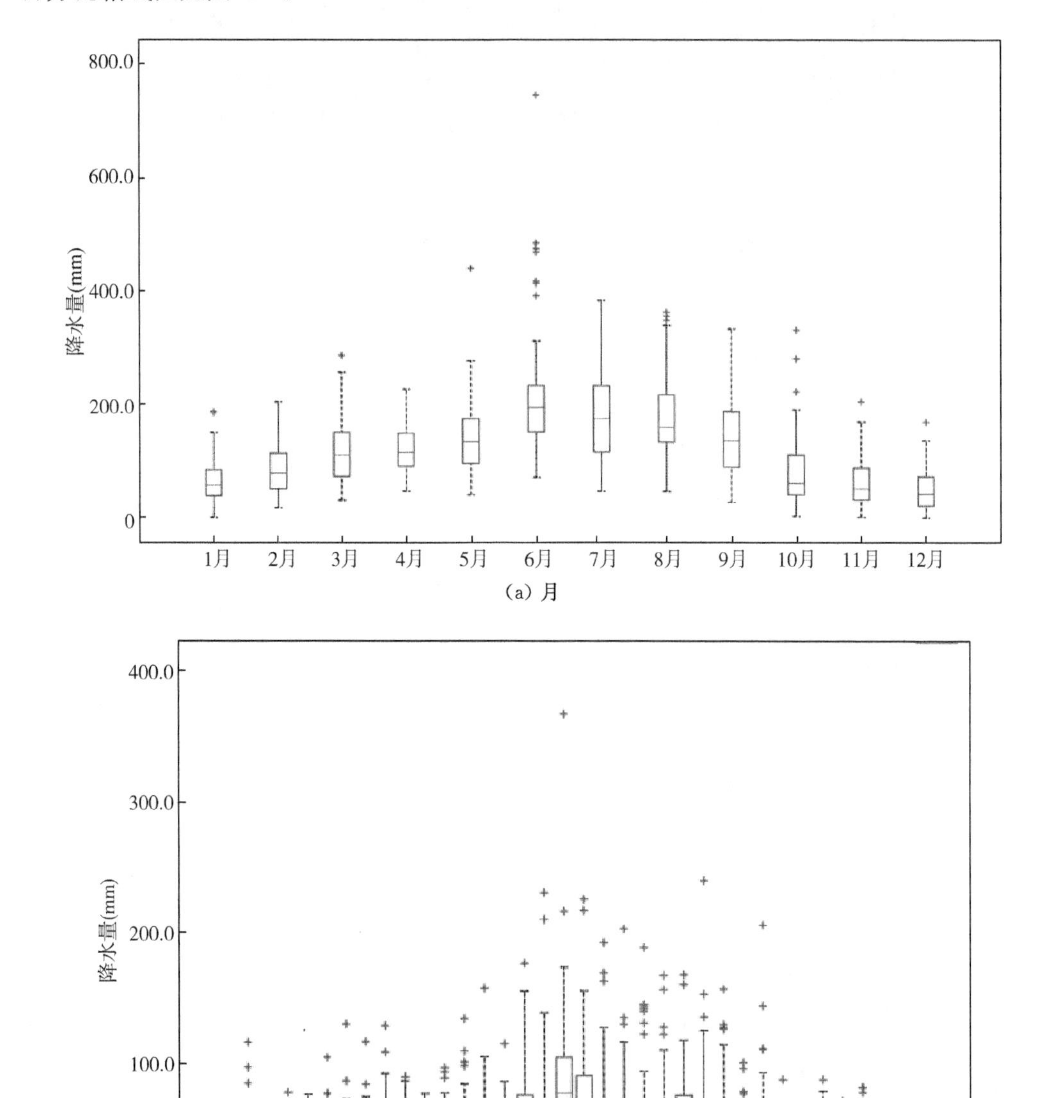

(a) 月

(b) 旬

图 2.6 1951—2015 年太湖流域不同时段降水量箱线图

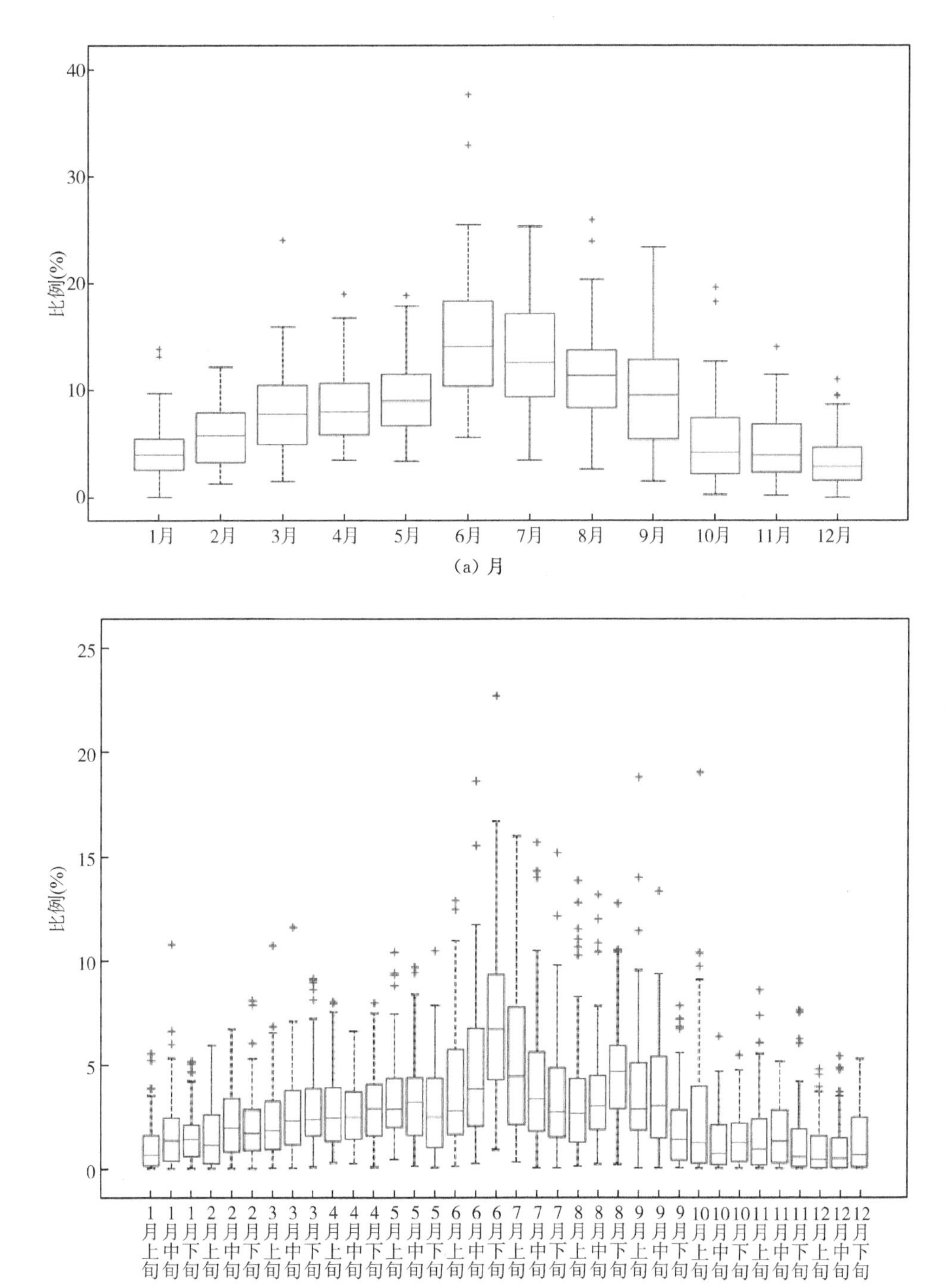

(a) 月

(b) 旬

注：矩形盒两端边线分别对应数据的上下四分位数，矩形盒内部线段为中位线。

图 2.7　1951—2015 年太湖流域不同时段降水量占全年的百分比箱线图

由图 2.6(a)逐月过程来看，降水量最多的两个月份为 6 月和 7 月，其次是 8 月，再次为 5 月和 9 月(二者降水量相当)，其中 6 月降水量比较集中，且极值较多。太湖流域月降水量的历史纪录是 1999 年 6 月，该月降水量达 609.1 mm，占当年总量的 38%[见

图 2.7(a)]。此外,汛前期(1—4 月)各月降水量整体要高于汛后期(10—12 月)。由图 2.6(b)逐旬过程来看,太湖流域逐旬降水量在年内呈“双峰型”分布。第 1 个峰值处于 6 月上旬至 7 月中旬,为梅雨期降水,尤以 6 月下旬降水最为丰沛。该旬降水量的多年平均值也在年内最高,同时 65 a 来旬降水量的历史纪录也发生在该时段,即 1999 年 6 月下旬,降水量 367.1 mm,超过了当年降水量的 20%,约占 23%[见图 2.7(b)]。第 2 个峰值处于 8 月上旬到 9 月中上旬,为台风期降水。这一时段,旬降水量最大可接近 250.0 mm(历史纪录为 1962 年,受台风“艾美”影响,9 月上旬降水量为 239.8 mm,约占当年降水量的 19%)。

对汛前、汛期、汛后降水量占当年降水的比重进行 MK 趋势检验,汛前和汛后降水量比重呈上升趋势,汛期比重呈下降趋势,均未通过 90%的显著性检验,但由图 2.7 中各月降水比重可以看出,太湖流域的降水主要集中在汛期,且 2002 年以来汛期降水比重上升的态势是十分明显的,其中 2011 年,太湖流域汛期降水量占全年降水量的比重达到了 79%,居于历史最高水平,并明显高于 1999 年等特大洪水所在年份。为进一步分析降水在年内的集中性,表 2.6 统计了太湖流域汛期各月降水量基本特征参数,图 2.8 给出了 1951—2015 年太湖流域汛期逐月降水量占全年降水量比重的变化趋势图。由表 2.6 可知,汛期各月降水量的年际变化较年/汛期降水量的年际变化要大得多,其偏态性也更强,同时汛期各月降水量的历史纪录均出现在 2002 年之前,其最大值与历次流域性大洪水密切相关。对汛期各月降水进行 MK 趋势检验,5 月和 9 月降水呈下降趋势,且在 $\alpha=95\%$ 的置信水平上显著下降,6 月、7 月和 8 月呈上升趋势,但趋势不显著。由图 2.8 可以看出,5 月和 9 月表现出比较明显的下降趋势,而 6 月、7 月、8 月则表现出一定的上升态势。其中,6 月自 2005 年以来,其比重的上升态势是比较明显的,尤其是 2011 年对应的比重(33%)居历史第 2 位,仅次于 1999 年(38%);7 月自 1999 年以来,其总体上升态势具有很强的持续性;8 月自 2006 年以来,其上升态势也比较明显,且在 2011 年创造了新的历史纪录(比重 26%)。采用 MK 方法进一步检验 5—9 月各月、6—7 月、6—8 月、7—8 月全年比重的线性变化趋势,6—8 月和 7—8 月比重的上升趋势均通过了 95%的显著性检验,说明 7—8 月降水量的增加可能是 6—8 月降水总量增加的主要原因;而 5 月、9 月降水量占全年降水量的比重的下降趋势均通过了 $\alpha=95\%$ 显著性检验,且在 2002—2015 年期间,这两个月份的降水量有多个年份明显低于多年平均值。由此可见,全年降水量在汛期 6—8 月更趋于集中,尤其是 7—8 月降水比重的上升趋势更加明显。

表 2.6 太湖流域汛期各月降水量基本特征参数

特征参数	5 月	6 月	7 月	8 月	9 月
均值(mm)	114.0	187.9	156.8	142.0	115.1
最大值(mm)	307.7	609.1	354.8	319.8	298.6
最小值(mm)	41.6	56.9	33.3	24.5	17.0
极值比	7.4	10.7	10.7	13.0	17.6

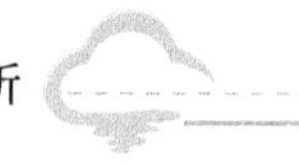

续表

特征参数	5 月	6 月	7 月	8 月	9 月
离势系数	0.42	0.48	0.45	0.48	0.54
偏态系数	1.31	1.84	0.39	0.65	0.67
最大值所在年份	1954	1999	1987	1999	1962
最小值所在年份	1996	1978	1994	1967	1995
MK 值	－1.95	0.01	0.93	1.48	－3.09

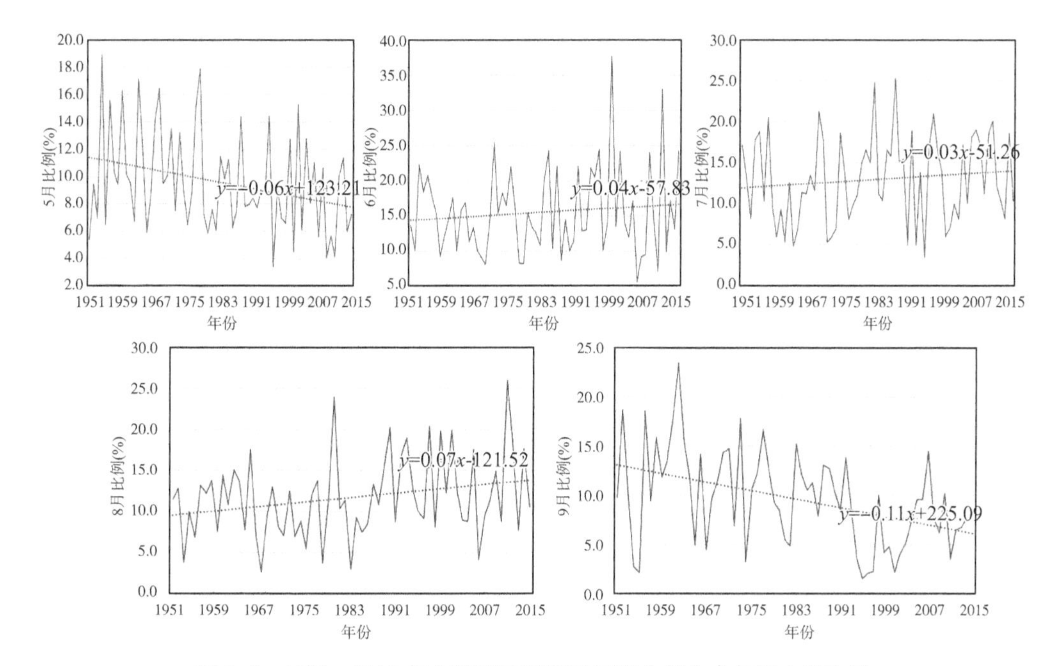

图 2.8　1951—2015 年太湖流域汛期逐月降水量占全年降水量比重

2.3.2.2　年内极值降水量

图 2.9 和表 2.7 分别给出了 8 个降水极值序列的变化趋势和基本特征参数。由图表可知，太湖流域极值降水量同样具有显著年际变化，极值降水量的历年最大值与流域两次典型大洪水对应的降水过程密切相关，其中最大 1 d、最大 3 d 的最大值由 1962 年台风雨造成，而其他极值降水量的最大值则由 1999 年降水造成；除最大 1 d 外，其他极值降水量的最小值主要集中在 1978 年历史干旱年份。同时，降水量极值的最大值、最小值均未出现在 2002 年之后，这说明 2002—2015 年，就流域面平均而言，极值降水量的总体态势正常。对各极值降水量进行 MK 趋势检验，各极值降水量均呈上升趋势，但在 α＝90％的置信水平上变化不显著。

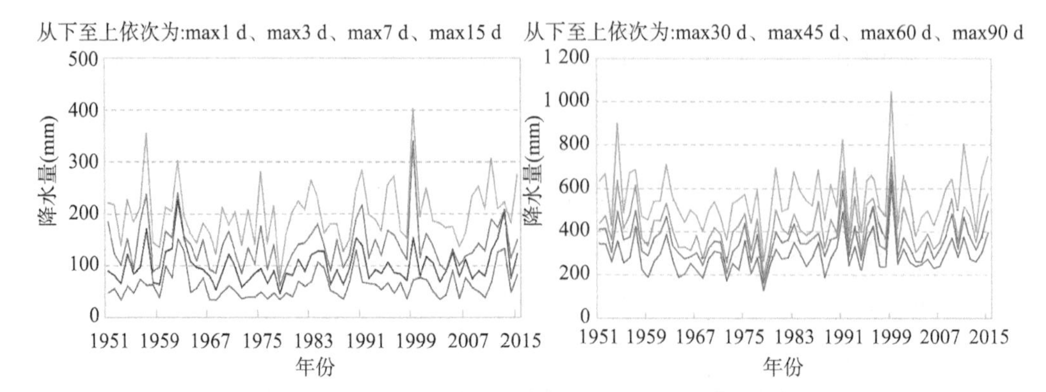

图 2.9　1951—2015 年太湖流域不同时段极值降水量变化趋势图

表 2.7　太湖流域不同时段极值降水量基本特征参数

参数	max 1 d	max 3 d	max 7 d	max 15 d	max 30 d	max 45 d	max 60 d	max 90 d
均值(mm)	62.2	99.7	139.2	200.8	285.3	357.3	421.2	553.7
最大值(mm)	150.1	225.5	339.1	402.1	621.1	681.4	744.4	1 044.1
最小值(mm)	32.6	45.4	60.5	76.4	127.6	160.8	192.5	263.2
极值比	4.60	4.97	5.60	5.26	4.87	4.24	3.87	3.97
离势系数	0.43	0.34	0.33	0.28	0.28	0.25	0.25	0.24
偏态系数	1.43	1.35	1.55	0.97	1.39	1.00	0.69	0.97
最大值所在年份	1962	1962	1999	1999	1999	1999	1999	1999
最小值所在年份	1968	1978	1978	1978	1978	1978	1978	1978
MK 值	1.28	0.58	0.39	1.19	1.18	0.37	0.58	0.47

2.3.3　超定量降水量

超定量降水量是指单日降水量超过特定值对应的降水特征要素。本小节分析了太湖流域单日降水量超过 0.1 mm、10.0 mm、25.0 mm、50.0 mm 和 100.0 mm(分别为小雨及以上、中雨及以上、大雨及以上、暴雨及以上、大暴雨及以上,下同)的雨日数和相应降水强度。图 2.10 和图 2.11 分别给出了不同日降水量等级对应的雨日数和平均降水强度。由图 2.10 可知,太湖流域全年及汛期雨日数的年际变化总体上比较平稳,而中雨及以上、大雨及以上、暴雨及以上和大暴雨及以上雨日数的年际差异比较明显。其中,大雨及以上量级的日降水事件基本出现在汛期,且以 1991 年、1999 年等典型洪水年份的汛期出现频次最多,但是大暴雨及以上降水事件除汛期外,多出现在台风等特定时期(如 2012 年“海葵”台风、2013 年“菲特”台风等)。与此相对应,由图 2.11 可知,太湖流域汛期大雨及以上降水事件的平均强度与全年很接近。此外,就 2002 年以来近期暴雨事件而言,其相应雨日数以及降水强度均未超出历史纪录,但从 2003 年开始大雨及以上量级的降水事件雨日数基本呈增长趋势。

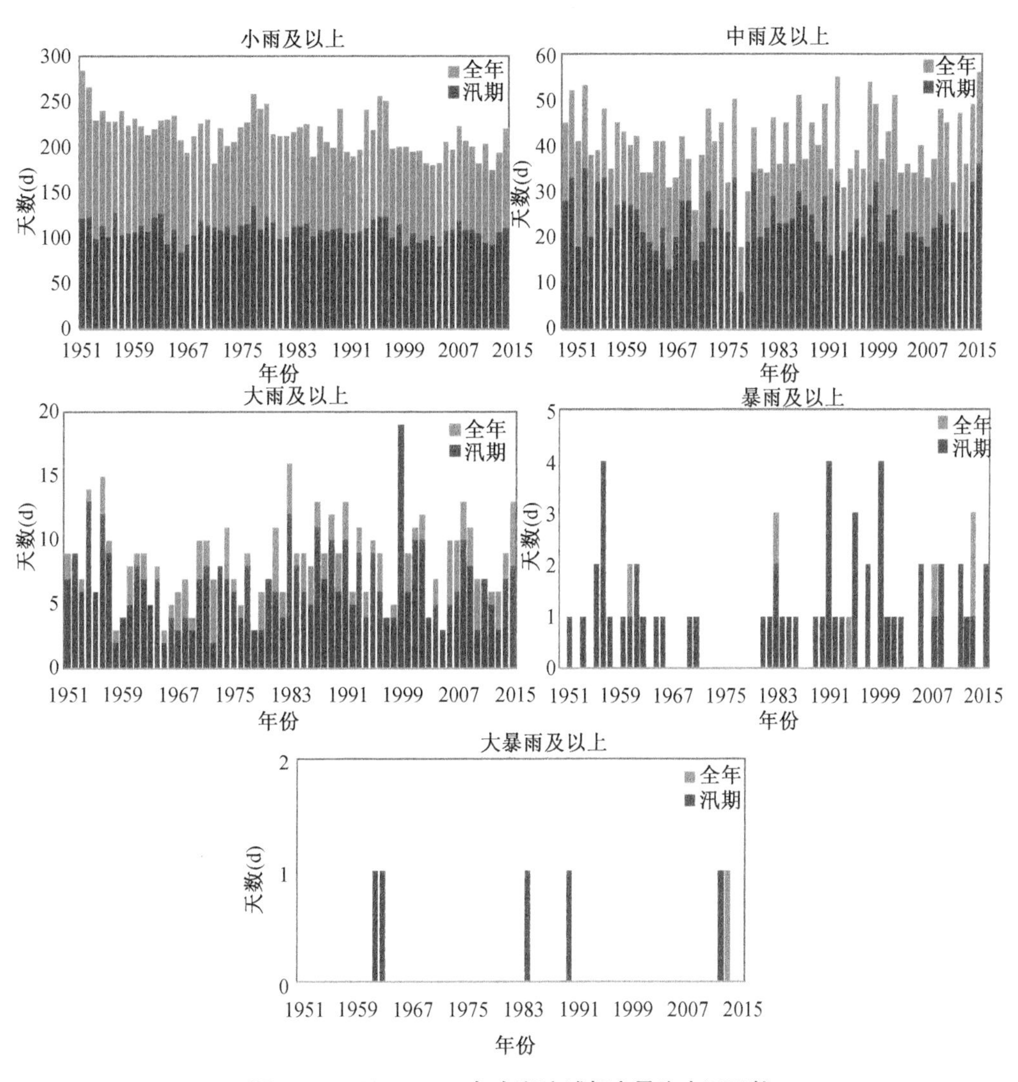

图 2.10　1951—2015 年太湖流域超定量降水雨日数

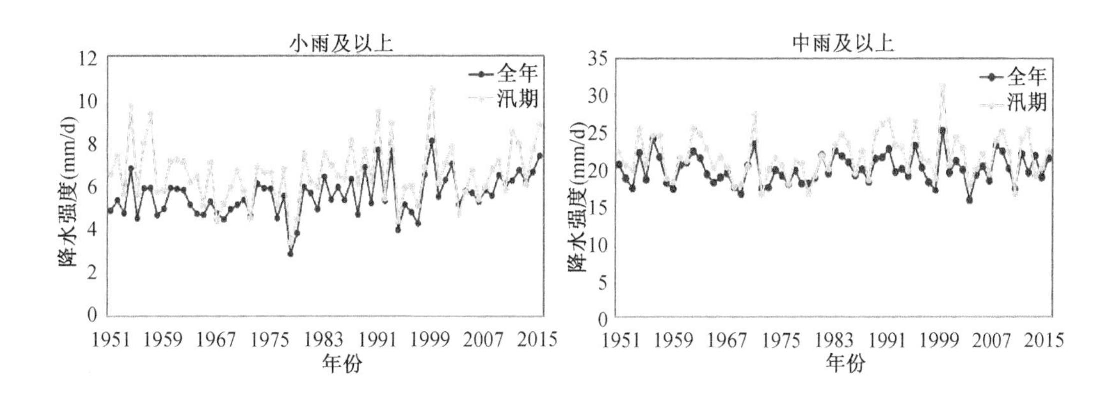

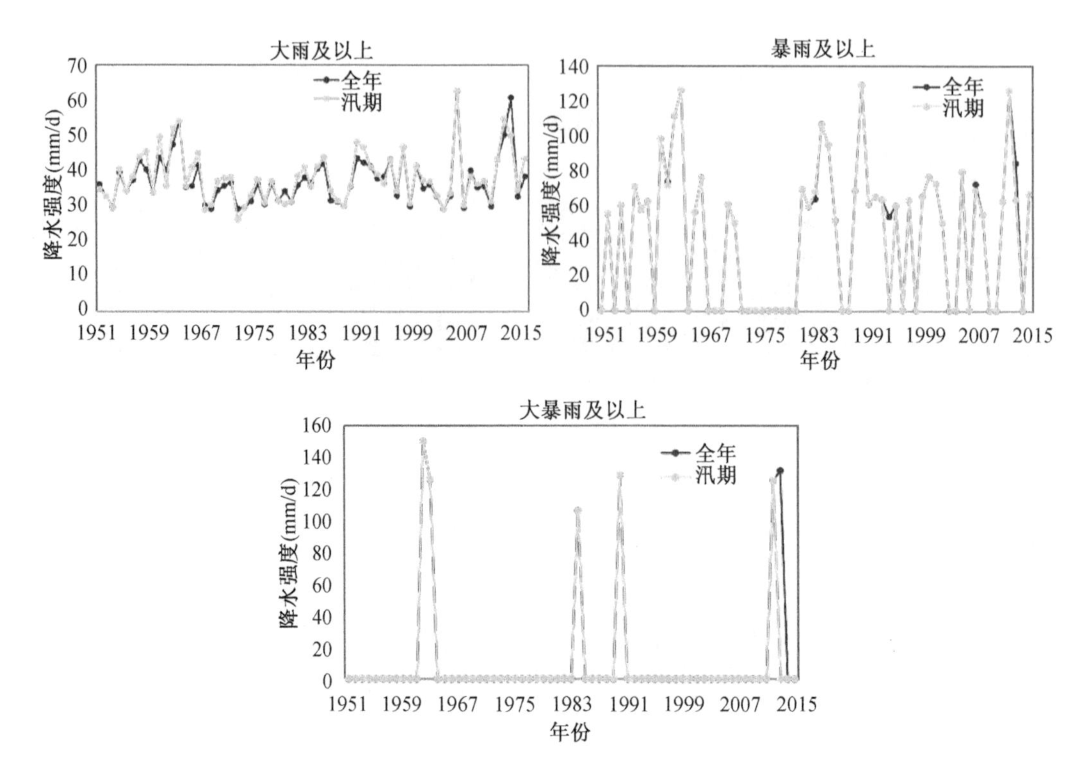

图 2.11　1951—2015 年太湖流域超定量降水强度

2.4　典型分区降水量变化分析

对选取的 3 个典型区域——浙西区、杭嘉湖区、武澄锡虞区 1951—2015 年区域降水量特征要素值进行分析，包括汛期降水量以及全年/汛期降水量的年际变化特征，年内各旬、月降水量变化特征及集中情况，年内最大连续 1 d、3 d、7 d、15 d、30 d、45 d、60 d、90 d 降水量的变化及超定量降水情况。

2.4.1　浙西区

2.4.1.1　降水量年际变化

对浙西区年降水量及汛期（5—9 月）降水量的年际变化进行统计分析，参数如表 2.8 所示。1951—2015 年，浙西区年降水量的均值为 1 440.0 mm，最大值为 1954 年的 2 062.9 mm，最小值为 1978 年的 932.6 mm，极值比为 2.21，Cv 为 0.16，Cs 为 0.30；汛期降水量平均为 857.8 mm，最大降水量为 1 436.9 mm（1999 年），最小降水量为 507.1 mm（1978 年），极值比为 2.83，Cv 为 0.23，Cs 为 0.57，汛期降水量的离散程度明显高于年降水量。由表 2.8 可知，浙西区年/汛期降水量具有显著的年代际差异，浙西区年降水量的最大值出现在 1954 年，汛期最大值出现在 1999 年，而年/汛期降水量最小值出现在 1978 年；2002 年前后两个降水系列相比，浙西区年降水量的最大值减少 259.6 mm，最小值增加 173.2 mm，极值比有所下降，均值和离势系数 Cv 基本持平，汛期降水量的最大值减少

331.6 mm，最小值、均值、离势系数 Cv 基本持平，极值比有所下降。多年平均情况下汛期降水量约占年降水量的 60%，最大可接近 70%，两者的相关系数高达 0.90，浙西区汛期降水量与年降水量的丰枯变化具有高度的同步性。对浙西区年/汛期降水量进行 MK 趋势检验，1951—2015 年和 1951—2001 年呈下降趋势，但不显著，2002—2015 年年降水量在 95% 的置信水平上显著上升，但汛期降水量上升不显著。

表 2.8　浙西区年/汛期降水量的年际变化

	年份	最大值（mm）	最小值（mm）	均值（mm）	极值比	Cv	Cs	MK 值
全年	1951—2015	2 062.9	932.6	1 440.0	2.21	0.16	0.30	−0.57
	1951—2001	2 062.9	932.6	1 448.3	2.21	0.16	0.27	−0.45
	2002—2015	1 803.3	1 105.8	1 409.7	1.63	0.15	0.35	1.97
汛期	1951—2015	1 436.9	507.1	857.8	2.83	0.23	0.57	−1.10
	1951—2001	1 436.9	507.1	874.6	2.83	0.23	0.54	−0.40
	2002—2015	1 105.3	552.9	796.8	2.00	0.22	0.43	1.53

浙西区年/汛期降水量变化趋势如图 2.12 所示。由图 2.12 可以看出，年/汛期降水量呈现出明显的丰枯周期性变化，且极其相似。从 5 a 滑动平均值变化可见，1951—1968 年、1978—1982 年及 1999—2007 年浙西区年/汛期降水量 5 a 滑动平均值整体呈下降趋势，尤其是 1999 年以后下降趋势明显，2003 年浙西区年/汛期降水量分别降至 2002 年以后最小值 1 105.8 mm 和 552.9 mm；1969—1977 年、2008—2012 年浙西区年/汛期降水量 5 a 滑动平均值整体上升，尤其是 2007 年以后降水量明显上升；1983—1998 年浙西区年/汛期降水量 5 a 滑动平均值呈平稳波动状态。从 10 a 滑动平均值变化可以看出，浙西区年/汛期降水量 10 a 滑动平均值呈现出更加明显的周期性变化，1951—1972 年、2000—2009 年浙西区年/汛期降水量 10 a 滑动平均值基本呈下降趋势，2010—2015 年浙西区年/汛期降水量 10 a 滑动平均值呈上升趋势，1973—1999 年浙西区年/汛期降水量 10 a 滑动平均值呈缓慢波动上升趋势。

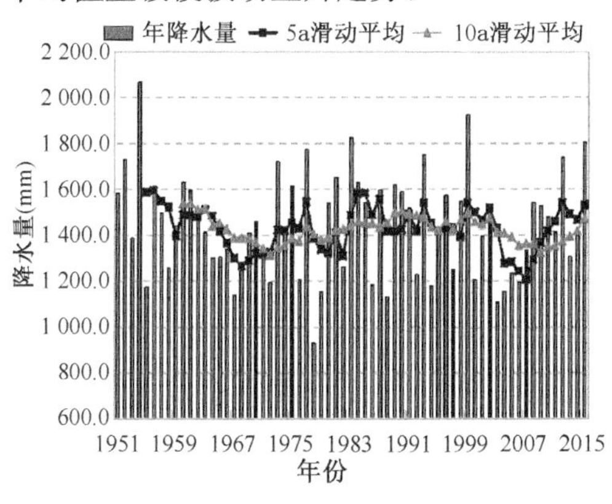

(a)年降水

(b) 汛期降水

图 2.12　浙西区年/汛期降水量变化趋势

图 2.13 和图 2.14 分别给出了采用 Morlet 连续小波分析对应的浙西区年/汛期降水量的小波系数实部等值线图和小波方差图，可以看出，浙西区年/汛期降水量的多尺度准周期波动是比较显著的，且极其相似。由图 2.13(a)和图 2.14(a)可以看出，浙西区年/汛期降水量均有 4 个较为明显的峰值，依次对应着 2 a、7 a、21 a 和 41 a 的时间尺度，说明这四个周期控制着浙西区降水量在整个时间域内的变化特征。图 2.13(b)和图 2.14(b)给出了 4 个主周期的小波实部过程图，可以看出，浙西区年/汛期降水量具有显著的多时间尺度演变特征，表现出不同时间尺度的周期振荡和多个变异点：在 2 a 和 7 a 的特征时间尺度上，浙西区年/汛期降水量降水周期震荡非常剧烈，没有明显的规律，但是随着时间尺度的增加，周期规律越来越明显；在 21 a 特征时间尺度上，浙西区降水变化的平均周期是 8 a，大约经历了 7 个丰-枯转换循环期；在 41 a 特征时间尺度上，浙西区降水变化的平均周期是 35 a 左右，大约经历了 2 个丰-枯转换循环期，规律性最明显。图 2.13(c)和图 2.14(c)给出了浙西区年/汛期降水量小波系数实部等值线图，由图可以看出，在主周期 35 a的时间尺度上(对应的主周期 41 a)，降水量周期振幅最大。在这一级时间尺度上，降水量基本上经历了 5 个丰枯演变阶段，相应的丰枯突变点分别是 1962 年、1982 年、1999 年和 2007 年，且 2015 年降水增多的等值线即将闭合但还没有闭合，说明浙西区降水量未来还有可能继续增多，过后可能出现减少的趋势。浙西区年/汛期降水量累积距平曲线(图 2.15)也说明了降水量的丰枯变化，从累积距平曲线可以看出，浙西区年降水量和汛期降水量呈现出明显的丰枯变化，且极其相似。第 1 阶段(1951—1962 年)，年/汛期降水量总体偏丰：年平均降水量为 1 535.8 mm，最大降水量为 2 062.9 mm(1954 年)；汛期平均降水量为 947.2 mm，最大降水量为 1 404.5 mm(1954 年)。第 2 阶段(1963—1982 年)，年/汛期降水量总体偏枯：年平均降水量为 1 368.1 mm，最小降水量为 932.6 mm(1978 年)；汛期平均降水量为 800.4 mm，最小降水量为 507.1 mm(1978 年)。第 3 阶段(1983—1999 年)，年/汛期降水量总体偏丰：年平均降水量为 1 496.2 mm，最大降水量为 1 922.6 mm(1999 年)；汛期平均降水量为 930.2 mm，最大降水量为 1 436.9 mm(1999 年)。第 4 阶段(2000—2007 年)，年/汛期降水量总体偏枯：年平均降水量为 1 267.3 mm，

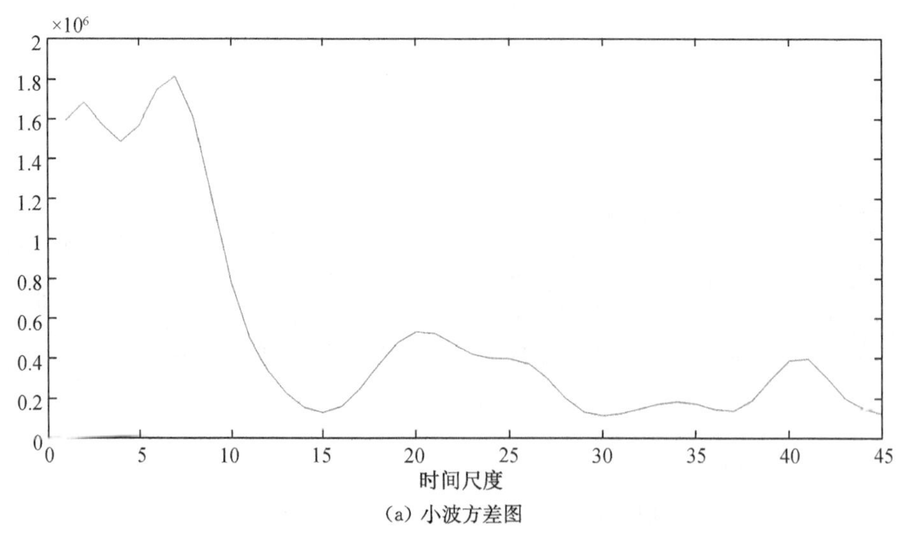

(a) 小波方差图

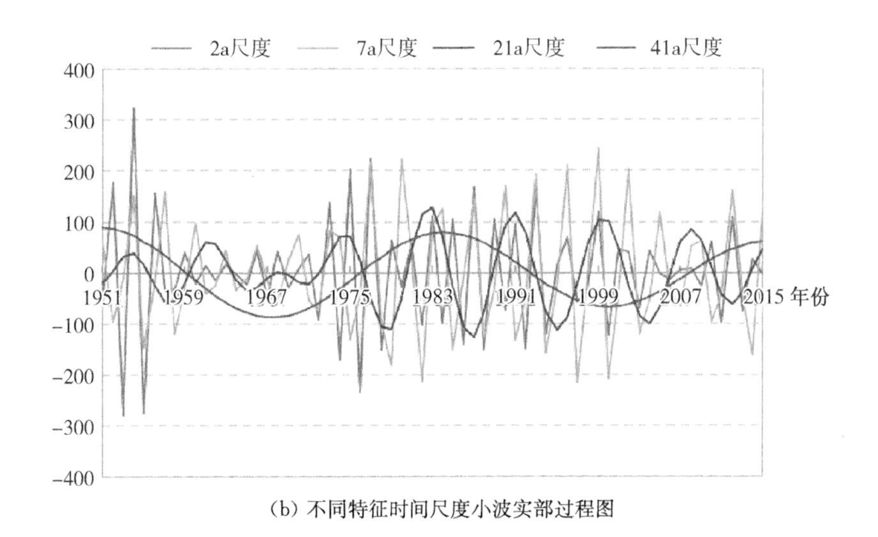

(b) 不同特征时间尺度小波实部过程图

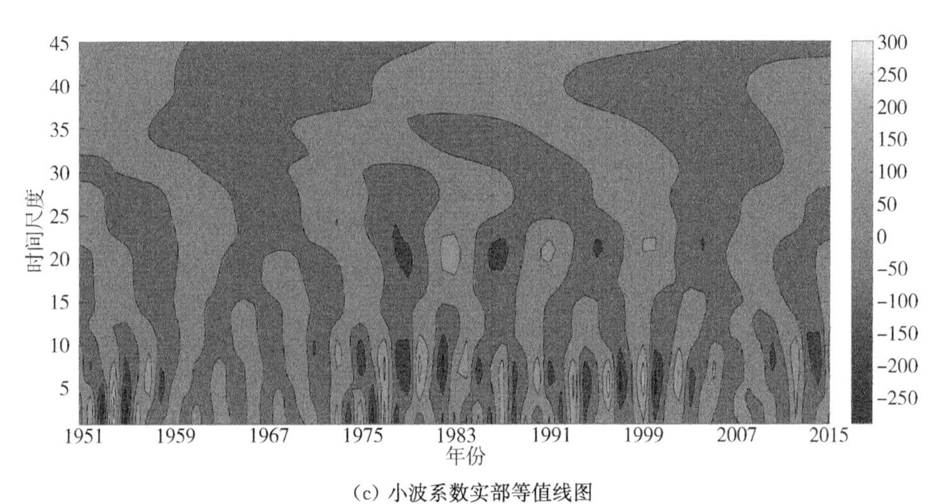

(c) 小波系数实部等值线图

图 2.13　浙西区年降水量小波系数实部图和方差时序图

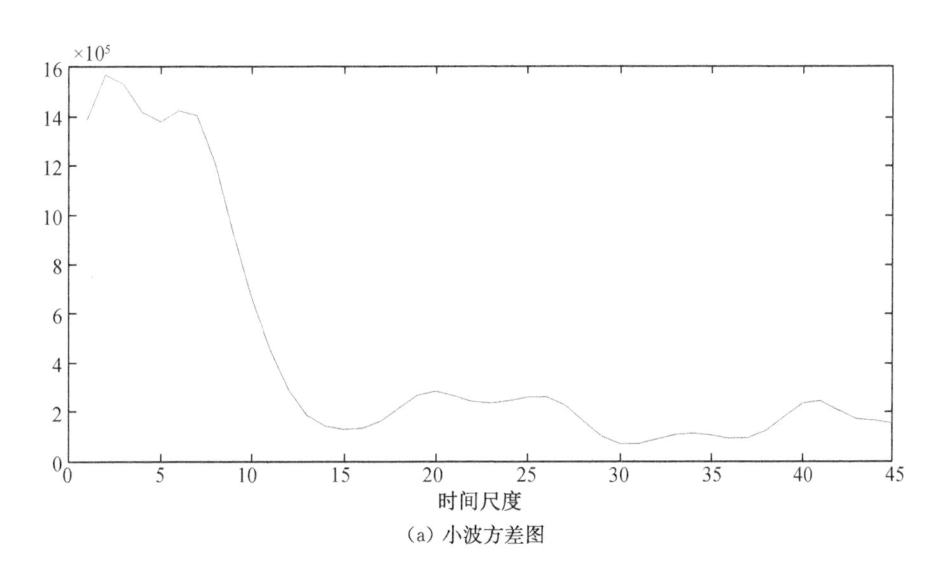

(a) 小波方差图

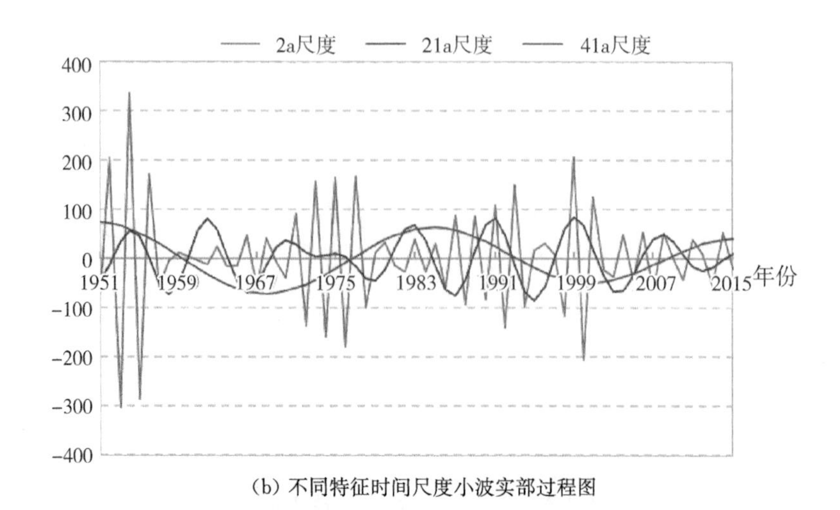

(b) 不同特征时间尺度小波实部过程图

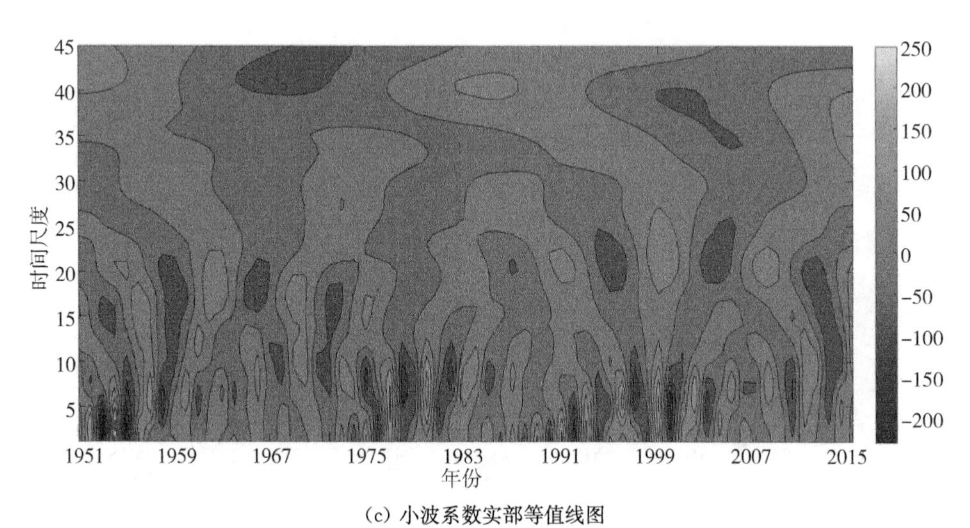

(c) 小波系数实部等值线图

图 2.14　浙西区汛期降水量小波系数实部图和方差时序图

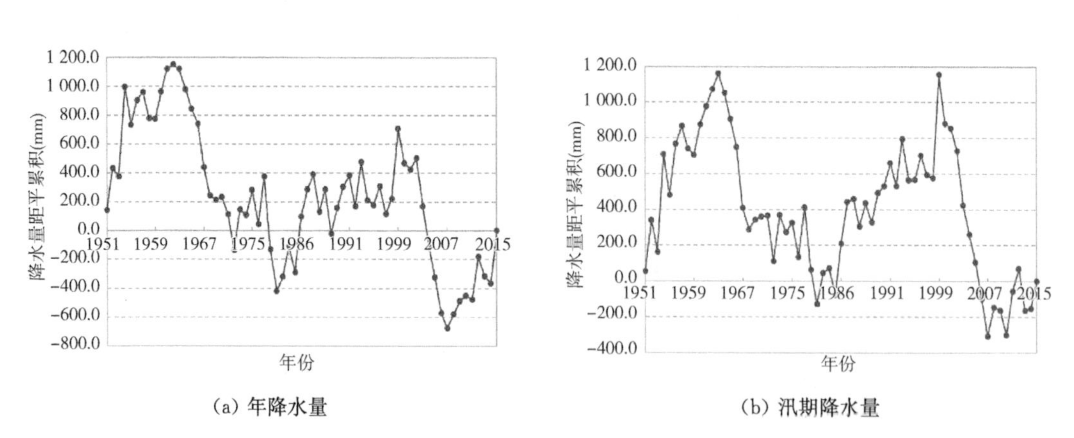

(a) 年降水量　　(b) 汛期降水量

图 2.15　1951—2015 年浙西区年/汛期降水量累积距平曲线

最小降水量为 1 105.8 mm（2003 年）；汛期平均降水量为 675.1 mm，最小降水量为 552.9 mm(2003 年)。第 5 阶段(2008—2015 年)，年/汛期降水量总体偏丰：年平均降水量为 1 524.6 mm，最大降水量为 1 803.3 mm(2015 年)；汛期平均降水量为 896.1 mm，最大降水量为 1 105.3 mm(2011 年)。

2.4.1.2　降水量年内变化

(1) 各月降水量

1951—2015 年浙西区不同时段降水量箱线图见图 2.16，不同时段降水量占全年的百分比箱线图见图 2.17。由图 2.16(a)逐月过程来看，降水量最多的两个月份依次为汛期的 6 月和 7 月，其次是 8 月，再次为 5 月和 9 月(两者降水量相当)，其中 6 月降水量极值较多。浙西区月降水量的历史纪录是 1999 年 6 月，该月降水量达 746.7 mm，占当年总量

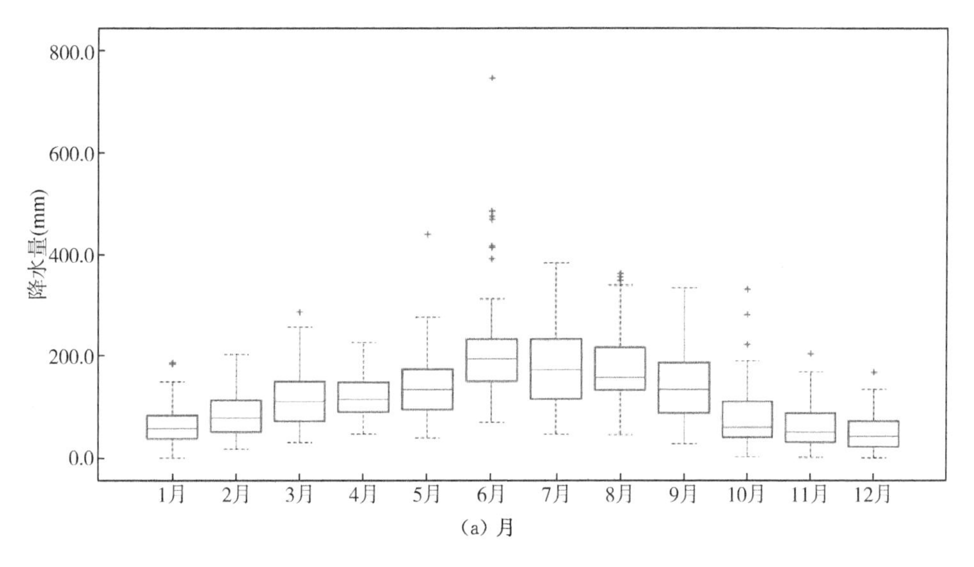

(a) 月

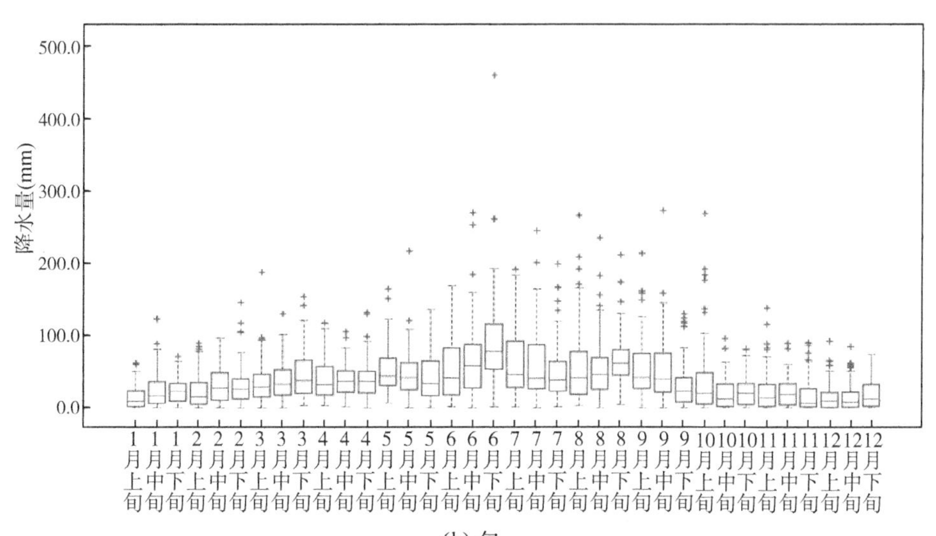

(b) 旬

图 2.16　1951—2015 年浙西区不同时段降水量箱线图

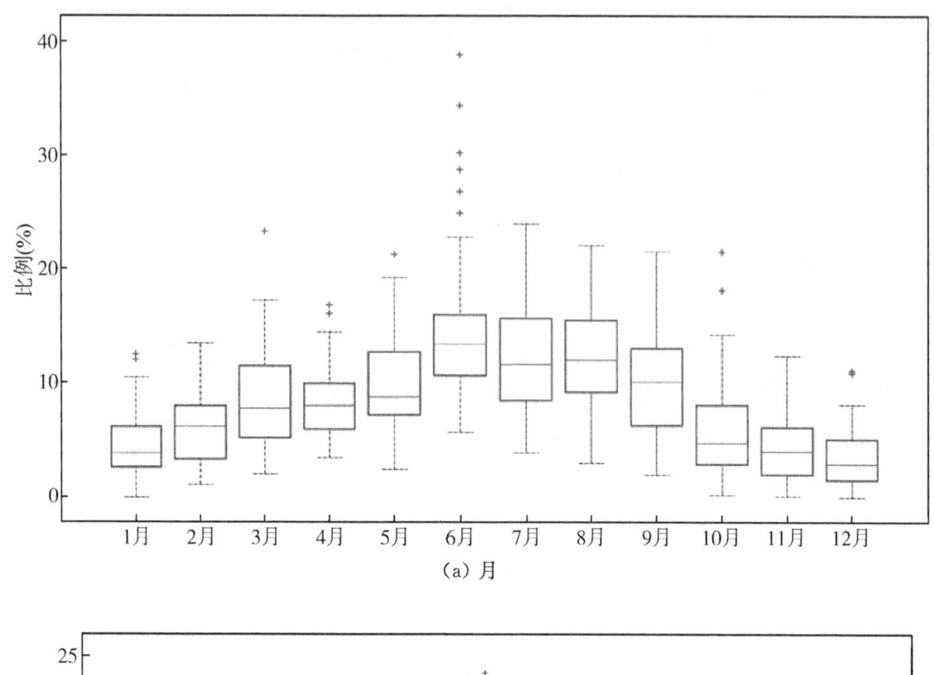

(a) 月

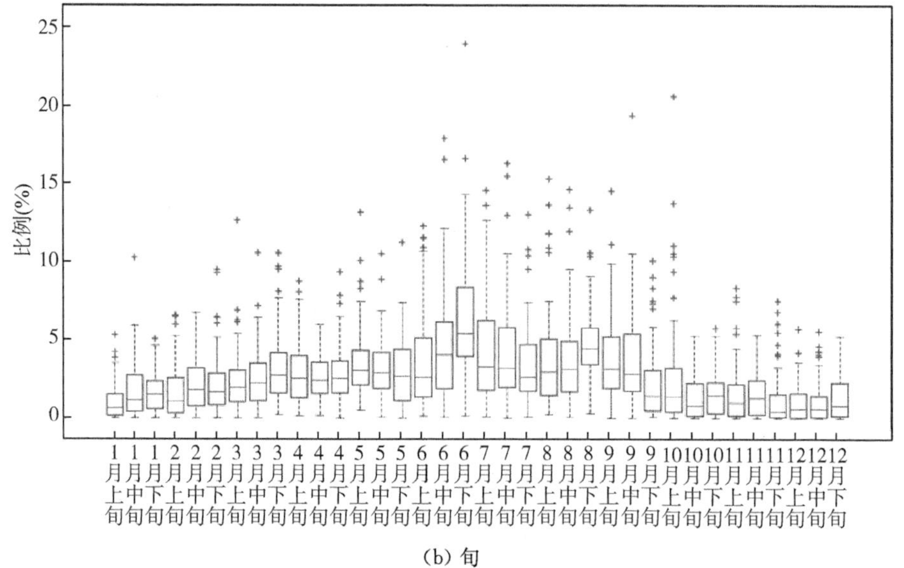

(b) 旬

注:矩形盒两端边线分别对应数据的上下四分位数,矩形盒内部线段为中位线。

图 2.17 1951—2015 年浙西区不同时段降水量占全年的百分比箱线图

的 39%[见图 2.17(a)]。此外,汛前期(1—4 月)的各月降水量整体要高于汛后期(10—12 月),尤其是 4 月和 3 月。由图 2.16(b)逐旬过程来看,浙西区逐旬降水量在年内呈“双峰型”分布:第 1 个峰值处于 6 月上旬至 7 月中旬,为梅雨期降水,尤以 6 月下旬降水最为丰沛,该旬降水量的多年平均值在年内也最高,同时 65 a 来旬降水量的历史纪录也发生在该旬(1999 年 6 月下旬,降水量 460.2 mm,约占当年降水量的 24%);而第 2 个峰值处于 8 月上旬到 9 月中上旬附近,为台风期降水,这一时段旬降水量最大可超过 250.0 mm(历史纪录为 1963 年台风“葛乐礼”,9 月中旬降水量 272.7 mm,约占当年降水量的 19%)。

对汛前、汛期、汛后降水量占当年降水比重进行 MK 趋势检验，汛前和汛后降水量比重呈上升趋势，尤其是汛前上升趋势通过了 90%的显著性检验，汛期比重呈下降趋势，但未通过显著性检验。由图 2.17 中各月降水量比重可以看出，浙西区降水仍主要集中在汛期各月，而且 2002 年以来汛期降水比重呈上升趋势，其中 2011 年浙西区汛期降水量占全年降水量的比重达到了 78.7%，居于历史最高水平，并明显高于 1999 年等特大洪水所在年份。为进一步分析降水在年内的集中性，表 2.9 统计了浙西区汛期各月降水量基本特征参数，图 2.18 给出了 1951—2015 年浙西区汛期逐月降水量占全年降水量比重的变化趋势。由图 2.18 可知，汛期各月降水量的年际变化较年/汛期降水量的年际变化要大得多，其离散性也更强，同时汛期各月降水量的历史纪录除 8 月(2012 年台风“海葵”)外均出现在 2002 年之前，其最大值与历次浙西区大洪水密切相关。对汛期各月降水进行 MK 趋势检验，5 月、9 月降水呈下降趋势，且在 α=95%的置信水平上显著下降，7 月和 8 月呈上升趋势，但趋势均不显著。由图 2.18 可以看出，5 月和 9 月所占比例表现出比较明显的下降趋势，6 月、7 月、8 月则表现出一定的上升态势，尤其是 8 月上升态势明显。其中，6 月自 2005 年以来比重上升态势是比较明显的，尤其是 2011 年居历史第 2 位(比重 34%)，仅次于 1999 年(39%)；7 月自 1999 年以来总体呈上升态势；8 月自 2006 年以来比重上升态势比较明显，且在 2011 年创造了新的历史纪录(比重 26%)。进一步采用 MK 方法检验了 5—9 月各月、6—7 月、6—8 月、7—8 月占全年比重的变化趋势。结果发现，6 月比重呈不显著上升趋势，而尽管 7 月、8 月、6—7 月比重的线性上升趋势未通过 α=90% 显著性检验，但 6—8 月和 7—8 月的比重分别在 90%和 95%的置信水平上显著上升，说明汛期降水比重趋向于 7—8 月。而 5 月、9 月降水量占全年降水量比重的下降趋势均通过了 α=95%显著性检验，且在 2002—2015 年期间，这两个月的降水量有多个年份明显低于多年平均值。由此可见，全年降水量在汛期 7—8 月更趋于集中，尤其是 8 月份降水比重上升趋势显著，而在汛期初期 5 月和末期 9 月的比重具有降低的态势。此外，年内降水在汛前和汛后的降水比重呈上升趋势，尤其是汛前比重上升趋势显著。

表 2.9　浙西区汛期各月降水量基本特征参数

特征参数	5月	6月	7月	8月	9月
均值(mm)	141.8	217.6	176.4	179.3	142.7
最大值(mm)	439.8	746.7	383.1	362.8	333.4
最小值(mm)	39.2	70.6	46.3	45.7	26.9
极值比	11.2	10.6	8.3	7.9	12.4
离势系数	0.46	0.52	0.43	0.42	0.52
偏态系数	1.61	2.17	0.32	0.65	0.47
最大值所在年份	1954	1999	1987	2012	1977
最小值所在年份	1996	2005	1994	1978	2001
MK 值	−2.05	−0.75	0.99	1.10	−3.22

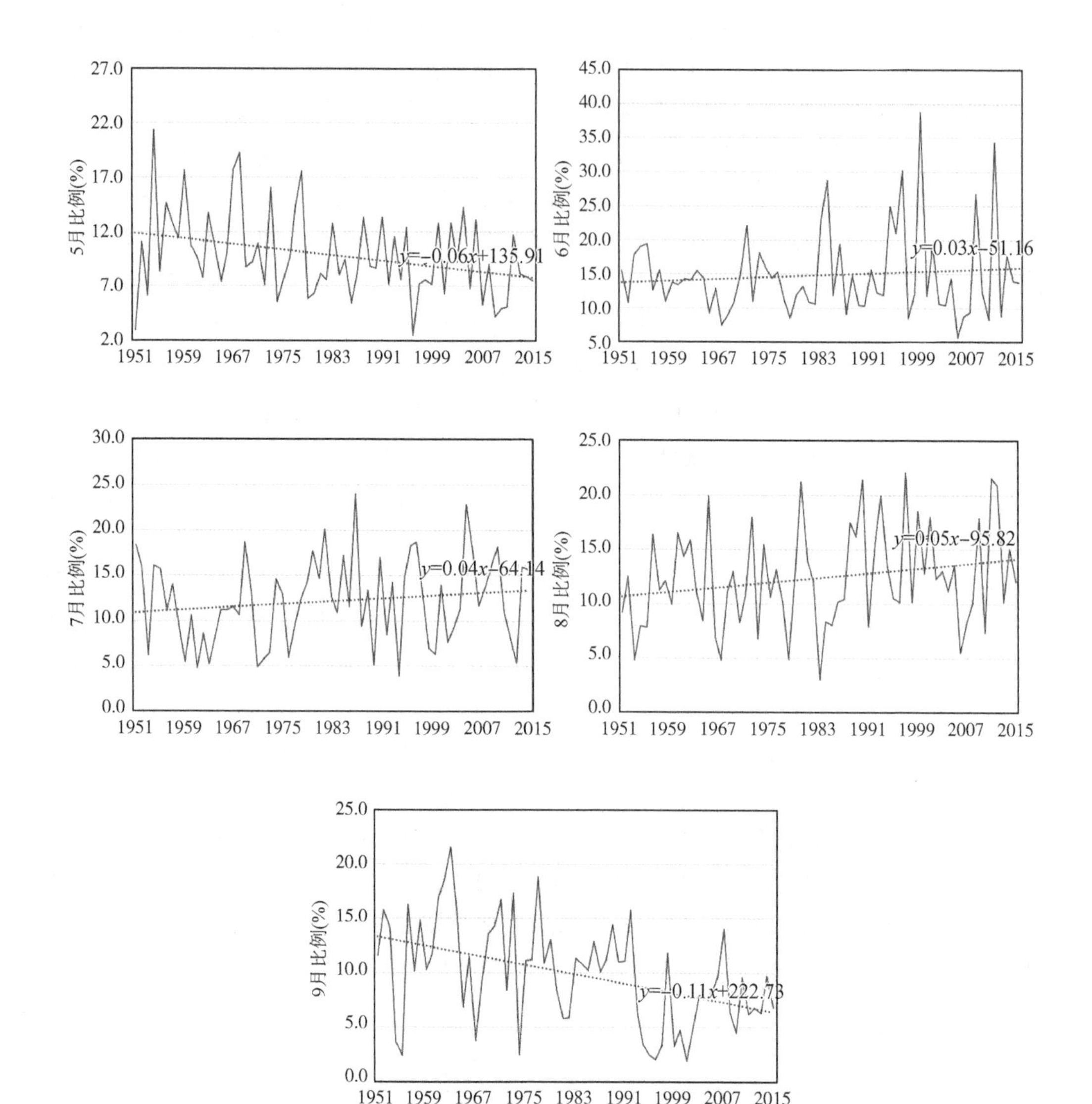

图 2.18　1951—2015 年浙西区汛期逐月降水量占全年降水量比重变化图

(2) 年内极值降水量

图 2.19 和表 2.10 分别给出了 8 个降水极值序列的变化趋势和基本特征参数。由图表可知，浙西区极值降水量同样具有显著的年际变化，极值降水量的历年最大值与流域两次典型大洪水对应的降水过程密切相关，其中最大 1 d 降水量的最大值由 1963 年“葛乐礼”台风造成，最大 3 d 降水量的最大值由 2013 年“菲特”台风造成，而其他极值降水量的最大值则由 1999 年梅雨期间强降水造成。同时，极值降水量的最小值均未出现在 2002 年之后，主要集中出现在 1978 年干旱年。对各极值降水量进行 MK 趋势检验，最大 1 d、最大 3 d 和最大 90 d 降水量呈下降趋势，其余各极值降水量均呈上升趋势，但在 α＝95％ 的置信水平上变化均不显著。

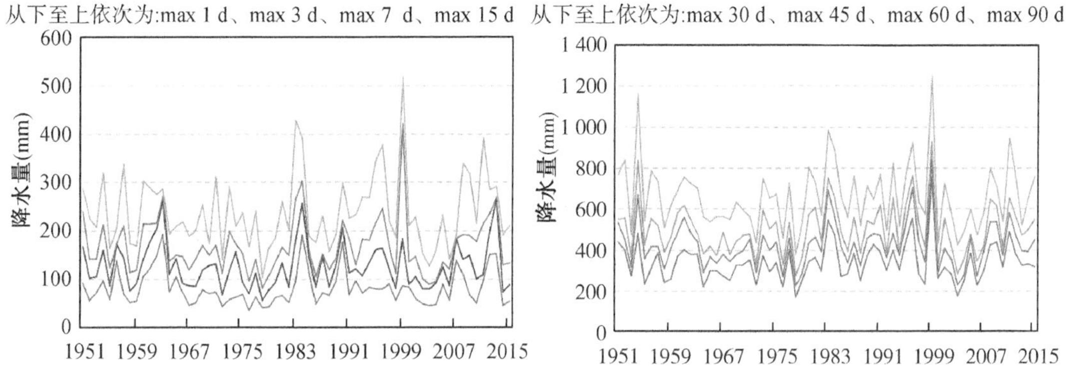

图 2.19　1951—2015 年浙西区不同时段极值降水量变化趋势图

表 2.10　浙西区不同时段极值降水量基本特征参数

参数	max 1 d	max 3 d	max 7 d	max 15 d	max 30 d	max 45 d	max 60 d	max 90 d
均值(mm)	80.7	126.0	168.0	239.4	338.8	423.4	500.3	661.0
最大值(mm)	192.1	265.0	420.7	518.1	752.5	841.2	924.9	1 249.8
最小值(mm)	34.9	54.5	80.9	103.7	169.2	224.0	272.9	376.9
极值比	5.50	4.86	5.20	5.00	4.45	3.76	3.39	3.32
离势系数	0.45	0.38	0.35	0.33	0.29	0.27	0.26	0.25
偏态系数	1.37	1.07	1.52	1.07	1.33	1.07	0.79	1.09
最大值所在年份	1963	2013	1999	1999	1999	1999	1999	1999
最小值所在年份	1976	1978	1978	1978	1978	1978	1978	1978
MK 值	−0.05	−0.22	0.09	0.22	0.62	0.36	0.41	−0.07

2.4.1.3　超定量降水量

图 2.20 和图 2.21 分别给出了 1951—2015 年浙西区不同日降水量等级对应的雨日数和平均降水强度。由图 2.20 可知，浙西区全年及汛期雨日数的年际变化总体上比较平稳，而中雨及以上、大雨及以上、暴雨及以上和大暴雨及以上雨日数的年际差异比较明显，其中大雨及以上量级的日降水事件基本出现在汛期，且以 1954 年、1973 年、1999 年等典型洪水年份的汛期出现频次最多，但是大暴雨及以上降水事件除汛期外，多出现在台风等特定时期(如 2013 年“菲特”台风等)。与此相对应，由图 2.21 可知，浙西区汛期大雨及以上降水事件的平均强度与全年很接近。此外，就 2002 年以来近期暴雨事件而言，其相应雨日数以及降水强度均未超出历史纪录，而且浙西区从 2003 年开始大雨及以上量级的雨日数基本呈增长趋势，并于 2015 年达到 2000 年后的最大天数 22 d(1954 年，23 d)。

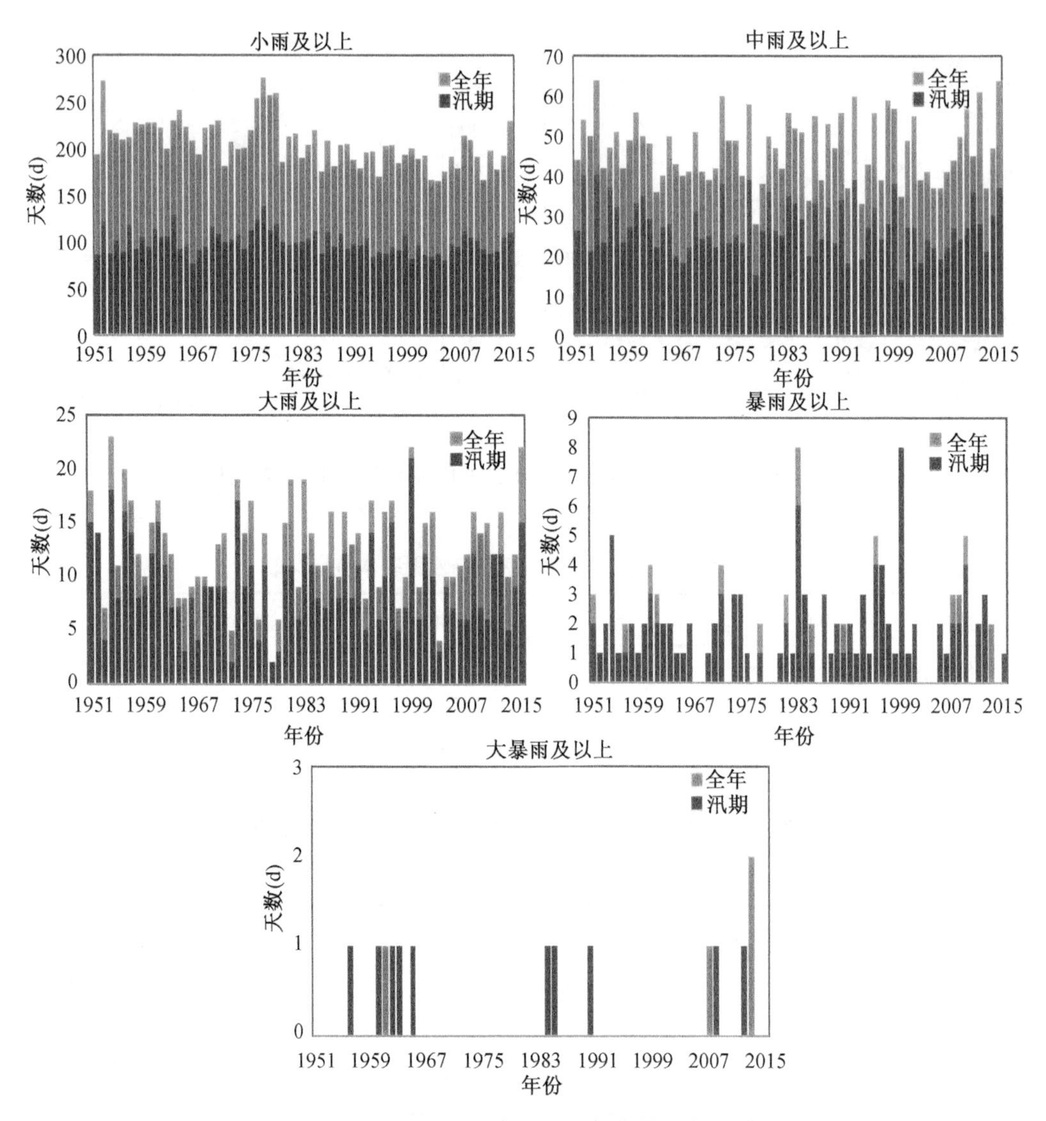

图 2.20　1951—2015 年浙西区超定量降水雨日数

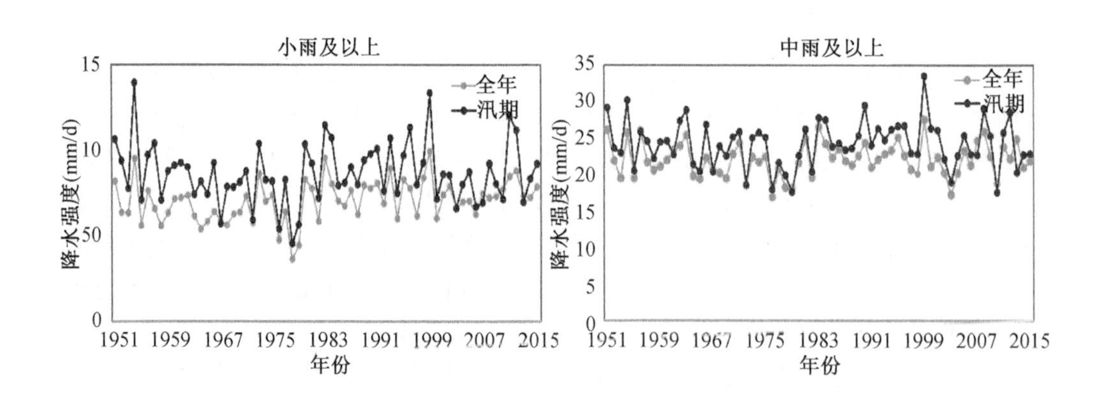

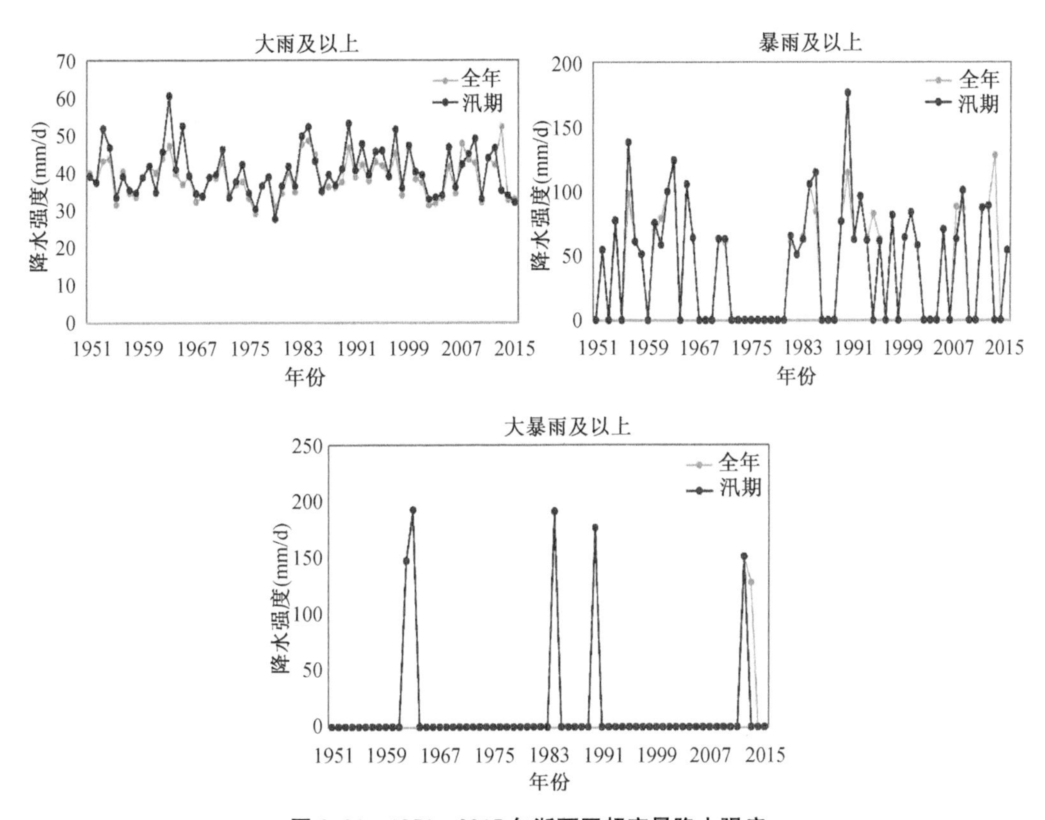

图 2.21　1951—2015 年浙西区超定量降水强度

2.4.2　杭嘉湖区

2.4.2.1　降水量年际变化

对杭嘉湖区年降水量及汛期(5—9 月)降水量的年际变化进行统计分析,参数如表 2.11 所示。1951—2015 年,杭嘉湖区年降水量均值为 1 231.3 mm,最大值为 1954 年的 1 800.3 mm,最小值为 1978 年的 772.3 mm,极值比为 2.33,Cv 为 0.18,Cs 为 0.27;汛期降水量均值为 705.0 mm,最大降水量为 1 230.2 mm(1954 年),最小降水量为 314.8 mm(2003 年),极值比为 3.91,Cv 为 0.26,Cs 为 0.56,汛期降水量的离散程度明显高于年降水量。由表 2.11 可知,杭嘉湖区年/汛期降水量具有显著的年代际差异,杭嘉湖区年/汛期降水量的最大值出现在 1954 年,最小值出现在 1978 年和 2003 年;2002 年前后两个降水系列相比,杭嘉湖区年降水量的最大值减少 224.6 mm,最小值、均值和离势系数 Cv 基本持平,极值比略有下降;汛期降水量的最大值减少 359.2 mm,最小值减少 100.4 mm,均值和离势系数 Cv 基本持平,极值比略有下降。多年平均情况下,汛期降水量约占年降水量的 57%,最大可接近 70%,两者的相关系数高达 0.89,杭嘉湖区汛期降水量与年降水量的丰枯变化具有高度的同步性。对杭嘉湖区年/汛期降水量进行 MK 趋势检验,2002—2015 年年/汛期降水量均在 95%的置信水平上显著上升,其他系列趋势不显著。

表 2.11 杭嘉湖区年/汛期降水量的年际变化

	年份	最大值（mm）	最小值（mm）	均值（mm）	极值比	Cv	Cs	MK 值
全年	1951—2015	1 800.3	772.3	1 231.3	2.33	0.18	0.27	0.14
	1951—2001	1 800.3	772.3	1 232.6	2.33	0.17	0.44	−0.21
	2002—2015	1 575.7	777.2	1 226.6	2.03	0.19	−0.20	2.19
汛期	1951—2015	1 230.2	314.8	705.0	3.91	0.26	0.56	−0.63
	1951—2001	1 230.2	415.2	719.2	2.96	0.26	0.66	−0.18
	2002—2015	871.0	314.8	653.5	2.77	0.24	−0.42	2.19

杭嘉湖区年/汛期降水量变化趋势如图 2.22 所示。由图 2.22 可以看出，年/汛期降水量呈现出明显的丰枯周期性变化，且极其相似。从 5 a 滑动平均值变化可以看出，1951—1968 年、1978—1982 年及 2000—2007 年杭嘉湖区年/汛期降水量 5 a 滑动平均值整体呈下降趋势，尤其是 1999 年以后下降趋势明显，2003 年杭嘉湖区年/汛期降水量分别降至 2002 年以后最小值 777.2 mm 和 314.8 mm；1969—1977 年、1983—1999 年、2008—2012 年杭嘉湖区年/汛期降水量 5 a 滑动平均值整体呈上升趋势，尤其是 2007 年以后降水量明显上升。从 10 a 滑动平均值变化可以看出，杭嘉湖区年/汛期降水量呈现出更加明显的周期性变化，1972 年以前杭嘉湖区年/汛期降水量 10 a 滑动平均值基本呈下降趋势，1972—2002 年杭嘉湖区年/汛期降水量 10 a 滑动平均值呈波动上升趋势，2003—2008 年降水量 10 a 滑动平均值呈下降趋势，2009 年之后降水量有所上升。

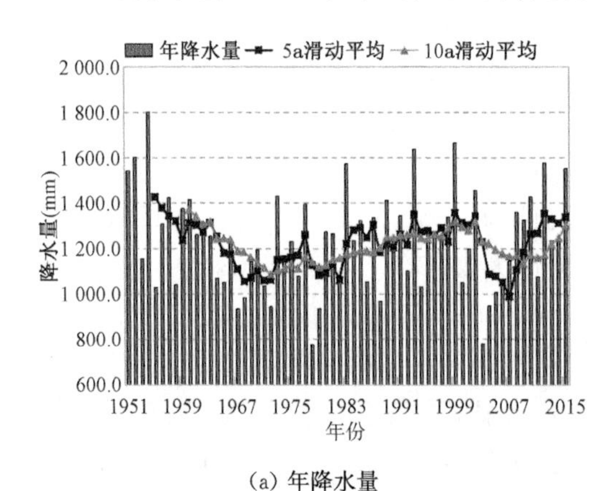

(a) 年降水量

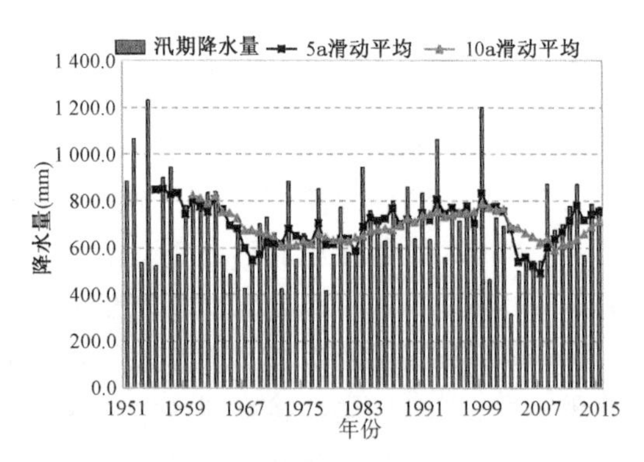

(b) 汛期降水量

图 2.22 杭嘉湖区年/汛期降水量变化趋势

图 2.23 和图 2.24 分别给出了采用 Morlet 连续小波分析对应的杭嘉湖区年/汛期降水量的小波系数实部等值线图和小波方差图，可以看出，杭嘉湖区年/汛期降水量的多尺度准周期波动是比较显著的，且极其相似。由图 2.23(a)和图 2.24(a)可以看出，杭嘉湖区年降水量有 5 个较为明显的峰值，依次对应着 2 a、7 a、21 a、34 a 和 41 a 的时间尺度；汛期降水量有 3 个较为明显的峰值，依次对应着 2 a、26 a 和 34 a 的时间尺度，说明这些周期

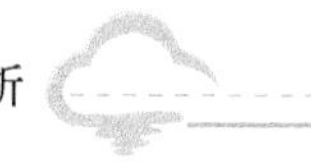

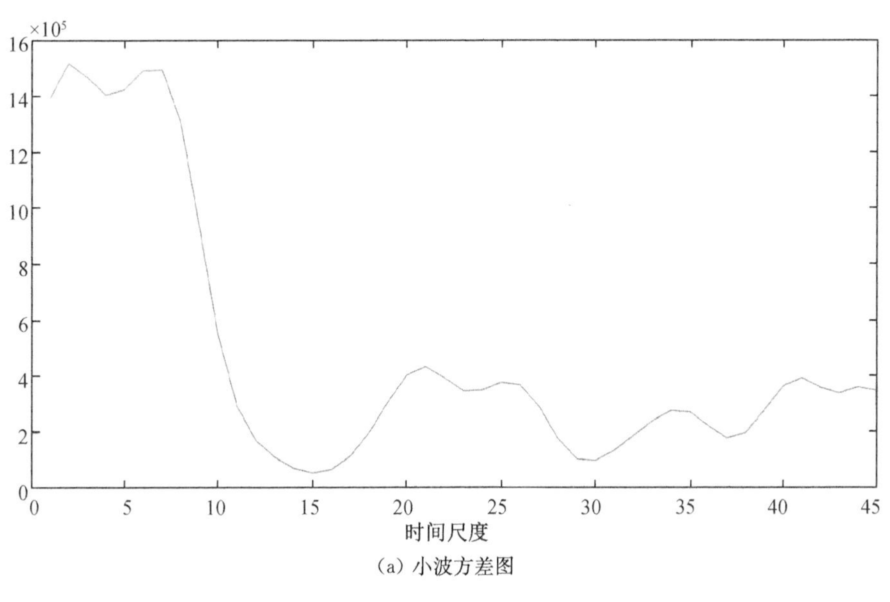

(a) 小波方差图

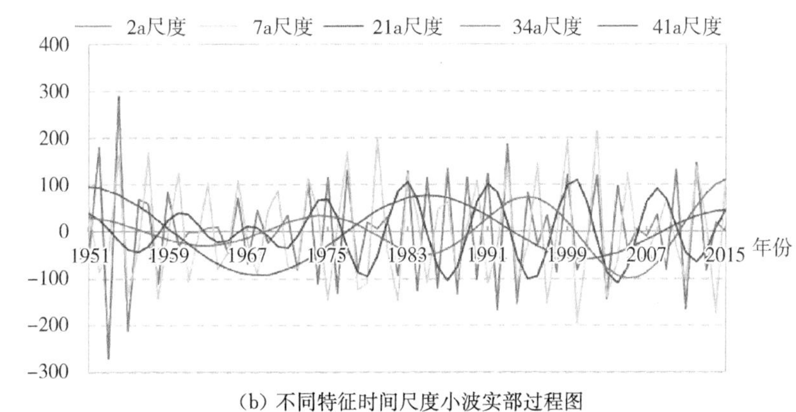

(b) 不同特征时间尺度小波实部过程图

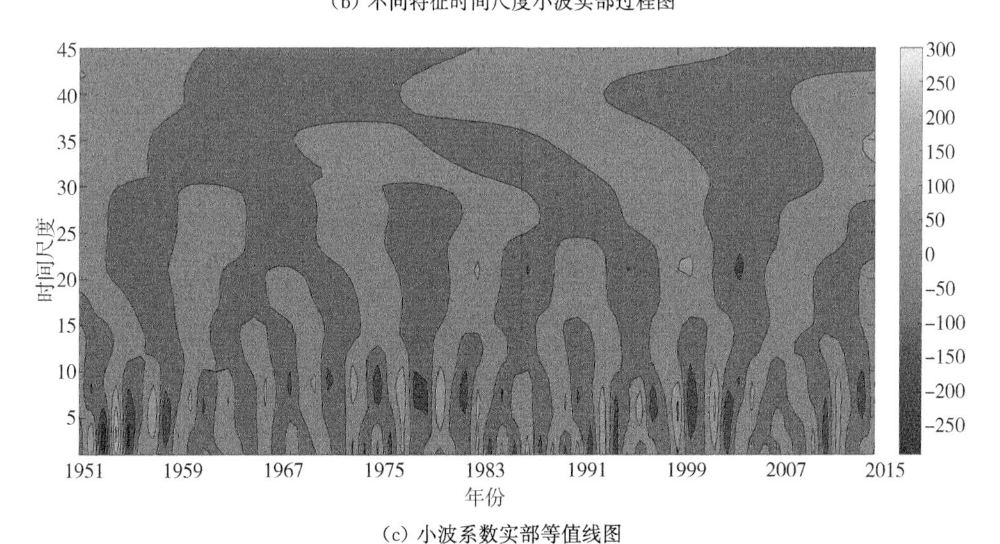

(c) 小波系数实部等值线图

图 2.23　杭嘉湖区年降水量小波系数实部图和方差时序图

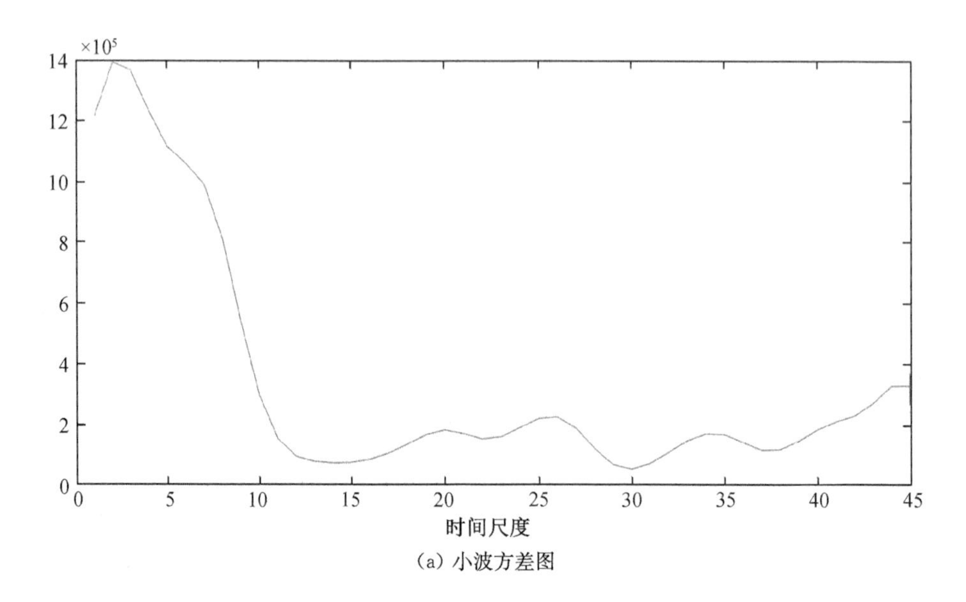

(a) 小波方差图

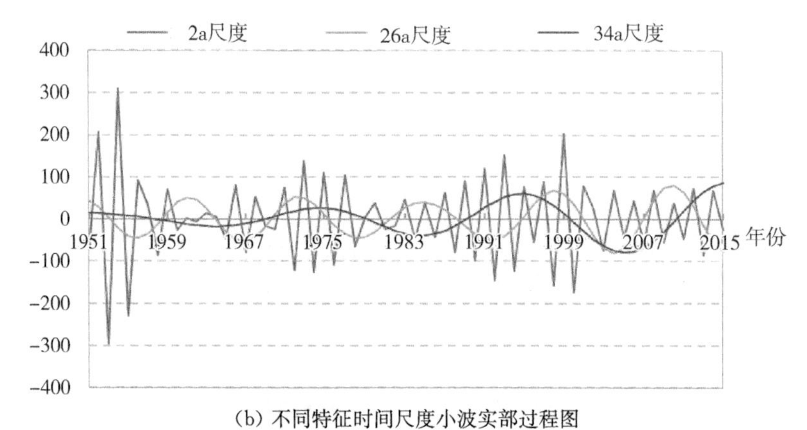

(b) 不同特征时间尺度小波实部过程图

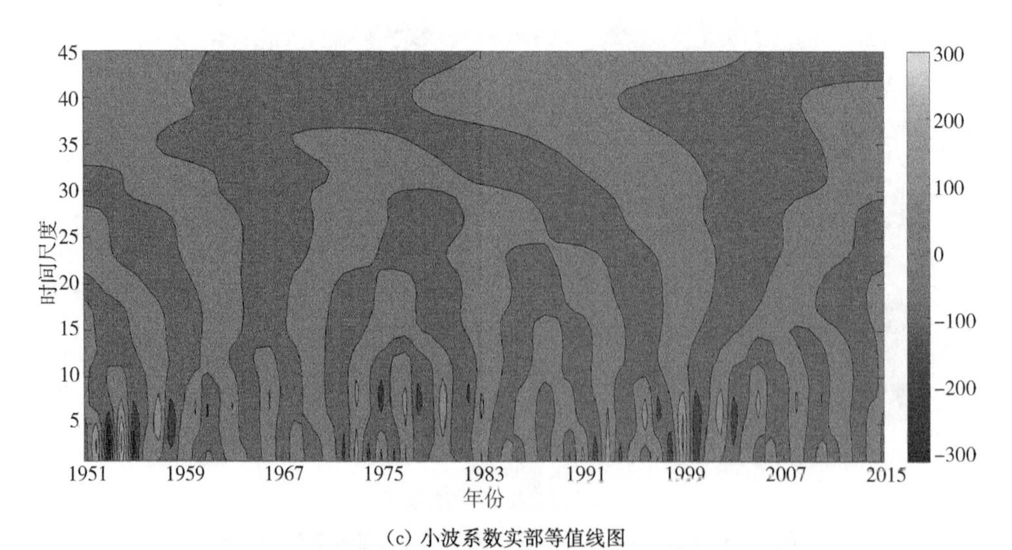

(c) 小波系数实部等值线图

图 2.24　杭嘉湖区汛期降水量小波系数实部图和方差时序图

控制着杭嘉湖区降水量在整个时间域内的变化特征。图 2.23(b)和图 2.24(b)给出了 5 个主周期的小波实部过程图,可以看出,杭嘉湖区年/汛期降水量具有显著的多时间尺度演变特征,表现出不同时间尺度的周期振荡和多个变异点:在 2 a 和 7 a 的特征时间尺度上,杭嘉湖区年/汛期降水量降水周期震荡非常剧烈,没有明显的规律,但是随着时间尺度的增加,周期规律越来越明显;在 21 a 特征时间尺度上,杭嘉湖区年降水变化的平均周期是 8 a,大约经历了 7 个丰-枯转换循环期;在 34 a 特征时间尺度上,杭嘉湖区年降水变化的平均周期是 22 a,大约经历了 2 个丰-枯转换循环期;在 26 a 特征时间尺度上,杭嘉湖区汛期降水变化的平均周期是 12 a,大约经历了 5 个丰-枯转换循环期;在 34 a 特征时间尺度上,杭嘉湖区汛期降水变化的平均周期是 21 a,大约经历了 2 个丰-枯转换循环期,汛期降水量变化规律性最明显;在 41 a 特征时间尺度上,杭嘉湖区年降水变化的平均周期是 33 a 左右,大约经历了 2 个丰-枯转换循环期,年降水量变化规律性最明显。图 2.23(c)和图 2.24(c)给出了杭嘉湖区年/汛期降水量小波系数实部等值线图,由图可以看出,在主周期 38 a 的时间尺度上(年/汛期降水量对应的主周期为 41/34 a),年/汛期降水量周期振幅最大。在这一级时间尺度上,降水量基本上经历了 5 个丰枯演变阶段,相应的丰枯突变点分别是 1962 年、1982 年、1999 年和 2007 年,且 2015 年降水增多的等值线即将闭合但还没有闭合,说明杭嘉湖区年/汛期降水量未来还有可能继续增多,过后可能出现减少的趋势。杭嘉湖区年/汛期降水量累积距平曲线(图 2.25)也说明了降水量的丰枯变化。从累积距平曲线可以看出,杭嘉湖区年降水量和汛期降水量呈现明显的丰枯变化,且极其相似。第 1 阶段(1951—1962 年),年/汛期降水量总体偏丰:年平均降水量为 1 349.1 mm,最大降水量为 1 800.3 mm(1954 年);汛期平均降水量为 818.7 mm,最大降水量为 1 230.2 mm(1954 年)。第 2 阶段(1963—1982 年),年/汛期降水量总体偏枯:年平均降水量为 1 120.4 mm,最小降水量为 772.3 mm(1978 年);汛期平均降水量为 624.8 mm,最小降水量为 415.2 mm(1978 年)。第 3 阶段(1983—1999 年),年/汛期降水量总体偏丰:年平均降水量为 1 295.5 mm,最大降水量为 1 664.1 mm(1999 年);汛期平均降水量为 774.8 mm,最大降水量为 1 201.1 mm(1999 年)。第 4 阶段(2000—2007 年),年/汛期降水量总体偏枯:年平均降水量为 1 079.0 mm,最小降水量为 777.2 mm(2003 年);汛期平均降水量为 540.3 mm,最小降水量为 314.8 mm(2003 年)。第 5 阶段(2008—2015 年),

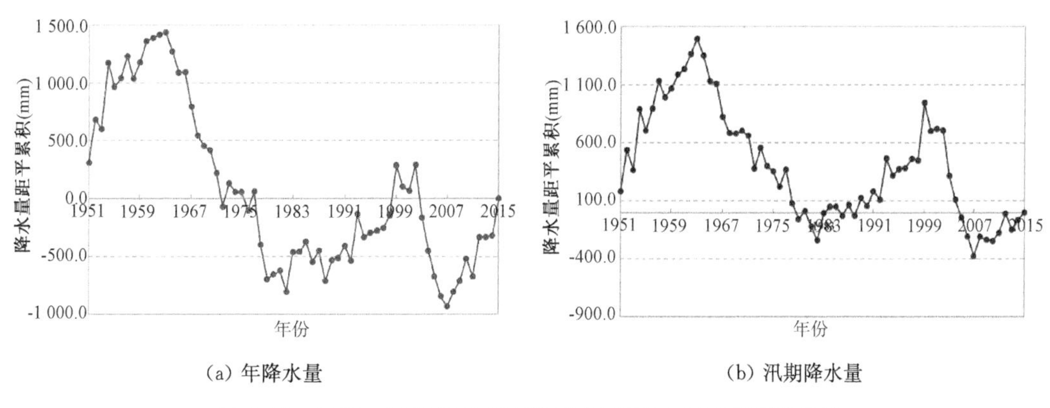

(a) 年降水量　　(b) 汛期降水量

图 2.25　1951—2015 年杭嘉湖区年/汛期降水量累积距平曲线

年/汛期降水量总体偏丰：年平均降水量为 1 348.1 mm，最大降水量为 1 575.7 mm(2012 年)；汛期平均降水量为 751.8 mm，最大降水量为 871.0 mm(2008 年)，汛期与年降水量最大值出现年份不完全一致。

2.4.2.2 降水量年内变化

(1) 各月降水量

1951—2015 年杭嘉湖区不同时段降水量箱线图见图 2.26，不同时段降水量占全年的百分比箱线图见图 2.27。由逐月过程来看，降水量最多的月份为汛期的 6 月，其次是 7 月和 8 月(两者降水量相当，7 月降水离散程度较大)，再次为 9 月和 5 月，其中 6 月出现月降水量极值较多。杭嘉湖区月最大降水量的历史纪录是 1999 年 6 月，该月降水量达 630.1 mm，占当年总量的 38%。此外，汛前期(1—4 月)各月降水量整体要高于汛后期(10—12 月)，尤其是 3 月和 4 月较高。由逐旬过程来看，杭嘉湖区逐旬降水量在年内呈“双峰型”分布：第 1 个峰值处于 6 月上旬至 7 月中旬，为梅雨期降水，尤以 6 月下旬降水最为丰沛，且旬最大降水量出现频次多，该旬降水量的多年平均值在年内也最高，同时 65 a 来旬降水量的历史纪录也发生在该旬(1999 年 6 月下旬，降水量 401.9 mm，约占年降水量的 24%)；而第 2 个峰值处于 8 月上旬到 9 月中旬附近，为台风期降水，其中 8 月下旬降水略高于其他时段，但极值主要出现在 9 月中旬，该时段降水离散程度较大，旬最大降水量为 286.9 mm(1963 年台风“葛乐礼”，约占当年降水量的 23%)。此外，由图还可以看出，杭嘉湖区旬、月降水量的较大值不仅仅多发于降水高峰期，在其他时段也时有发生。

对汛前、汛期、汛后降水量占当年降水比重进行 MK 趋势检验，汛前和汛后降水量比重呈上升趋势，尤其是汛前上升趋势通过了 95%的显著性检验，汛期比重呈不显著下降趋势。但由图 2.27 中各月降水比重可以看出，杭嘉湖区降水仍主要集中在汛期各月，且 2002 年以来汛期降水比重呈上升趋势，其中 2011 年杭嘉湖区汛期降水量占全年降水量的比重达到了 72.4%，居于历史最高水平，其次是 1999 年，比重 72.2%。为进一步分析降水在年内的集中性，表 2.12 统计了杭嘉湖区汛期各月降水量基本特征参数，图 2.28 给出了 1951—2015 年杭嘉湖区汛期逐月降水量占全年降水量比重的变化趋势图。由表 2.12 可知，汛期各月降水量的年际变化较年/汛期降水量的年际变化要大得多，同时汛期各月降水量的最大值均出现在 2002 年之前，其最大值与历次杭嘉湖区大洪水及台风密切相关，5—8 月最大值集中在 1954 年和 1999 年，9 月出现在 1962 年典型台风期(台风“艾美”)。对汛期各月降水量进行 MK 趋势检验，5 月、9 月降水量呈下降趋势，且在 $\alpha=95\%$ 的置信水平上显著下降，7 月和 8 月呈上升趋势，但趋势不显著。由图 2.28 可以看出，5 月和 9 月表现出比较明显的下降趋势，而 6 月、7 月、8 月则表现出一定的上升态势。其中，9 月比重较 5 月下降更为明显；6 月自 2005 年以来比重的上升态势是比较明显的，尤其是 2011 年居历史第 2 位(比重 36%)，仅次于 1999 年(38%)；7 月总体呈上升态势；8 月自 2006 年以来比重的上升态势也比较明显，2011 年比重 21%，仅次于 1997 年(24%)，且上升趋势较 6 月和 7 月更为明显。进一步采用 MK 方法检验了 5—9 月各月、6—7 月、6—8 月、7—8 月降水量占全年比重的变化趋势。结果发现，6 月比重呈不显著上升趋势，尽管 7 月、6—7 月比重的线性上升趋势未通过 $\alpha=90\%$ 显著性检验，但 6—8 月和 7—8 月

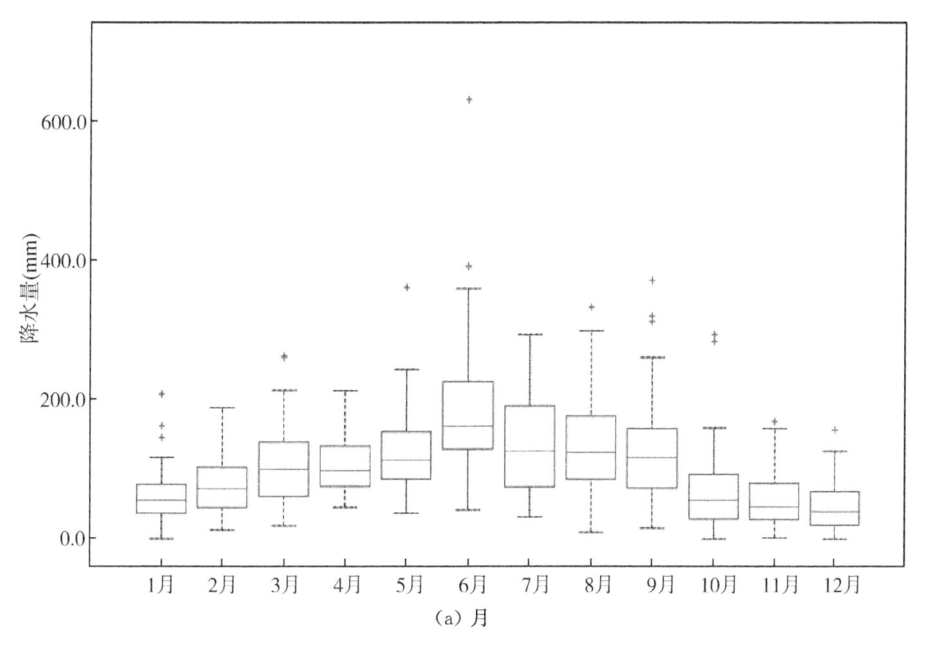

(a) 月

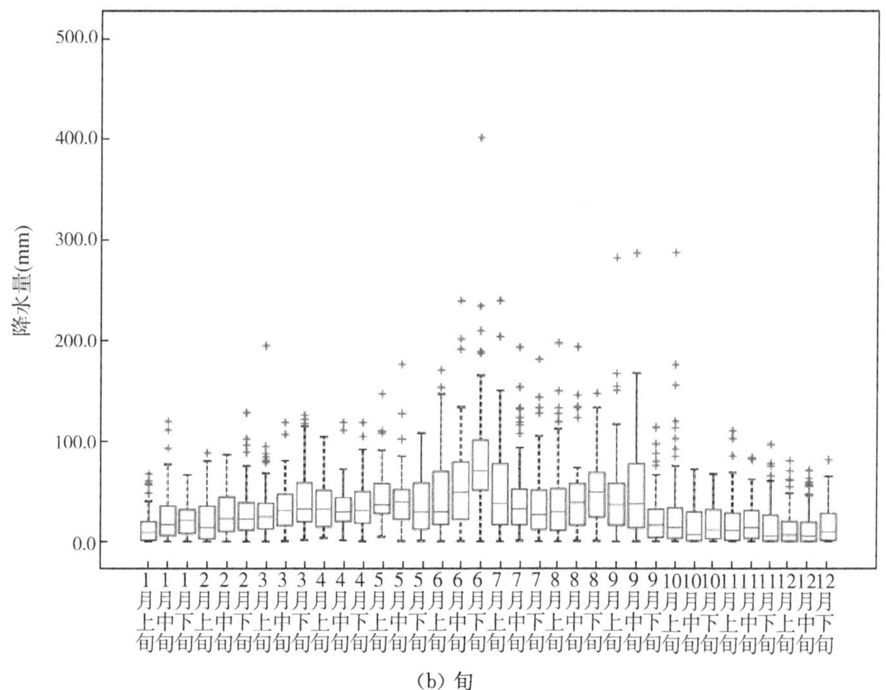

(b) 旬

图 2.26　1951—2015 年杭嘉湖区不同时段降水量箱线图

的比重分别在 95％和 90％的置信水平上显著上升，其中 8 月降水比重通过 90％的显著性检验，说明汛期降水比重趋向于 7—8 月，尤其是 8 月。而 5 月、9 月比重的下降趋势均通过了 α＝95％显著性检验，且在 2002—2015 年期间，这两个月的降水量有多个年份明显低于多年平均值。由此可见，杭嘉湖区年内降水分布与流域相似，全年降水量在汛期 7—8

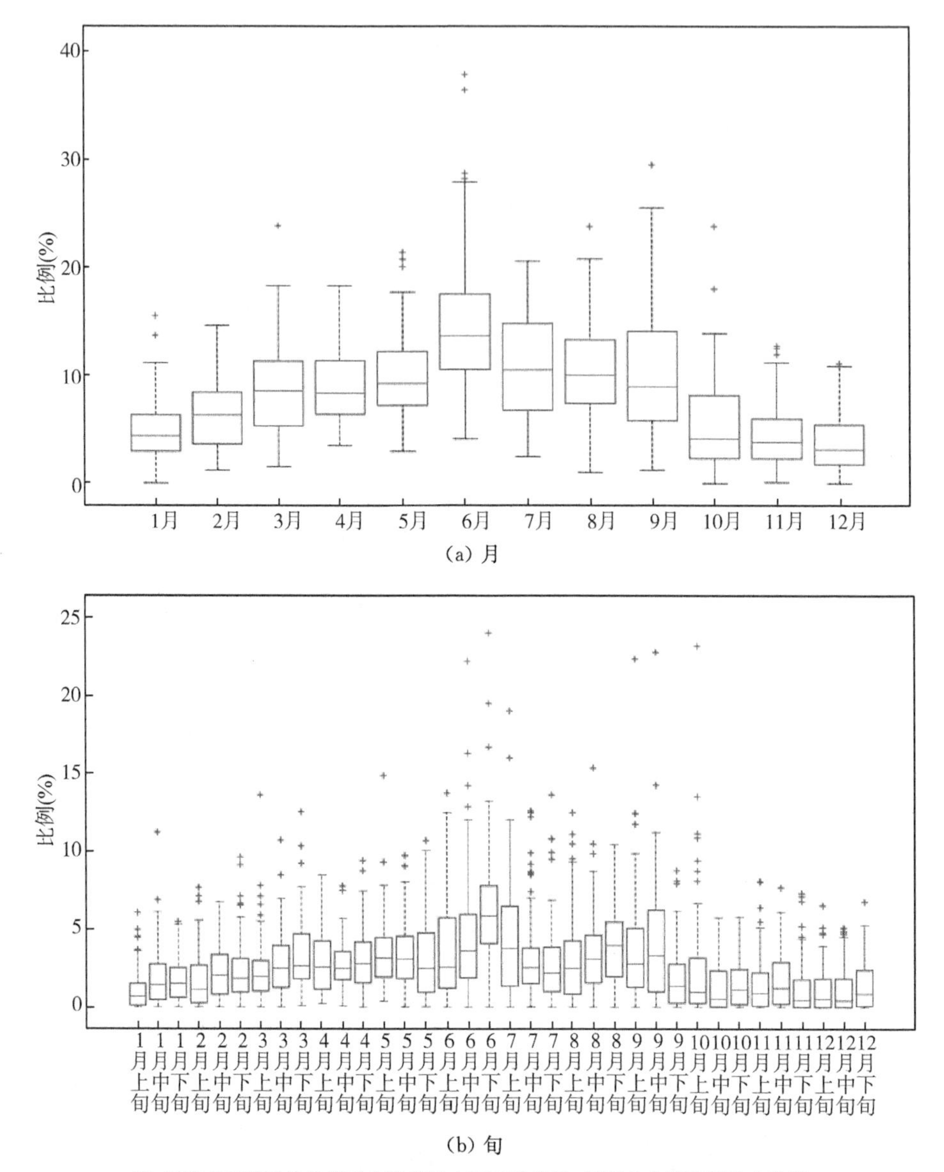

注：矩形盒两端边线分别对应数据的上下四分位数，矩形盒内部线段为中位线。

图 2.27　1951—2015 年杭嘉湖区不同时段降水量占全年的百分比箱线图

月更趋于集中，尤其是 8 月降水量比重上升趋势显著，而在汛期初期 5 月和末期 9 月的比重具有降低的态势。此外，年内降水在汛前和汛后的降水比重呈上升趋势，尤其是汛前比重上升趋势显著。

表 2.12　杭嘉湖区汛期各月降水量基本特征参数

特征参数	5 月	6 月	7 月	8 月	9 月
均值(mm)	121.8	190.3	134.9	133.9	124.2
最大值(mm)	360.9	630.1	293.2	332.6	370.6
最小值(mm)	37.0	41.4	31.0	9.6	15.5

续表

特征参数	5 月	6 月	7 月	8 月	9 月
极值比	9.8	15.2	9.5	34.6	24.0
离势系数	0.45	0.50	0.52	0.51	0.62
偏态系数	1.41	1.81	0.42	0.65	0.87
最大值所在年份	1954	1999	1954	1999	1962
最小值所在年份	1996	2005	1990	1967	1996
MK 值	−2.30	−0.27	0.61	1.17	−2.89

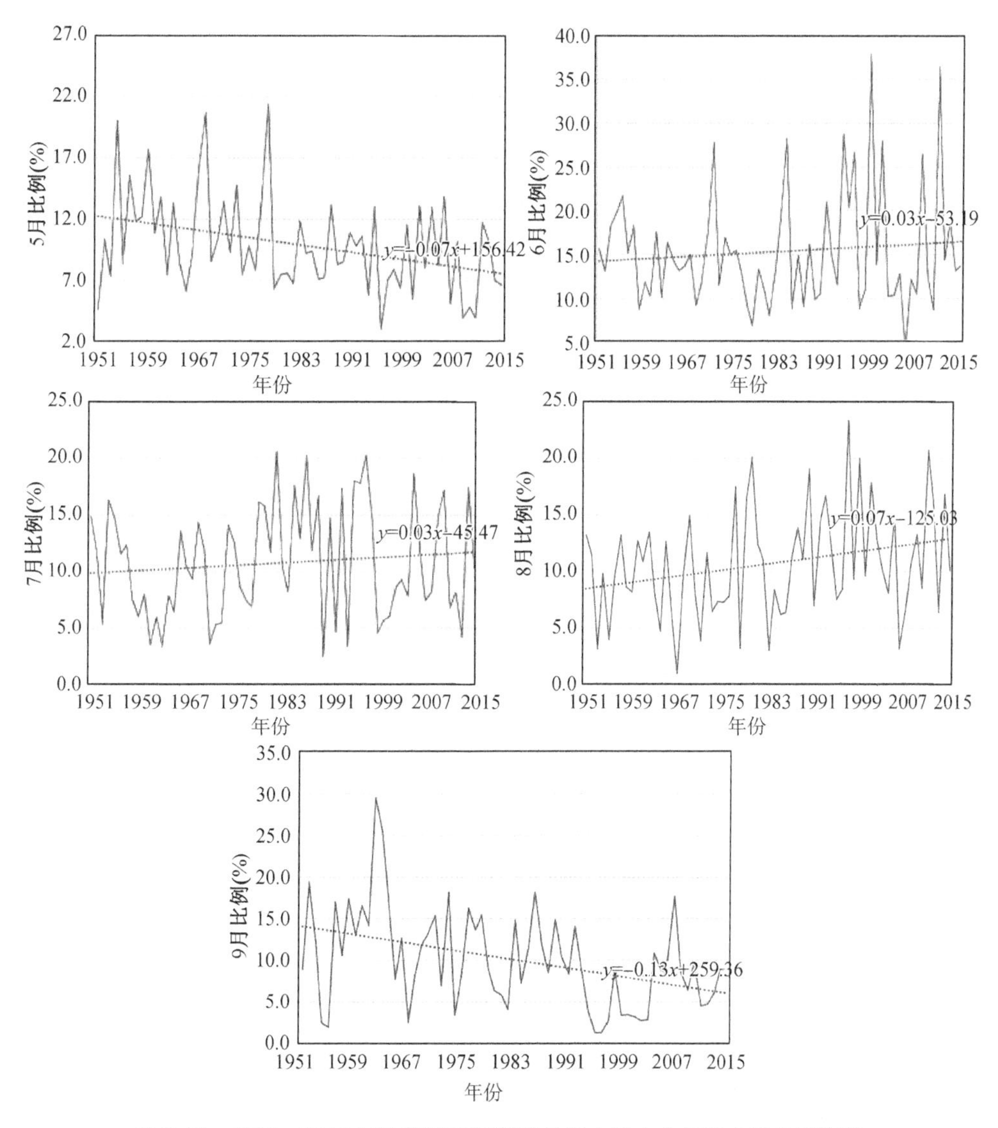

图 2.28　1951—2015 年杭嘉湖区汛期逐月降水量占全年降水量比重变化

(2) 年内极值降水量

图 2.29 和表 2.13 分别给出了 8 种降水序列变化图和基本特征参数。由图表可知，杭嘉湖区极值降水量同样具有显著年际变化，极值降水量的历年最大值与流域两次典型大洪水对应的降水过程密切相关，其中最大 1 d 降水量最大值和最大 3 d 降水量最大值分别由 1963 年“葛乐礼”台风和 2013 年“菲特”台风造成，而其他时段极值降水量的最大值则由 1999 年梅雨期间强降水造成。同时，不同时段极值降水量的最小值主要集中在 1972 年、1979 年、2003 年和 2004 年等降水稀少年份。对不同时段极值降水量进行 MK 趋势检验，结果表明均呈上升趋势，但在 α=90%的置信水平上变化不显著。

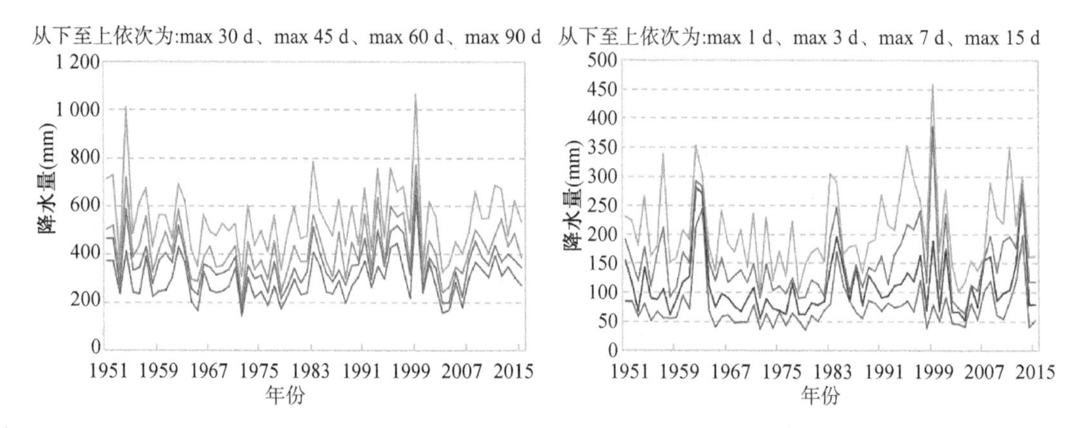

图 2.29　1951—2015 年杭嘉湖区不同时段极值降水量变化趋势图

表 2.13　杭嘉湖区不同时段极值降水量基本特征参数

参数	max 1 d	max 3 d	max 7 d	max 15 d	max 30 d	max 45 d	max 60 d	max 90 d
均值(mm)	75.0	109.8	151.3	207.3	289.4	358.9	421.3	549.1
最大值(mm)	243.8	286.6	385.2	458.3	642.3	723.0	770.7	1 065.0
最小值(mm)	34.3	51.4	62.8	100.7	142.3	173.0	204.5	306.2
极值比	7.11	5.58	6.13	4.55	4.51	4.18	3.77	3.48
离势系数	0.54	0.46	0.40	0.35	0.30	0.28	0.27	0.26
偏态系数	2.40	1.78	1.44	1.01	1.09	0.87	0.70	1.08
最大值所在年份	1963	2013	1999	1999	1999	1999	1999	1999
最小值所在年份	1979	2004	2004	2003	1972	1972	1972	1972
MK 值	0.79	0.53	0.08	0.26	1.09	0.20	0.31	0.07

2.4.2.3　超定量降水量

图 2.30 和图 2.31 分别给出了 1951—2015 年杭嘉湖区不同日降水量等级对应的雨日数和平均降水强度。由图 2.30 可知，杭嘉湖区全年及汛期雨日数的年际变化总体上比

较平稳,而中雨及以上、大雨及以上、暴雨及以上和大暴雨及以上雨日数的年际差异比较明显。其中,大雨及以上量级的日降水事件基本出现在汛期,且以1952年、1954年、1983年和1999年等典型洪水年份的汛期出现频次最多(1999年最大,达21 d,其中汛期20 d),但是大暴雨及以上降水事件除汛期外,多出现在汛后台风等特定时期(如2013年"菲特"台风期间)。与此相对应,由图2.31可知,杭嘉湖区汛期大雨及以上降水事件的平均强度与全年(台风期强降水除外)很接近,且就近期暴雨事件而言,其相应雨日数以及强度均未超出历史纪录,但2003年开始大雨及以上量级的雨日数基本呈增长趋势,并于2015年达到2000年后的最大天数16 d(1999年,20 d)。

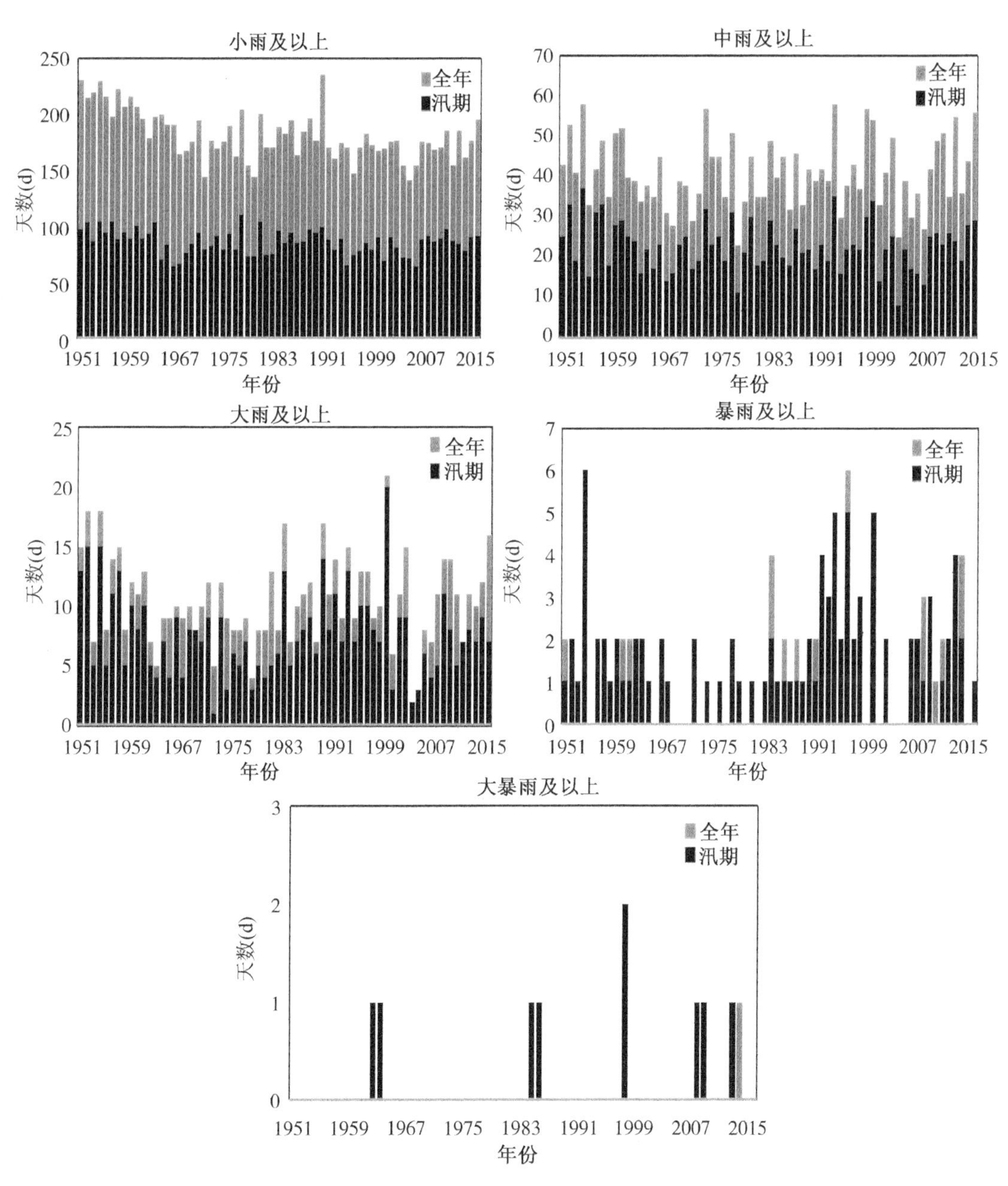

图2.30 1951—2015年杭嘉湖区超定量降水雨日数

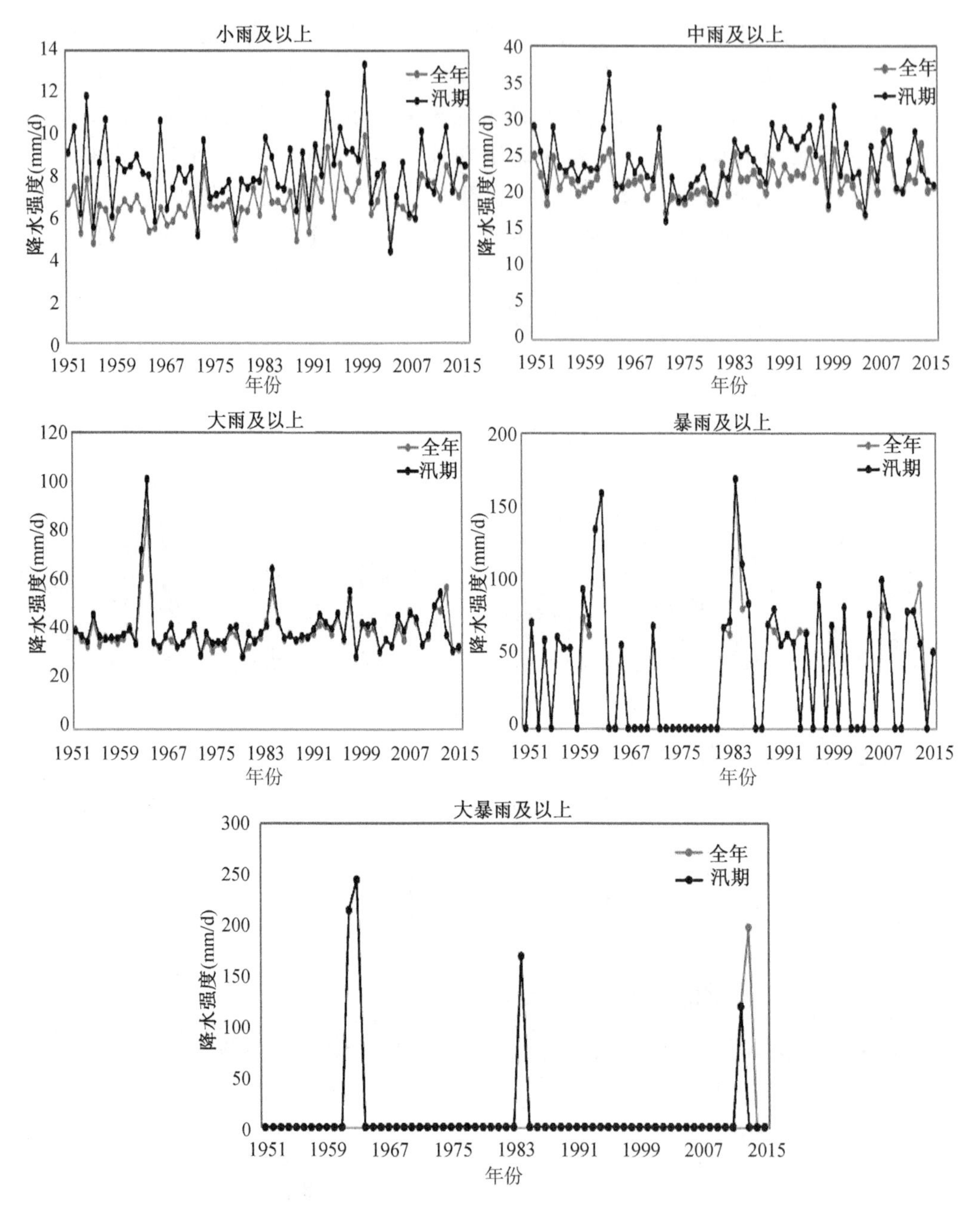

图 2.31　1951—2015 年杭嘉湖区超定量降水强度

2.4.3　武澄锡虞区

2.4.3.1　降水量年际变化

对武澄锡虞区年降水量及汛期(5—9 月)降水量的年际变化进行统计分析，参数如表 2.14 所示。1951—2015 年，武澄锡虞区年降水量均值为 1 091.3 mm，最大值为 1 713.8 mm(1991 年)，最小值为 638.2 mm(1978 年)，极值比为 2.69，离势系数 Cv 为 0.19，Cs 为

0.62；汛期降水量均值为 684.5 mm，最大降水量为 1 186.7 mm(2015 年)，最小降水量为 361.4 mm(1994 年)，极值比为 3.28，Cv 为 0.28，Cs 为 0.75，汛期降水量的离散程度明显高于年降水量。由表 2.14 可知，武澄锡虞区年/汛期降水量具有显著的年代际差异，年/汛期降水量的最大值分别出现在 1991 年和 2015 年，而最小值则出现在 1978 年；2002 年前后两个降水系列相比，武澄锡虞区年降水量的最大值、均值和离势系数 Cv 基本持平，最小值增加 230.0 mm，极值比略有下降；汛期降水量的最小值增加 152.0 mm，最大值、均值和离势系数 Cv 基本持平，极值比略有下降。多年平均情况下汛期降水量约占年降水量的 63%，最大达 69%，两者的相关系数高达 0.92，武澄锡虞区汛期降水量与年降水量的丰枯变化具有高度的同步性。对年/汛期降水量进行 MK 趋势检验，2002—2015 年武澄锡虞区年/汛期降水量呈上升趋势，其他系列呈下降趋势，但均不显著。

表 2.14　武澄锡虞区年/汛期降水量的年际变化

	年份	最大值(mm)	最小值(mm)	均值(mm)	极值比	Cv	Cs	MK 值
全年	1951—2015	1 713.8	638.2	1 091.3	2.69	0.19	0.62	−0.13
	1951—2001	1 713.8	638.2	1 083.9	2.69	0.19	0.47	−0.85
	2002—2015	1 656.8	868.2	1 118.1	1.91	0.18	1.30	1.64
汛期	1951—2015	1 186.7	361.4	684.5	3.28	0.28	0.75	0
	1951—2001	1 184.4	361.4	675.0	3.28	0.28	0.56	−0.62
	2002—2015	1 186.7	513.4	718.9	2.31	0.30	1.19	1.10

武澄锡虞区年/汛期降水量变化趋势如图 2.32 所示。由图 2.32 可以看出，年/汛期降水量呈现出明显的丰枯周期性变化，且极其相似。从 5 a 滑动平均值变化可见，1951—1971 年、1978—1982 年及 1992—1998 年、2003—2007 年武澄锡虞区年/汛期降水量 5 a 滑动平均值整体呈下降趋势；1972—1977 年、1983—1991 年、1999—2002 年、2008—2015 年武澄锡虞区年/汛期降水量 5 a 滑动平均值整体上升，尤其是 2007 年以后上升更为明显，于 2015 年出现 2002 年以来年/汛期降水量最大值 1 656.8 mm/1 186.7 mm(仅次于

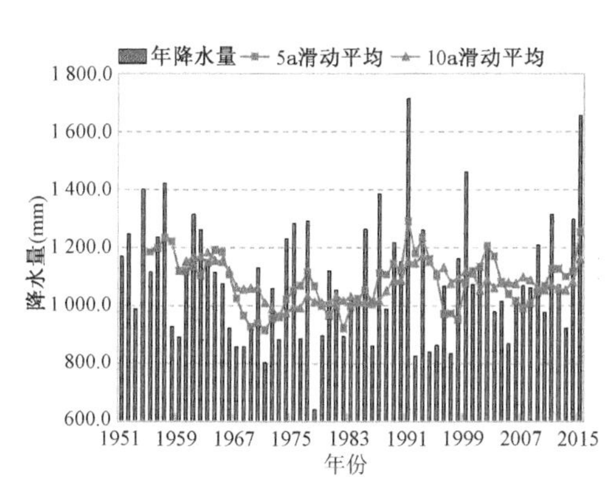

(a) 年降水量

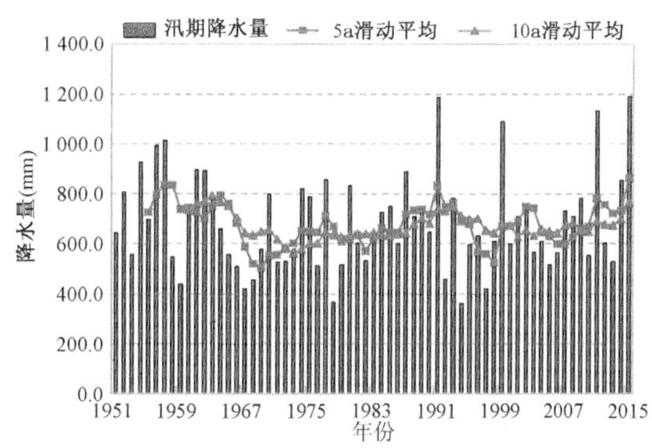

(b) 汛期降水量

图 2.32　武澄锡虞区年/汛期降水量变化趋势

1991 年 1 713.8 mm/1 184.4 mm)。从 10 a 滑动平均值变化可以看出，武澄锡虞区年/汛期降水量 10 a 滑动平均值呈现出更加明显的周期性变化，1973 年以前武澄锡虞区年/汛期降水量 10 a 滑动平均值基本呈下降趋势，1974—1993 年武澄锡虞区年/汛期降水量 10 a 滑动平均值呈波动上升趋势，1994—2013 年武澄锡虞区年/汛期降水量 10 a 滑动平均值呈下降趋势，2013 年之后降水量有所上升。

图 2.33 和图 2.34 分别给出了采用 Morlet 连续小波分析对应的武澄锡虞区年/汛期降水量的小波系数实部等值线图和小波方差图，可以看出，武澄锡虞区年/汛期降水量的多尺度准周期波动是比较显著的，且极其相似。由图 2.33(a)和图 2.34(a)可以看出，武澄锡虞区年降水量有 4 个较为明显的峰值，依次对应着 3 a、21 a、28 a 和 40 a 的时间尺度；汛期降水量有 5 个较为明显的峰值，依次对应着 3 a、10 a、21 a、28 a 和 40 a 的时间尺度，说明这些周期控制着武澄锡虞区降水量在整个时间域内的变化特征。图 2.33(b)和图 2.34(b)给出了 4 个主周期的小波实部过程图，可以看出，武澄锡虞区年/汛期降水量具有显著的多时间尺度演变特征，表现出不同时间尺度的周期振荡和多个变异点：在 3 a 的特征时间尺度上，武澄锡虞区年/汛期降水量降水周期震荡非常剧烈，没有明显的规律(10 a 尺度汛期降水量也比较剧烈)，但是随着时间尺度的增加，周期规律越来越明显；在 21 a 特征时间尺度上，武澄锡虞区年/汛期降水变化的平均周期是 9 a，大约经历了 7 个丰-枯转换循环期；在 28 a 特征时间尺度上，武澄锡虞区年/汛期降水变化的平均周期是 13 a，大约经历了 4 个丰-枯转换循环期；在 40 a 特征时间尺度上，武澄锡虞区年/汛期降水变化的平均周期是 32 a 左右，大约经历了 2 个丰-枯转换循环期，年/汛期降水量变化规律性最明显。图 2.33(c)和图 2.34(c)给出了武澄锡虞区年/汛期降水量小波系数实部等值线图，由图可以看出，在主周期 40 a 的时间尺度上(年/汛期降水量对应的主周期为 40 a)，年/汛期降水量周期振幅最大。在这一级时间尺度上，降水量基本上经历了 5 个丰枯演变阶段，相应的丰枯突变点分别是 1963 年、1978 年、1991 年、2007 年，且汛期降水量丰枯突变比年降水量规律性更加明显。此外，2015 年降水增多的等值线即将闭合但还没有闭合，说明武澄锡虞区年/汛期降水量未来还有可能继续增多，过后可能出现减少的趋势。1951—2015 年武澄锡虞区年/汛期降水量累积距平曲线(图 2.35)也说明了降水量的丰枯变化。从累积距平曲线可以看出，武澄锡虞区年降水量和汛期降水量呈现出明显的丰枯变化，且极其相似。第 1 阶段(1951—1963 年)，年/汛期降水量总体偏丰：年平均降水量为 1 171.4 mm，最大降水量为 1 421.8 mm (1957 年)；汛期平均降水量为 762.8 mm，最大降水量为 1 014.4 mm(1957 年)。第 2 阶段(1964—1982 年)，年/汛期降水量总体偏枯：年平均降水量为 995.1 mm，最小降水量为 638.2 mm(1978 年)；汛期平均降水量为 600.7 mm，最小降水量为 365.1 mm(1978 年)。第 3 阶段(1983—1991 年)，年/汛期降水量总体偏丰：年平均降水量为 1 180.7 mm，最大降水量为 1 713.8 mm(1991 年)；汛期平均降水量为 761.1 mm，最大降水量为 1 184.4 mm(1991 年)。第 4 阶段(1992—2007 年)，年/汛期降水量总体偏枯：年平均降水量为 1 041.5 mm，最小降水量为 826.6 mm(1992 年)；汛期平均降水量为 622.9 mm，最小降水量为 361.4 mm(1994 年)。第 5 阶段(2008—2015 年)，年/汛期降水量总体偏丰：年平均降水量为 1 206.7 mm，最大降水量为 1 656.8 mm(2015 年)；汛期平均降水量为 793.2 mm，最大降水量为 1 186.7 mm(2015 年)。

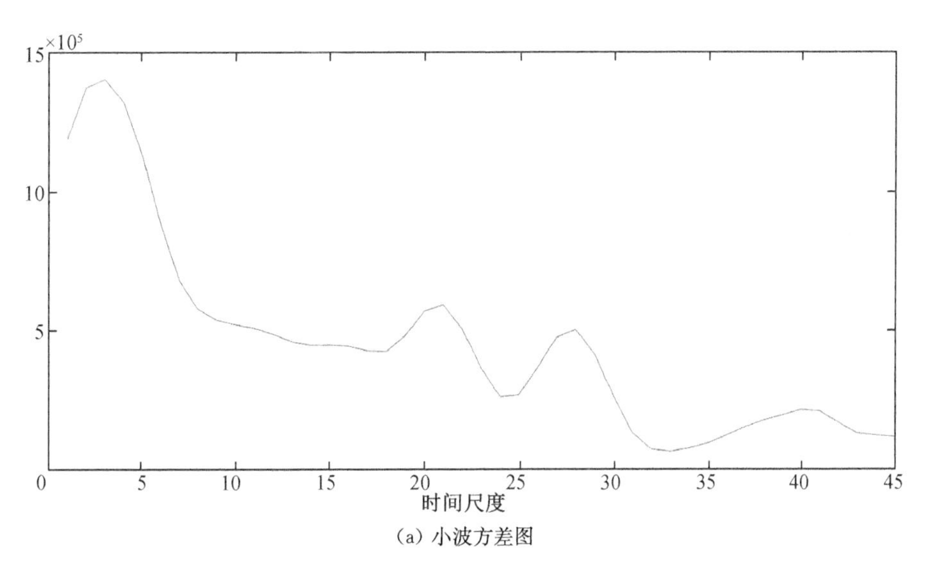

(a) 小波方差图

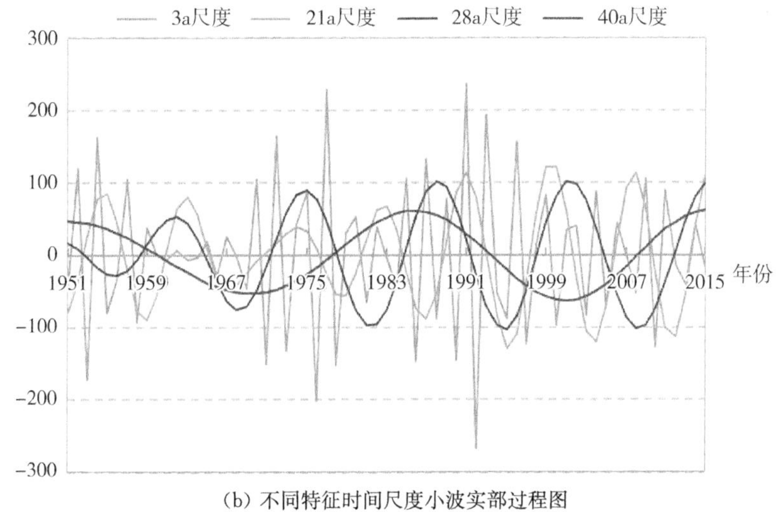

(b) 不同特征时间尺度小波实部过程图

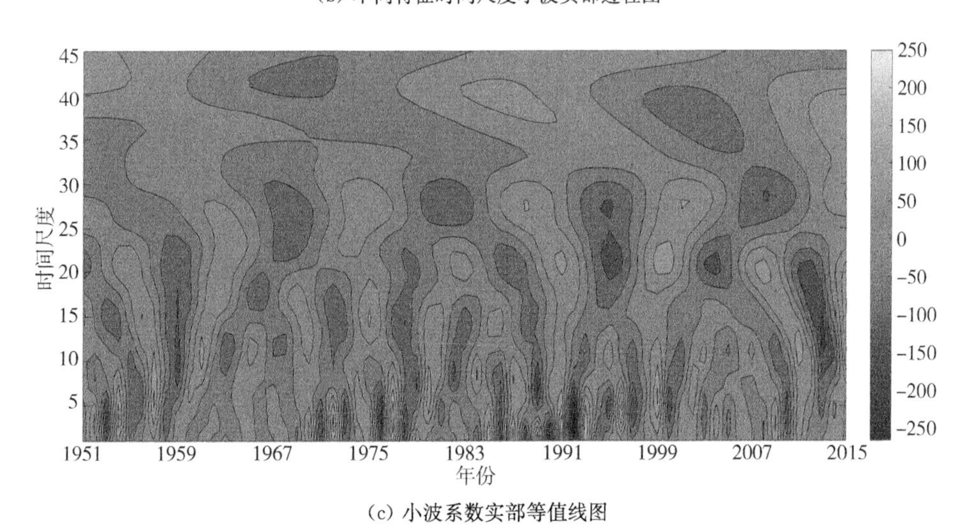

(c) 小波系数实部等值线图

图 2.33　武澄锡虞区年降水量小波系数实部图和方差时序图

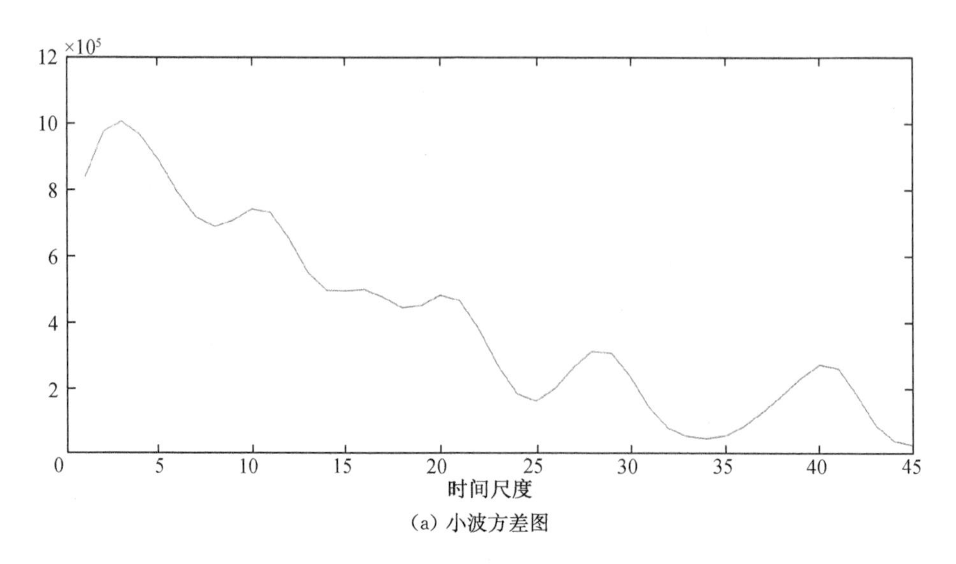

(a) 小波方差图

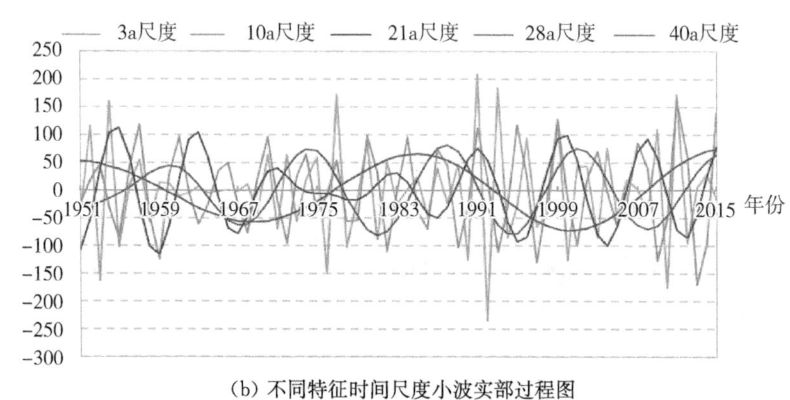

(b) 不同特征时间尺度小波实部过程图

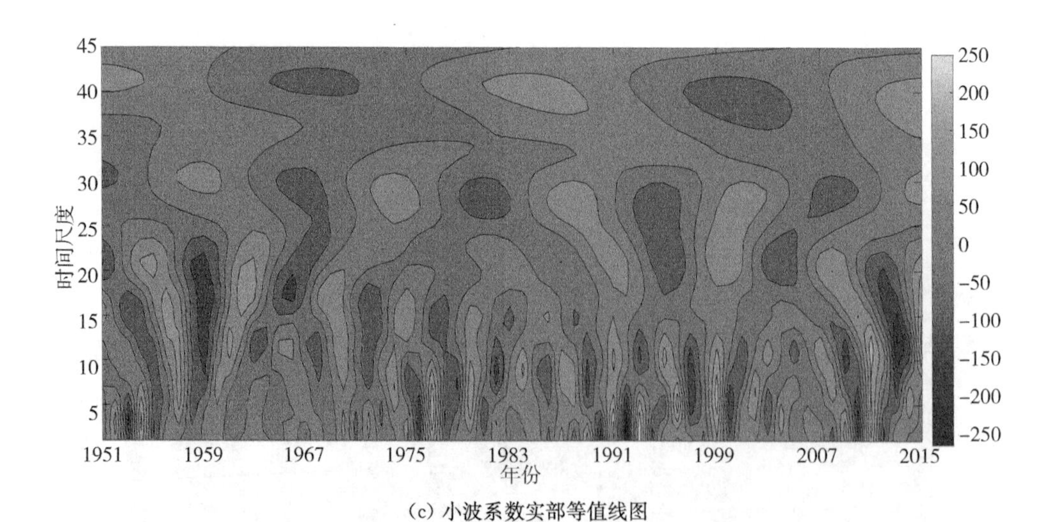

(c) 小波系数实部等值线图

图 2.34 武澄锡虞区汛期降水量小波系数实部图和方差时序图

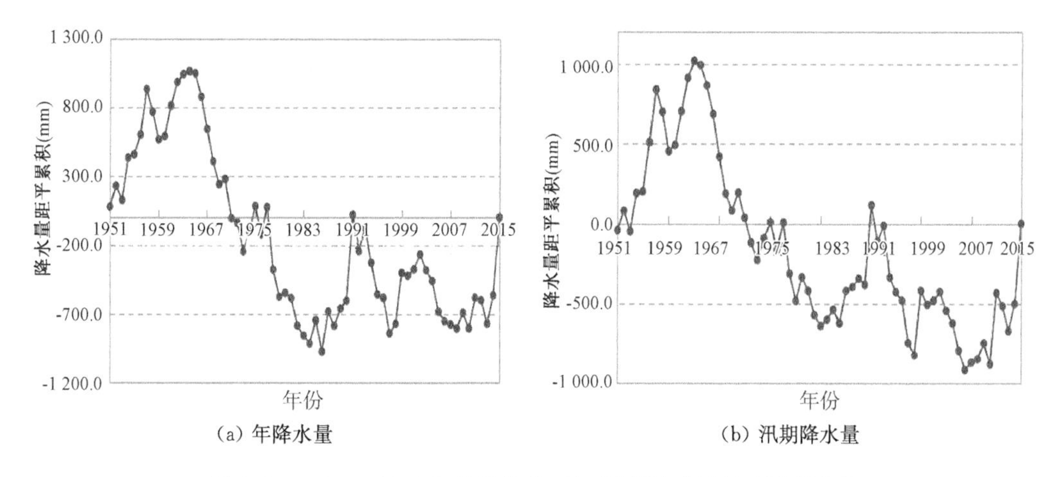

(a) 年降水量　　(b) 汛期降水量

图 2.35　1951—2015 年武澄锡虞区年/汛期降水量累积距平曲线

2.4.3.2　降水量年内变化

(1) 各月降水量

1951—2015 年武澄锡虞区不同时段降水量箱线图见图 2.36,不同时段降水量占全年的百分比箱线图见图 2.37。由逐月过程来看,降水量最多的两个月依次为汛期的 6 月和 7 月(7 月降水离散程度较大),其次是 8 月,再次为 9 月和 5 月(两者降水相当)。其中,月最大降水量的历史纪录是 2015 年 6 月,该月降水量达 691.7 mm,占当年降水总量的 42%。此外,汛前期(1—4 月)各月降水量整体要高于汛后期(10—12 月)各月降水量,尤其是 4 月和 3 月较高(4 月降水量接近 5 月)。由逐旬过程来看,武澄锡虞区逐旬降水量在年内呈"双峰型"分布:第 1 个峰值处于 6 月中旬至 7 月下旬,为梅雨期降水造成,尤以 6 月下旬降水最为丰沛,该旬降水量的多年平均值在年内也最高,同时 65 a 来旬最大降水量的历史纪录也发生在该旬(2015 年 6 月下旬,降水量 339.9 mm,约占当年降水总量的 21%);而第 2 个峰值处于 8 月中旬到 9 月上旬附近,为台风期降水造成,其中 8 月下旬降水略高于其他时段,但极值主要出现在 9 月上旬,旬最大降水量为 282.3 mm(1962 年"艾美"台风期间),约占当年降水量的 22%。此外,由上述两图还可以看出,武澄锡虞区旬、月降水量的较大值不仅多发于降水高峰期,在其他时段也时有发生。

对汛前、汛期、汛后降水量占当年降水比重进行 MK 趋势检验,汛前和汛期降水量占当年的比重呈上升趋势,汛后比重呈下降趋势,但均未通过 90%的显著性检验。由各月降水比重可以看出,武澄锡虞区的降水仍主要集中在汛期,且 2002 年以来汛期降水上升的态势十分明显,其中 2011 年武澄锡虞区汛期降水量占全年降水量的比重达到了 86.1%,居于历史最高水平,其次是 1956 年比重 80.2%。为进一步分析降水在汛期的集中性,表 2.15 统计了武澄锡虞区汛期各月降水量基本特征参数,图 2.38 给出了 1951—2015 年武澄锡虞区汛期逐月降水量占全年降水量比重的变化趋势。由表 2.15 可知,汛期各月降水量的年际变化较年/汛期降水量的年际变化要大得多,同时汛期各月降水量的最大值与历次武澄锡虞区大洪水及台风密切相关,5—7 月降水量最大值分别出现在历史大洪水年份1954年、2015年和1991年，8月降水量最大值出现在2011年，9月降水量最大值出现在1962年典型台风(台风“艾美”)期间。对汛期各月降水进行MK趋势检验，5月和9月呈下降趋势，7月和8月呈上升趋势，其中9月降水在α=95%的置信水平上显著下降。由各月比重变化可以看出，5月和9月比重表现出明显的下降趋势，其中9月比重较5月下降更为明显；6月比重略有上升，2015年达到历史纪录42%；7月、8月比重上升态势比较明显，其中8月比重于2011年达到历史纪录34%。采用MK方法进一步检验5—9月各月、6—7月、6—8月、7—8月降水量占全年比重的变化趋势发现，尽管6月、7月、8月、6—7月降水量占全年的比重上升趋势均未通过α=90%显著性检验，但6—8月和7—8月的比重均在95%的置信水平上显著上升，说明汛期降水比重趋向于6—8月；而5月、9月的

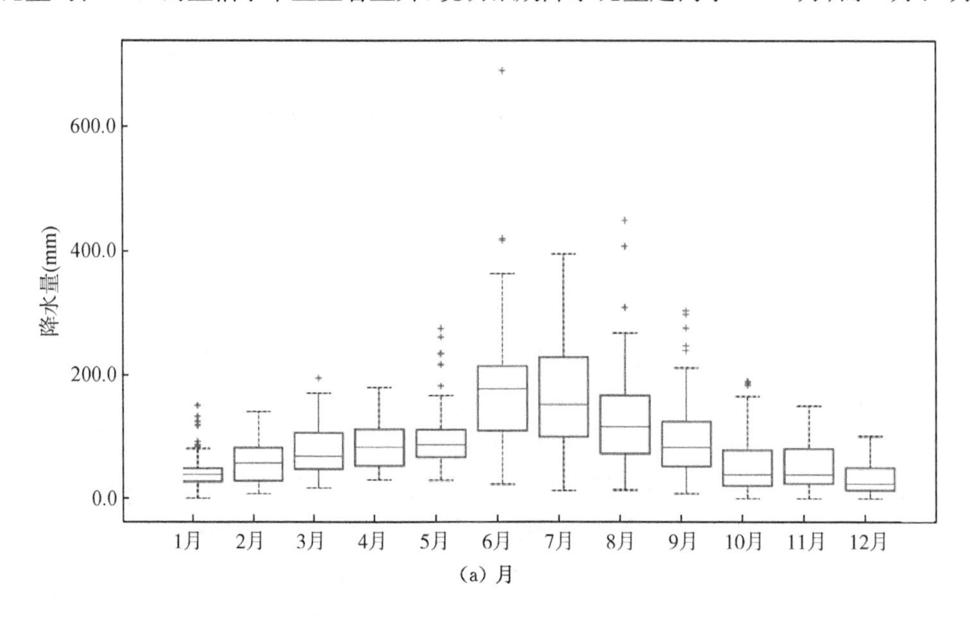

(a) 月

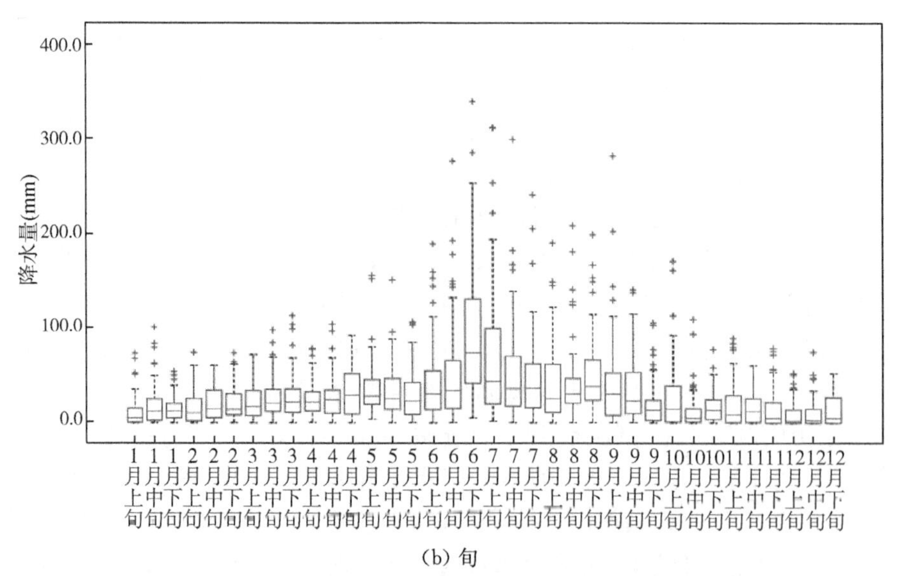

(b) 旬

图2.36 1951—2015年武澄锡虞区不同时段降水量箱线图

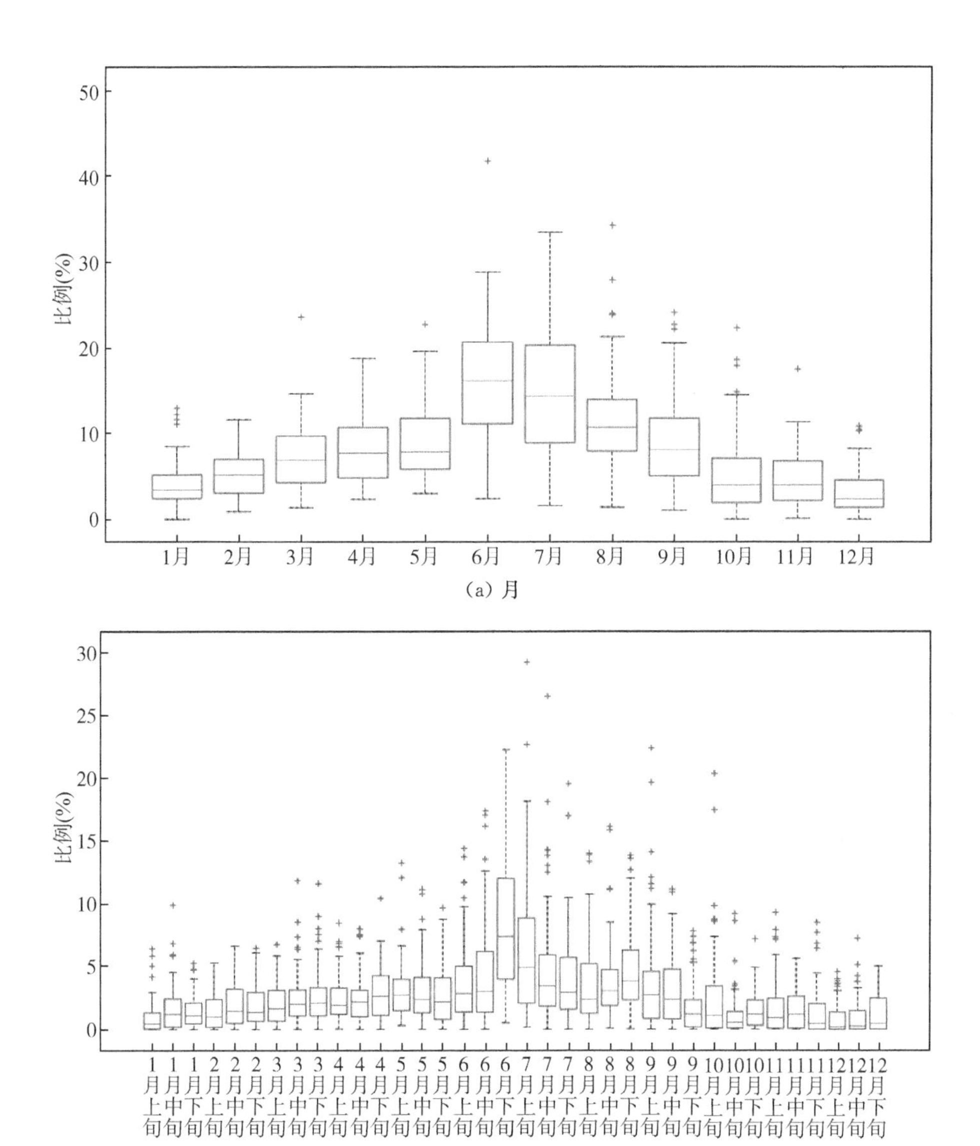

注:矩形盒两端边线分别对应数据的上下四分位数,矩形盒内部线段为中位线。

图 2.37　1951—2015 年武澄锡虞区不同时段降水量占全年的百分比箱线图

比重分别在 90%和 95%的置信水平上显著下降,且在 2002—2015 年期间,这两个月的降水量有多个年份明显低于多年平均值。由此可见,武澄锡虞区年内降水分布与流域相似,全年降水量在汛期 6—8 月更趋于集中,尤其是 7—8 月份降水比重上升趋势显著,而在汛期初期 5 月和末期 9 月的比重具有降低的态势。此外,年内降水在汛前降水比重呈上升趋势。

表 2.15　武澄锡虞区汛期各月降水量基本特征参数

特征参数	5 月	6 月	7 月	8 月	9 月
均值(mm)	99.7	182.4	171.5	133.8	97.1
最大值(mm)	274.5	691.7	395.0	449.9	303.7

续表

特征参数	5月	6月	7月	8月	9月
最小值(mm)	29.0	23.4	12.9	13.9	8.3
极值比	9.5	29.6	30.6	32.4	36.6
离势系数	0.53	0.58	0.55	0.62	0.68
偏态系数	1.60	1.96	0.56	1.52	1.38
最大值所在年份	1954	2015	1991	2011	1962
最小值所在年份	2003	2010	1994	1983	1997
MK值	−1.21	−0.06	1.22	1.04	−1.96

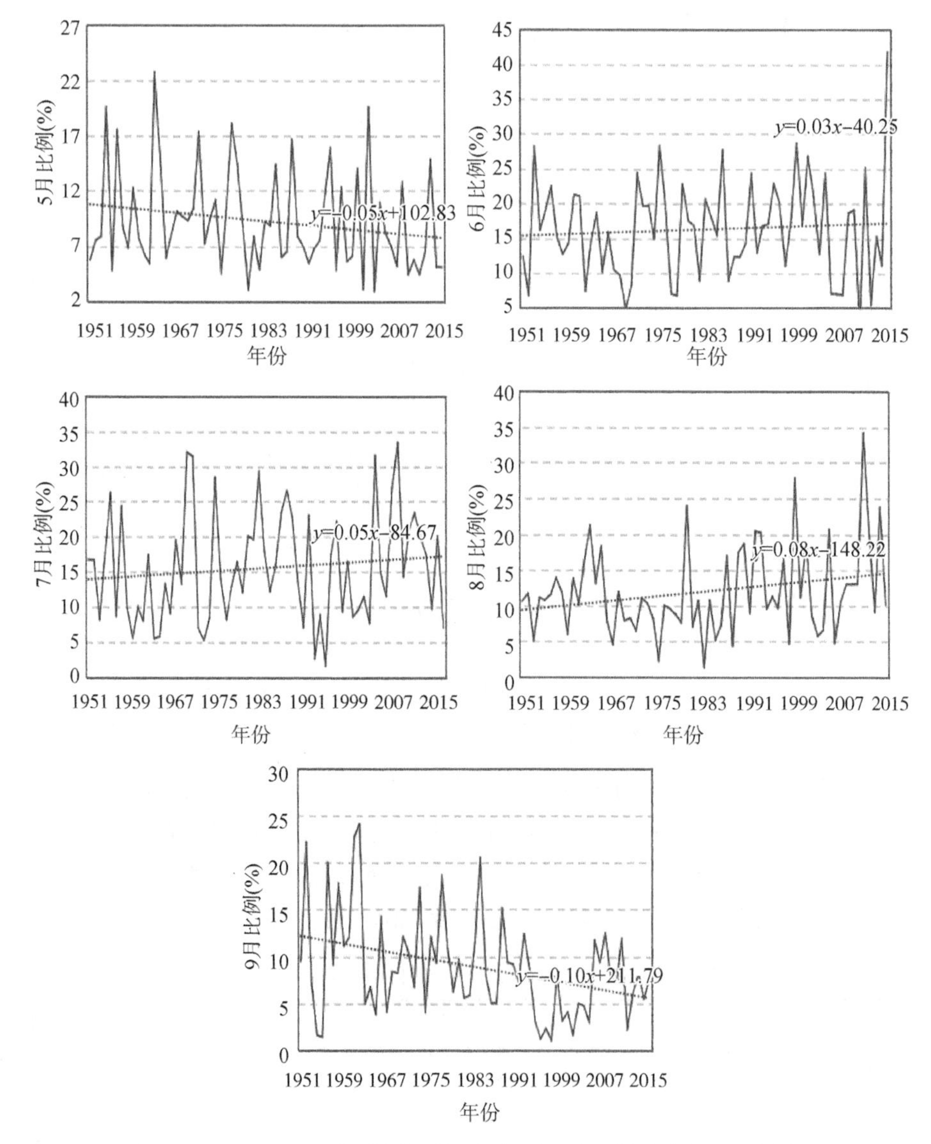

图2.38　1951—2015年武澄锡虞区汛期逐月降水量占全年降水量比重

(2) 年内极值降水量

图2.39和表2.16分别给出了8个降水量极值序列变化趋势和基本特征参数。由图表可知，武澄锡虞区极值降水量同样具有显著年际变化，极值降水量的历年最大值与流域两次典型大洪水对应的降水过程密切相关，其中最大3 d降水量的最大值由1962年“艾美”台风造成，而其他不同时段极值降水量的最大值则由1991年、2011年和2015年梅雨期间强降水造成。同时，不同时段极值降水量的最小值主要集中在1978年等降水稀少年份。对不同时段极值降水量进行MK趋势检验，结果表明均呈上升趋势，但在$\alpha=90\%$的置信水平上变化不显著。

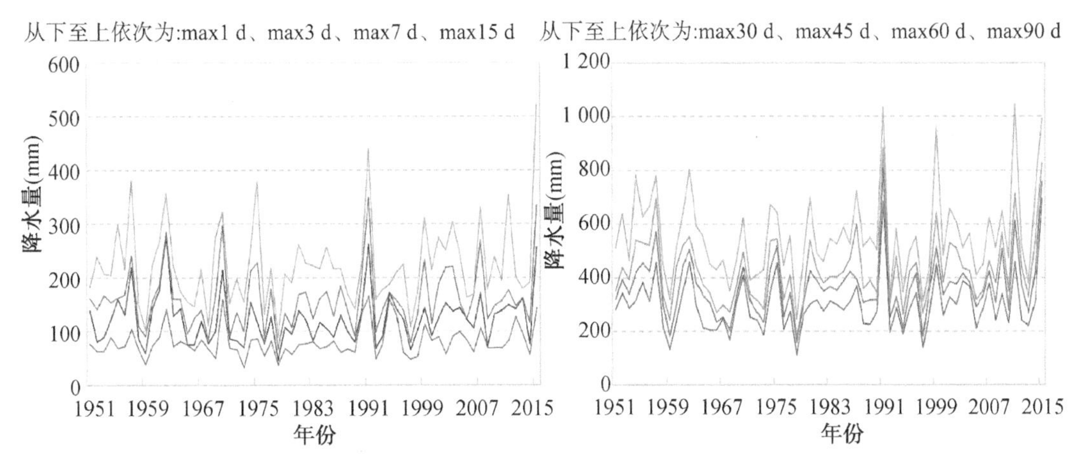

图2.39　1951—2015年武澄锡虞区极值降水量变化趋势图

表2.16　武澄锡虞区极值降水量基本特征参数

参数	max 1 d	max 3 d	max 7 d	max 15 d	max 30 d	max 45 d	max 60 d	max 90 d
均值(mm)	80.1	122.7	160.0	223.8	297.5	365.8	430.5	555.1
最大值(mm)	164.8	279.7	348.8	521.8	691.7	804.4	880.0	1 044.2
最小值(mm)	31.6	45.9	66.5	88.6	110.1	156.8	172.7	244.8
极值比	5.22	6.09	5.25	5.89	6.28	5.13	5.10	4.27
离势系数	0.36	0.39	0.36	0.36	0.36	0.32	0.31	0.30
偏态系数	1.23	1.26	1.18	1.25	1.50	1.30	1.06	1.08
最大值所在年份	1991	1962	1991	2015	2015	1991	1991	2011
最小值所在年份	1973	1978	1978	1978	1978	1978	1978	1978
MK值	1.14	1.19	0.62	0.66	0.61	0.74	0.93	0.37

2.4.3.3　超定量降水量

图2.40和图2.41分别给出了1951—2015年武澄锡虞区不同日降水量等级对应的雨日数和平均降水强度。由图2.40可知，武澄锡虞区全年及汛期雨日数的年际变化总体

上比较平稳，而中雨及以上、大雨及以上、暴雨及以上和大暴雨及以上雨日数的年际差异比较明显，其中大雨及以上量级的日降水事件基本出现在汛期，且以 1957 年、1987 年、1991 年、1999 年、2015 年等典型洪水年份的汛期出现频次最多，但是大暴雨及以上降水事件除汛期外，多出现在汛后台风等特定时期。与此相对应，由图 2.41 可知，武澄锡虞区汛期大雨及以上降水事件的平均强度与全年（台风期较大降水除外）很接近。此外，就 2002 年以来近期暴雨事件而言，其相应雨日数以及强度均未超出历史纪录，而且武澄锡虞区 2003 年开始大雨及以上量级的雨日数基本呈增长趋势，并于 2014 年达到 2000 年后的最大天数 16 d（1987 年，19 d）。

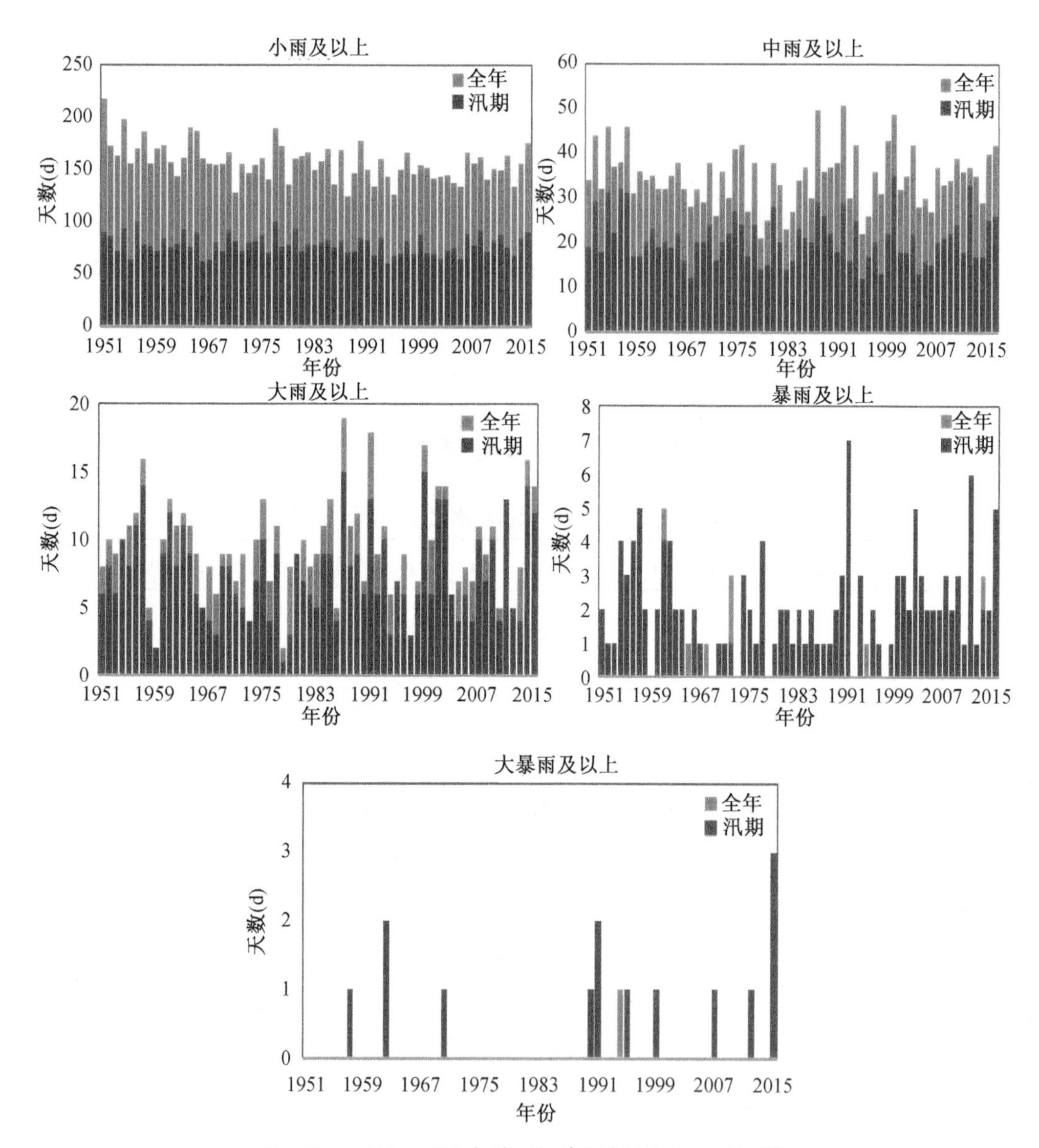

图 2.40　1951—2015 年武澄锡虞区超定量降水雨日数

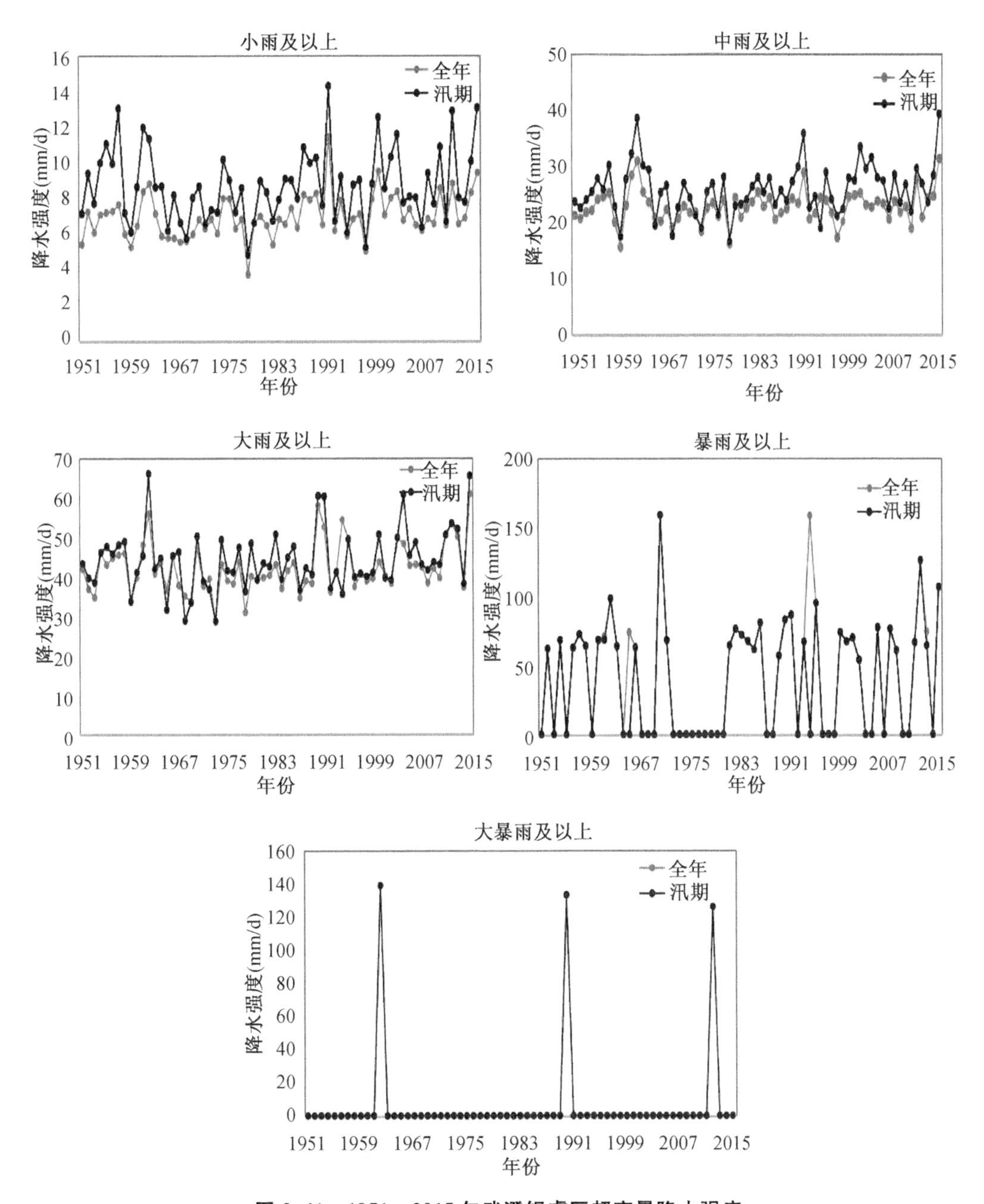

图 2.41　1951—2015 年武澄锡虞区超定量降水强度

2.5　小结

本章采用比较详细的降水数据，以全流域、典型分区浙西区、杭嘉湖区、武澄锡虞区为研究对象，全面分析了太湖流域多种降水要素的时程变化和空间变化，重点分析了相对于历史纪录，流域现阶段降水要素是否已经产生了显著性变化。主要结论如下：

第一，太湖流域及典型分区最大 1 d、3 d、7 d、15 d、30 d、45 d、60 d、90 d 降水量，年/汛

期降水量均不存在显著的上升/下降趋势；2002年前后两个降水系列相比，太湖流域及典型分区的年/汛期降水量的最大值持平或减少，最小值总体上持平或增加，均值和离势系数Cv基本持平，极值比略有下降，降水离散程度有所减小；2002—2015年太湖流域和杭嘉湖区年/汛期降水量及浙西区年降水量均在95%的置信水平上显著上升，但武澄锡虞区年/汛期降水量和浙西区汛期降水量趋势不显著。

太湖流域及典型分区汛期降水与年降水量相关系数均在0.90左右(尤其是武澄锡虞区达0.92)，两者丰枯变化具有高度的同步性，在1951—2015年均经历了5个阶段的丰枯演变，其中太湖流域及浙西区、杭嘉湖区年/汛期降水量相应的丰枯转折点分别是1962年、1982年、1999年、2007年，武澄锡虞区相应的丰枯突变点略有不同，分别是1963年、1982年、1991年、2007年。

第二，从年内分配上看，太湖流域及典型分区逐旬降水量在年内呈“双峰型”分布，分别为6月上旬至7月中旬的梅雨期降水和8月上旬到9月中旬附近的台风期降水。其中，6月下旬降水最为丰沛，均超过当年降水量的20%，台风期极值主要出现在9月上中旬。最大1 d和最大3 d降水量的最大值除武澄锡虞区最大1 d降水量发生在梅汛期(1991年7月1日)外，其余均由台风雨造成(主要是1962年“艾美”台风和2013年“菲特”台风)。其他时段极值降水量的最大值除武澄锡虞区外均由1999年强降水造成，武澄锡虞区主要集中在1991年和2015年，此外各极值的最小值主要集中在1978年等降水稀少年份。

太湖流域及典型分区汛前降水量占全年比重均呈上升趋势，尤其是浙西区和杭嘉湖区有显著上升趋势，汛期降水量比重除武澄锡虞区外均呈下降趋势，但2002年后比重均有所上升，尤其2011年汛期降水量比重均超过当年降水量的70%(高于1991年、1999年等典型洪水年)；全年降水量仍主要集中在汛期，但汛期中5月和9月的降水量比重显著下降，而6—8月更趋于集中，尤其是集中于7—8月的趋势更加明显。

第三，太湖流域及典型分区全年及汛期雨日数的年际变化总体上比较平稳，而中雨及以上、大雨及以上、暴雨及以上和大暴雨及以上的雨日数年际差异比较明显。其中，大雨及以上量级的日降水事件基本出现在汛期，且以1991年、1999年等典型洪水年份的汛期出现频次最多，但是大暴雨及以上降水事件除汛期外，多出现在台风等特定时期(如2012年“海葵”台风，2013年“菲特”台风)，与此相对应，汛期大雨及以上降水事件的平均强度与全年(台风期较大降水除外)很接近。就2002年以来近期暴雨事件而言，流域相应雨日数以及强度均未超出历史纪录，但从2003年开始大雨及以上量级的雨日数总体呈增长趋势。

第3章 太湖流域水位特性变化分析

太湖及太湖流域各水利分区代表站水位是流域和区域洪涝及水资源利用的重要预警、调度指标因子，其水位高低对流域水旱情势具有重要的指示意义。因此，分析流域水位变化规律是洪水资源利用研究的重要基础。本章以太湖及典型分区浙西区、杭嘉湖区、武澄锡虞区为研究对象，采用Mann-Kendall方法、累积距平等多种方法，从趋势性、周期性及突变性等方面对水位要素的年际、年内变化规律进行全面分析，详细分析水位特征要素的演变规律，尤其是近年来(2002—2015年)各项水位特征要素的变化情况。

3.1 太湖水位变化分析

太湖水位为环太湖望亭(太)、大浦口、夹浦、小梅口、洞庭西山(三)5站水位的平均值，是反映太湖和流域洪水情势的重要因素之一，是保障流域防洪和供水安全的关键指标，因此，对太湖水位特征变化分析具有重要意义。本节基于1954—2015年共62 a的太湖逐日水位资料，分析研究太湖年最高水位、年最低水位及平均水位的变化特性及超定量水位日数演变规律，包括年内和年际变化特征。

3.1.1 太湖年最高水位变化

3.1.1.1 年内分布

根据太湖逐日水位资料，统计其年内最高水位在不同时段出现的频次，见表3.1、图3.1和图3.2。由图表可以看出，1954—2015年、1954—2001年、2002—2015年3个系列太湖年最高水位在年内分布的频次主要集中于6—10月，分别占总数的87%、88%、86%，其中7月最为集中，分别占34%、38%、21%，如1954年、1991年、1999年、2015年等典型洪水均发生在7月。从中还可以看出，2002—2015年与1954—2001年相比，太湖年最高水位出现在7月、9月、10月的频次所占比例均有减少，而发生在8月的频次所占比例有较大幅度增加，6月出现太湖最高水位的频次所占比例也有明显增加，两个阶段6—8月出现太湖最高水位的频次基本一致。此外，年最高水位在1月、11月、12月也偶有发生，如3次出现在1月(1978年、1998年、2003年)，2次出现在11月(1972年和1987年)，1次出现在12月(2000年)，一般在干旱年等情况下才会出现这种特殊现象，且年最高水位值较低，基本不超过3.70 m。

表 3.1　太湖年最高水位频数统计　　单位:次

年份	1月	2月	3月	4月	5月	6月	7月	8月	9月	10月	11月	12月
1954—2015 年	3				2	6	21	8	9	10	2	1
1954—2001 年	2				1	4	18	5	7	8	2	1
2002—2015 年	1				1	2	3	3	2	2		

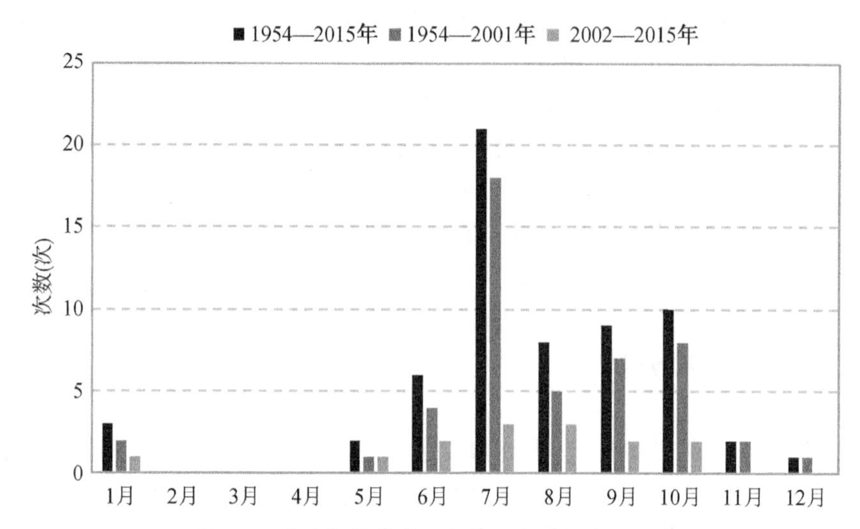

图 3.1　太湖年最高水位在各月出现频次对比图

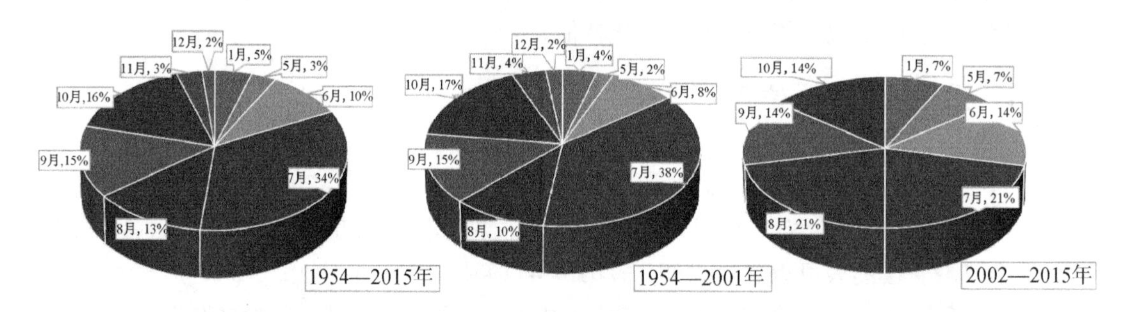

图 3.2　太湖年最高水位出现在各月的百分比 *

不同年份太湖年最高水位在各旬中分布频次统计见图 3.3。由图 3.3 可以看出，1954—2015 年和 1954—2001 年，太湖年最高水位发生频次均有两个明显峰值，第一个峰值为 6 月下旬到 7 月下旬，第二个峰值为 8 月中旬到 10 月中旬。其中，第一个峰值明显高于第二个峰值，且 7 月中下旬年最高水位出现频次明显高于其他时段，分别占总数的 27%和 29%。2002—2015 年，太湖年最高水位也呈现两个峰值，第一个峰值出现在 6 月下旬和 7 月中下旬，第二个峰值出现在 8 月中旬和 10 月中旬，其中 8 月中旬略高于其他

* 因计算中四舍五入，各项百分比之和不一定恰好等于 100%，后同。特此说明。

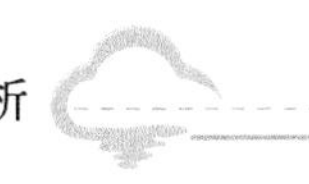

时段，占总频次的21%。由此可见，太湖年最高水位主要呈现两个明显峰值，第一个峰值主要出现在6月下旬到7月下旬，主要受梅雨期强降水影响，第二个峰值主要出现在8月中旬至10月中旬，主要受台风期降水影响。其中，7月中下旬太湖年最高水位出现频次明显高于其他时段，说明梅雨是造成太湖出现年最高水位的重要因素，同时台风也有一定的影响，尤其是在2002年以后台风对太湖年最高水位的影响比重有所增大，且影响时间不断延长，常在10月中旬出现年最高水位，但台风期间年最高水位值一般低于6月下旬到7月下旬梅雨期间的年最高水位。此外，由图3.3还可以看出，自2月上旬至5月中旬，年最高水位出现的次数为零。

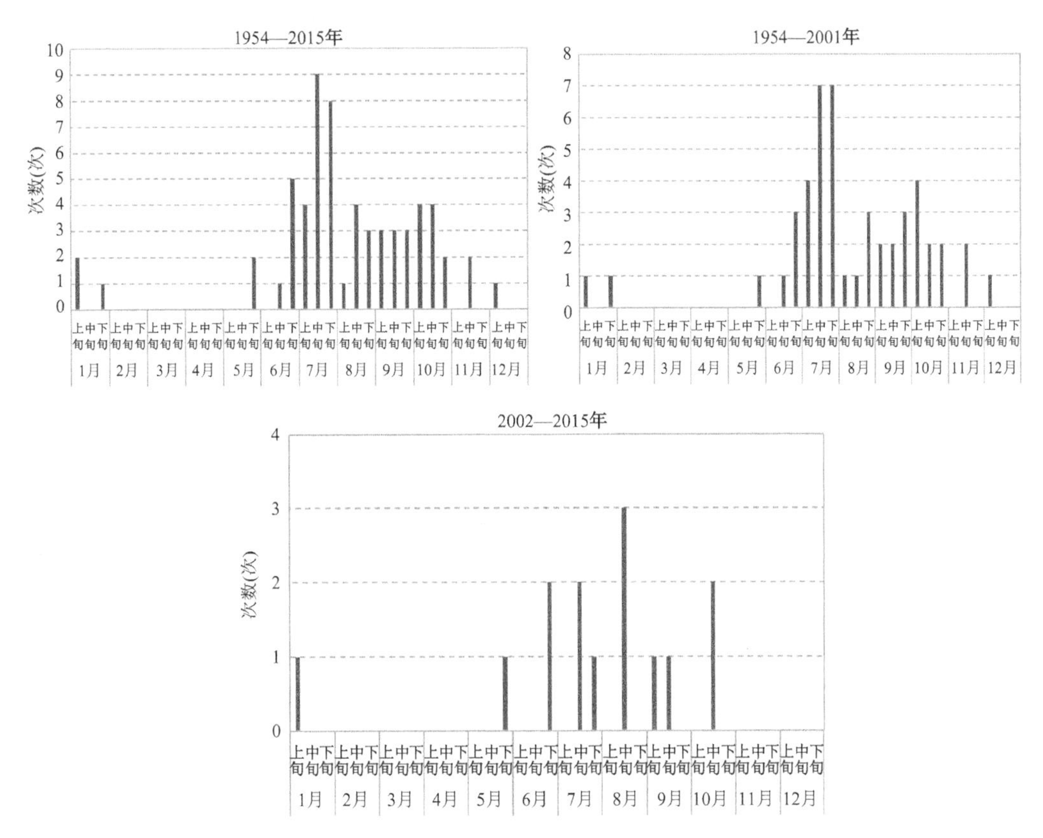

图3.3 太湖年最高水位旬频次图

3.1.1.2 年际变化

对太湖年最高水位的年际变化进行统计分析，参数如表3.2所示。由表3.2可知，1954—2015年，太湖年最高水位的均值为3.76 m，最大值为1999年的4.97 m，最小值为1978年的2.92 m，极值比为1.70。受流域降水丰枯变化等一系列因素的影响，太湖年最高水位具有明显的年际变化，2002年前后两个水位系列相比，太湖年最高水位的最小值和均值分别上升了0.47 m和0.03 m，最大值和极值比分别下降了0.77 m和0.46，下降幅度较大，且离势系数Cv也下降。对太湖年最高水位进行MK趋势检验，发现几个阶段均呈上升趋势，其中2002—2015年太湖年最高水位在95%的置信水平上显著上升。太

湖年最高水位变化趋势如图 3.4 所示。由图 3.4 可以看出，太湖年最高水位呈现出周期性变化。从 5 a 滑动平均值变化可知，1954—1968 年、1978—1982 年和 2000—2006 年太湖年最高水位 5 a 滑动平均值呈下降趋势；1969—1977 年、1983—1999 年、2007—2015 年太湖年最高水位 5 a 滑动平均值呈上升趋势，2012 年以后有所震荡。从 10 a 滑动平均值变化可以看出，太湖年最高水位呈现出更加明显的周期性变化，1954—1972 年、2000—2009 年太湖年最高水位 10 a 滑动平均值呈下降趋势，1973—1999 年、2010—2015 年太湖年最高水位 10 a 滑动平均值呈上升趋势。从太湖年最高水位累积距平曲线（图 3.5）可以看出，1962—1982 年和 2000—2006 年太湖年最高水位的累积距平值均波动下降，年最高水位整体处于均值以下，1983—1999 年和 2007 年以后累积距平值均波动上升，太湖年最高水位整体处于均值以上。由此可见，太湖年最高水位的周期性变化与太湖流域降水丰枯的周期性基本一致。

表 3.2　太湖年最高水位的年际变化

年份	最大值(m)	最小值(m)	均值(m)	极值比	Cv	MK 值
1954—2015 年	4.97	2.92	3.76	1.70	0.11	1.45
1954—2001 年	4.97	2.92	3.76	1.70	0.12	1.16
2002—2015 年	4.20	3.39	3.79	1.24	0.07	1.97

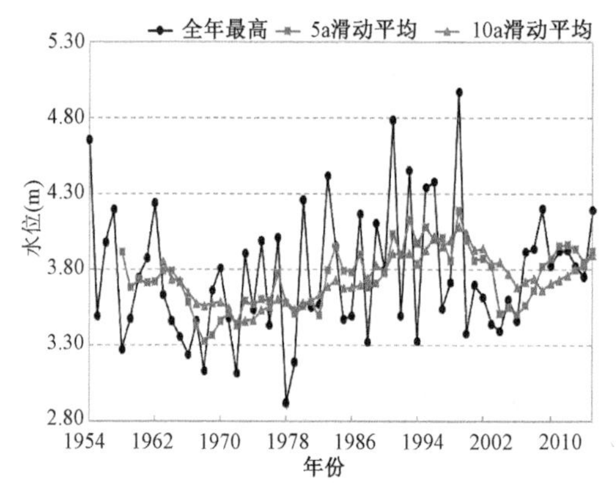

图 3.4　太湖年最高水位变化趋势

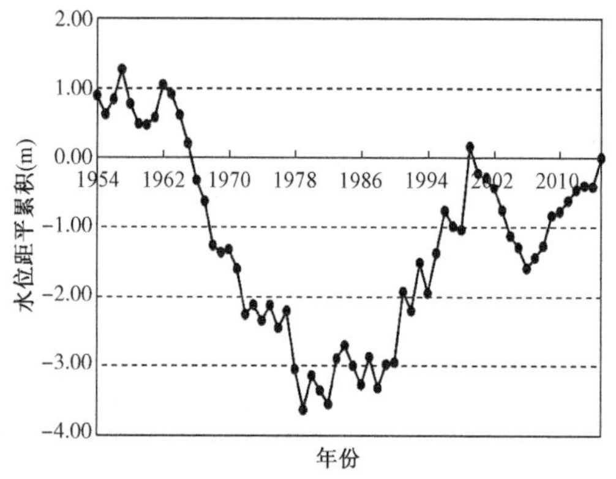

图 3.5　太湖年最高水位累积距平曲线

3.1.2　太湖年最低水位变化

3.1.2.1　年内分布

根据太湖逐日水位资料，统计其年最低水位在不同月份出现的频次，见表 3.3 和图 3.6。由图表可以看出，太湖年最低水位在年内分布的频次主要集中于 1—4 月和 12 月，其中以 2 月和 12 月最为集中，但 2002 年以后 2 月出现年最低水位的频次所占比例明显增大，基本都出现在上半年，12 月出现频次所占比例明显减少。1954—2015 年、1954—2001 年、2002—2015 年，2 月出现太湖年最低水位的频次分别约占总频次的 23%、19%、

36%,12月出现太湖年最低水位的频次分别约占总频次的19%、23%和7%。此外,2002年前后两个水位系列相比,太湖年最低水位出现在6月的频次分别约占8%和14%,比重也有所增大,但主要集中在2005年等枯水年。

表 3.3　太湖年最低水位频次统计　　单位:次

年份	1月	2月	3月	4月	5月	6月	7月	8月	9月	10月	11月	12月
1954—2015年	6	14	9	6	3	6	1	3	1	1		12
1954—2001年	3	9	9	4	2	4	1	3	1	1		11
2002—2015年	3	5		2	1	2						1

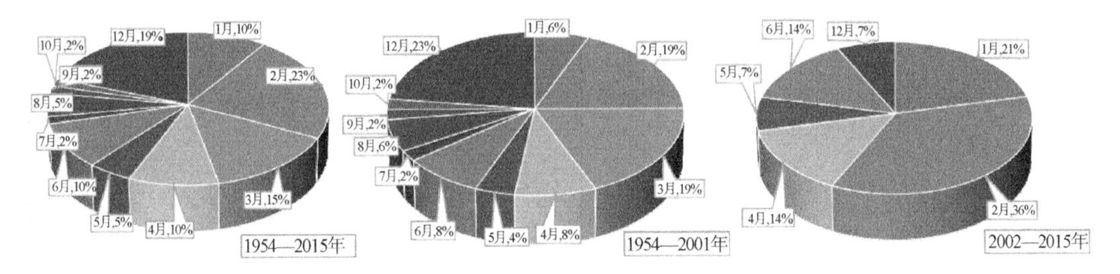

图 3.6　太湖年最低水位出现在年内各月的百分比

太湖不同时段的年最低水位在旬月中分布频次统计见图3.7。由图3.7可以看出,太湖年最低水位旬月分布无明显规律:1954—2015年太湖年最低水位主要集中出现在2月中下旬、6月下旬和12月下旬;1954—2001年太湖年最低水位主要集中出现在2月下

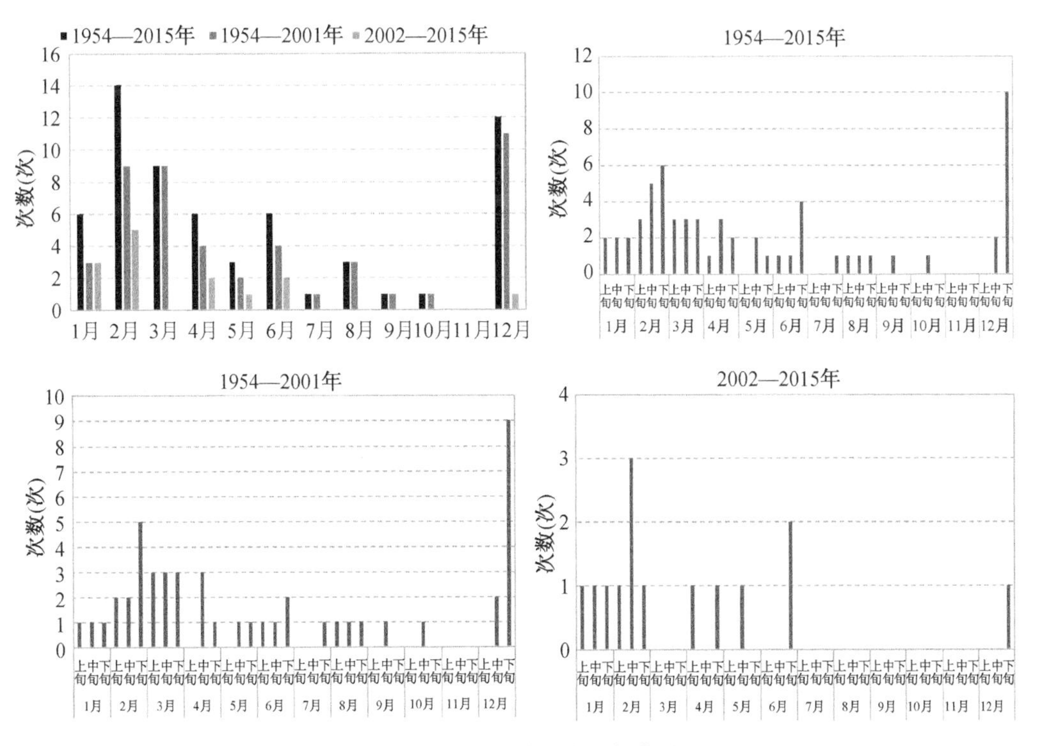

图 3.7　太湖年最低水位频次图

旬和12月下旬，分别占总频次的10%和19%；2002—2015年太湖年最低水位高度集中在2月中旬，占总频次的21%，其次是6月下旬，占14%。由此可见，太湖年最低水位多出现于12月和2月等流域枯水期，以2月中下旬和12月下旬居多，尤其是2002年以后2月中旬出现频次占比有所增大，这一情况与流域降水的年内分布规律以及年内用水过程相对应。此外，遇流域枯水年，太湖年最低水位多出现在汛期6—8月，尤其是集中在6月下旬(出现6次，分别是1974年、1981年、1982年、1997年、2003年、2005年)。

3.1.2.2 年际变化

对太湖年最低水位的年际变化进行统计分析，参数如表3.4所示。受流域降水丰枯变化、引江济太水资源调度等一系列因素的影响，太湖年最低水位具有明显的年际差异。由表3.4可知，1954—2015年太湖年最低水位的均值为2.73 m，最大值为2013年的3.07 m，最小值为1978年的2.37 m，极值比为1.30。受流域降水丰枯变化等一系列因素的影响，太湖年最低水位具有明显的年际变化，2002年前后两个水位系列相比，太湖年最低水位的最大值、最小值和均值分别上升0.12 m、0.43 m和0.26 m，其中最小值上升幅度较大，极值比和离势系数Cv分别下降0.16和0.02，下降幅度较大，年最低水位离散程度降低。对太湖年最低水位进行MK趋势检验，发现均呈上升趋势，其中1954—2015年和1954—2001年太湖年最低水位分别在95%和90%的置信水平上显著上升。

表3.4　太湖年最低水位的年际变化

年份	最大值(m)	最小值(m)	均值(m)	极值比	Cv	MK值
1954—2015年	3.07	2.37	2.73	1.30	0.06	5.08
1954—2001年	2.95	2.37	2.67	1.25	0.05	1.80
2002—2015年	3.07	2.80	2.93	1.09	0.03	1.26

太湖年最低水位变化趋势如图3.8所示。由图3.8可以看出，太湖年最低水位呈现出周期性变化。从5 a滑动平均值变化可见，1961—1971年和1978—1982年太湖年最低水位5 a滑动平均值呈下降趋势；1972—1977年及1982年以后太湖年最低水位5 a滑动平均值整体波动上升，尤其是2000年以后上升明显。从10 a滑动平均值变化可以看出，太湖年最低水位呈现出更加明显的周期性变化，1974年以前太湖年最低水位10 a滑动平均值呈下降趋势，之后一直波动上升，尤其是2000年以后上升明显。从太湖年最低水位累积距平曲线(图3.9)可以看出，1983年以前太湖年最低水位的累积距平值波动下降，太湖年最低水位整体处于均值以下；1982—2000年累积距平值基本不变，太湖年最低水位处于均值附近，2000年以后太湖年最低水位累积距平值持续上升，水位整体处于均值以上。由此可见，2000年以前太湖年最低水位的周期性变化与太湖流域降水丰枯的周期性有很大关系，但2000年起为改善太湖水环境，望虞河首次引长江水入太湖，2002年启动引江济太调水试验并进入长效运行，2002—2015年每年平均引长江水入太湖8.865亿m^3，因此2000年以后太湖年最低水位除降雨影响外，受引江济太等水资源调度因素的影响比较明显，即使处于枯水期，年最低水位仍然呈上涨趋势。

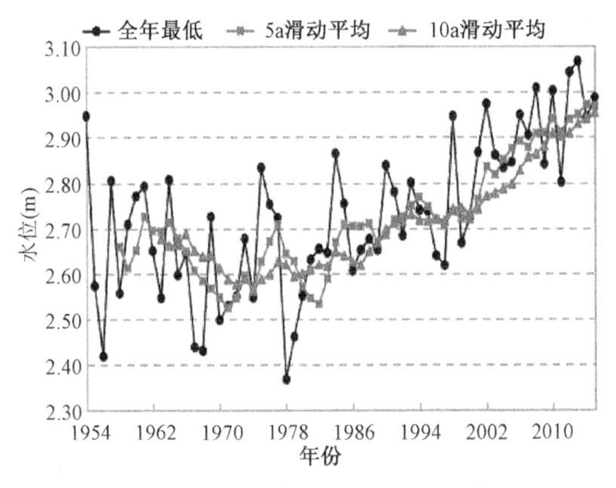

图 3.8　太湖年最低水位变化趋势图

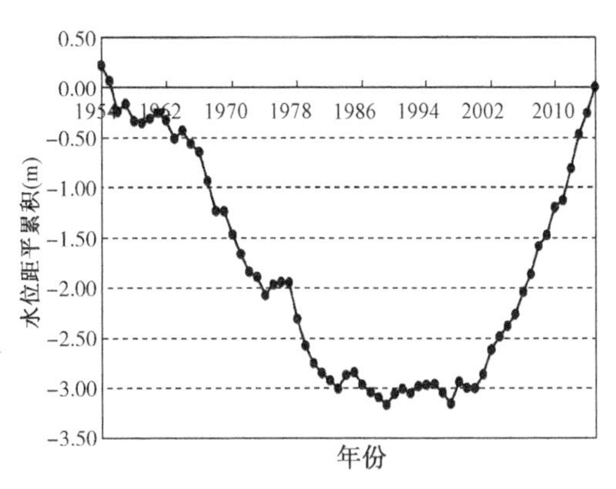

图 3.9　太湖年最低水位累积距平曲线

3.1.3　太湖平均水位变化

3.1.3.1　年平均水位

根据逐日水位资料,统计了太湖年平均水位、汛期平均水位、汛前1—4月平均水位、汛后10—12月平均水位和年内各月平均水位,分析了相应的变化特征。

对太湖年平均水位的年际变化进行统计分析,参数如表3.5所示,太湖年平均水位具有明显的年际差异。由表3.5可知,1954—2015年,太湖年平均水位的均值为3.13 m,最大值为1954年的3.57 m,最小值为1978年的2.70 m,极值比为1.32。太湖年平均水位具有明显的年际变化,2002年前后两个水位系列相比,太湖年平均水位的最小值和均值分别上升0.40 m和0.16 m,其中最小值上升幅度较大,最大值和极值比分别下降0.15 m和0.22,下降幅度较大,且离势系数Cv也下降。对太湖年平均水位进行MK趋势检验,发现均呈上升趋势,其中1954—2015年和2002—2015年太湖年平均水位均在95%的置信水平上显著上升。

表 3.5　太湖年平均水位的年际变化

年份	最大值(m)	最小值(m)	均值(m)	极值比	Cv	MK值
1954—2015年	3.57	2.70	3.13	1.32	0.06	3.57
1954—2001年	3.57	2.70	3.10	1.32	0.06	1.35
2002—2015年	3.42	3.10	3.26	1.10	0.03	2.35

太湖年平均水位变化趋势如图3.10所示。从5 a滑动平均值变化可见,1964—1968年和1978—1982年太湖年平均水位5 a滑动平均值不断下降;1969—1977年及1982年以后太湖年平均水位5 a滑动平均值持续波动上升,尤其是2007年以后太湖年平均水位5 a滑动平均值一路上扬。从10 a滑动平均值变化可以看出,太湖年平均水位呈现出更加明显的周期性变化,1972年以前太湖年平均水位10 a滑动平均值呈下降趋势,1972年开始太湖年平均水位10 a滑动平均值呈持续上升趋势,尤其是2007年以后上升明显。从太

湖年平均水位累积距平曲线(图 3.11)可以看出,1982 年以前太湖年平均水位的累积距平值呈波动下降趋势,年平均水位整体处于均值以下;1982—1988 年太湖年平均水位累积距平值基本不变,水位位于均值附近;1989 年以后太湖年平均水位累积距平值波动上升,尤其是 2007 年以后上升明显,太湖年平均水位整体处于均值以上。由此可见,太湖年平均水位的周期性变化与太湖流域年最低水位的变化趋势类似,但变化幅度小于太湖年最低水位。

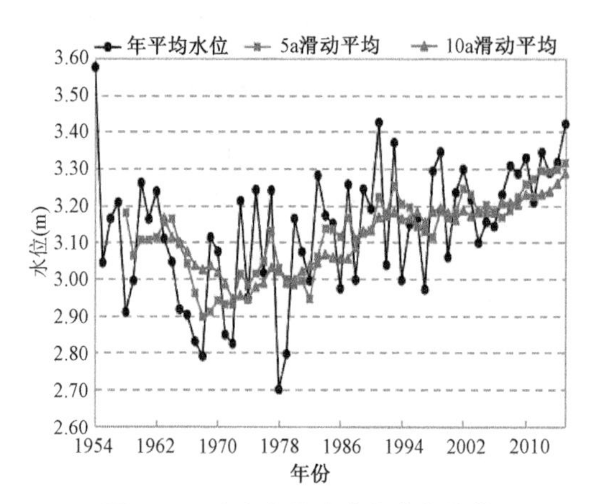

图 3.10　太湖年平均水位变化趋势

图 3.11　太湖年平均水位累积距平曲线

3.1.3.2　月及其他时段平均水位

太湖月平均水位箱线图见图 3.12。在 1954—2015 年水位系列中,年内各月平均水位均以 7 月份最高(7 月份太湖平均水位最高超过 4.65 m,1999 年),其次为 6 月和 8—10 月,最高均超过 3.80 m,而 1—5 月、11—12 月的太湖月平均水位一般不超过 3.80 m。

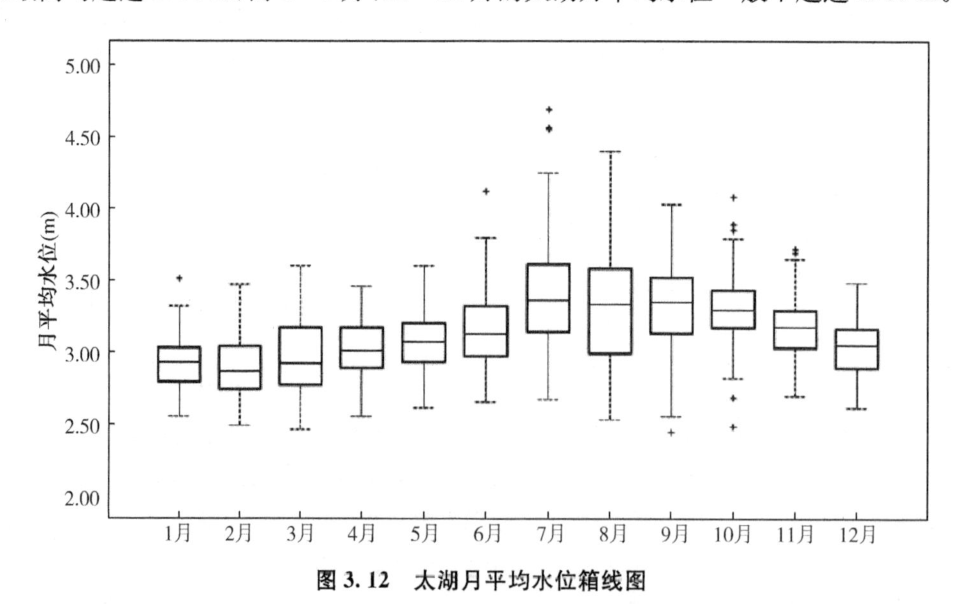

图 3.12　太湖月平均水位箱线图

对太湖月平均水位进行统计分析，参数如表3.6所示。由表3.6可知，太湖多年月平均水位峰值主要集中在7—10月，其中7月均值最大，与强降水时段分布较为一致。采用MK对太湖不同月份、汛期以及非汛期(1—4月、10—12月)平均水位的变化趋势进行检验，检验结果如表3.6所示。由表3.6可知，在90%的置信水平上，太湖流域年平均水位呈显著的上升趋势，从月过程来看，非汛期的1—4月、11—12月和汛期的8—9月平均水位显著上升。由此可见，太湖全年平均水位的上升主要是由非汛期平均水位上升引起的。

表3.6 太湖时段平均水位趋势检验结果

时段	均值	Cv	MK值	变化趋势
1月	2.92	0.06	4.13	显著↑
2月	2.89	0.08	4.06	显著↑
3月	2.96	0.08	4.18	显著↑
4月	3.02	0.07	3.41	显著↑
5月	3.07	0.07	0.70	↑
6月	3.14	0.09	0.91	↑
7月	3.42	0.12	1.60	↑
8月	3.33	0.12	2.50	显著↑
9月	3.34	0.10	2.33	显著↑
10月	3.30	0.09	0.88	↑
11月	3.17	0.07	1.76	显著↑
12月	3.03	0.07	3.55	显著↑
全年	3.13	0.06	3.57	显著↑
汛期	2.95	0.06	4.65	显著↑
1—4月	3.26	0.08	2.05	显著↑
10—12月	3.17	0.07	2.11	显著↑

1954—2015年太湖年内各月平均水位及相应的累积距平曲线见图3.13。由图3.13可知，各月平均水位中，长期变化特征总体表现为非汛期(1—4月、10—12月)5 a滑动平均值前期呈波动持平状态，后期呈持续上升趋势，汛期(5—9月)5 a滑动平均值前期呈波动下降趋势，后期呈波动上升趋势，转折时间点各月有所不同。月平均水位累计距平值总体上均呈现出前期持续下降，后期持续上升的趋势，说明前期月均水位总体低于1954—2015年的平均值，后期总体高于1954—2015年的平均值。1954—2015年太湖汛期及非汛期时段平均水位及累积距平曲线见图3.14。从图3.14可知，汛期太湖平均水位的年际变化特征与5—9月基本类似，而非汛期1—4月和10—12月太湖平均水位均值的年际变化规律分别与1—4月和10—12月平均水位变化过程基本相似。

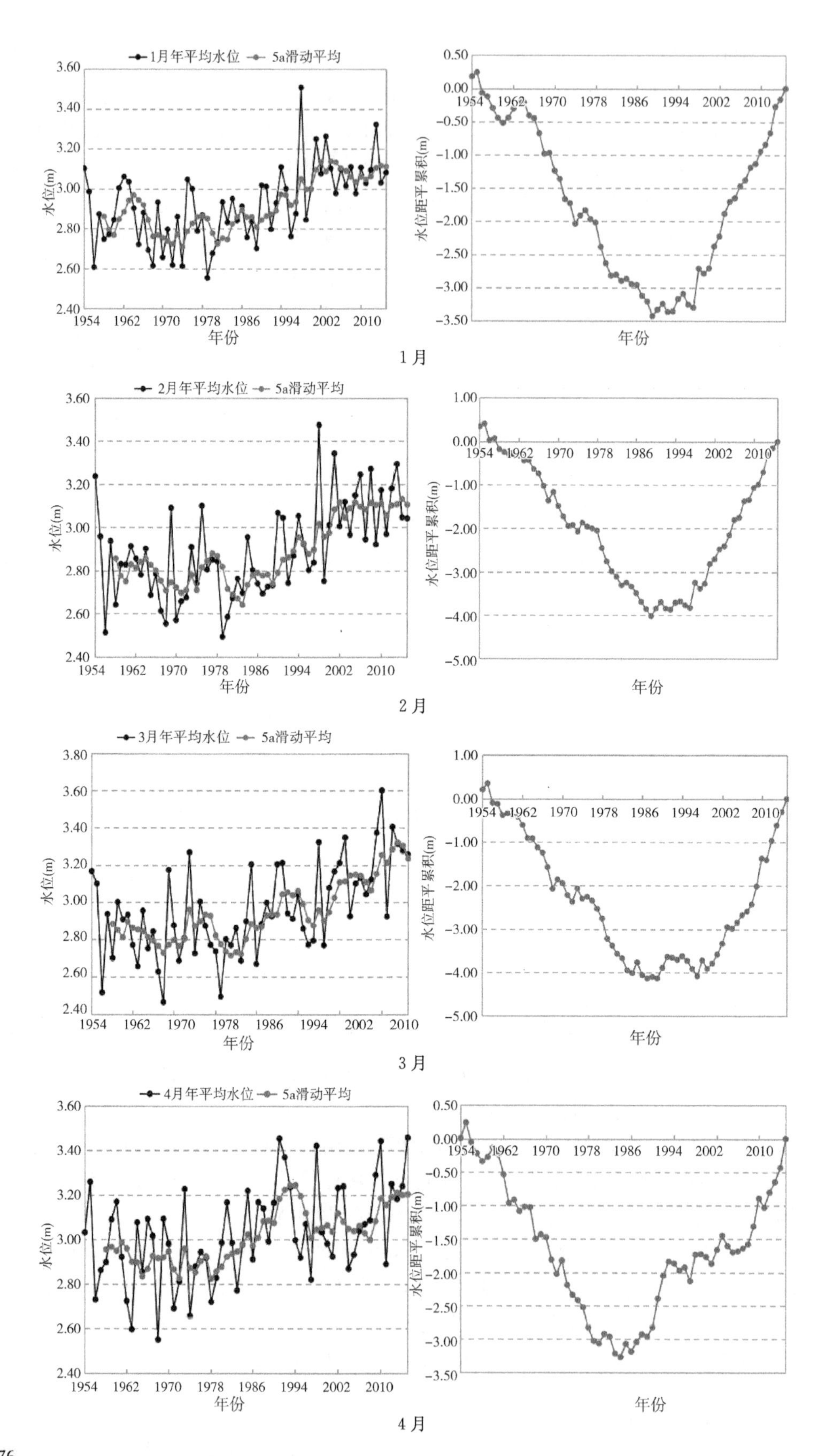
1月年平均水位
5a滑动平均
水位(m)
年份
水位距平累积(m)
1月
2月年平均水位
5a滑动平均
2月
3月年平均水位
5a滑动平均
3月
4月年平均水位
5a滑动平均
4月

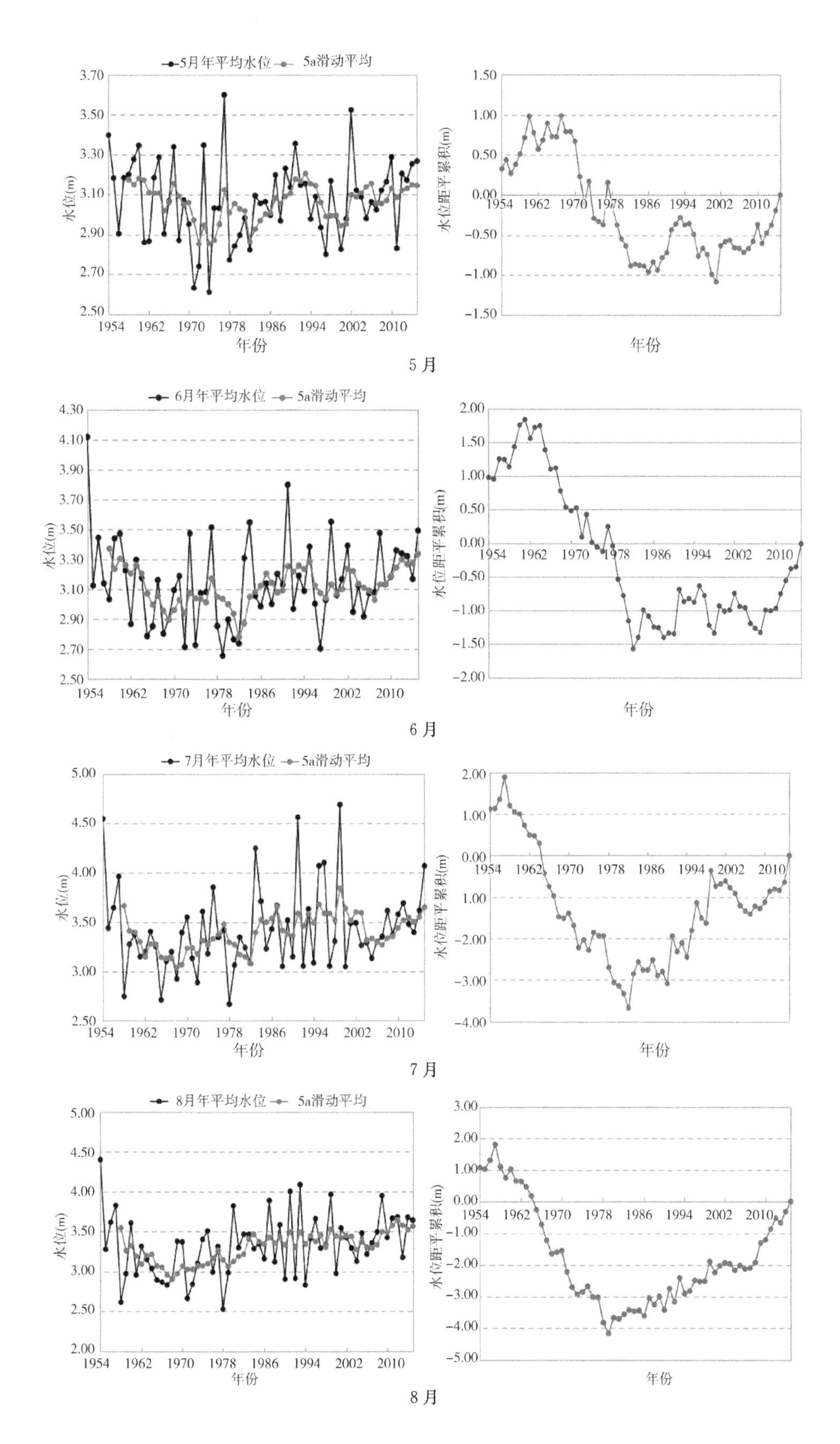

5月年平均水位
5a滑动平均
水位(m)
水位距平累积(m)
年份
5 月
6月年平均水位
5a滑动平均
水位(m)
水位距平累积(m)
年份
6 月
7月年平均水位
5a滑动平均
水位(m)
水位距平累积(m)
年份
7 月
8月年平均水位
5a滑动平均
水位(m)
水位距平累积(m)
年份
8 月

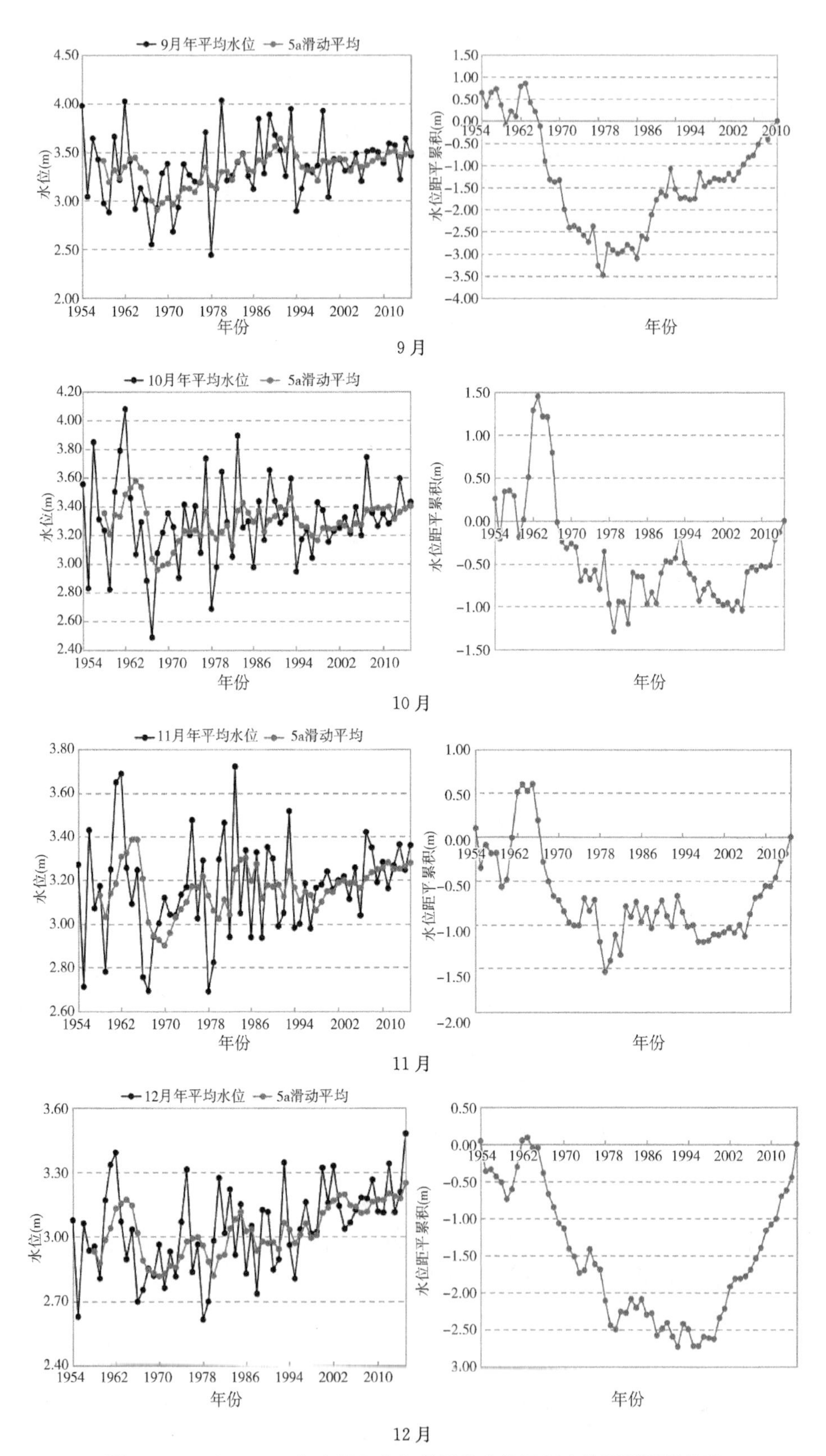

图 3.13　1954—2015 年太湖年内各月平均水位及相应的累积距平曲线

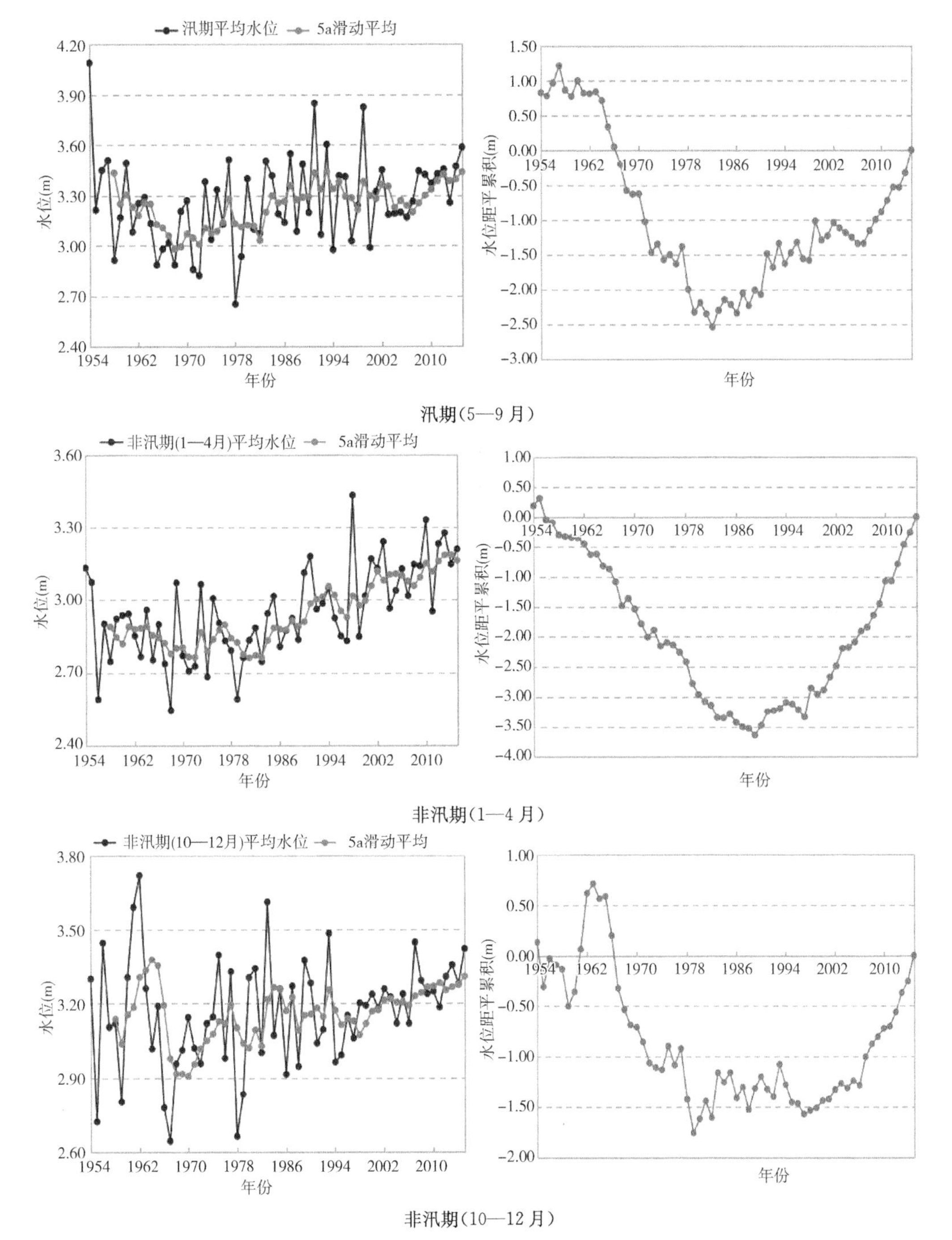

图 3.14　1954—2015 年太湖汛期及非汛期时段平均水位及累积距平曲线

3.1.4　超定量水位日数

根据太湖逐日平均水位资料，统计了 1954—2015 年太湖超警超保水位区间的天数。太湖 1954—2015 年期间历年超警天数(≥3.80 m)、超警 10 cm 以上天数(≥3.90 m)、超警 20 cm 以上天数(≥4.00 m)、超警 30 cm 以上天数(≥4.10 m)、超警 40 cm 以上天数

(≥4.20 m)、超警 50 cm 以上天数(≥4.30 m)、超警 60 cm 以上天数(≥4.40 m)、超警 70 cm 以上天数(≥4.50 m)、超保天数(≥4.65 m)统计结果见图 3.15。由图 3.15 可知,太湖超警水位天数在 1954 年、1962 年、1983 年、1991 年和 1999 年均达到 60 d 以上,其中超警天数持续时间最长的年份是 1954 年,达 118 d;发生超保水位的年份仅有 1954 年、1991 年和 1999 年(截至 2015 年),其中 1999 年超保水位持续时间最长,达 20 d,其次是 1991 年,为 14 d,1954 年超保天数最少,仅 1 d。据统计,太湖发生超警戒水位 3.80 m 的年份有 27 个,平均 2.3 a 出现一次超警戒水位的年份,发生超警年份的年平均超警天数为 35 d;超保水位 4.65 m 的年份有 3 个,平均 20.7 a 出现一次超保水位的年份,发生超保水位年份的年平均超保水位天数为 12 d。由此可见,太湖高水位持续时间较长的主要在 1954 年、1991 年和 1999 年等典型洪水年份,与降水持续时间和降水强度密切相关。此外,每年太湖水位高于警戒水位以上的日数大体呈现出先下降后上升再下降的过程,这与流域降水丰枯情况一致。

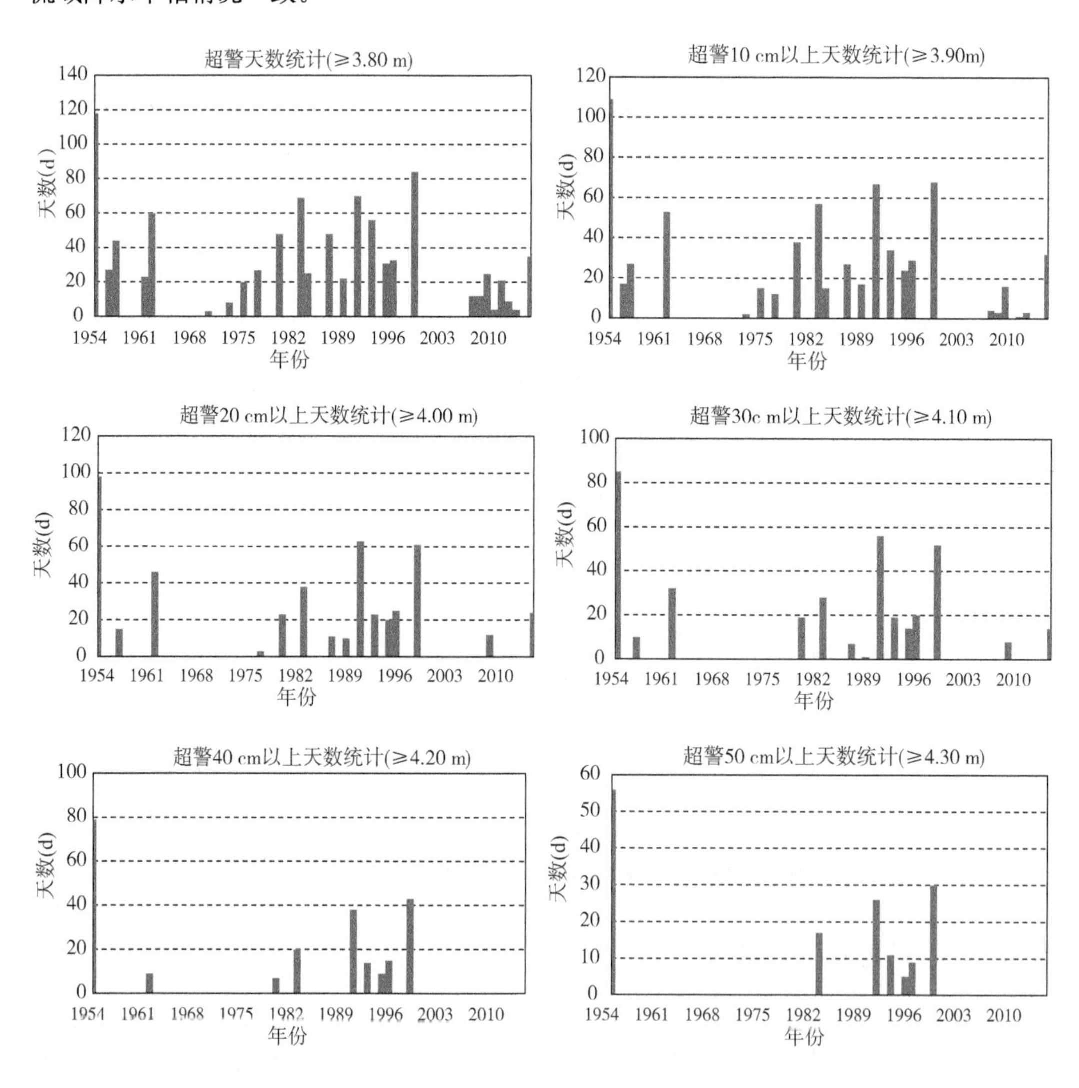

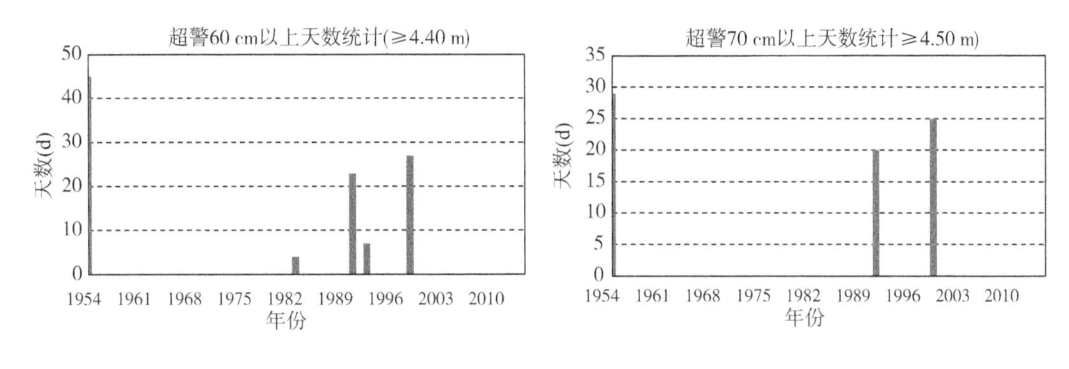

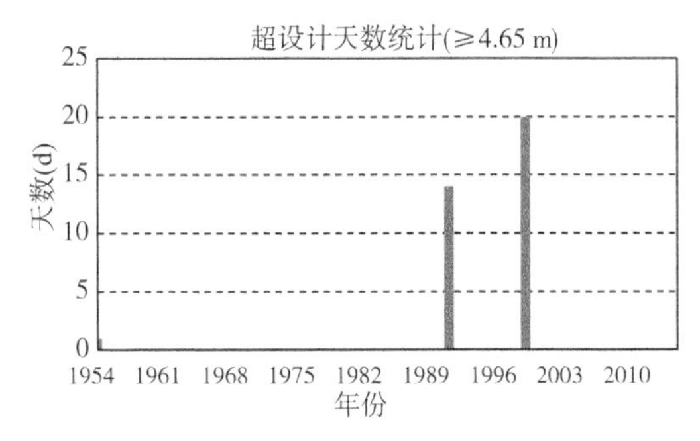

图 3.15　太湖超定量水位日数统计

3.2　浙西区代表站水位变化分析

分区代表站水位是反映地区洪水情势的基本要素之一，掌握分区代表站特性变化情况，对区域防汛抗旱具有指导作用。浙西区代表站选择瓶窑、港口、杭长桥三站，基于1952—2015 年瓶窑站、1952—2015 年杭长桥站和 1998—2015 年港口站(该站 1997 年建站)3 个代表站的逐日平均水位资料，分析研究代表站年最高水位、年最低水位、时段平均水位(年平均水位和年内各月平均水位)的水文变化特性及超定量水位日数，包括年内和年际变化规律，并讨论引江济太以来(2002—2015 年)水位特征要素的变化。港口站因建站时间短，系列资料不足 30 年，本书仅作简单分析。

3.2.1　年最高水位变化

3.2.1.1　年内分布

根据浙西区 3 个代表站瓶窑站、港口站、杭长桥站逐日平均水位资料，统计各站年内最高水位在不同时段出现的频次，见表 3.7 和图 3.16。由图表可以看出，不同时段浙西区的 3 个代表站年最高水位在年内分布的频次主要集中于 6—9 月，尤其以 6—8 月最为集中，2002 年前后两个水位系列相比，6—8 月年最高水位出现的频次占比除瓶窑站略有下降外，其余两站变化不大：在 1952—2015 年、1952—2001 年、2002—2015 年 3 个水位系

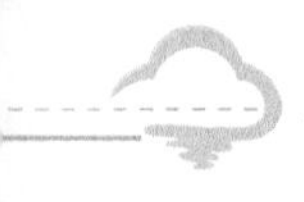

列中，6—8 月瓶窑站年最高水位出现的频次分别约占总次数的 61%、62%、57%；在 1952—2015 年、1952—2001 年、2002—2015 年 3 个水位系列中，6—8 月杭长桥站年最高水位出现频次分别约占总次数的 63%、62%、64%。此外，2002 年以后代表站均少在 9 月份出现年最高水位，但 3 月时有发生。

表 3.7　浙西区代表站年最高水位频次统计　　单位：次

站名	年份	1月	2月	3月	4月	5月	6月	7月	8月	9月	10月	11月	12月
瓶窑	1952—2015 年	1		4	2	5	15	12	12	9	3	1	
	1952—2001 年			2	2	4	12	11	8	9	1	1	
	2002—2015 年	1		2		1	3	1	4		2		
港口	1998—2015 年	2		3			3	2	4	1	2		1
	1998—2001 年	1		1				1	1				
	2002—2015 年	1		2			3	1	3	1	2		1
杭长桥	1952—2015 年	2		2		5	10	16	14	8	4	2	1
	1952—2001 年	1				5	8	13	10	8	2	2	1
	2002—2015 年	1		2			2	3	4		2		

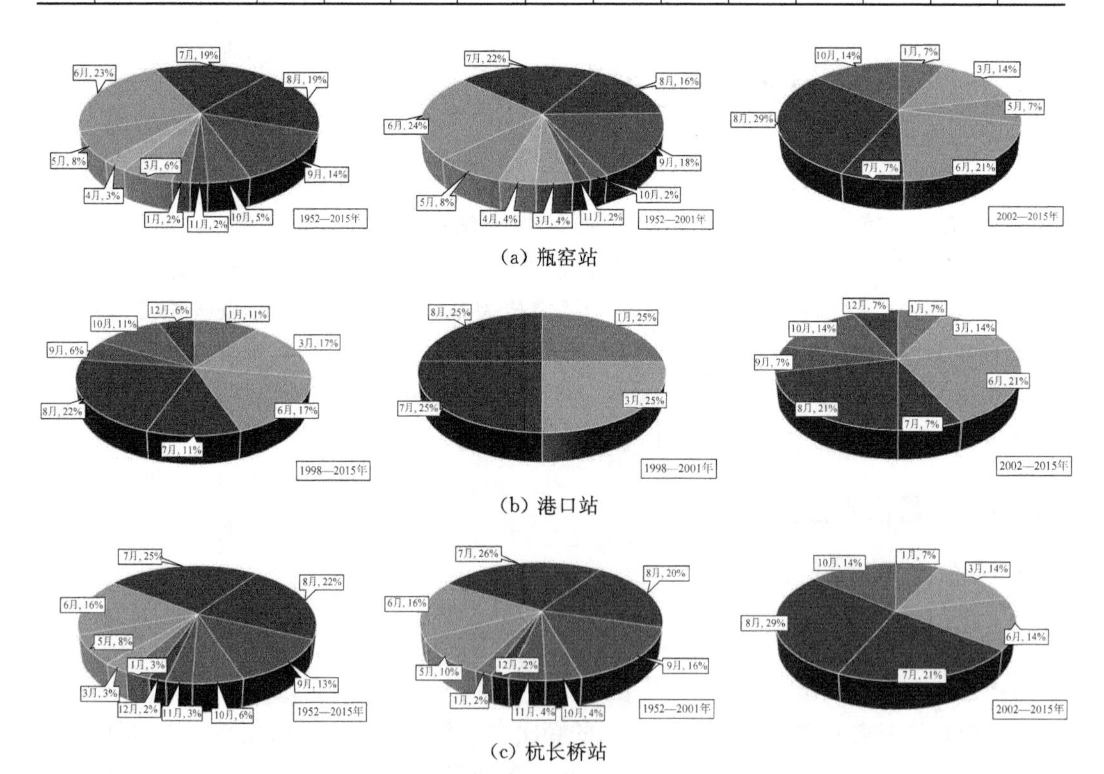

图 3.16　浙西区代表站年最高水位出现在年内各月的百分比

浙西区的3个代表站不同时段的年最高水位在旬月中分布频次统计见图3.17，代表站年最高水位虽然具有一定的“双峰型”特征，但主要出现在6—7月。由图3.17(a)可以看出，1952—2015年和1952—2001年，瓶窑站年最高水位发生频次均有两个明显峰值，第一个峰值为6月中下旬和7月上旬，第二个峰值为8月上下旬和9月上旬，其中，第一个峰值明显高于第二个峰值，6月下旬和7月上旬年最高水位出现频次明显高于其他时段。2002—2015年，最高水位主要集中在3月上旬、6月中旬、8月上旬和10月上旬。由图3.17(b)可以看出，1998—2015年和2002—2015年，港口站年最高水位主要集中在1月中旬、3月上旬、6月中旬、8月上中旬和10月上旬。由图3.17(c)可以看出，1952—2015年和1952—2001年，杭长桥站年最高水位发生频次均有两个明显峰值，第一个峰值为6月中下旬和7月上旬，第二个峰值为8月上下旬、9月中旬及10月上旬，其中，第一个峰值明显高于第二个峰值，7月上旬年最高水位出现频次明显高于其他时段。2002—2015年，最高水位主要集中在6月中旬、7月上旬、8月上旬和10月上旬。由此可见，浙西区代表站年最高水位主要呈现两个明显峰值，第一个峰值主要出现在6月中旬到7月上旬，受梅雨期强降水影响，第二个峰值主要出现在8月上下旬、9月上中旬和10月上旬，主要是受台风期降水影响，其中6月下旬和7月上旬代表站年最高水位出现频次明显高于其他时段，说明梅雨是造成浙西区代表站出现年最高水位的重要因素，同时台风也有一定的影响，且在2002年以后台风对代表站年最高水位的影响比重增大，影响时间延后，均在10月上旬出现。此外，近年来，受冬春季节短历时强降水等因素的影响，年最高水位在3月上旬等时段也常有发生。

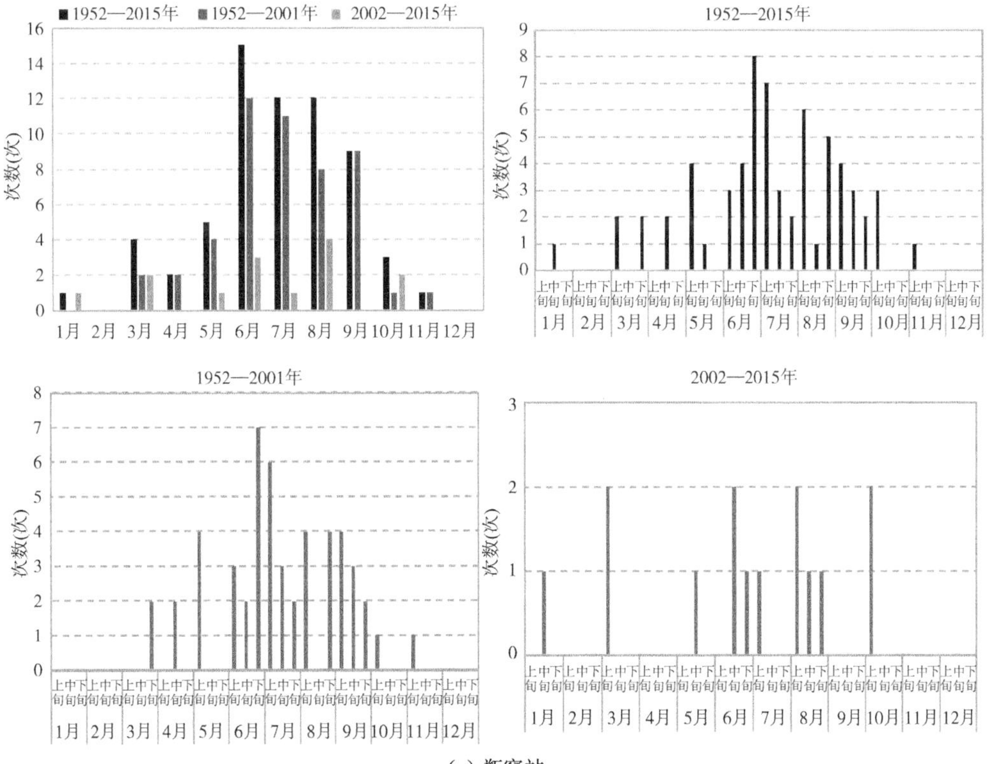

(a) 瓶窑站

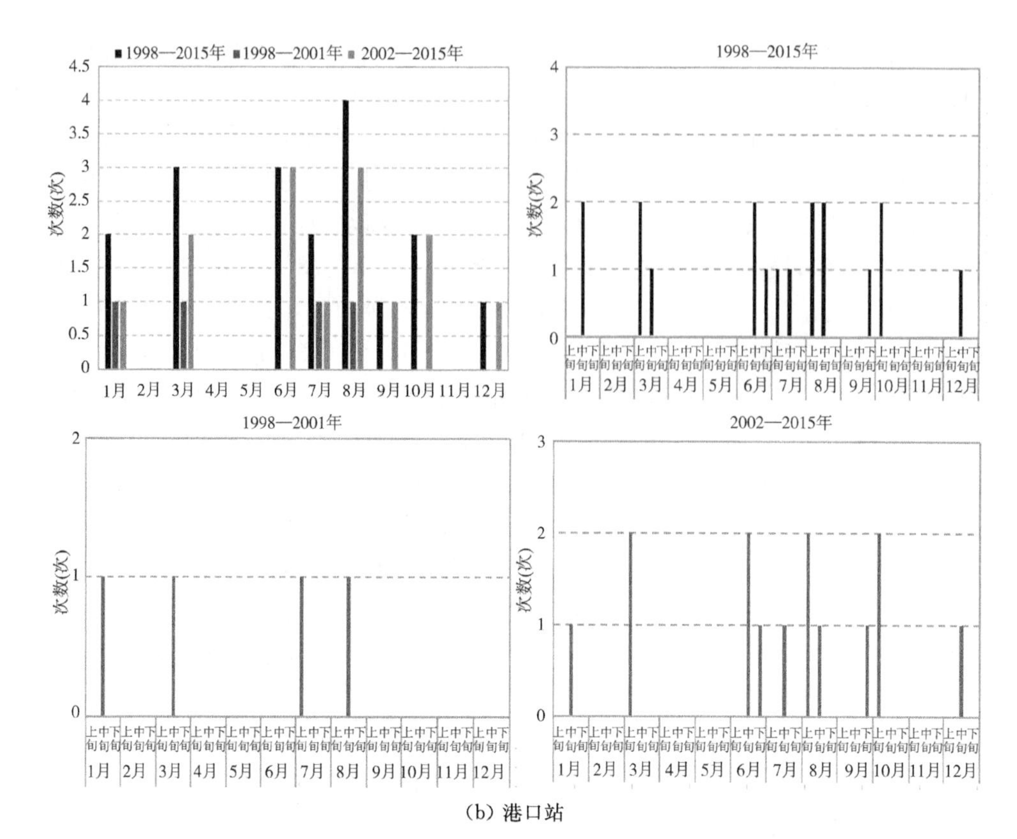

（b）港口站

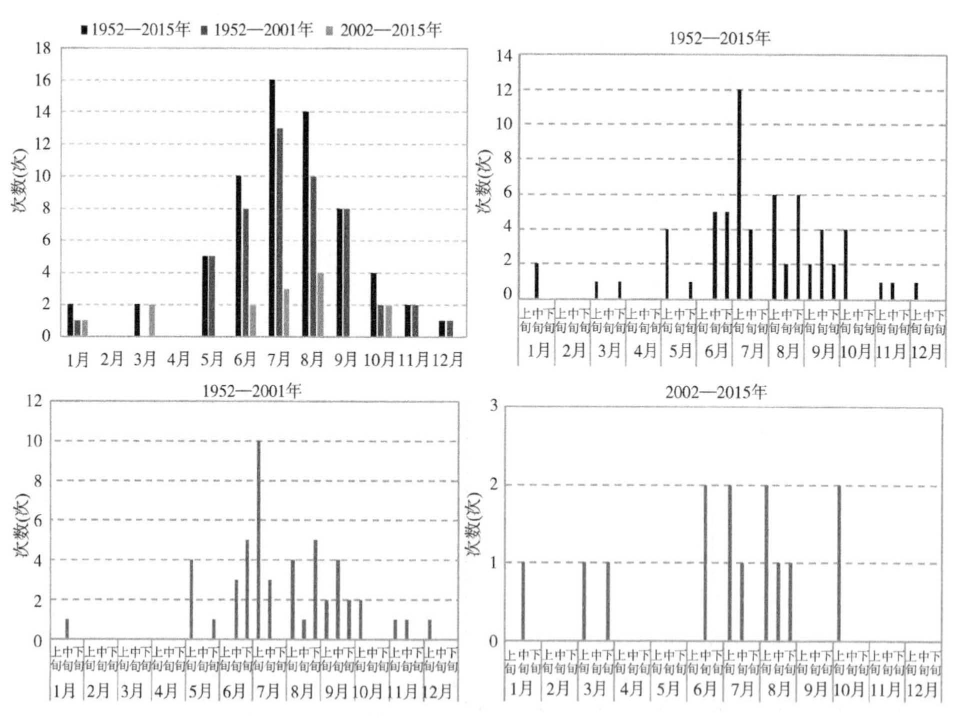

（c）杭长桥站

图 3.17　浙西区代表站年最高水位旬月频次图

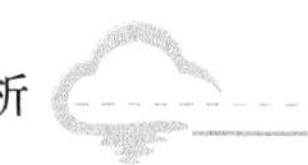

3.2.1.2　年际变化

对浙西区3个代表站年最高水位的年际变化进行统计分析，参数如表3.8所示。由表3.8可知，浙西区代表站年最高水位具有明显的年际变化，2002年前后两个水位系列相比，代表站年最高水位的最小值明显上升，其中瓶窑站的最小值上升幅度最大，达0.51 m；在最高水位的均值方面，杭长桥站下降0.04 m，瓶窑站上升0.15 m；瓶窑站和杭长桥站最高水位的最大值分别下降0.14 m和0.45 m；各代表站极值比均下降，其中杭长桥站极值比下降幅度最大，达0.24；离势系数Cv有升有降。对浙西区3个代表站最高水位分别进行MK趋势检验，除1952—2015年和1952—2001年杭长桥站呈不显著下降趋势外，其他代表站的年最高水位均呈上升趋势，其中1998—2015年和2002—2015年港口站年最高水位在95%的置信水平上显著上升，2002—2015年杭长桥站年最高水位在90%的置信水平上显著上升。

表3.8　浙西区代表站最高水位的年际变化

站名	年份	最大值(m)	最小值(m)	均值(m)	极值比	Cv	MK值
瓶窑	1952—2015年	9.19	4.52	7.33	2.03	0.17	1.64
	1952—2001年	9.19	4.52	7.30	2.03	0.16	1.45
	2002—2015年	9.05	5.03	7.45	1.80	0.20	1.04
港口	1998—2015年	7.91	3.51	5.82	2.25	0.25	2.35
	1998—2001年	7.52	3.51	5.10	2.14	0.34	0
	2002—2015年	7.91	3.93	6.02	2.01	0.23	2.19
杭长桥	1952—2015年	5.60	3.27	4.46	1.71	0.15	−0.71
	1952—2001年	5.60	3.27	4.47	1.71	0.16	−1.07
	2002—2015年	5.15	3.51	4.43	1.47	0.14	1.86

浙西区3个代表站年最高水位变化趋势如图3.18所示。从5 a滑动平均值变化可见，瓶窑站年最高水位5 a滑动平均值在1968年前、1978—1982年、1998—2006年总体呈下降趋势，1969—1977年、1983—1997年、2007—2013年呈总体上升趋势；港口站年最高水位5 a滑动平均值总体呈上升趋势；杭长桥站年最高水位5 a滑动平均值在1965—1969年、1994—2004年总体呈下降趋势，1970—1982年维持平稳波动状态，1964年前及1983—1993年、2005—2013年总体呈上升趋势，但2013年开始各站最高水位5 a滑动平均值均略有下降。

从浙西区代表站年最高水位累积距平曲线(图3.19)可以看出，瓶窑和杭长桥站变化相似，1964—1982年和2000—2006年累积距平值持续下降，年最高水位基本处于均值以下；1964年前及1983—1999年和2007—2013年代表站累积距平值呈持续上升，年最高水位基本处于均值以上；港口站因为时间序列较短，但1999年以后变化相似，也是以2006年为分界点，2006年以前累积距平值持续下降，之后持续上升。

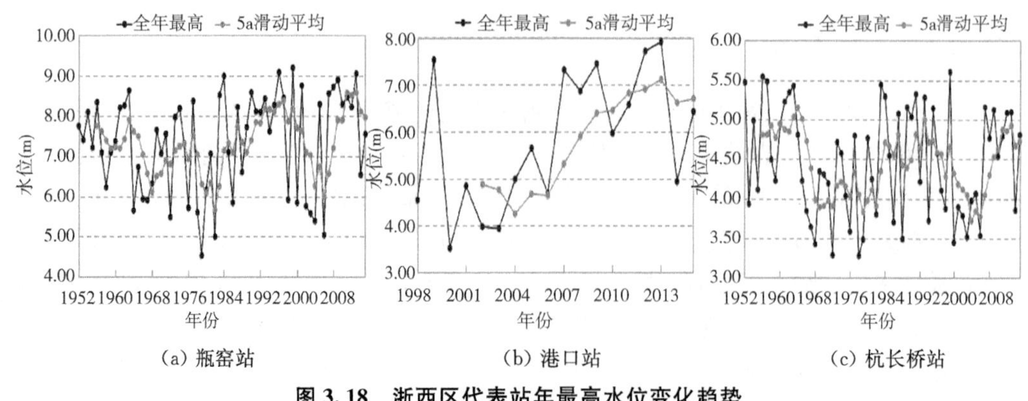

图 3.18　浙西区代表站年最高水位变化趋势

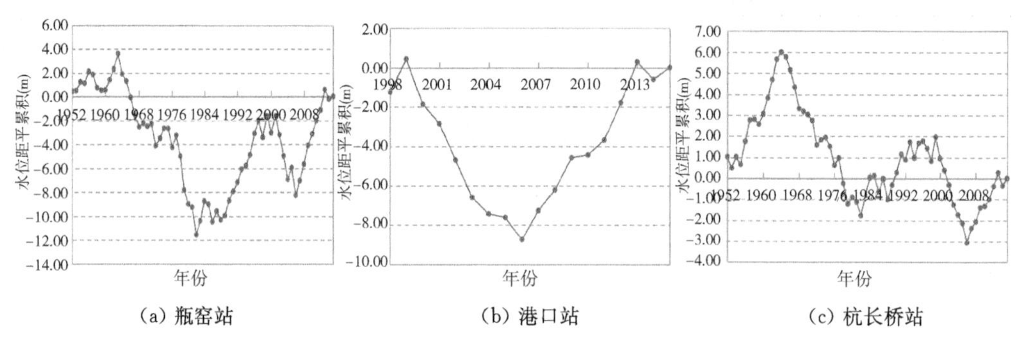

图 3.19　浙西区代表站年最高水位累积距平曲线

3.2.2　年最低水位变化

3.2.2.1　年内分布

根据浙西区 3 个代表站瓶窑站、港口站、杭长桥站逐日水位资料，统计各站年内最低水位在不同时段出现的频次，具体见表 3.9 和图 3.20。由图表可以看出，不同时段浙西区 3 个代表站年最低水位在年内分布无明显规律，但以 2 月份最为集中，尤其是 2002 年以

表 3.9　浙西区代表站年最低水位频次统计　　单位：次

站名	年份	1月	2月	3月	4月	5月	6月	7月	8月	9月	10月	11月	12月
瓶窑	1952—2015 年	5	11	8	8	3	7	3	10	3		1	5
	1952—2001 年	3	6	8	6	2	5	3	9	3			5
	2002—2015 年	2	5		2	1	2		1			1	
港口	1998—2015 年	2	5	1	3	3	3					1	
	1998—2001 年			1	1	1	1						
	2002—2015 年	2	5		2	2	2					1	
杭长桥	1952—2015 年	6	15	8	9	7	6	2	2	2	2		5
	1952—2001 年	3	10	8	7	5	4	2	2	2	2		5
	2002—2015 年	3	5		2	2	2						

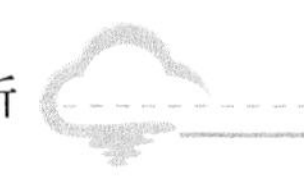

后 2 月年最低水位出现频次所占比例明显增大。在 1952—2015 年、1952—2001 年、2002—2015 年 3 个水位系列中，2 月瓶窑站年最低水位出现的频次分别约占总次数的 17%、12%、36%；在 1998—2015 年和 2002—2015 年 2 个水位系列中，2 月港口站年最低水位出现的频次分别约占总次数的 28%和 36%；在 1952—2015 年、1952—2001 年、2002—2015 年 3 个水位系列中，2 月杭长桥站年最低水位出现的频次分别约占总次数的 23%、20%、36%。此外，瓶窑站在 8 月出现年最低水位的频率明显较高，但 2002 年以后 8 月出现的频率明显减少，港口站和杭长桥站最低水位在 6 月出现的频率也较高，但主要集中在 2003 年等枯水年。

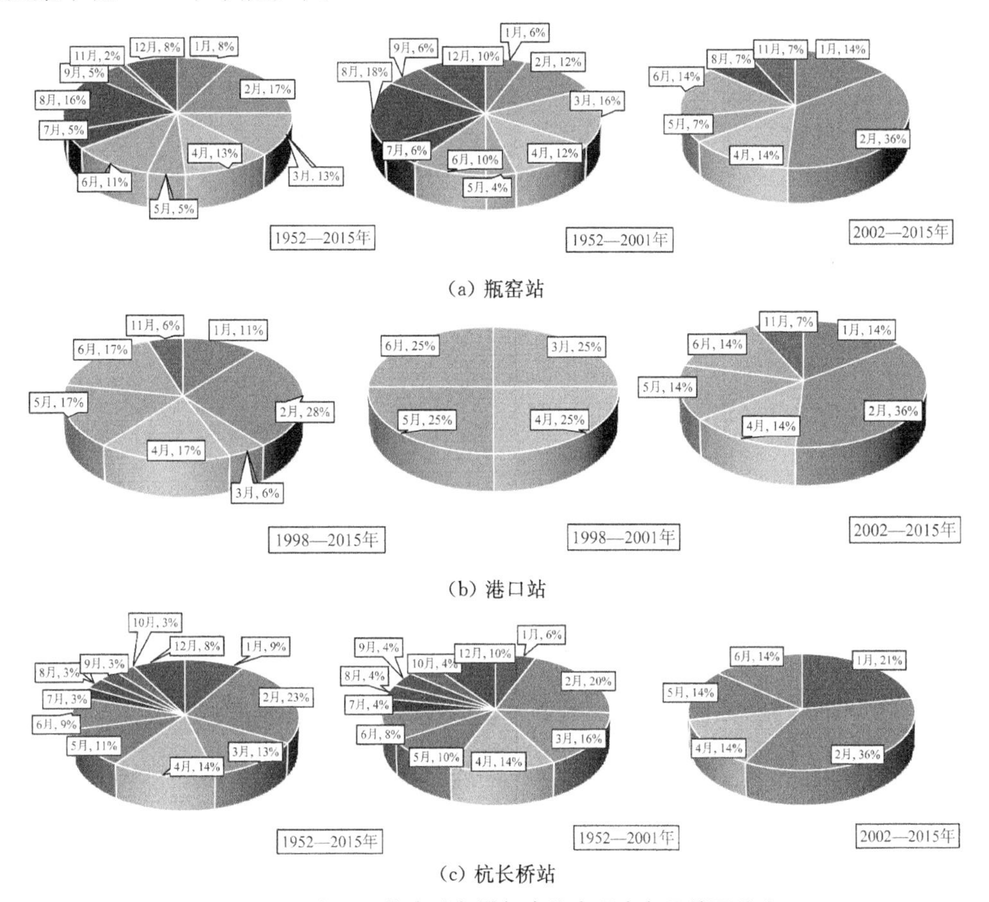

(a) 瓶窑站

(b) 港口站

(c) 杭长桥站

图 3.20　浙西区代表站年最低水位出现在各月的百分比

浙西区 3 个代表站不同时段的年最低水位在旬月中分布频次统计见图 3.21。由图 3.21(a)可以看出，1952—2015 年和 1952—2001 年，瓶窑站年最低水位出现频次峰值主要集中出现在 2 月上中旬、3 月中旬、4 月上中旬、8 月上旬和 12 月下旬，其中，3 月中旬年最低水位出现频次略高于其他时段，分别占总次数的 8%和 10%；2002—2015 年，年最低水位高度集中在 2 月中旬，占总次数的 29%。由图 3.21(b)可以看出，1998—2015 年和 2002—2015 年，港口站年最低水位主要集中在 2 月中旬和 6 月下旬，其中，2 月中旬年最低水位出现频次明显高于其他时段，分别占总次数的 22%和 29%。由图 3.21(c)可以看出，1952—2015 年杭长桥站年最低水位主要集中出现在 2 月中下旬、3 月中旬、4 月上旬

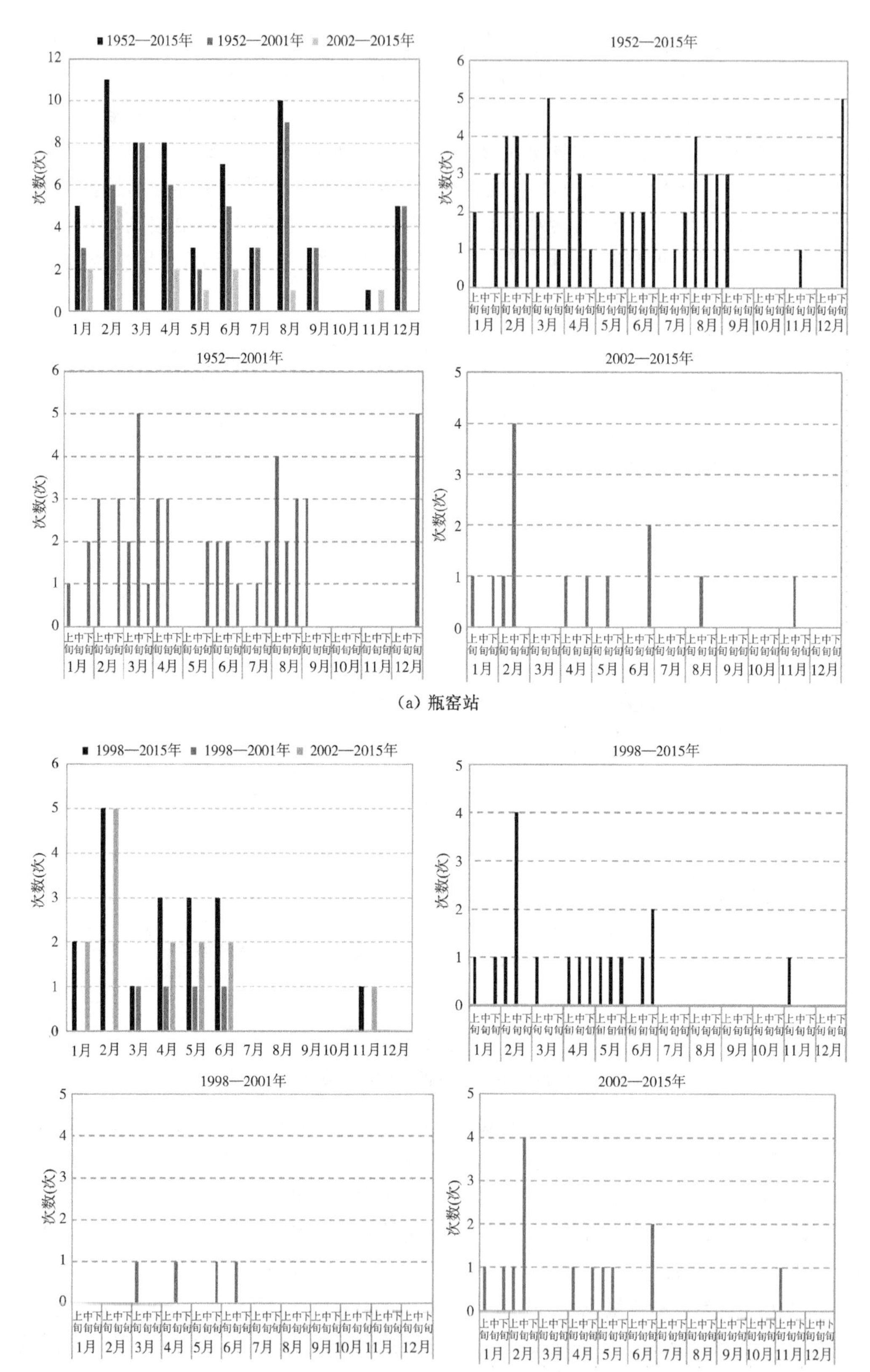

1952—2015年 1952—2001年 2002—2015年
次数(次)
1月 2月 3月 4月 5月 6月 7月 8月 9月 10月 11月 12月
1952—2015年
1952—2001年
2002—2015年
上中下旬
(a) 瓶窑站
1998—2015年 1998—2001年 2002—2015年
1998—2015年
1998—2001年
2002—2015年

(a) 瓶窑站

(b) 港口站

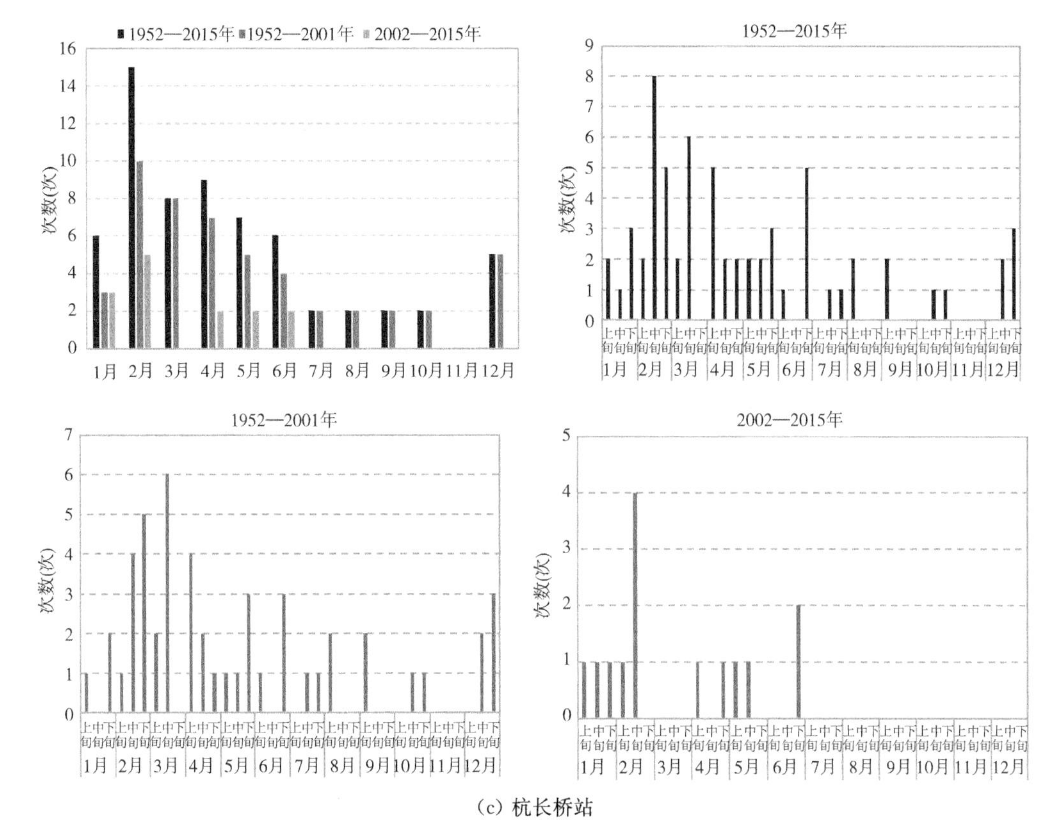

(c) 杭长桥站

图 3.21　浙西区代表站年最低水位频次图

和6月下旬，其中2002—2015年杭长桥站年最低水位主要集中出现在2月中旬，1952—2015年和1952—2001年2个水位系列中，杭长桥站2月中旬出现年最低水位的频次高于其他时段。

3.2.2.2　年际变化

对浙西区3个代表站年最低水位的年际变化进行统计分析，参数如表3.10所示。由表3.10可知，浙西区代表站年最低水位具有明显的年际变化，2002年前后两个水位系列相比，年最低水位的最小值和均值均有明显上升，瓶窑站、杭长桥站年最低水位的最小值分别上升0.29 m、0.38 m，最低水位均值分别上升0.23 m、0.21 m，最低水位的最大值分别下降0.06 m和0.05 m；除港口站极值比略有上升外，各代表站极值比和离势系数Cv均有所下降，其中杭长桥站极值比下降幅度达0.22。对浙西区各代表站分别进行MK趋势检验，1952—2015年(港口站1998—2015年)系列各代表站的年最低水位均在95%的置信水平上显著上升，其中2002—2015年杭长桥站年最低水位在90%的置信水平上显著上升。

浙西区3个代表站年最低水位变化趋势如图3.22所示。从5 a滑动平均值变化可见，2000年前代表站年最低水位5 a滑动平均值维持波动稳定状态，之后呈明显上升趋势。

表 3.10　浙西区代表站年最低水位的年际变化

站名	年份	最大值(m)	最小值(m)	均值(m)	极值比	Cv	MK 值
瓶窑	1952—2015 年	2.97	2.18	2.58	1.36	0.07	4.06
	1952—2001 年	2.97	2.18	2.53	1.36	0.07	1.49
	2002—2015 年	2.91	2.47	2.76	1.18	0.05	1.53
港口	1998—2015 年	3.02	2.56	2.80	1.18	0.05	2.01
	1998—2001 年	2.84	2.56	2.70	1.11	0.05	−0.34
	2002—2015 年	3.02	2.65	2.83	1.14	0.04	1.42
杭长桥	1952—2015 年	3.02	2.22	2.62	1.36	0.07	3.09
	1952—2001 年	3.02	2.22	2.58	1.36	0.06	−0.05
	2002—2015 年	2.97	2.60	2.79	1.14	0.04	1.70

从浙西区代表站年最低水位累积距平曲线(图 3.23)可以看出,浙西区代表站瓶窑站和杭长桥站 1983 年以前累积距平值呈持续下降趋势,年最低水位基本处于均值以下;1983—2000 年累积距平值较为平稳,年最低水位在均值附近波动;2000 年以后累积距平值呈持续上升趋势,年最低水位基本处于均值以上。港口站时间序列较短,年际变化规律略有不同,2007 年以前累积距平值基本呈下降趋势,2007 年以后呈持续上升趋势。

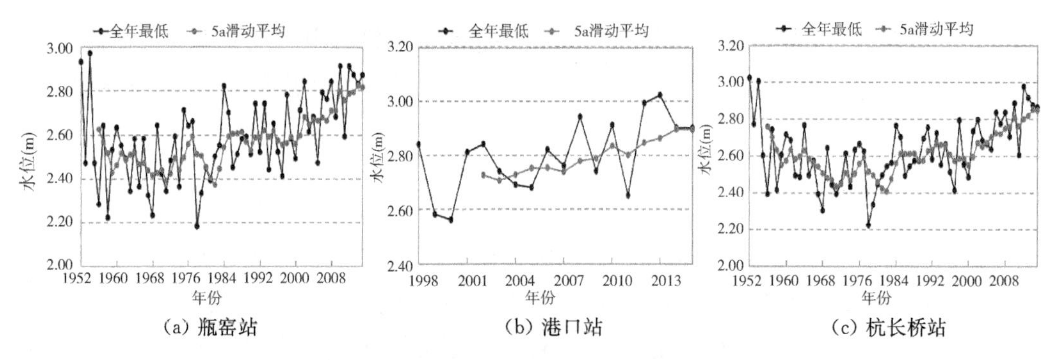

图 3.22　浙西区代表站年最低水位变化趋势

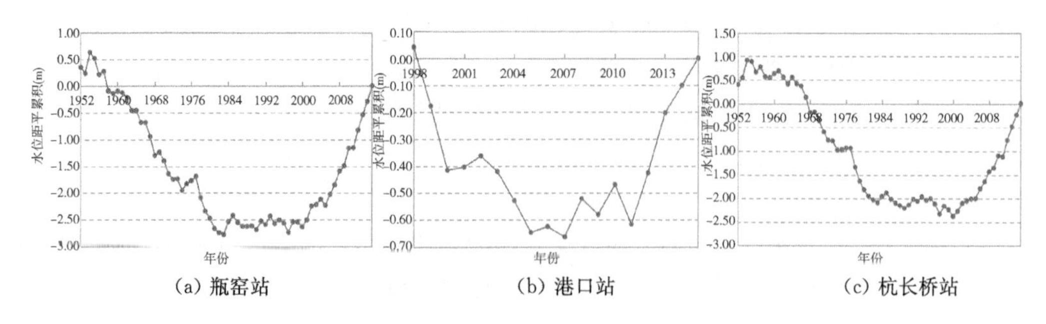

图 3.23　浙西区代表站年最低水位累积距平曲线

3.2.3　年平均水位变化

3.2.3.1　年平均水位

对浙西区 3 个代表站年平均水位的年际变化进行统计分析，参数如表 3.11 所示。由表 3.11 可知，浙西区代表站年平均水位具有明显的年际变化，2002 年前后两个水位系列相比，瓶窑站、杭长桥站年平均水位的最小值和均值均明显上升，瓶窑站、杭长桥站的年平均水位最小值分别上升 0.29 m、0.36 m，年平均水位均值分别上升 0.06 m、0.09 m，年平均水位最大值分别下降 0.42 m 和 0.35 m；各代表站离势系数 Cv 均有所下降，极值比瓶窑站和杭长桥站下降均达 0.28。对浙西区各代表站分别进行 MK 趋势检验，其中 2002—2015 年瓶窑站年平均水位在 90％的置信水平上显著上升，港口站和杭长桥站均在 95％的置信水平上显著上升。

表 3.11　浙西区代表站年平均水位的年际变化

站名	年份	最大值(m)	最小值(m)	均值(m)	极值比	Cv	MK 值
瓶窑	1952—2015 年	4.16	2.77	3.34	1.50	0.08	0.84
	1952—2001 年	4.16	2.77	3.33	1.50	0.08	−0.20
	2002—2015 年	3.74	3.06	3.39	1.22	0.06	1.86
港口	1998—2015 年	3.55	3.05	3.29	1.16	0.04	2.16
	1998—2001 年	3.49	3.05	3.28	1.14	0.06	−0.34
	2002—2015 年	3.55	3.07	3.30	1.16	0.04	2.79
杭长桥	1952—2015 年	3.75	2.68	3.15	1.40	0.06	1.32
	1952—2001 年	3.75	2.68	3.13	1.40	0.07	−0.45
	2002—2015 年	3.40	3.04	3.22	1.12	0.03	2.85

浙西区代表站年平均水位变化趋势如图 3.24 所示。从 5 a 滑动平均值变化可见，瓶窑站和杭长桥站 5 a 滑动平均 1968 年前呈波动下降趋势，之后呈波动上升趋势，尤其是 2007 年以后 5 a 滑动平均值不断上升(港口站系列较短，不再分析)。从年平均水位累积距平值(图 3.25)可知，瓶窑站和杭长桥站 1963 年前及 2007 年以后年平均水位累积距平值呈持续

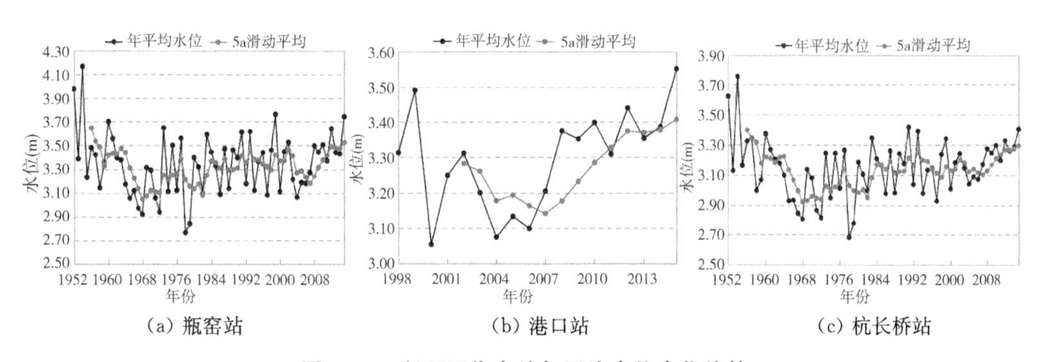

(a) 瓶窑站　(b) 港口站　(c) 杭长桥站

图 3.24　浙西区代表站年平均水位变化趋势

(a) 瓶窑站　(b) 港口站　(c) 杭长桥站

图 3.25　浙西区代表站年平均水位累积距平曲线

上升趋势，1963—1982 年两站年平均水位累积距平值呈持续下降趋势，1983—2006 年两站年平均水位累积距平值保持波动平稳或略有上升状态。由此可见，浙西区代表站年平均水位的周期性变化与其年最低水位的变化趋势类似，但变化幅度小于年最低水位。

3.2.3.2　月平均水位

对浙西区代表站月平均水位的年际变化进行统计分析，参数如表 3.12 所示。浙西区代表站逐月月平均水位变化趋势图和浙西区代表站逐月月平均水位累积距平曲线分别见图 3.26 和图 3.27。由图表可以看出，浙西区代表站的月平均水位均值非汛期明显低于汛期，峰值主要集中在 6—9 月，其中 7 月均值最大，与区域强降水时段分布较为一致。对浙西区代表站分别进行 MK 趋势检验，其中瓶窑站 1 月、2 月、8 月、12 月在 90％的置信水平上呈显著上升趋势，5 月显著下降，其余月份上升或下降趋势不显著；港口站除 1 月、2 月、4 月、8 月、9 月，其他各月均在 90％的置信水平上呈显著上升趋势；杭长桥站 1—3 月、5 月、8 月、12 月在 90％的置信水平上呈显著上升趋势。

表 3.12　浙西区代表站月平均水位的年际变化

时段	瓶窑站				港口站				杭长桥站			
	均值	Cv	MK 值	变化趋势	均值	Cv	MK 值	变化趋势	均值	Cv	MK 值	变化趋势
1 月	2.98	0.09	2.57	显著↑	3.11	0.06	−0.04	↓	2.94	0.07	2.14	显著↑
2 月	2.99	0.11	1.70	显著↑	3.05	0.07	0.11	↑	2.86	0.08	2.09	显著↑
3 月	3.30	0.14	1.22	↑	3.28	0.09	1.63	显著↑	3.01	0.09	1.87	显著↑
4 月	3.28	0.11	0.51	↑	3.17	0.08	1.10	↑	3.04	0.07	1.11	↑
5 月	3.39	0.16	−2.18	显著↓	3.12	0.07	1.40	显著↑	3.09	0.09	1.30	显著↑
6 月	3.70	0.22	0.21	↑	3.37	0.14	1.44	显著↑	3.19	0.11	−0.46	↓
7 月	3.72	0.21	0.96	↑	3.58	0.14	1.74	显著↑	3.43	0.14	0.74	↑
8 月	3.53	0.19	1.98	显著↑	3.58	0.13	1.29	↑	3.32	0.13	1.75	显著↑
9 月	3.61	0.17	−0.99	↓	3.46	0.07	1.21	↑	3.38	0.11	0.95	↑
10 月	3.38	0.13	−1.08	↓	3.39	0.09	1.78	显著↑	3.31	0.10	−0.09	↓
11 月	3.19	0.10	0.60	↑	3.23	0.04	2.31	显著↑	3.17	0.07	0.35	↑
12 月	3.04	0.08	2.04	显著↑	3.17	0.05	1.82	显著↑	3.04	0.06	1.96	显著↑

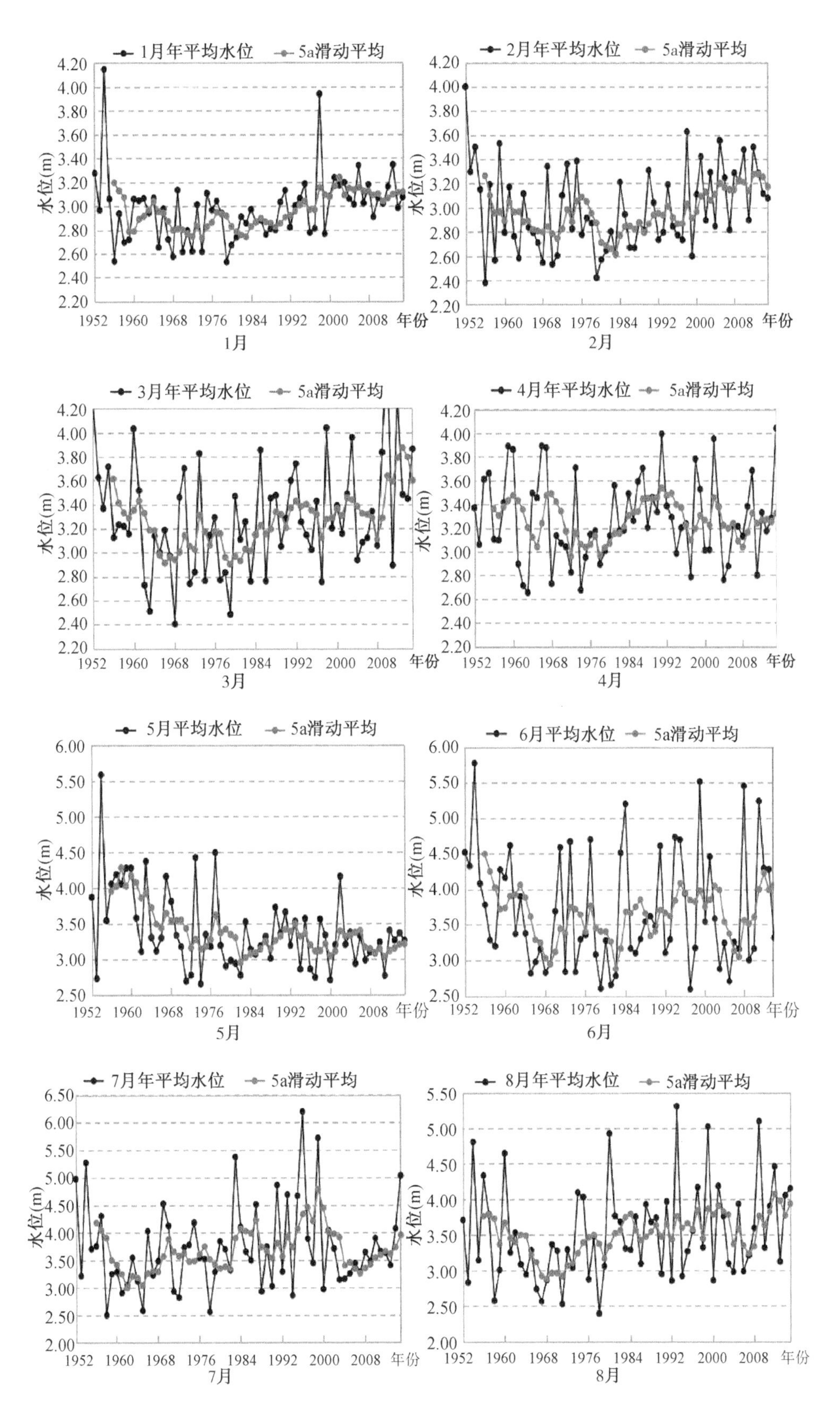
1月年平均水位
5a滑动平均
水位(m)
年份
1月
2月年平均水位
5a滑动平均
2月
3月年平均水位
3月
4月年平均水位
4月
5月平均水位
5月
6月平均水位
6月
7月年平均水位
7月
8月年平均水位
8月

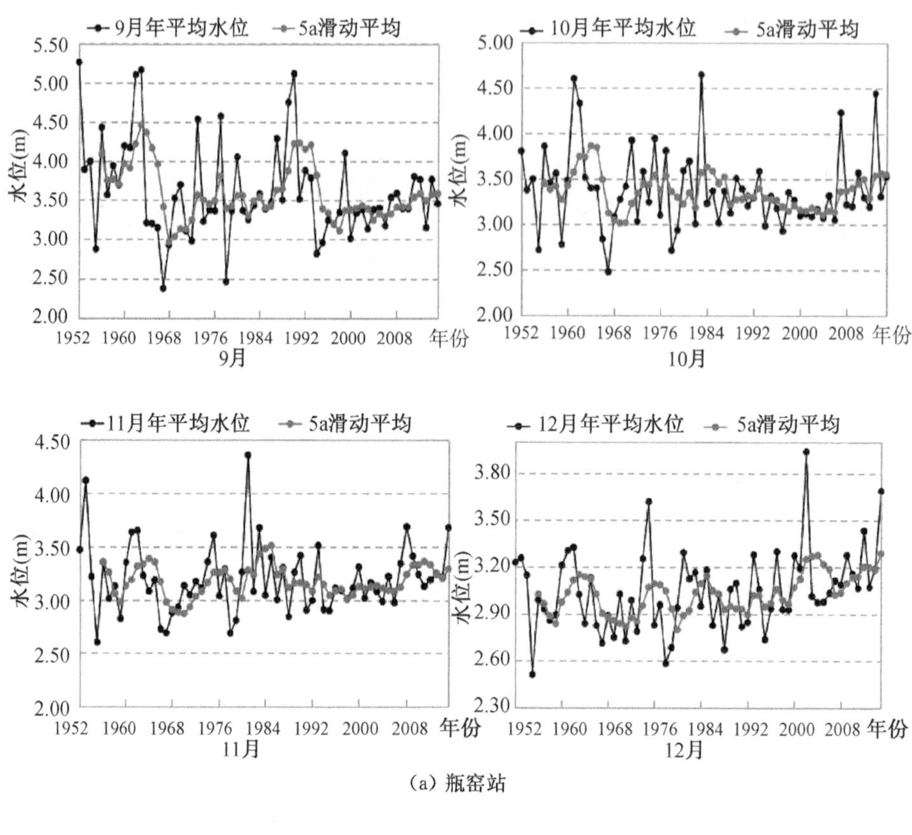
9月年平均水位
5a滑动平均
水位(m)
5.50
5.00
4.50
4.00
3.50
3.00
2.50
2.00
1952
1960
1968
1976
1984
1992
2000
2008
年份
9月
10月年平均水位
5a滑动平均
5.00
4.50
4.00
3.50
3.00
2.50
2.00
10月
11月年平均水位
4.50
4.00
3.50
3.00
2.50
2.00
11月
12月年平均水位
3.80
3.50
3.20
2.90
2.60
2.30
12月

(a) 瓶窑站

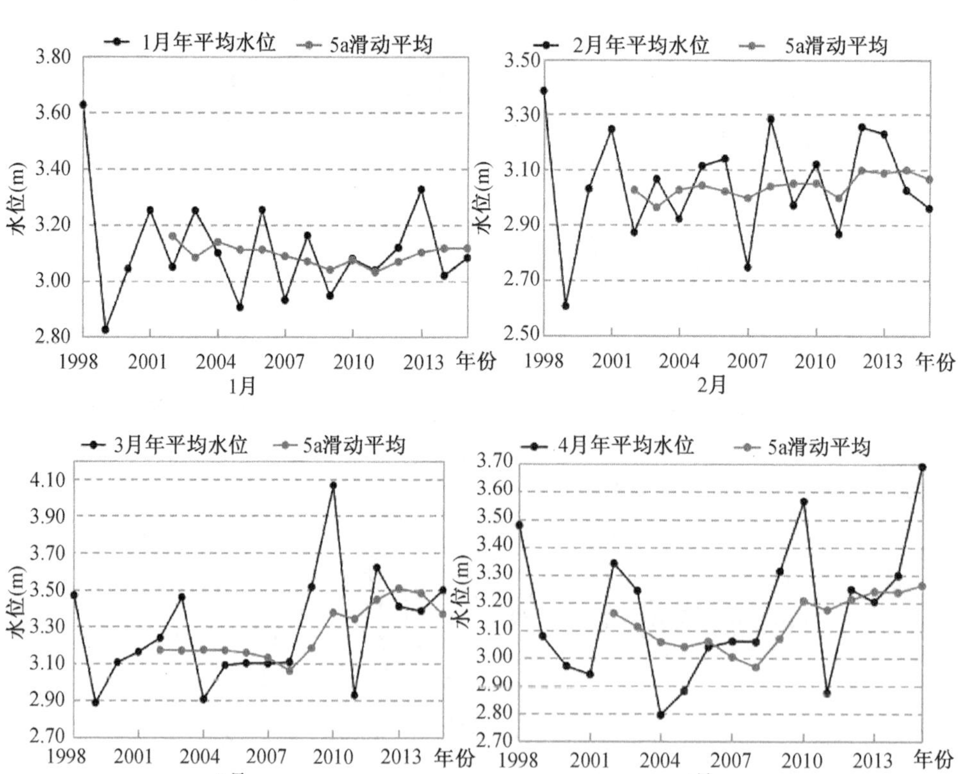
1月年平均水位
5a滑动平均
水位(m)
3.80
3.60
3.40
3.20
3.00
2.80
1998
2001
2004
2007
2010
2013
年份
1月
2月年平均水位
3.50
3.30
3.10
2.90
2.70
2.50
2月
3月年平均水位
4.10
3.90
3.70
3.50
3.30
3.10
2.90
2.70
3月
4月年平均水位
3.70
3.60
3.50
3.40
3.30
3.20
3.10
3.00
2.90
2.80
2.70
4月

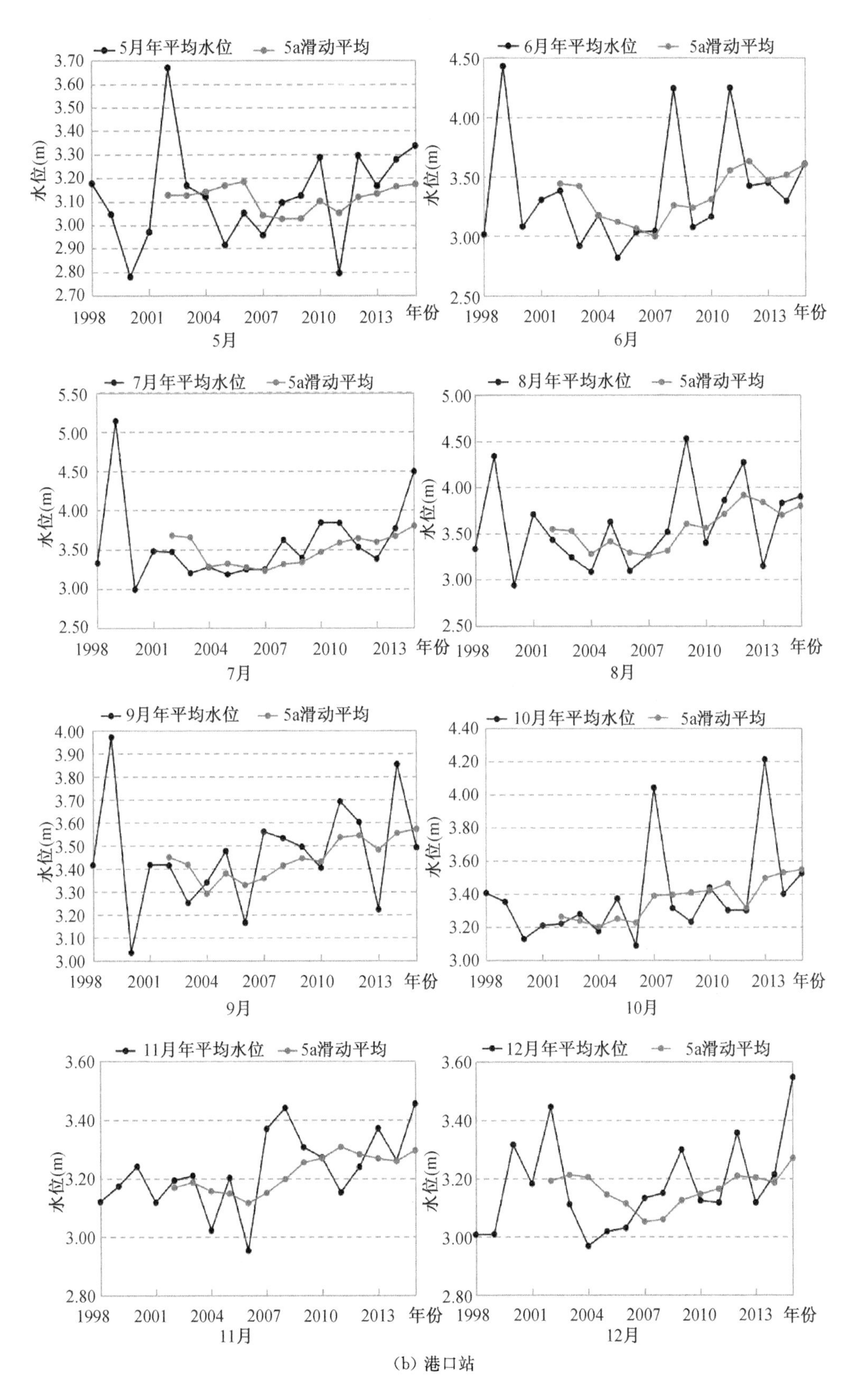
5月年平均水位
5a滑动平均
水位(m)
年份
5月
6月年平均水位
5a滑动平均
水位(m)
年份
6月
7月年平均水位
5a滑动平均
水位(m)
年份
7月
8月年平均水位
5a滑动平均
水位(m)
年份
8月
9月年平均水位
5a滑动平均
水位(m)
年份
9月
10月年平均水位
5a滑动平均
水位(m)
年份
10月
11月年平均水位
5a滑动平均
水位(m)
年份
11月
12月年平均水位
5a滑动平均
水位(m)
年份
12月

(b) 港口站

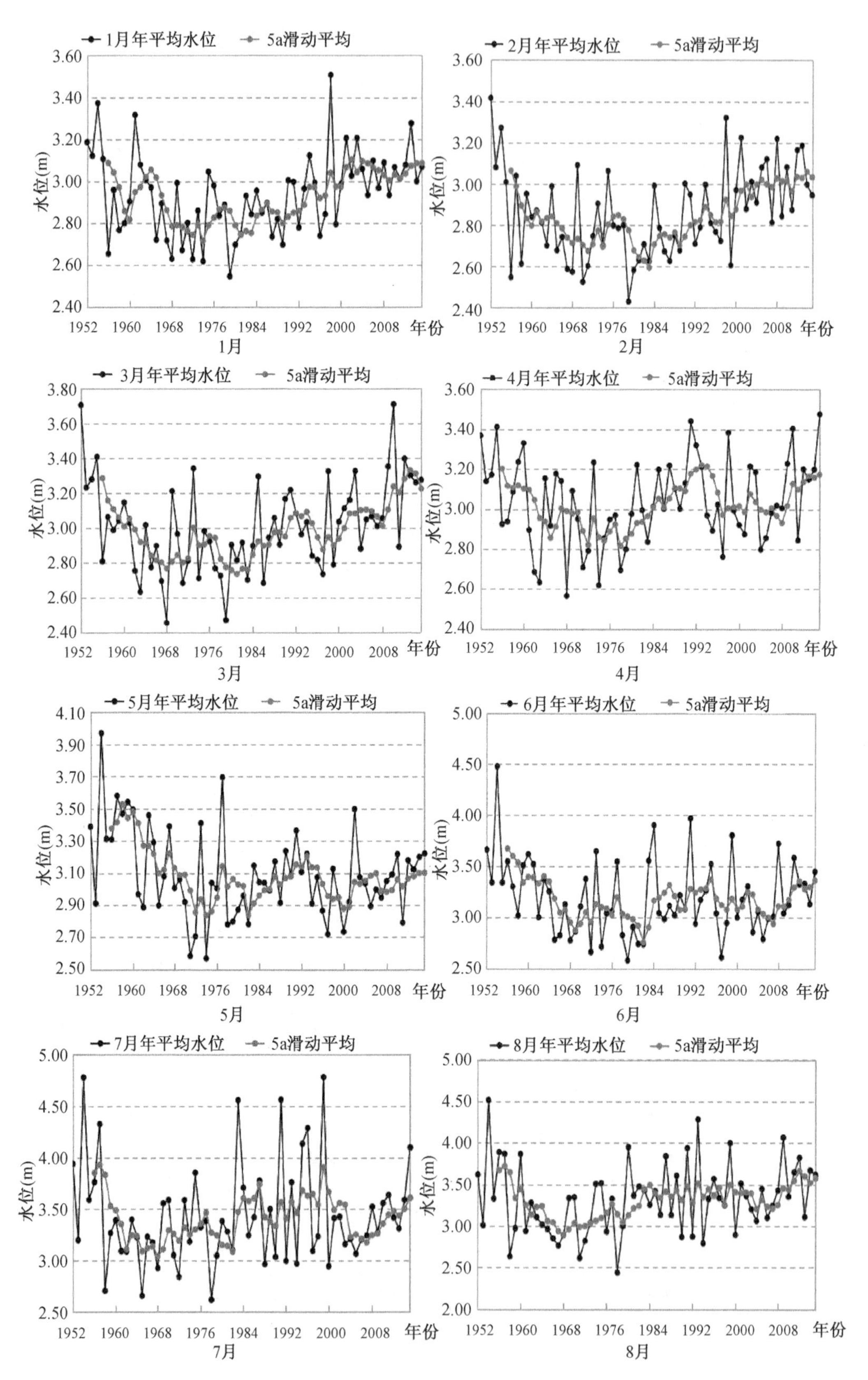

1月年平均水位
5a滑动平均
水位(m)
年份
1月
2月年平均水位
5a滑动平均
2月
3月年平均水位
3月
4月年平均水位
4月
5月年平均水位
5月
6月年平均水位
6月
7月年平均水位
7月
8月年平均水位
8月

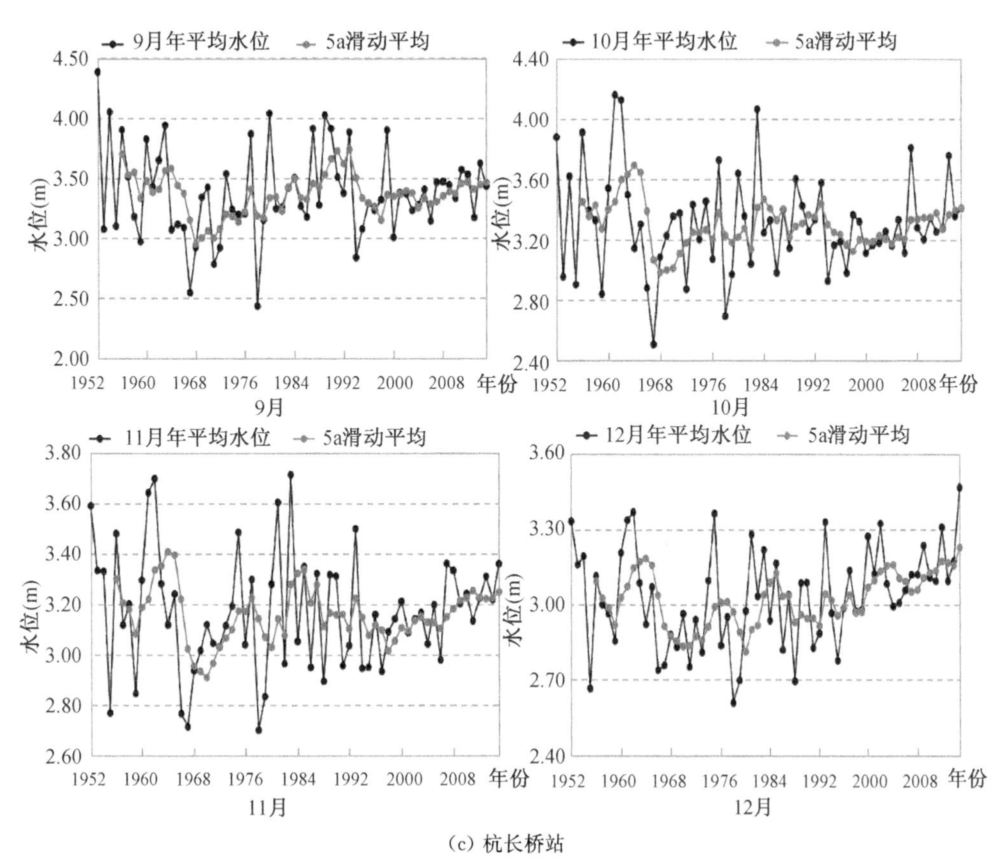

(c) 杭长桥站

图 3.26　浙西区代表站逐月月平均水位变化趋势图

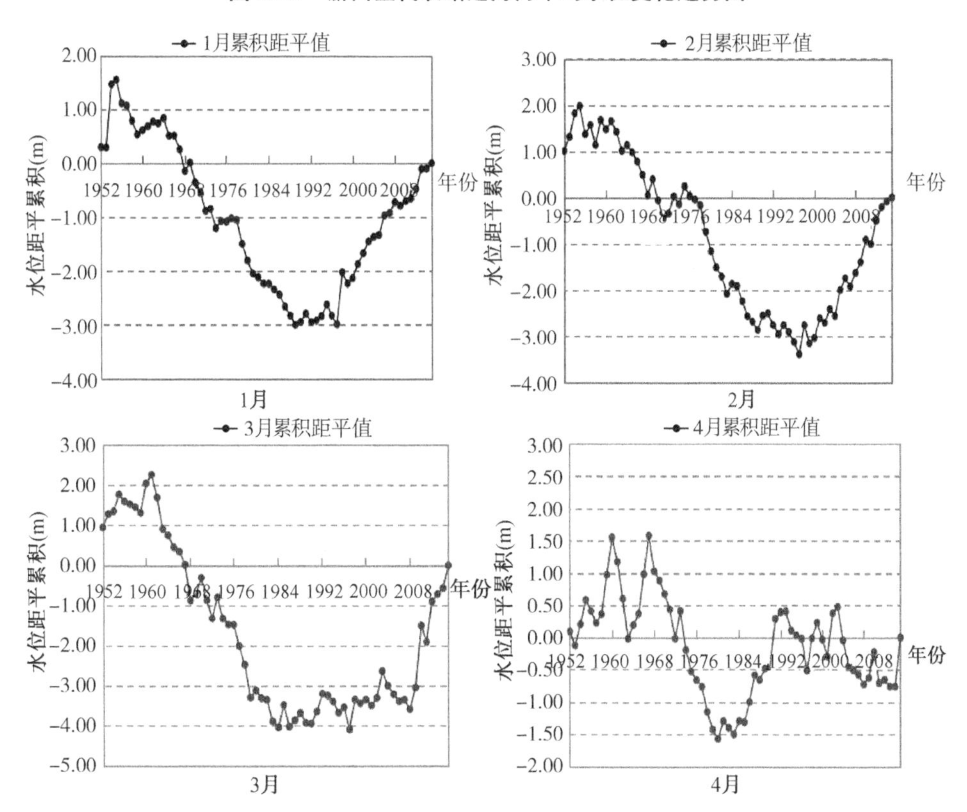

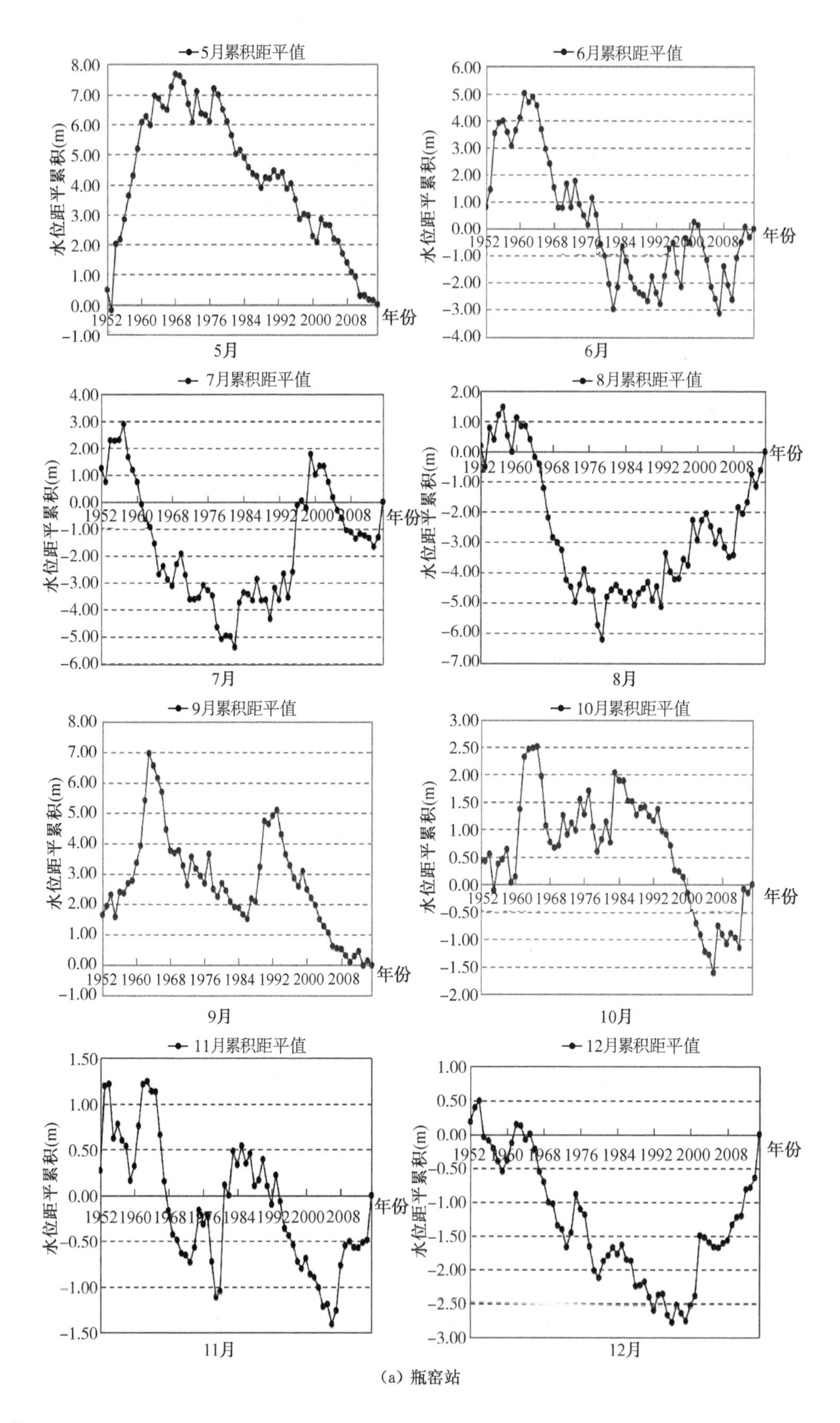

5月累积距平值
水位距平累积(m)
年份
5月
6月累积距平值
6月
7月累积距平值
7月
8月累积距平值
8月
9月累积距平值
9月
10月累积距平值
10月
11月累积距平值
11月
12月累积距平值
12月

(a) 瓶窑站

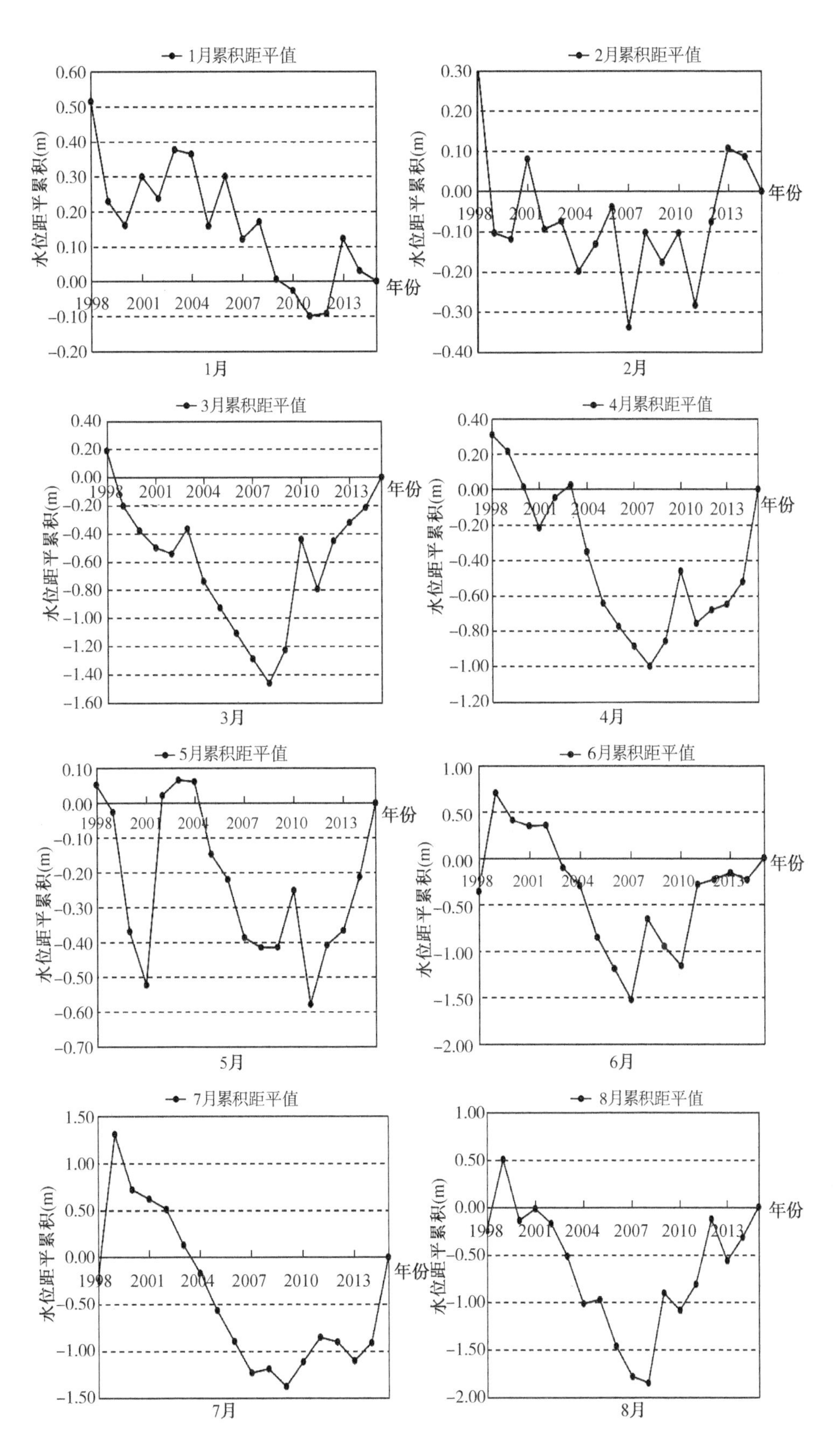
1月累积距平值
水位距平累积(m)
年份
1月
2月累积距平值
水位距平累积(m)
年份
2月
3月累积距平值
水位距平累积(m)
年份
3月
4月累积距平值
水位距平累积(m)
年份
4月
5月累积距平值
水位距平累积(m)
年份
5月
6月累积距平值
水位距平累积(m)
年份
6月
7月累积距平值
水位距平累积(m)
年份
7月
8月累积距平值
水位距平累积(m)
年份
8月

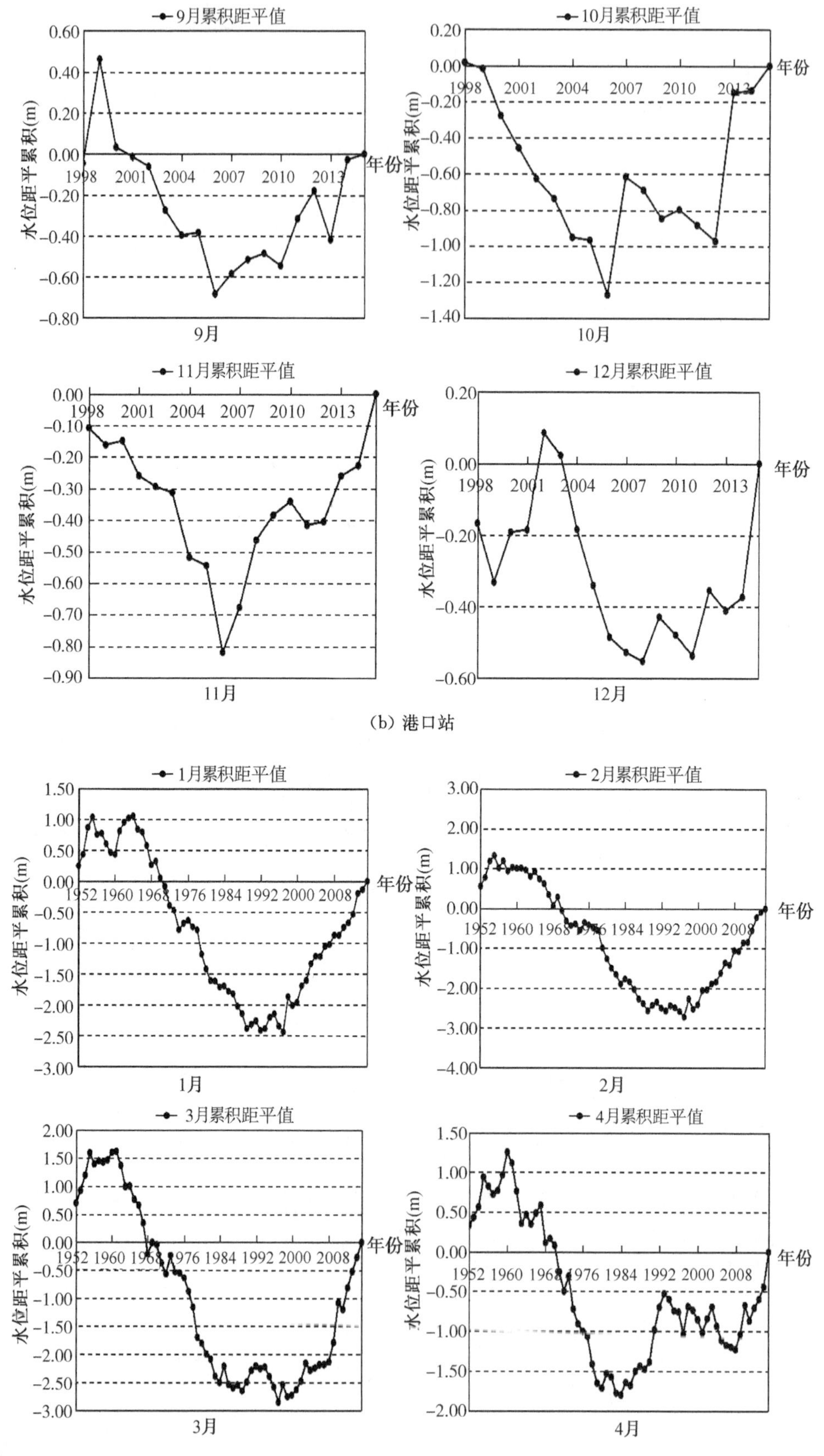

9月累积距平值
0.60
0.40
0.20
0.00
-0.20
-0.40
-0.60
-0.80
1998
2001
2004
2007
2010
2013
年份
水位距平累积(m)
9月
10月累积距平值
0.20
0.00
-0.20
-0.40
-0.60
-0.80
-1.00
-1.20
-1.40
年份
10月
11月累积距平值
0.00
-0.10
-0.20
-0.30
-0.40
-0.50
-0.60
-0.70
-0.80
-0.90
11月
12月累积距平值
0.20
0.00
-0.20
-0.40
-0.60
12月
1月累积距平值
1.50
1.00
0.50
0.00
-0.50
-1.00
-1.50
-2.00
-2.50
-3.00
1952
1960
1968
1976
1984
1992
2000
2008
1月
2月累积距平值
3.00
2.00
1.00
0.00
-1.00
-2.00
-3.00
-4.00
2月
3月累积距平值
2.00
1.50
1.00
0.50
0.00
-0.50
-1.00
-1.50
-2.00
-2.50
-3.00
3月
4月累积距平值
1.50
1.00
0.50
0.00
-0.50
-1.00
-1.50
-2.00
4月

(b) 港口站

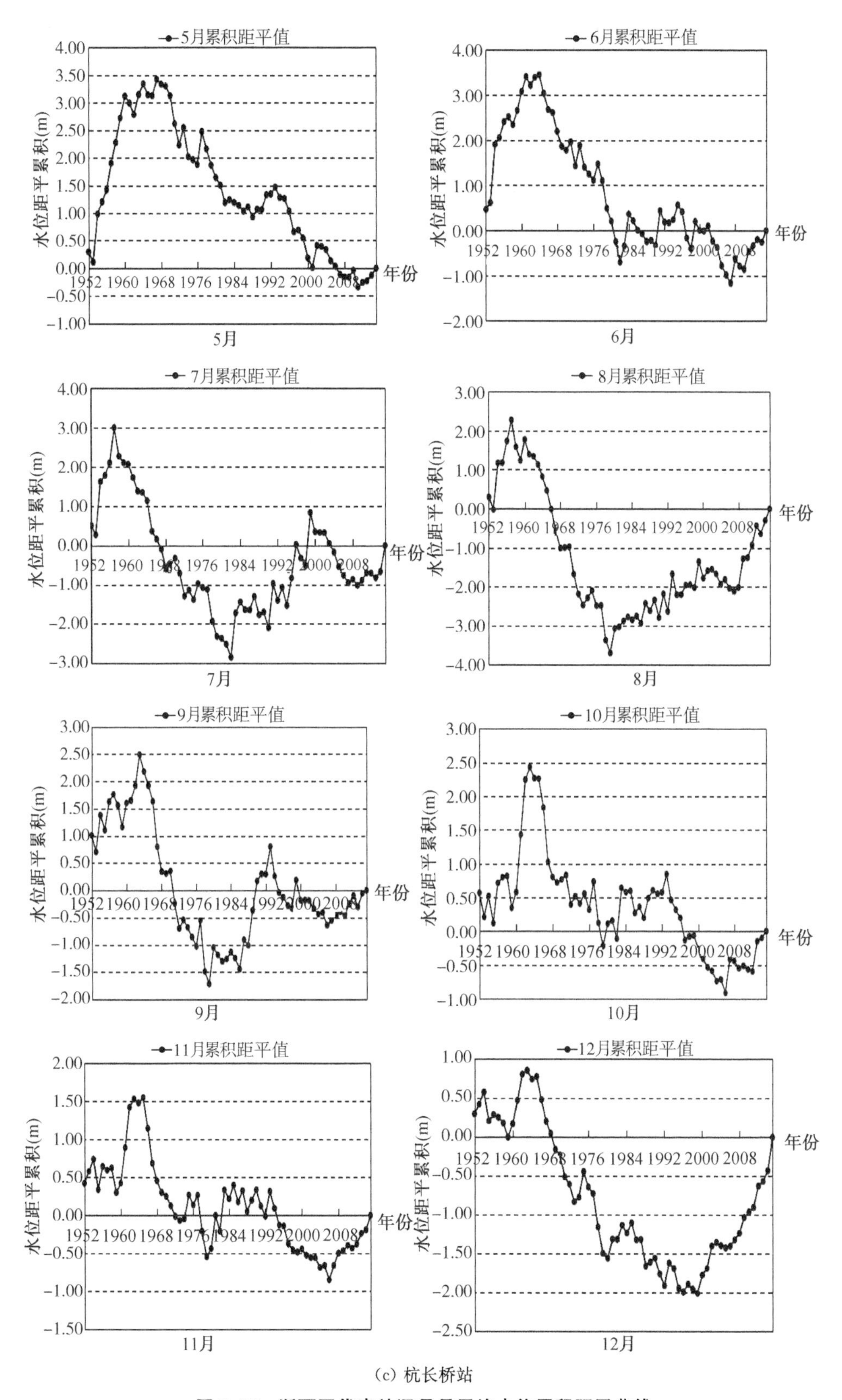

(c) 杭长桥站

图 3.27　浙西区代表站逐月月平均水位累积距平曲线

3.2.4 超定量水位日数

根据浙西区3个代表站瓶窑站、港口站、杭长桥站逐日水位资料，统计了历年各站超警超保区间的天数。瓶窑站1952—2015年的历年超警天数(≥7.50 m)、超警10 cm以上天数(≥7.60 m)、超警20 cm以上天数(≥7.70 m)、超警30 cm以上天数(≥7.80 m)、超警40 cm以上天数(≥7.90 m)、超警50 cm以上天数(≥8.00 m)、超警60 cm以上天数(≥8.10 m)、超警70 cm以上天数(≥8.20 m)、超警80 cm以上天数(≥8.30 m)、超警90 cm以上天数(≥8.40 m)、超保天数(≥8.50 m)统计结果见图3.28(a)。如图3.28(a)所示，对于所有的超警戒水位天数，瓶窑站超警天数较多的年份有1999年、1996年和2008年。其中，超警天数和超保天数持续时间最长的均是1999年，这与浙西区降水强度一致。1999年与1996年梅雨期，太湖流域浙西区持续出现暴雨，1999年、1996年瓶窑站高水位持续时间最长。据统计，瓶窑发生超警戒水位7.50 m的年份有30个，平均2.1 a就会发生超警戒水位，发生超警年份中，超警年平均天数为3 d。瓶窑超过保证水位8.50 m的年份有4个，平均16.0 a就会出现超保证水位，发生超保年份中，超保年平均天数为2 d。港口站1998—2015年历年超警天数(≥5.60 m)、超警10 cm以上天数(≥5.70 m)、超警20 cm以上天数(≥5.80 m)、超警30 cm以上天数(≥5.90 m)、超警40 cm以上天数(≥6.00 m)、超警50 cm以上天数(≥6.10 m)、超警60 cm以上天数(≥6.20 m)、超警70 cm以上天数(≥6.30 m)、超警80 cm以上天数(≥6.40 m)、超警90 cm以上天数(≥6.50 m)、超保天数(≥6.60 m)统计结果见图3.28 (b)。如图3.28 (b)所示，对于所有的超警天数，港口站超警戒水位天数1999年最多，这与浙西区降水强度一致。1999年6月，太湖流域浙西区持续出现暴雨，造成港口站高水位持续时间长。据统计，港口发生超警戒水位5.60 m的年份有9个，平均2.0 a就会发生超警戒水位，发生超警年份中，超警平均天数为3.9 d。港口超过保证水位6.60 m的年份有5个，平均3.6 a就会出现超保证水位，发生超保年份中，超保年平均天数为2.4 d。杭长桥站1952—2015年历年超警天数(≥4.50 m)、超警10 cm以上天数(≥4.60 m)、超警20 cm以上天数(≥4.70 m)、超警30 cm以上天数(≥4.80 m)、超警40 cm以上天数(≥4.90 m)、超保天数(≥5.00 m)统计结果见图3.28(c)。如图3.28(c)所示，对于所有的超警天数，杭长桥站超警天数较多的年份有1954年和1999年，其中超警天数最长的是1954年，超保天数持续时间最长的是1999年。据统计，杭长桥发生超警戒水位4.50 m的年份有30个，平均2.1 a就会发生超警戒水位，发生超警年份中，超警平均天数为8.5 d；杭长桥超保证水位5.00 m的年份有16个，平均4.0 a就会出现超保水位，发生超保年份中，超保年平均天数为3.6 d。由此可见，浙西区代表站超警天数较多的年份多出现在1954年和1999年等大洪水年份，与高强度降水持续时间密切相关。此外，2002年以后代表站，尤其是杭长桥站水位超警戒的天数大幅减少。

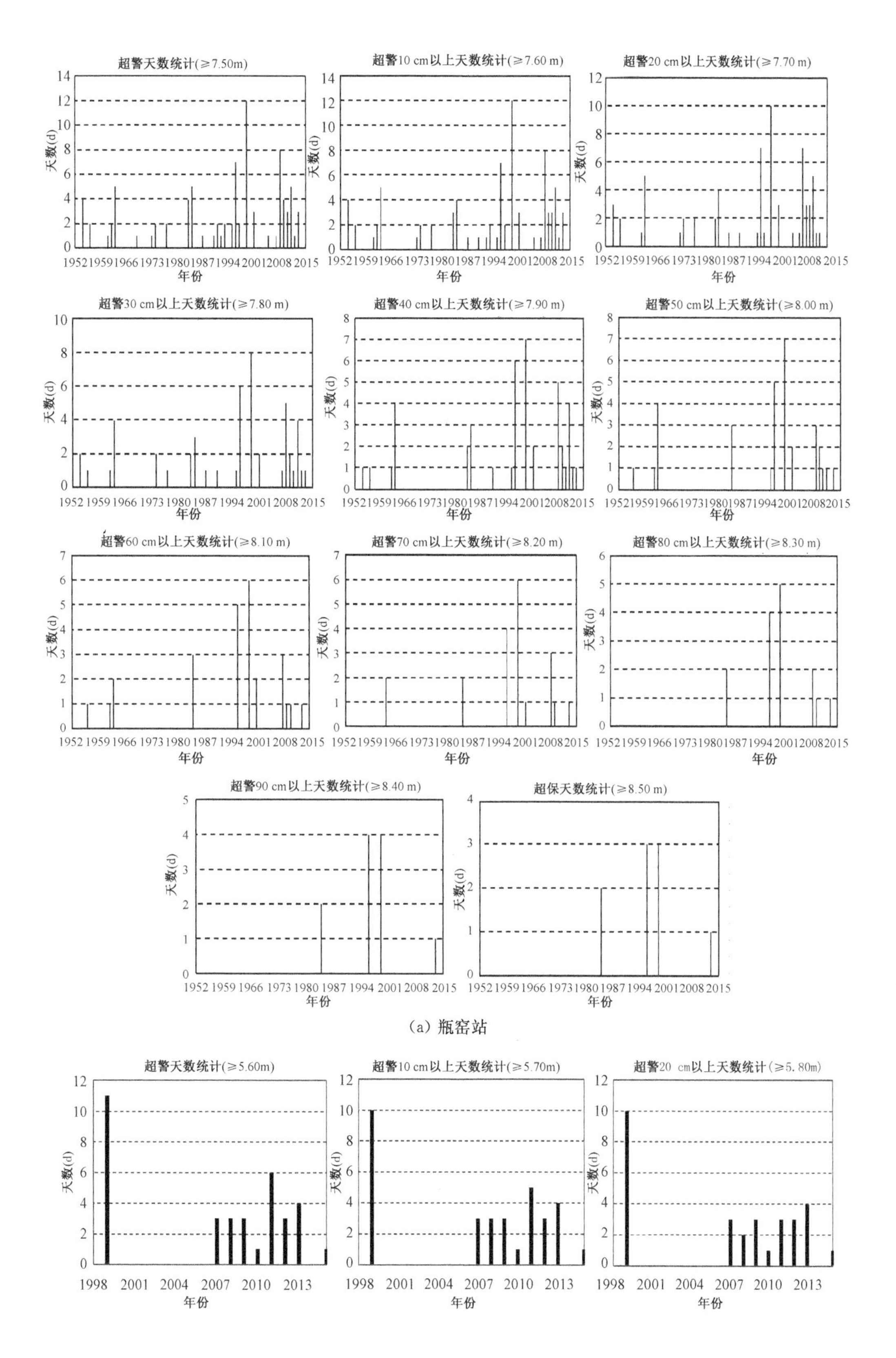
超警天数统计(≥7.50m)
超警10 cm以上天数统计(≥7.60 m)
超警20 cm以上天数统计(≥7.70 m)
超警30 cm以上天数统计(≥7.80 m)
超警40 cm以上天数统计(≥7.90 m)
超警50 cm以上天数统计(≥8.00 m)
超警60 cm以上天数统计(≥8.10 m)
超警70 cm以上天数统计(≥8.20 m)
超警80 cm以上天数统计(≥8.30 m)
超警90 cm以上天数统计(≥8.40 m)
超保天数统计(≥8.50 m)
天数(d)
年份
1952 1959 1966 1973 1980 1987 1994 2001 2008 2015
(a) 瓶窑站
超警天数统计(≥5.60m)
超警10 cm以上天数统计(≥5.70m)
超警20 cm以上天数统计(≥5.80m)
1998 2001 2004 2007 2010 2013

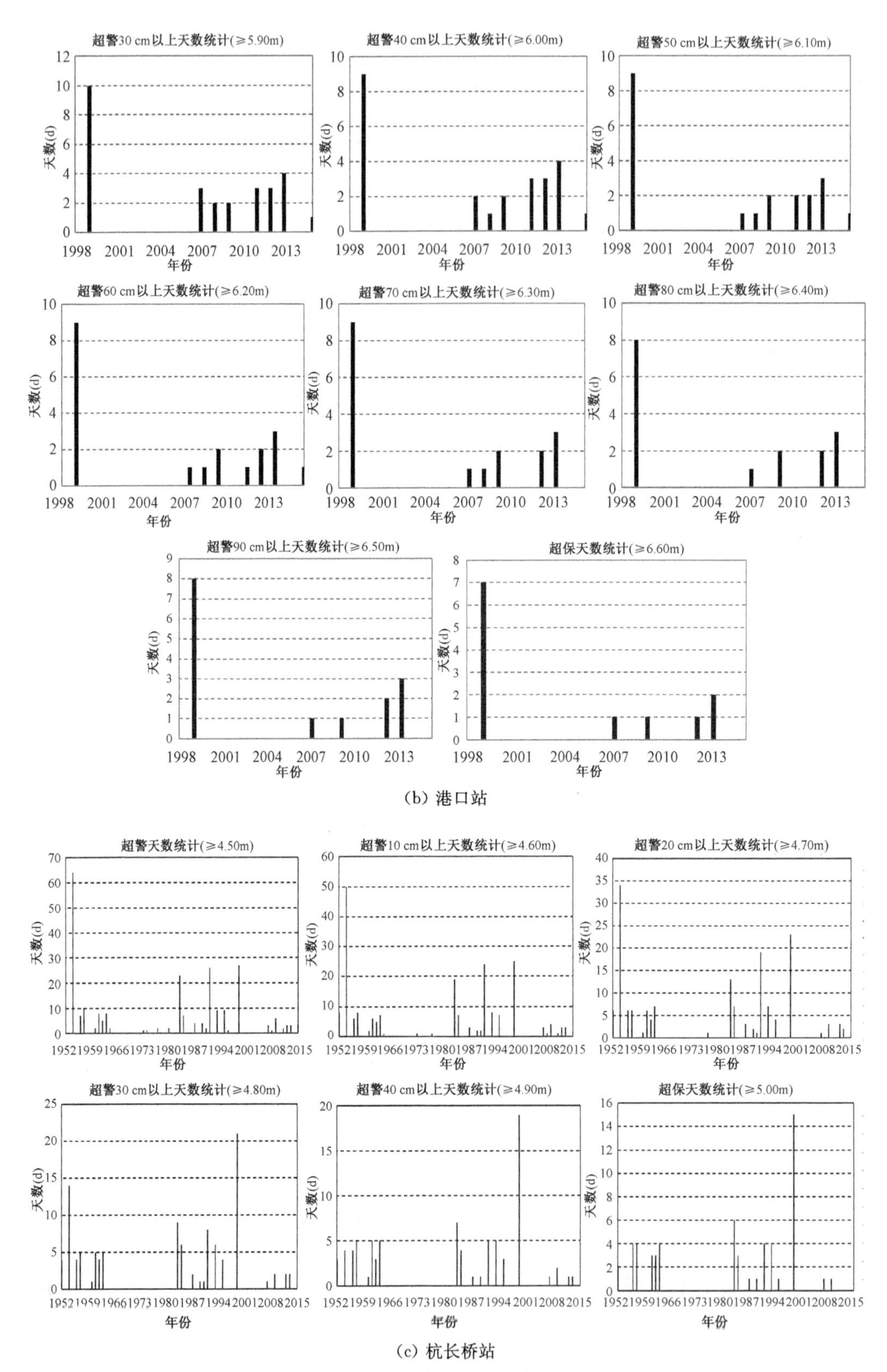

图 3.28 浙西区代表站超定量水位日数统计

3.3　杭嘉湖区代表站水位变化分析

杭嘉湖嘉北地区是防洪能力最薄弱的地区之一，也是防汛重点区域，本书主要分析杭嘉湖嘉北地区水文特性变化，代表站选择嘉兴、王江泾、乌镇3站。基于1953—2015年嘉兴站、1956—2015年王江泾站和1956—2015年乌镇站3个代表站的逐日水位资料，分析研究代表站年最高水位、年最低水位、时段平均水位（年平均水位和各月平均水位）的水文变化特性及超定量水位日数，包括年内和年际变化规律，并讨论引江济太以来（2002—2015年）水位特征要素的变化。

3.3.1　年最高水位变化

3.3.1.1　年内分布

根据杭嘉湖区3个代表站嘉兴站、王江泾站、乌镇站逐日水位资料，统计各站年内最高水位在不同时段出现的频次，见表3.13和图3.29。由图表可以看出，不同时段杭嘉湖区3个代表站年最高水位在年内主要发生于6—9月，但在2002年以后所占比重有所下降，尤其是9月比重下降明显。在1953—2015年、1953—2001年、2002—2015年3个水位系列中，嘉兴站年最高水位发生在6—9月的频次分别约占总次数的79%、84%、64%，其中发生在6—8月的分别约占60%、61%、57%。在1956—2015年、1956—2001年、2002—2015年3个水位系列中，王江泾站年最高水位发生在6—9月的频次分别约占总次数的80%、85%、64%，其中发生在6—8月的分别约占60%、61%、57%。在1956—2015年、1956—2001年、2002—2015年3个水位系列中，乌镇站年最高水位发生在6—9月的频次分别约占总次数的75%、80%、57%，其中发生在6—8月的分别约占58%、59%、57%。

表3.13　杭嘉湖区代表站年最高水位频次统计　　单位：次

站名	年份	1月	2月	3月	4月	5月	6月	7月	8月	9月	10月	11月	12月
嘉兴	1953—2015年	2		2		4	13	14	11	12	3	2	
	1953—2001年	1				4	10	13	7	11	1	2	
	2002—2015年	1		2			3	1	4	1	2		
王江泾	1956—2015年	2		2		2	10	15	11	12	5	1	
	1956—2001年	1				2	7	13	8	11	3	1	
	2002—2015年	1		2			3	2	3	1	2		
乌镇	1956—2015年	2		2		5	10	15	10	10	4	1	1
	1956—2001年	1				4	7	13	7	10	2	1	1
	2002—2015年	1		2		1	3	2	3		2		

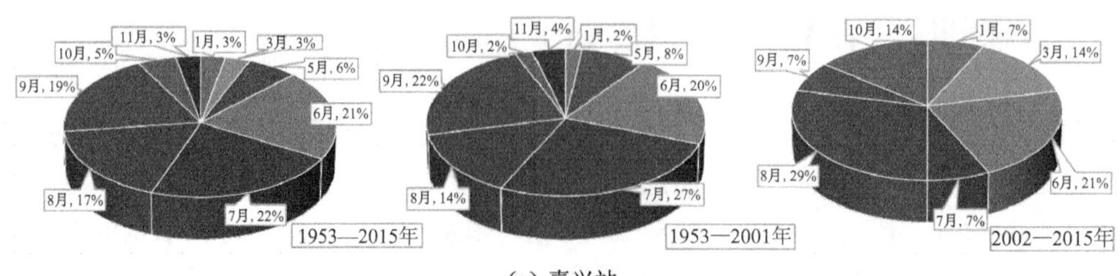

(a) 嘉兴站

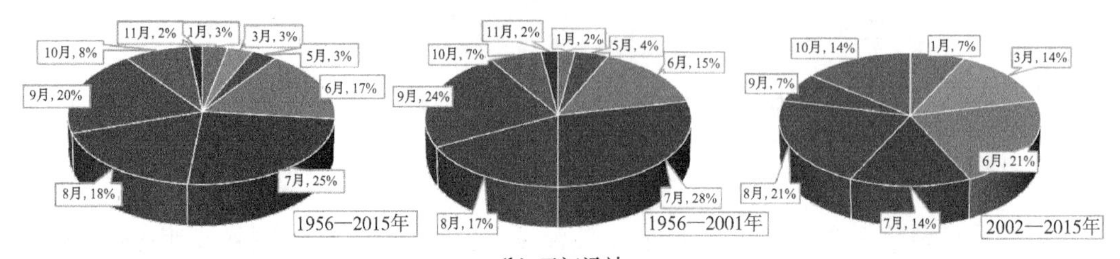

(b) 王江泾站

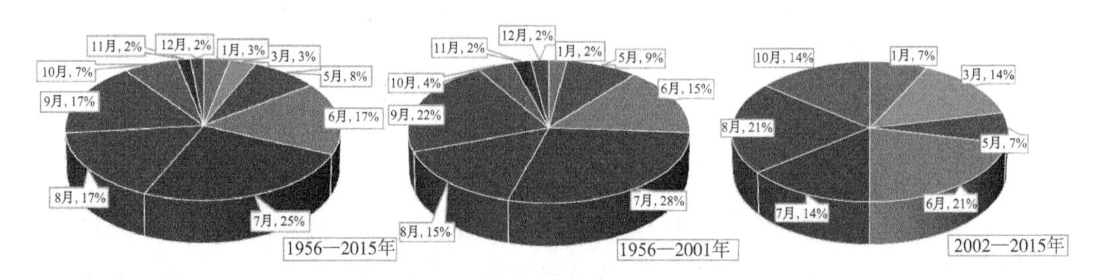

(c) 乌镇站

图 3.29 杭嘉湖区代表站年最高水位出现在各月的百分比

杭嘉湖区 3 个代表站不同时段的年最高水位在旬月中分布频次统计见图 3.30,可以看出,杭嘉湖区代表站年最高水位时间分布具有明显的“双峰型”特征。由图 3.30(a)可以看出,1953—2015 年嘉兴站年最高水位发生频次有两个明显峰值,第一个峰值为 6 月中旬到 7 月上旬,第二个峰值为 8 月下旬到 9 月中旬,其中,7 月上旬年最高水位出现频次明显高于其他时段。由图 3.30(b)可以看出,1956—2015 年王江泾站年最高水位发生频次有两个明显峰值,第一个峰值为 6 月下旬到 7 月中旬,第二个峰值为 8 月下旬到 9 月中旬,其中,7 月上旬年最高水位出现频次明显高于其他时段。由图 3.30(c)可以看出,1956—2015 年乌镇站年最高水位发生频次有两个明显峰值,第一个峰值为 6 月中旬到 7 月中旬,第二个峰值为 8 月下旬到 10 月上旬,其中,7 月上旬年最高水位出现频次明显高于其他时段。由此可见,杭嘉湖区代表站年最高水位主要呈现两个明显峰值,第一个峰值主要出现在 6 月中旬到 7 月上中旬,主要受梅雨期强降水影响,第二个峰值主要出现在 8 月下旬到 10 月上旬,主要受台风期降水影响,其中梅雨引起的年最高水位多数集中在 7 月上旬。

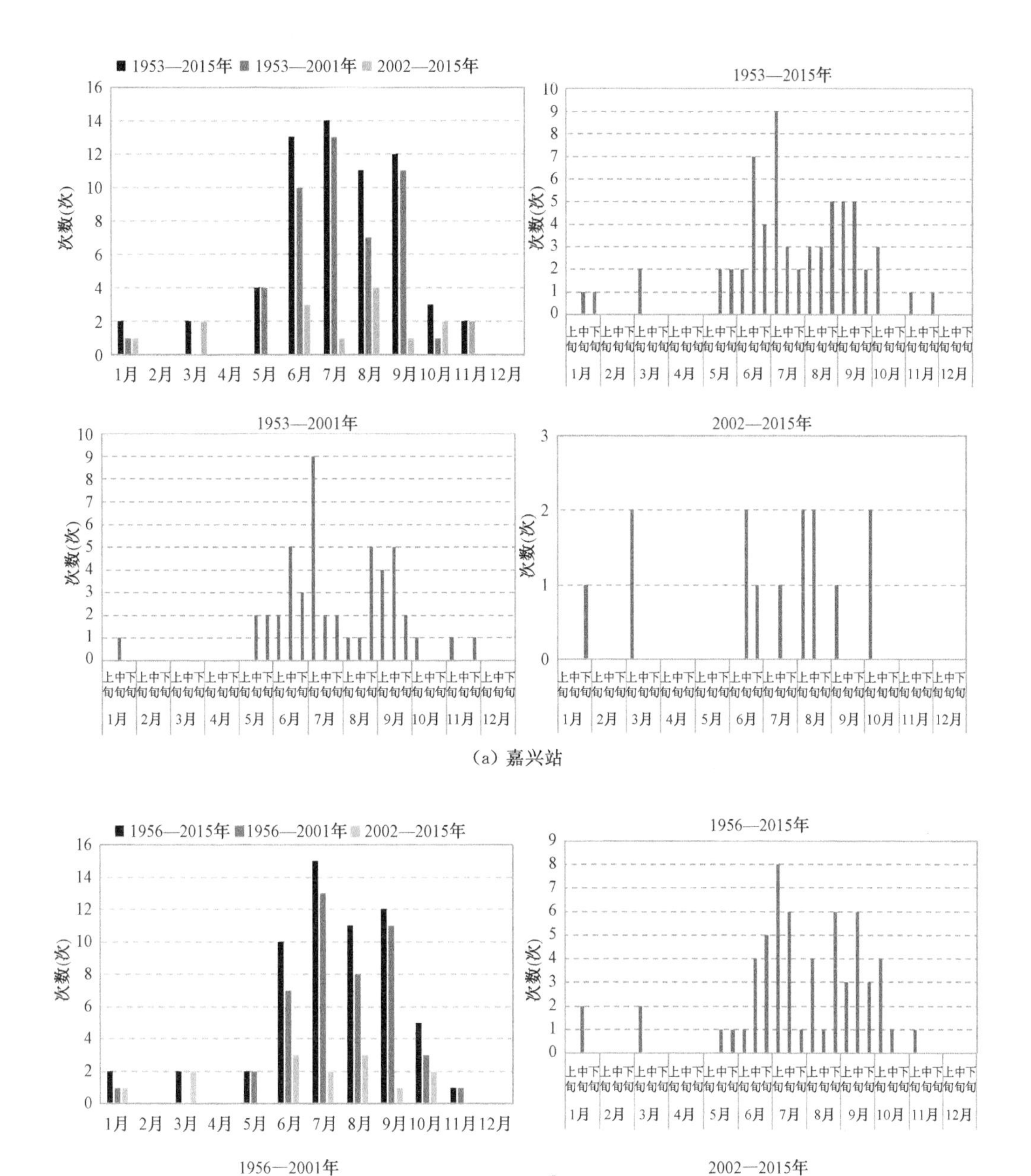
1953—2015年
1953—2001年
2002—2015年
次数(次)
1956—2015年
1956—2001年
上中下旬
1月 2月 3月 4月 5月 6月 7月 8月 9月 10月 11月 12月

(a) 嘉兴站

(b) 王江泾站

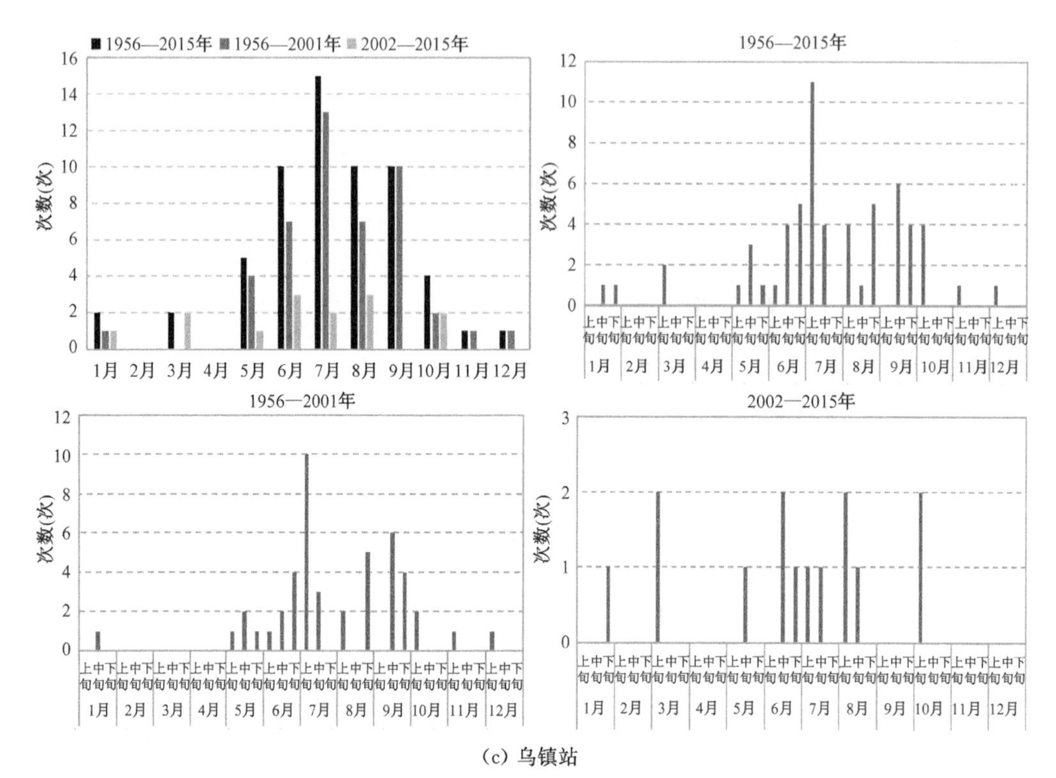

(c) 乌镇站

图 3.30 杭嘉湖区代表站年最高水位旬月频次图

3.3.1.2 年际变化

对杭嘉湖区 3 个代表站嘉兴站、王江泾站、乌镇站的年最高水位的年际变化进行统计分析，年最高水位的统计参数如表 3.14 所示。由表 3.14 可知，杭嘉湖区代表站的年最高水位具有明显的年际变化，2002 年前后两个水文系列相比，年最高水位的均值、最小值均有所上升，最大值除嘉兴站外均下降，极值比有所下降，离势系数整体变化不大，水位变化不剧烈。对杭嘉湖区代表站进行 MK 趋势检验，各代表站的年最高水位均呈上升趋势，其中 2002—2015 年代表站年最高水位均在 95%的置信水平上显著上升。

表 3.14 杭嘉湖区代表站最高水位的年际变化

站名	年份	最大值(m)	最小值(m)	均值(m)	极值比	Cv	MK 值
嘉兴	1953—2015 年	4.43	2.92	3.69	1.52	0.10	1.43
	1953—2001 年	4.37	2.92	3.67	1.50	0.09	0.60
	2002—2015 年	4.43	3.18	3.75	1.39	0.10	2.96
王江泾	1956—2015 年	4.28	2.87	3.56	1.49	0.09	3.04
	1956—2001 年	4.28	2.87	3.51	1.49	0.09	1.78
	2002—2015 年	4.27	3.22	3.72	1.33	0.08	2.52
乌镇	1956—2015 年	4.75	3.02	3.86	1.57	0.11	1.25
	1956—2001 年	4.75	3.02	3.85	1.57	0.11	0.89
	2002—2015 年	4.61	3.24	3.90	1.42	0.10	2.41

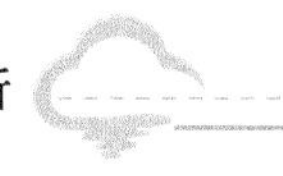

杭嘉湖区3个代表站年最高水位变化趋势如图3.31所示。从5 a滑动平均值变化可见，在20世纪60年代末70年代初以前，杭嘉湖区代表站年最高水位5 a滑动平均值呈下降趋势，之后持续波动上升，直至1999年，2000—2006年又呈下降趋势，之后又不断上升。从杭嘉湖区代表站年最高水位累积距平曲线（图3.32）可以看出，1963年以前，杭嘉湖区代表站年最高水位累积距平值除嘉兴站呈上升趋势外，其他两站均呈波动状态；1964—1982年、2000（王江泾站2002）—2006年两个阶段，杭嘉湖区代表站年最高水位累积距平值持续下降，杭嘉湖区代表站年最高水位基本处于均值以下；1983—1999（王江泾站2001）年及2007—2015年，杭嘉湖区代表站年最高水位累积距平值呈持续升高趋势，杭嘉湖区代表站年最高水位基本处于均值以上。

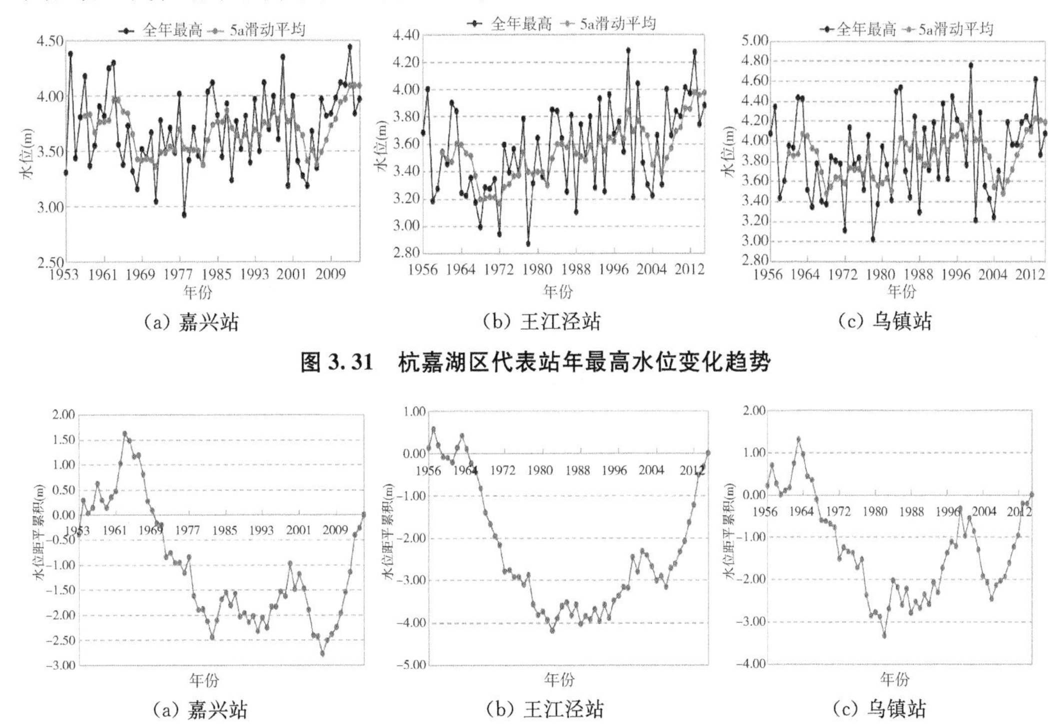

（a）嘉兴站　（b）王江泾站　（c）乌镇站

图3.31　杭嘉湖区代表站年最高水位变化趋势

（a）嘉兴站　（b）王江泾站　（c）乌镇站

图3.32　杭嘉湖区代表站年最高水位累积距平曲线

3.3.2　年最低水位变化

3.3.2.1　年内分布

根据杭嘉湖区3个代表站嘉兴站、王江泾站、乌镇站逐日水位资料，统计各站年最低水位在不同时段出现的频次，见表3.15和图3.33。由图表可以看出，不同时段杭嘉湖区3个代表站年最低水位在年内分布的频次均高度集中于1—4月、6—8月和12月。1953—2015年嘉兴站年最低水位在上述3个时间段中发生的频次分别约占总次数的59%、24%、11%；1956—2015年王江泾站年最低水位在上述3个时间段中发生的频次分别约占总次数的67%、17%、10%；1956—2015年乌镇站年最低水位在上述3个时间段中发生的频次分别约占总次数的55%、33%、3%。一般遇到枯水年，代表站年最低水位出现在6—8月的频率较高。

表 3.15　杭嘉湖区代表站年最低水位频次统计　　单位:次

站名	年份	1月	2月	3月	4月	5月	6月	7月	8月	9月	10月	11月	12月
嘉兴	1953—2015年	10	13	5	9	2	3	5	7	1		1	7
	1953—2001年	4	10	5	6	2	2	5	7	1		1	6
	2002—2015年	6	3		3		1						1
王江泾	1956—2015年	13	16	5	6	1	2	3	5	2		1	6
	1956—2001年	7	13	5	4	1	1	2	5	2		1	5
	2002—2015年	6	3		2		1	1					1
乌镇	1956—2015年	9	10	7	7	3	7	6	7	2			2
	1956—2001年	3	8	7	5	2	5	6	6	2			2
	2002—2015年	6	2		2	1	2		1				

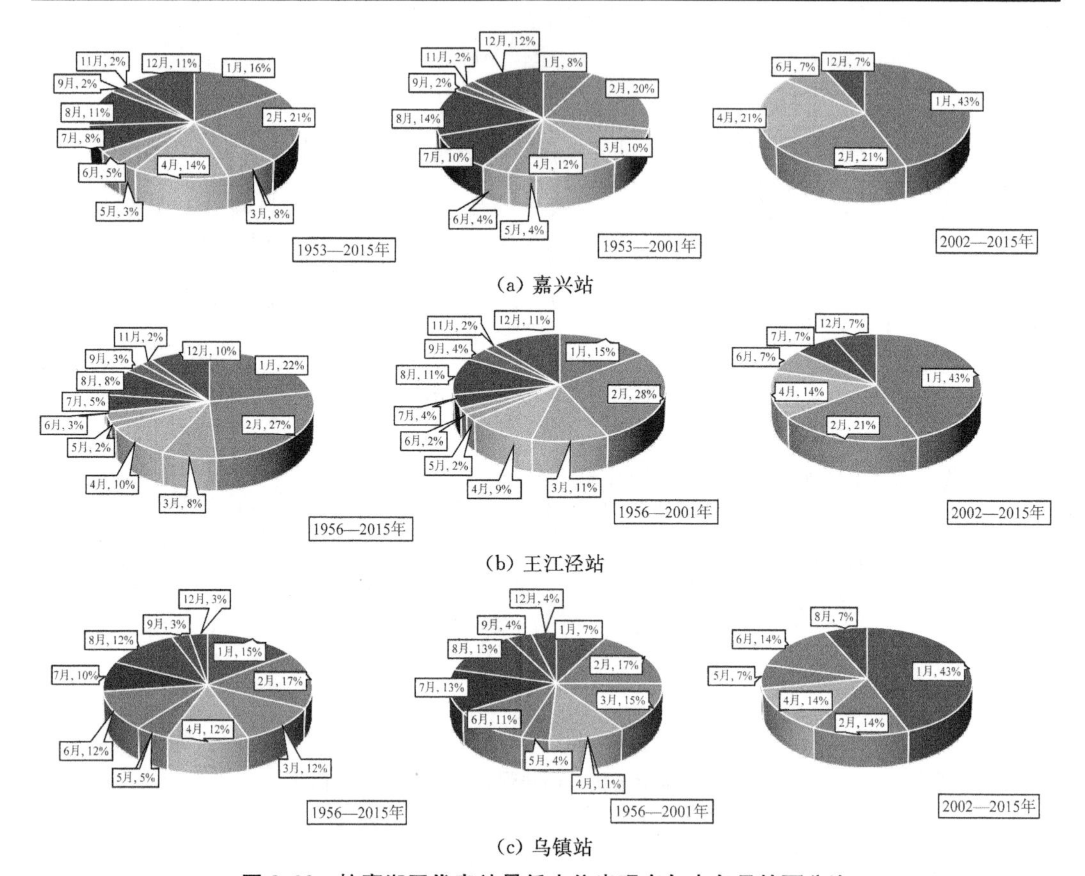

(a) 嘉兴站

(b) 王江泾站

(c) 乌镇站

图 3.33　杭嘉湖区代表站最低水位出现在年内各月的百分比

杭嘉湖区 3 个代表站不同时段的年最低水位在旬月中分布频次统计见图 3.34。由图 3.34(a)可以看出,1953—2015 年嘉兴站年最低水位除枯水年主要发生在夏季外,其他年份主要集中出现在 1 月下旬至 2 月中旬、4 月上中旬、12 月下旬至 1 月上旬,其中,2 月中旬年最低水位出现频次明显高于其他时段。由图 3.34(b)可以看出,1956—2015 年王江泾站年最低水位集中出现时间同嘉兴站类似。由图 3.34(c)可以看出,1956—2015 年乌镇站年最低水位主要集中出现在 1—4 月和 6—8 月。总体上,杭嘉湖区代表站年最低水位多出现于流域枯水期,以 2 月中旬居多,这一情况与流域降水的年内分布规律相对应,但遇到枯水年,代表站年最低水位多出现在汛期 6—8 月。

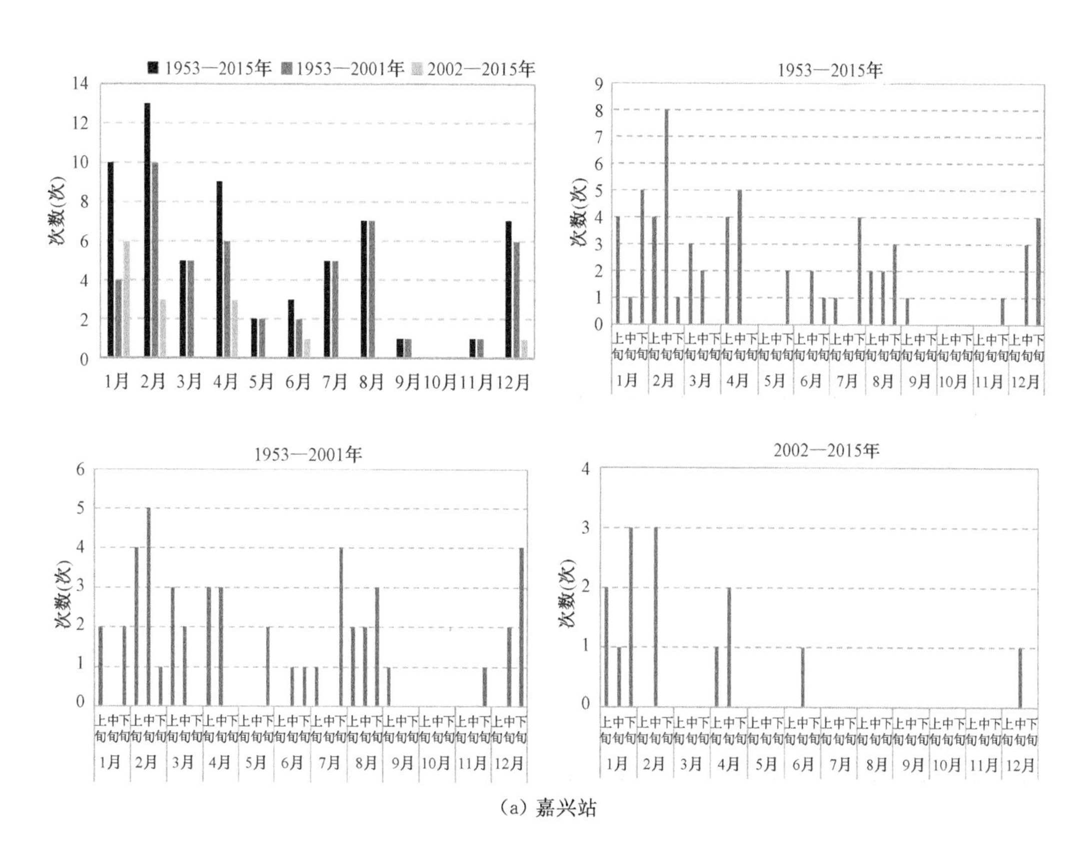

1953—2015年
1953—2001年
2002—2015年
次数(次)
上中下
旬旬旬
1月
2月
3月
4月
5月
6月
7月
8月
9月
10月
11月
12月

(a) 嘉兴站

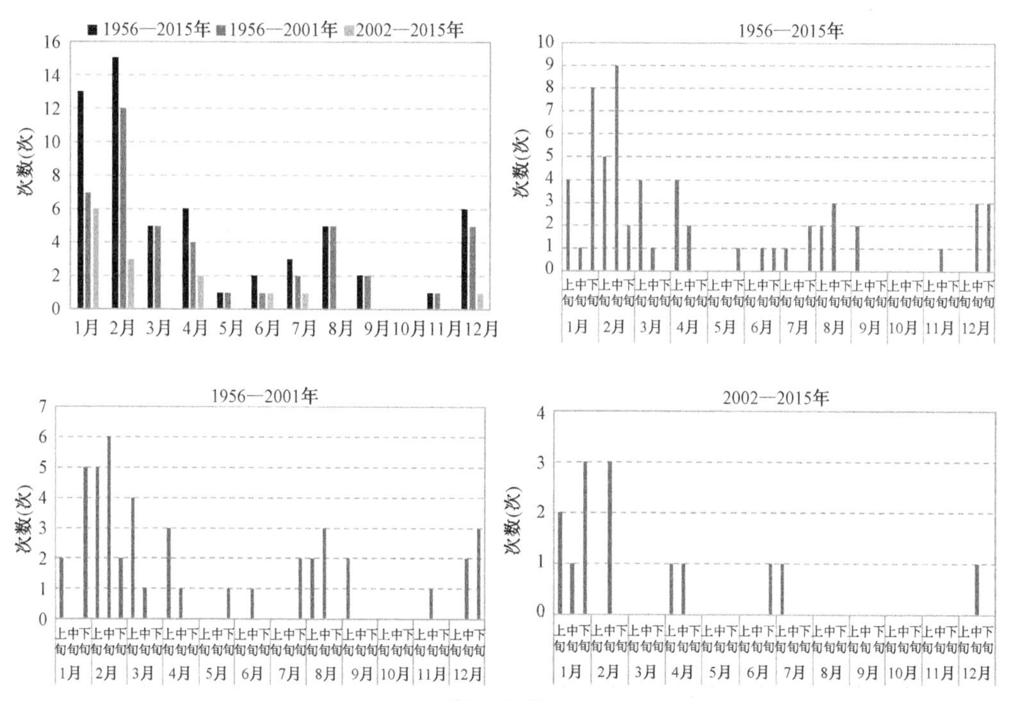

1956—2015年
1956—2001年
2002—2015年
次数(次)
上中下
旬旬旬
1月
2月
3月
4月
5月
6月
7月
8月
9月
10月
11月
12月

(b) 王江泾站

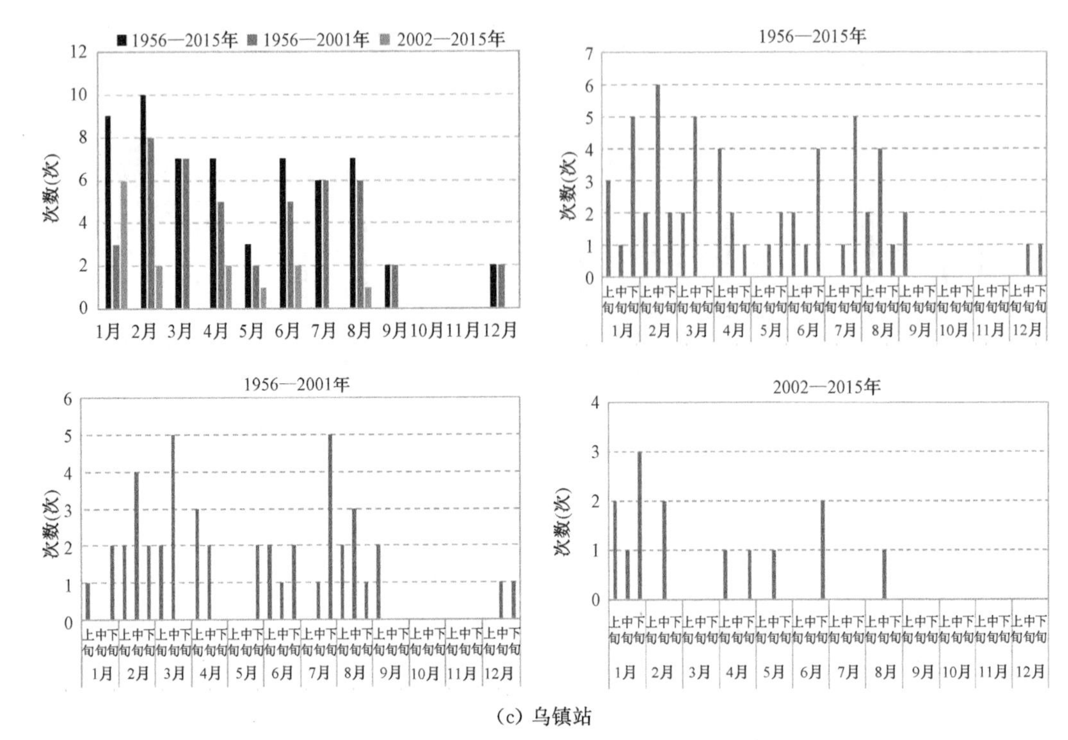

(c) 乌镇站

图 3.34 杭嘉湖区代表站年最低水位旬月频次图

3.3.2.2 年际变化

对杭嘉湖区3个代表站嘉兴站、王江泾站、乌镇站的年最低水位的年际变化进行统计分析，参数如表3.16所示。由表3.16可知，杭嘉湖区代表站的年最低水位具有明显的年际变化，2002年前后两个水位系列相比，代表站年最低水位的均值、最小值均有所上升，年最低水位的最大值除嘉兴站外均上升，极值比和离势系数Cv值有所下降，但离势系数整体不大，水位变化不剧烈。对杭嘉湖区代表站进行MK趋势检验，各代表站的年最低水

表 3.16 杭嘉湖区代表站年最低水位的年际变化

站名	年份	最大值(m)	最小值(m)	均值(m)	极值比	Cv	MK值
嘉兴	1953—2015年	2.67	1.99	2.36	1.34	0.06	4.38
	1953—2001年	2.67	1.99	2.32	1.34	0.05	1.05
	2002—2015年	2.62	2.36	2.53	1.11	0.04	2.14
王江泾	1956—2015年	2.63	2.18	2.39	1.21	0.05	4.04
	1956—2001年	2.53	2.18	2.35	1.16	0.04	0.22
	2002—2015年	2.63	2.40	2.54	1.10	0.02	1.42
乌镇	1956—2015年	2.81	2.16	2.48	1.30	0.06	4.89
	1956—2001年	2.63	2.16	2.42	1.22	0.05	1.13
	2002—2015年	2.81	2.54	2.69	1.11	0.03	2.46

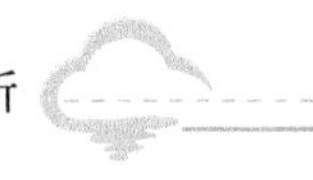

位均呈上升趋势，其中1953—2015年(1956—2015年)杭嘉湖区代表站年最低水位均在95%的置信水平上显著上升，2002—2015年除王江泾站上升趋势不显著外，其他两站年最低水位均在95%的置信水平上显著上升。

杭嘉湖区代表站年最低水位变化趋势如图3.35所示。从5 a滑动平均值变化可见，嘉兴站、王江泾站1997年以前年最低水位5 a滑动平均值保持波动平稳状态，之后呈持续上升趋势；乌镇站2000年以前年最低水位5 a滑动平均值保持波动略上升状态，之后呈持续上升趋势。从杭嘉湖区代表站年最低水位累积距平曲线(图3.36)可以看出，嘉兴站、王江泾站1997年以前累积距平值持续下降，年最低水位基本处于均值以下，之后呈持续上升趋势，年最低水位基本处于均值以上；乌镇站情况类似，但转折点由1997年延后至2000年。

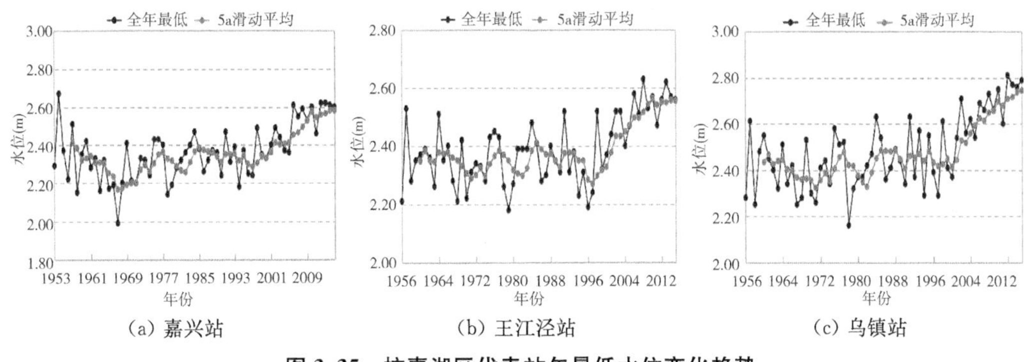

图3.35　杭嘉湖区代表站年最低水位变化趋势

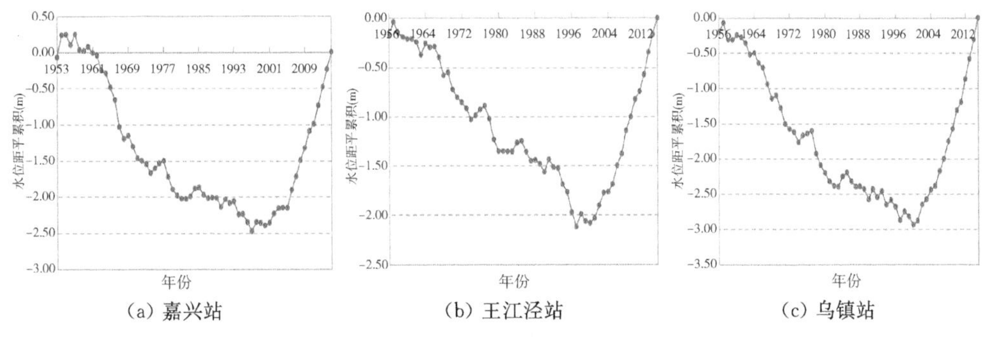

图3.36　杭嘉湖区代表站年最低水位累积距平曲线

3.3.3　年平均水位变化

3.3.3.1　年平均水位

对杭嘉湖区3个代表站年平均水位的年际变化进行统计分析，参数如表3.17所示。由表3.17可知，杭嘉湖区代表站年平均水位具有明显的年际变化，2002年前后两个水位系列相比，代表站年平均水位的均值和最小值均有所上升，最大值除嘉兴站外均上升，极值比和离势系数Cv均下降，且离势系数均不大，处在0.03～0.05之间，说明年平均水位变化不大。对杭嘉湖区代表站年平均水位分别进行MK趋势检验，嘉兴站1953—2015年(王江泾站、乌镇站1956—2015年)和3站2002—2015年两个系列年平均水位均在95%的置信水平上显著上升。

表 3.17 杭嘉湖区代表站年平均水位的年际变化

站名	年份	最大值(m)	最小值(m)	均值(m)	极值比	Cv	MK 值
嘉兴	1953—2015 年	3.33	2.53	2.82	1.32	0.05	2.41
	1953—2001 年	3.33	2.53	2.79	1.32	0.05	−0.61
	2002—2015 年	3.12	2.74	2.92	1.14	0.04	3.45
王江泾	1956—2015 年	3.10	2.54	2.81	1.22	0.05	3.97
	1956—2001 年	2.95	2.54	2.77	1.16	0.04	0.49
	2002—2015 年	3.10	2.80	2.95	1.11	0.03	2.35
乌镇	1956—2015 年	3.27	2.59	2.94	1.26	0.05	2.83
	1956—2001 年	3.15	2.59	2.90	1.22	0.05	0.04
	2002—2015 年	3.27	2.89	3.07	1.13	0.04	2.96

杭嘉湖区代表站年平均水位变化趋势如图 3.37 所示。从 5 a 滑动平均值变化可见，各代表站年平均水位 5 a 滑动平均值变化趋势以 1998 年为转折点，之前均保持波动平稳状态或略有上升，之后呈不断上升趋势。杭嘉湖区代表站年平均水位累积距平曲线如图 3.38 所示。从累积距平曲线可以看出，总体上呈上升—下降—平稳—上升的过

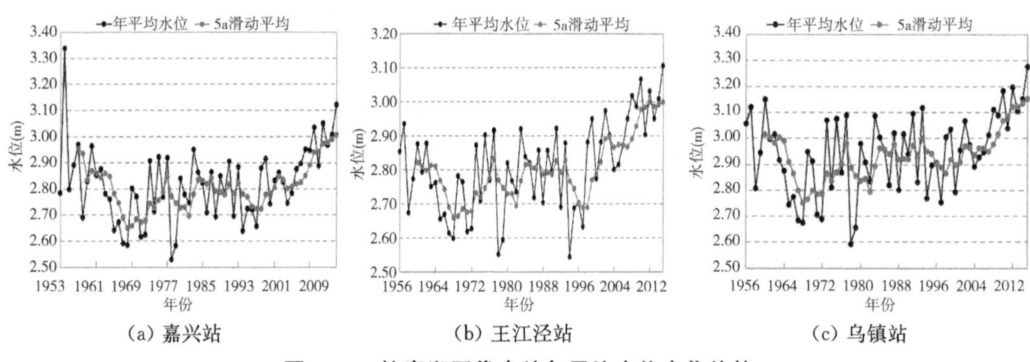

(a) 嘉兴站　(b) 王江泾站　(c) 乌镇站

图 3.37 杭嘉湖区代表站年平均水位变化趋势

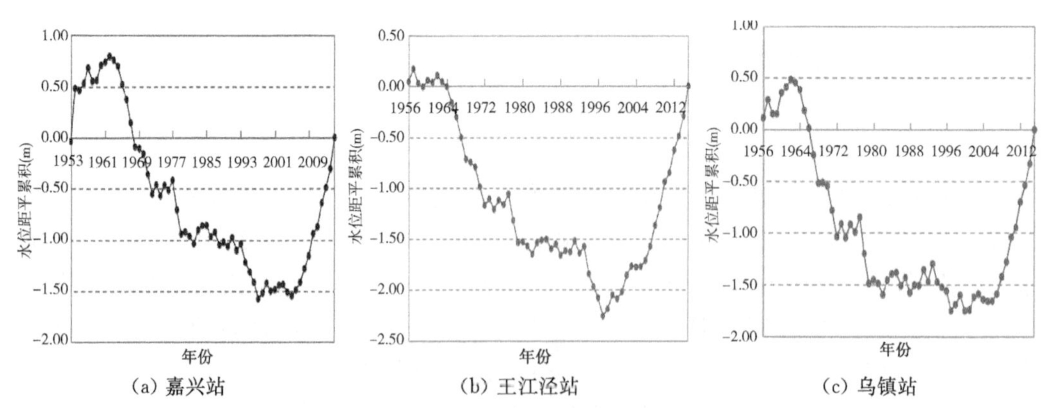

(a) 嘉兴站　(b) 王江泾站　(c) 乌镇站

图 3.38 杭嘉湖区代表站年平均水位累积距平曲线

程，但各站略有不同。嘉兴站自1953年开始至1962年累积距平曲线呈上升趋势，1963—1997年呈波动下降趋势，1998—2006年维持波动平稳状态，2007—2015年呈持续上升趋势；王江泾站1956—1962年累积距平曲线呈平稳状态，1963—1982年呈波动下降趋势，1983—1993年维持波动平稳状态，1994—1997年又继续下降，1997—2015年呈持续上升趋势；乌镇站1956—1963年累积距平曲线呈上升趋势，1964—1982年呈波动下降趋势，1983—2006年维持波动平稳略有下降的趋势，2007—2015年呈持续上升趋势。

3.3.3.2　月平均水位

对杭嘉湖区代表站月平均水位的年际变化进行统计分析，如表3.18所示。杭嘉湖区代表站逐月月平均水位变化趋势和累积距平曲线分别见图3.39和图3.40。由图表可以看出，1953—2015年(1956—2015年)杭嘉湖区代表站逐年各月的月平均水位多呈显著上升趋势，仅部分月份不显著，如嘉兴站5—6月和9—11月、王江泾站5月和9—10月、乌镇站5—6月和9—11月。从表3.18中还可以看出，杭嘉湖区代表站的月平均水位均值和离势系数Cv相差不大，峰值主要集中在6—9月，且各代表站7—8月平均水位均呈显著上升趋势，尤其是8月，这与区域强降水时段分布较为一致。

表3.18　杭嘉湖区代表站月平均水位的年际变化

时段	嘉兴站				王江泾站				乌镇站			
	均值	Cv	MK值	变化趋势	均值	Cv	MK值	变化趋势	均值	Cv	MK值	变化趋势
1月	2.64	0.06	2.53	显著↑	2.62	0.06	3.95	显著↑	2.75	0.06	3.99	显著↑
2月	2.57	0.07	2.62	显著↑	2.54	0.07	3.66	显著↑	2.67	0.08	3.85	显著↑
3月	2.72	0.08	2.70	显著↑	2.69	0.07	4.30	显著↑	2.83	0.09	3.74	显著↑
4月	2.74	0.07	1.68	显著↑	2.73	0.06	3.07	显著↑	2.86	0.07	2.50	显著↑
5月	2.79	0.07	0.40	↑	2.77	0.06	0.90	↑	2.90	0.08	0.06	↑
6月	2.88	0.09	0.80	↑	2.86	0.08	1.96	显著↑	2.99	0.10	1.37	↑
7月	2.99	0.11	1.91	显著↑	2.99	0.09	2.88	显著↑	3.13	0.11	1.96	显著↑
8月	2.92	0.11	3.11	显著↑	2.94	0.10	3.34	显著↑	3.05	0.12	2.91	显著↑
9月	3.02	0.09	0.53	↑	3.03	0.07	1.36	↑	3.16	0.09	0.80	↑
10月	2.96	0.08	0.26	↑	2.98	0.07	1.61	↑	3.11	0.09	0.23	↑
11月	2.85	0.06	1.49	↑	2.85	0.05	2.54	显著↑	2.99	0.06	1.19	↑
12月	2.72	0.06	2.27	显著↑	2.72	0.06	3.84	显著↑	2.86	0.06	2.75	显著↑

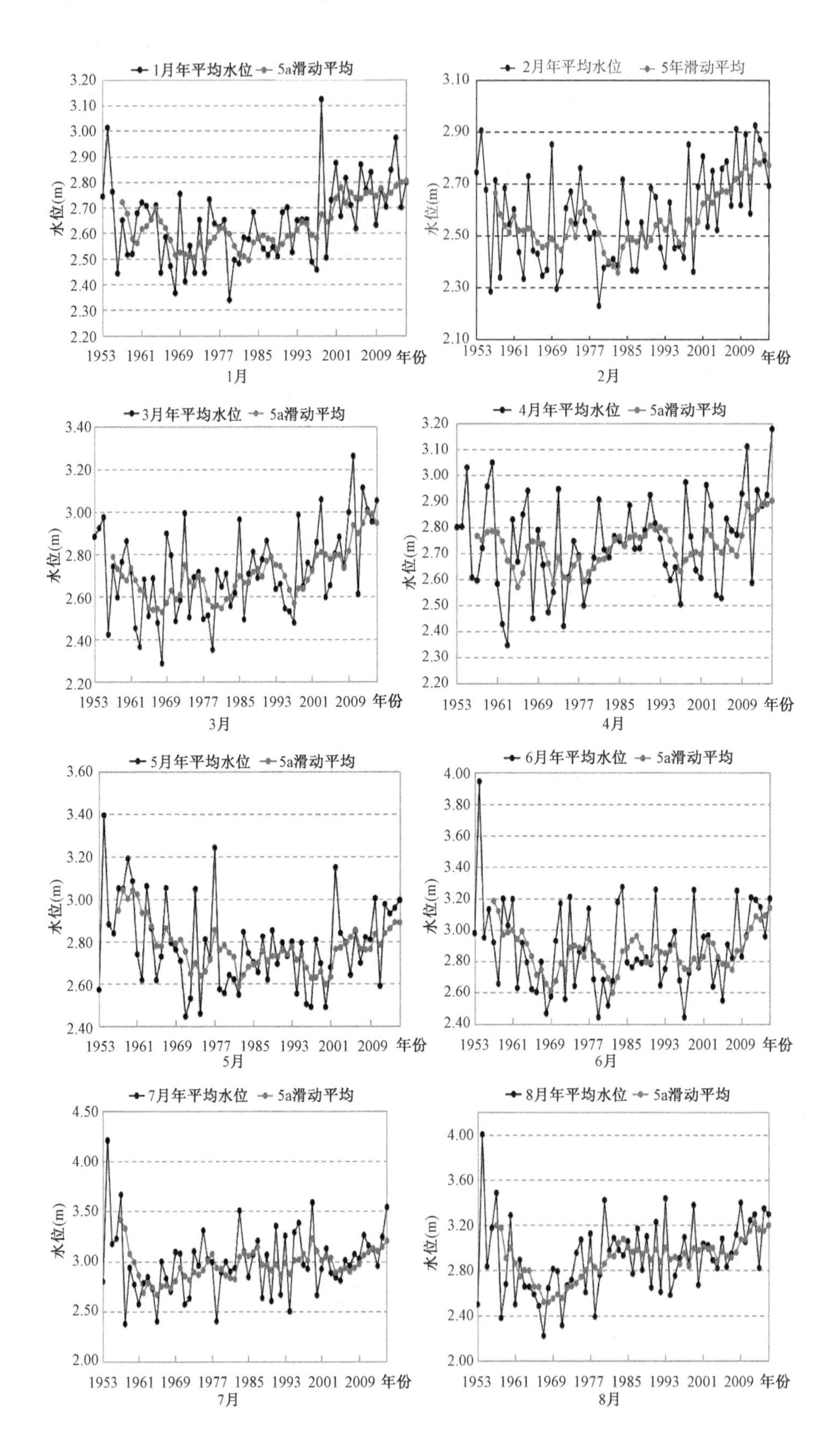
1月年平均水位
5a滑动平均
水位(m)
年份
1月
2月年平均水位
5年滑动平均
2月
3月年平均水位
3月
4月年平均水位
4月
5月年平均水位
5月
6月年平均水位
6月
7月年平均水位
7月
8月年平均水位
8月

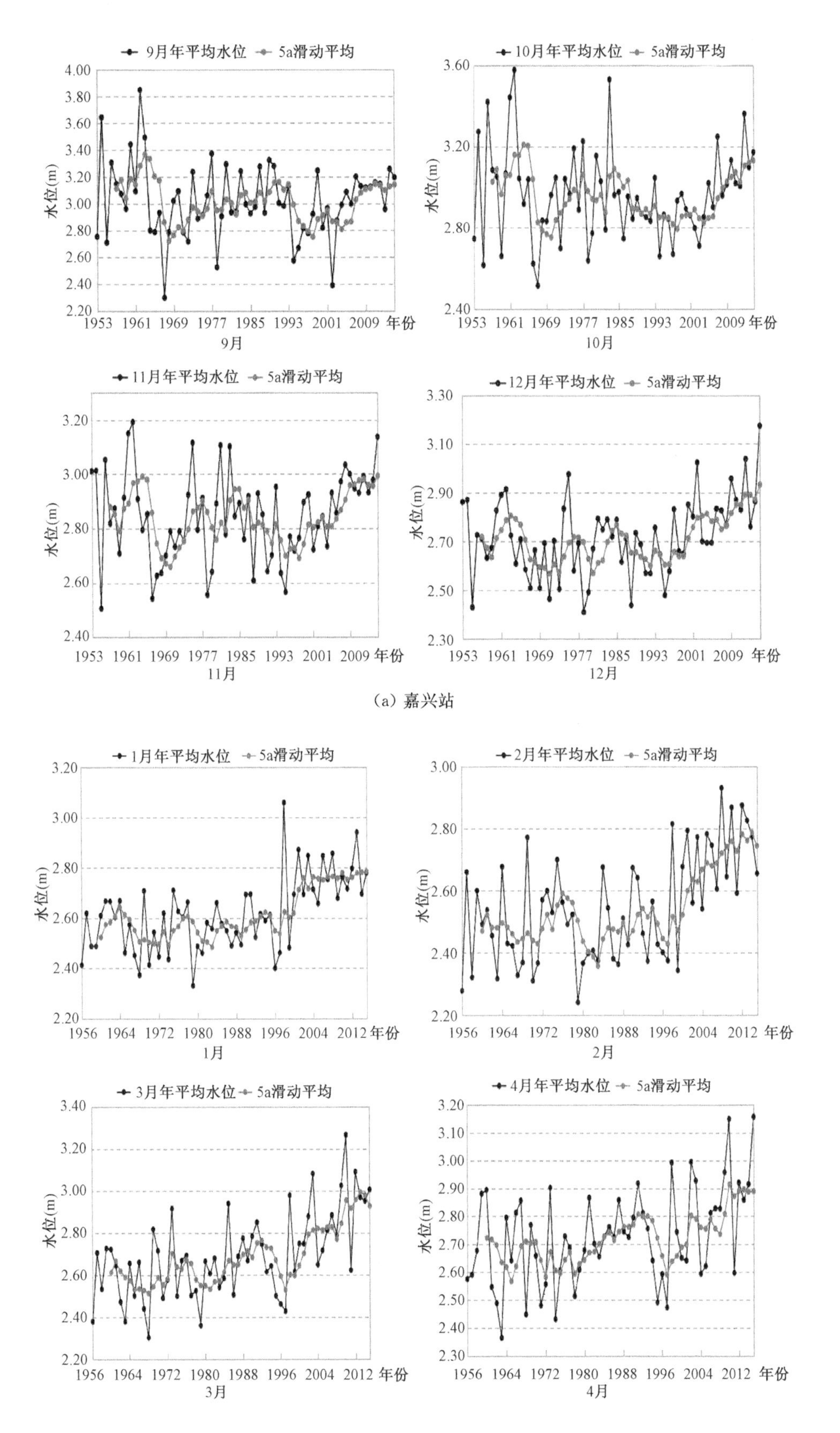
9月年平均水位
5a滑动平均
水位(m)
4.00
3.80
3.60
3.40
3.20
3.00
2.80
2.60
2.40
2.20
1953
1961
1969
1977
1985
1993
2001
2009
年份
9月
10月年平均水位
5a滑动平均
3.60
3.20
2.80
2.40
10月
11月年平均水位
3.20
3.00
2.80
2.60
2.40
11月
12月年平均水位
3.30
3.10
2.90
2.70
2.50
2.30
12月
1月年平均水位
1956
1964
1972
1980
1988
1996
2004
2012
1月
2月年平均水位
2月
3月年平均水位
3月
4月年平均水位
3.10
2.90
2.70
2.50
4月

(a) 嘉兴站

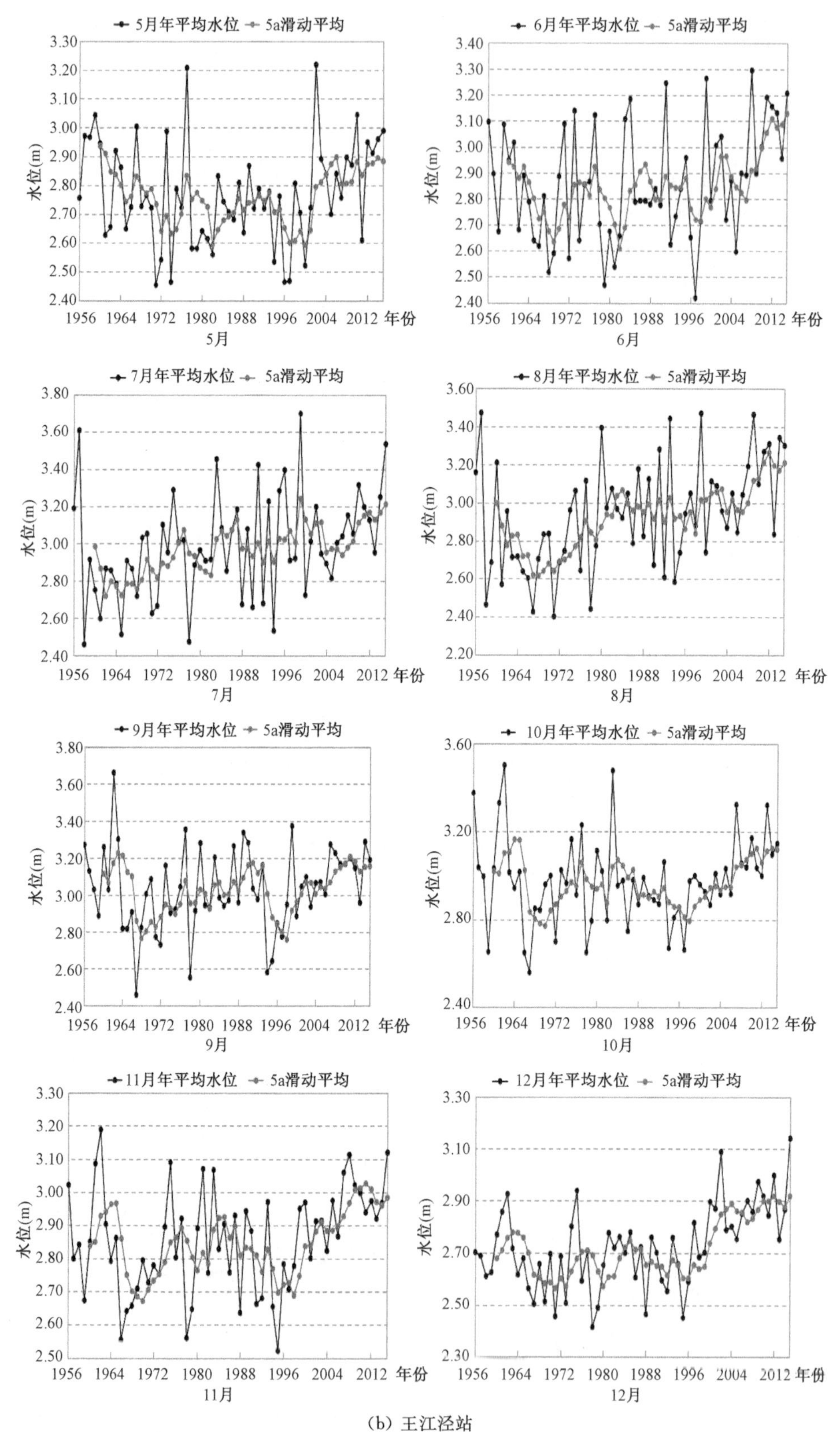
5月年平均水位
5a滑动平均
水位(m)
年份
5月
6月年平均水位
5a滑动平均
6月
7月年平均水位
7月
8月年平均水位
8月
9月年平均水位
9月
10月年平均水位
10月
11月年平均水位
11月
12月年平均水位
12月

（b）王江泾站

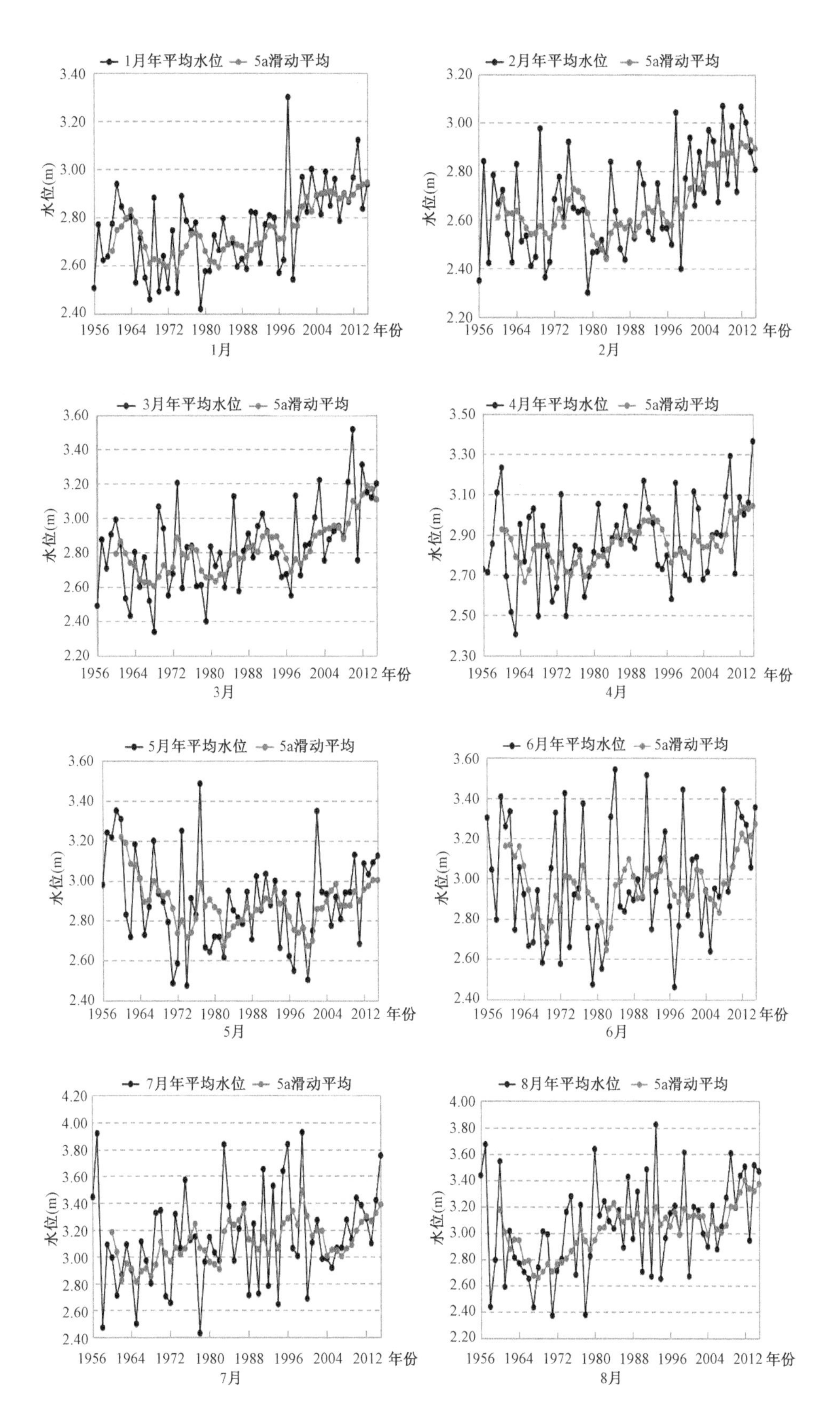
1月年平均水位
5a滑动平均
水位(m)
年份
1月
2月年平均水位
5a滑动平均
2月
3月年平均水位
3月
4月年平均水位
4月
5月年平均水位
5月
6月年平均水位
6月
7月年平均水位
7月
8月年平均水位
8月

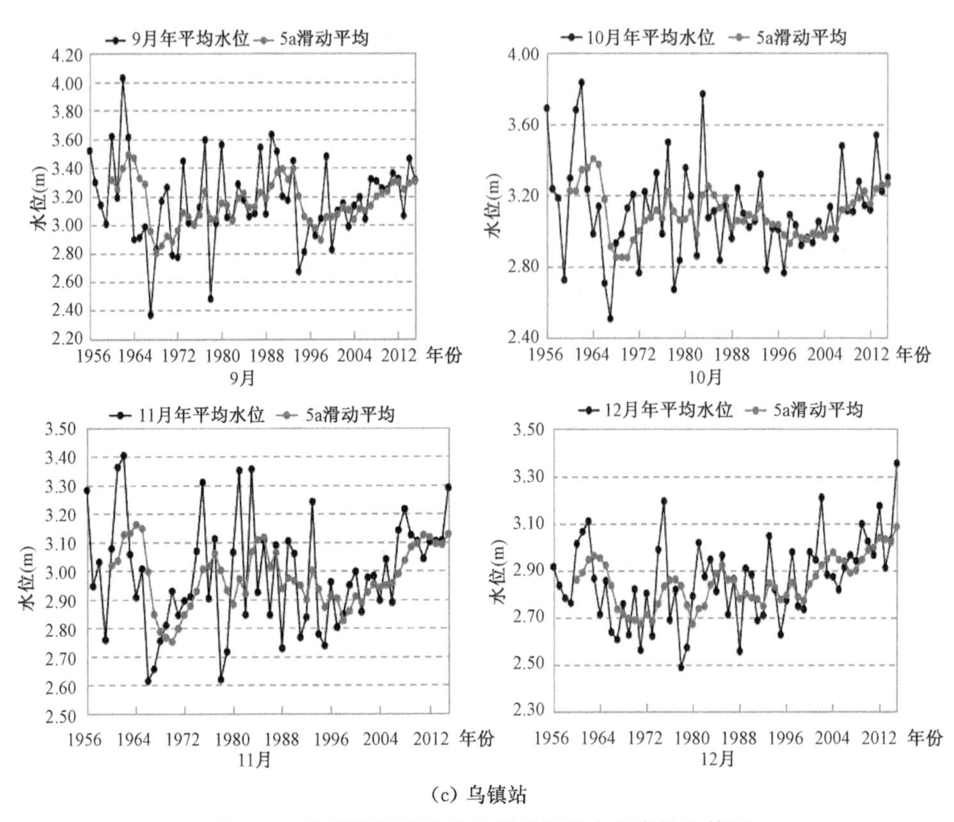

(c) 乌镇站

图 3.39 杭嘉湖区代表站逐月月平均水位变化趋势图

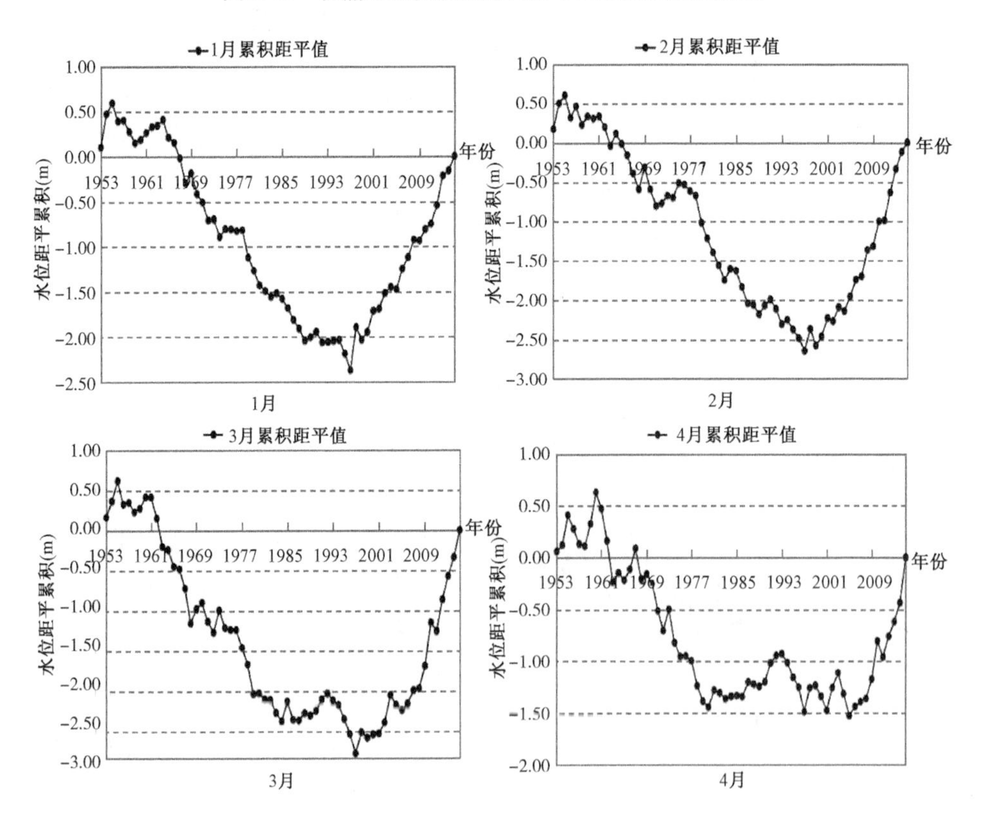

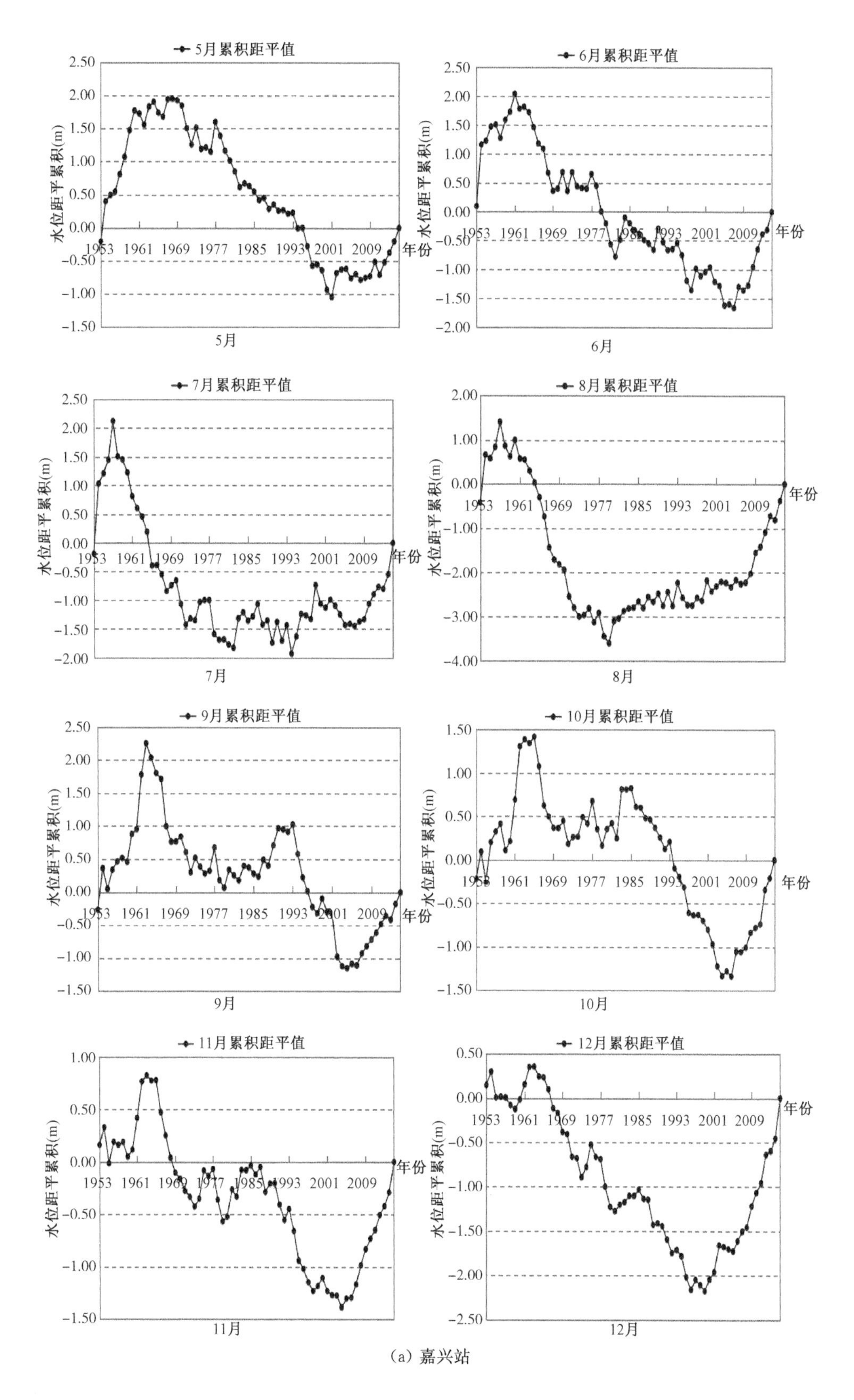

5月累积距平值
水位距平累积(m)
年份
5月
6月累积距平值
水位距平累积(m)
年份
6月
7月累积距平值
水位距平累积(m)
年份
7月
8月累积距平值
水位距平累积(m)
年份
8月
9月累积距平值
水位距平累积(m)
年份
9月
10月累积距平值
水位距平累积(m)
年份
10月
11月累积距平值
水位距平累积(m)
年份
11月
12月累积距平值
水位距平累积(m)
年份
12月

(a) 嘉兴站

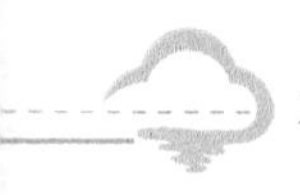

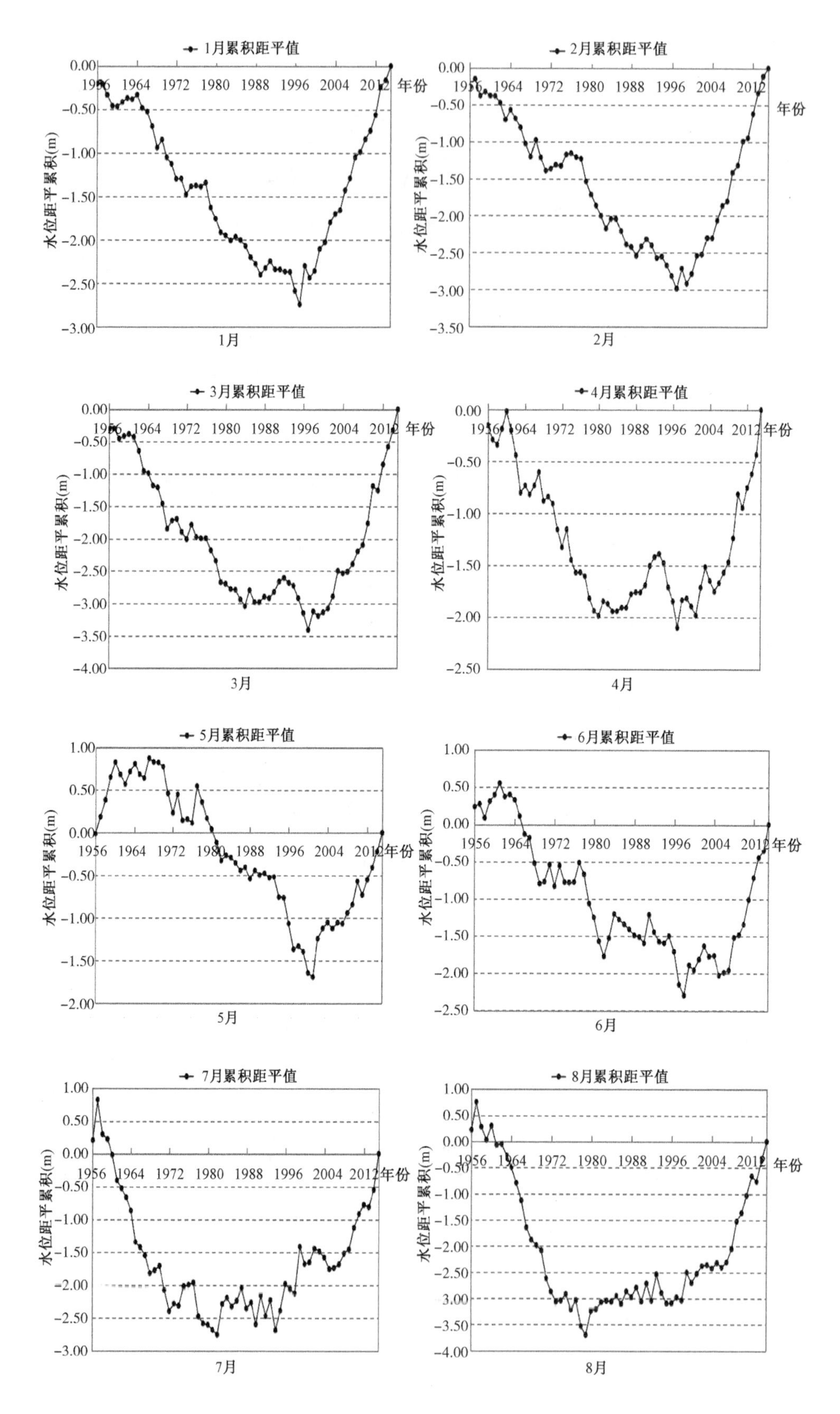

1月累积距平值
2月累积距平值
3月累积距平值
4月累积距平值
5月累积距平值
6月累积距平值
7月累积距平值
8月累积距平值
水位距平累积(m)
年份
1956
1964
1972
1980
1988
1996
2004
2012
1月
2月
3月
4月
5月
6月
7月
8月

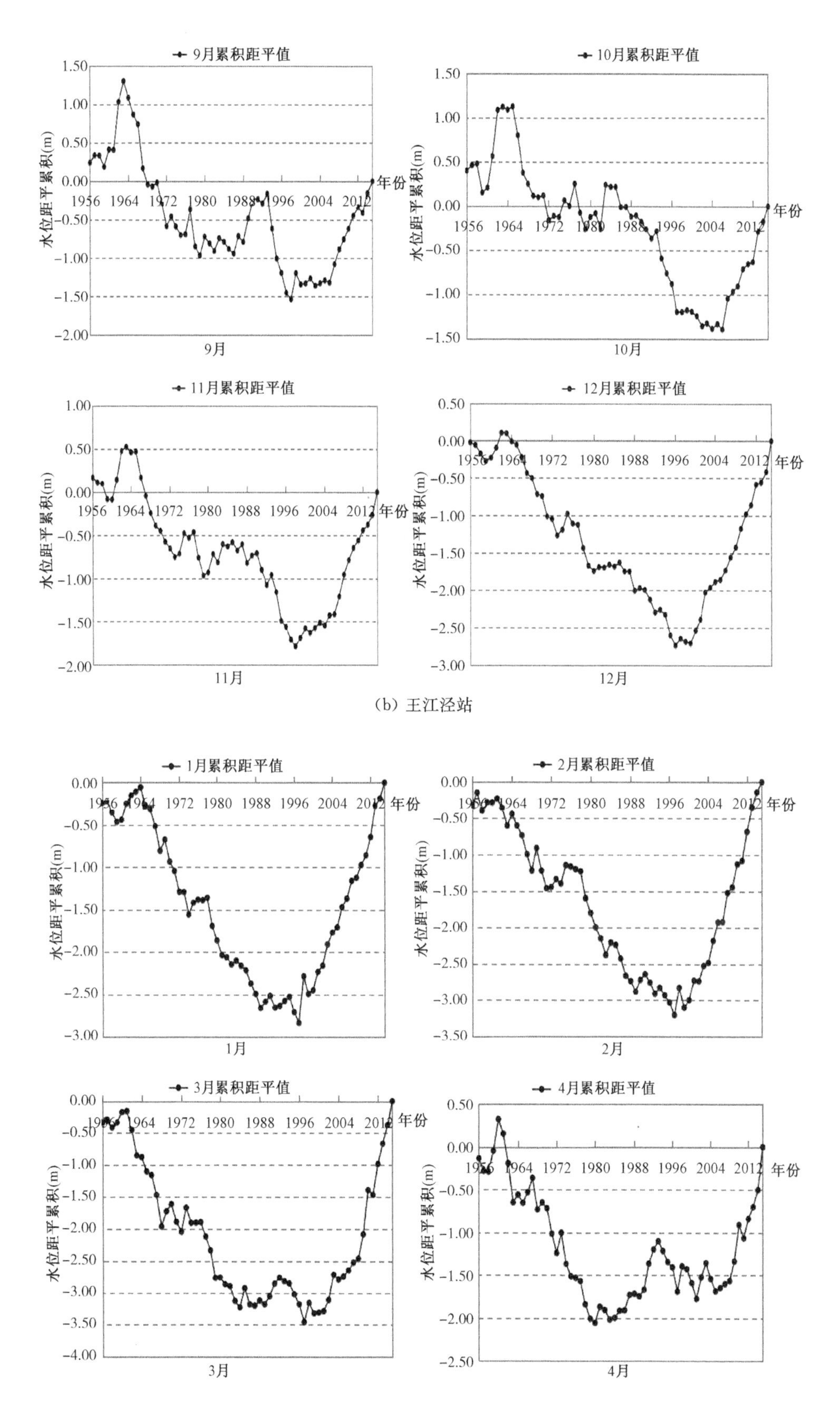
9月累积距平值
水位距平累积(m)
年份
9月
10月累积距平值
10月
11月累积距平值
11月
12月累积距平值
12月
1月累积距平值
1月
2月累积距平值
2月
3月累积距平值
3月
4月累积距平值
4月

(b) 王江泾站

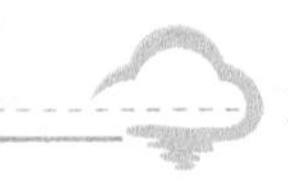

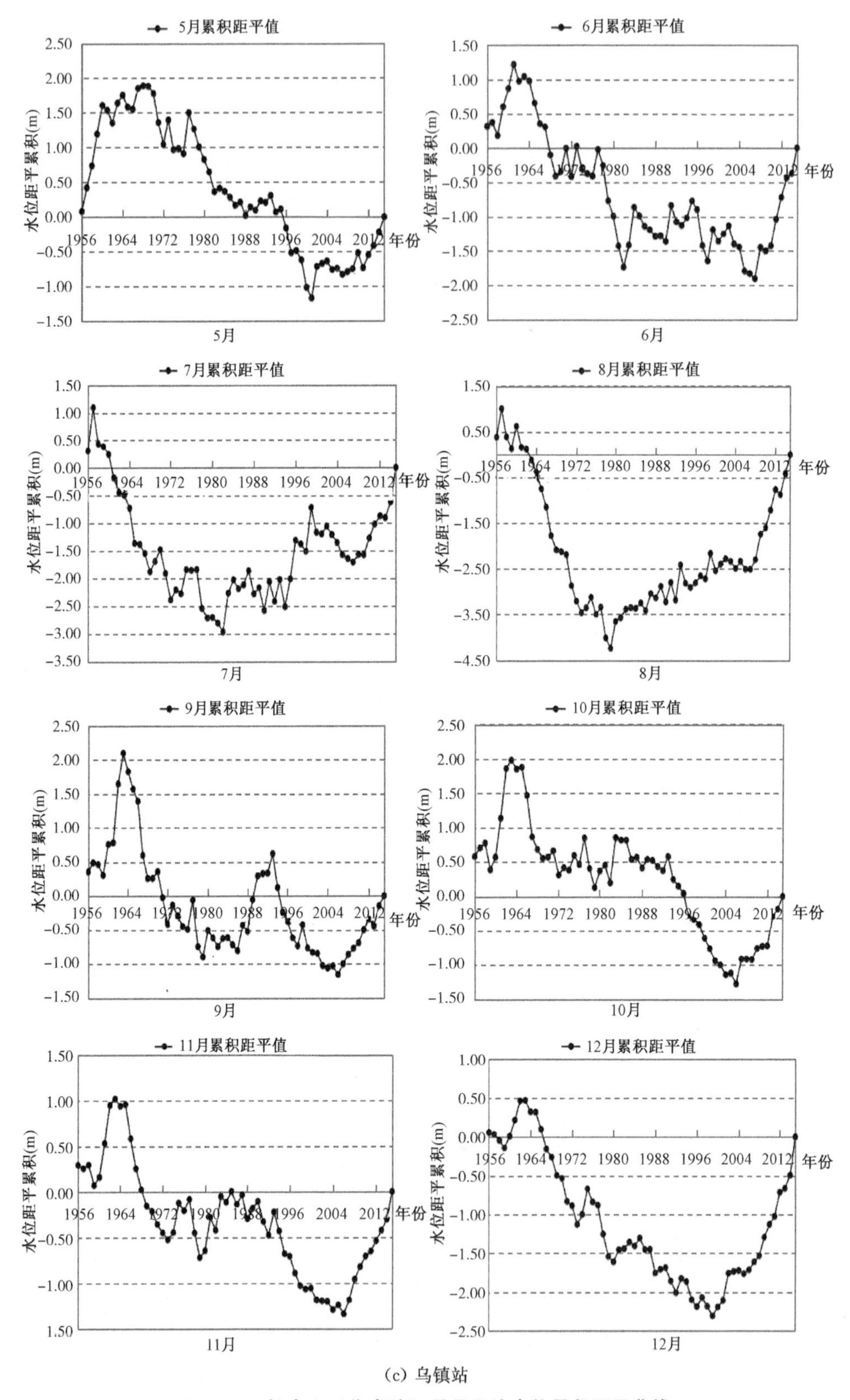

（c）乌镇站

图 3.40　杭嘉湖区代表站逐月月平均水位累积距平曲线

3.3.4 超定量水位日数

根据杭嘉湖区3个代表站嘉兴站、王江泾站、乌镇站逐日水位资料，统计了各站历年超警超保区间的天数。嘉兴站1953—2015年历年超警天数(≥3.30 m)、超警10 cm以上天数(≥3.40 m)、超警20 cm以上天数(≥3.50 m)、超警30 cm以上天数(≥3.60 m)、超保天数(≥3.70 m)统计结果见图3.41(a)。由图3.41(a)可知，对于所有超警天数，嘉兴站超警戒水位天数较多的年份有1954年、1957年、1983年、1999年和2015年，其中超警天数持续时间最长的是1954年。据统计，嘉兴站发生超警戒水位3.30 m的年份有55个，平均1.1 a就会出现超警戒水位，发生超警年份中，平均超警天数为24 d；超过保证水位3.70 m的年份有29个，平均2.2 a就会出现超保情况，发生超保年份中，平均超保天数为11 d。王江泾站1956—2015年历年超警天数(≥3.20 m)、超警10 cm以上天数(≥3.30 m)、超警20 cm以上天数(≥3.40 m)、超保天数(≥3.50 m)统计结果见图3.41(b)。由图3.41(b)可知，对于所有超警天数，王江泾站超警戒水位天数较多的年份有1957年、1977年、1983年、1999年和2015年，其中超警天数持续时间最长的是2015年。据统计，王江泾站发生超警戒水位3.20 m的年份有52个，平均1.2 a就会出现超警戒水位，发生超警年份中，平均超警天数为35 d；超过保证水位3.50 m的年份有34个，平均1.8 a就会出现超保情况，发生超保年份中，平均超保天数为13 d。乌镇站1956—2015年历年超警天数(≥3.40 m)、超警10 cm以上天数(≥3.50 m)、超警20 cm以上天数(≥3.60 m)、超警30 cm以上天数(≥3.70 m)、超保天数(≥3.80 m)统计结果见图3.41(c)。由图3.41(c)可知，对于所有超警天数，乌镇站超警戒水位天数较多的年份有1956年、1957年、1960年、1977年、1983年、1993年、1999年和2015年，其中超警天数持续时间最长的是2015年，超保天数持续时间最长的是1962年。据统计，乌镇站发生超警戒水位3.40 m的年份有51个，平均1.2 a就会发生超警戒水位，发生超警年份中，平均超警天数为36 d；超过保

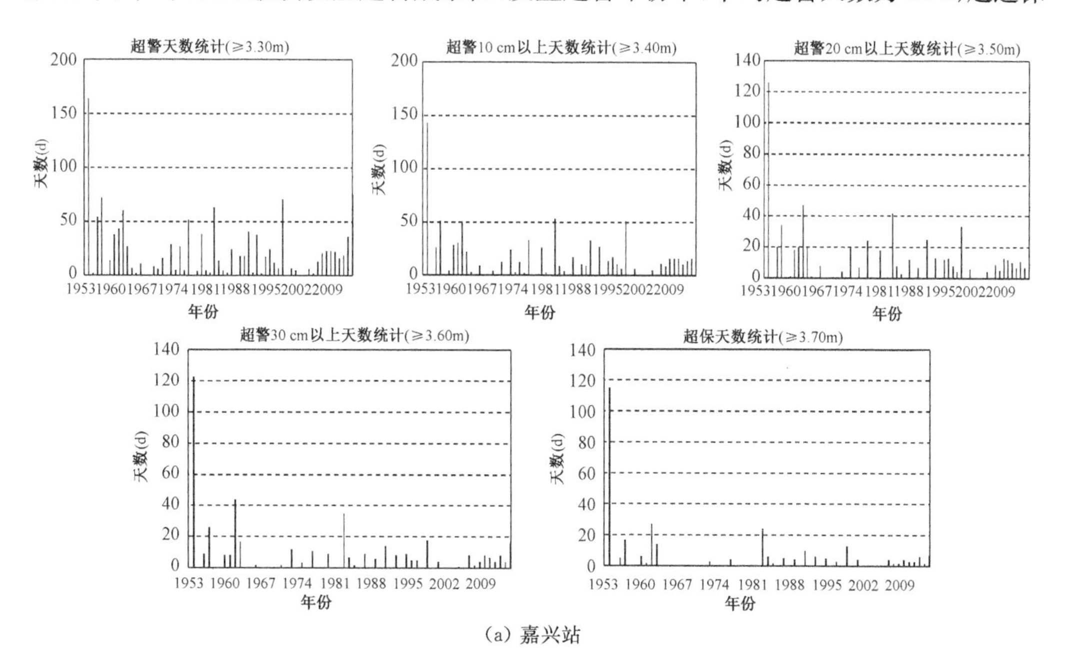

(a) 嘉兴站

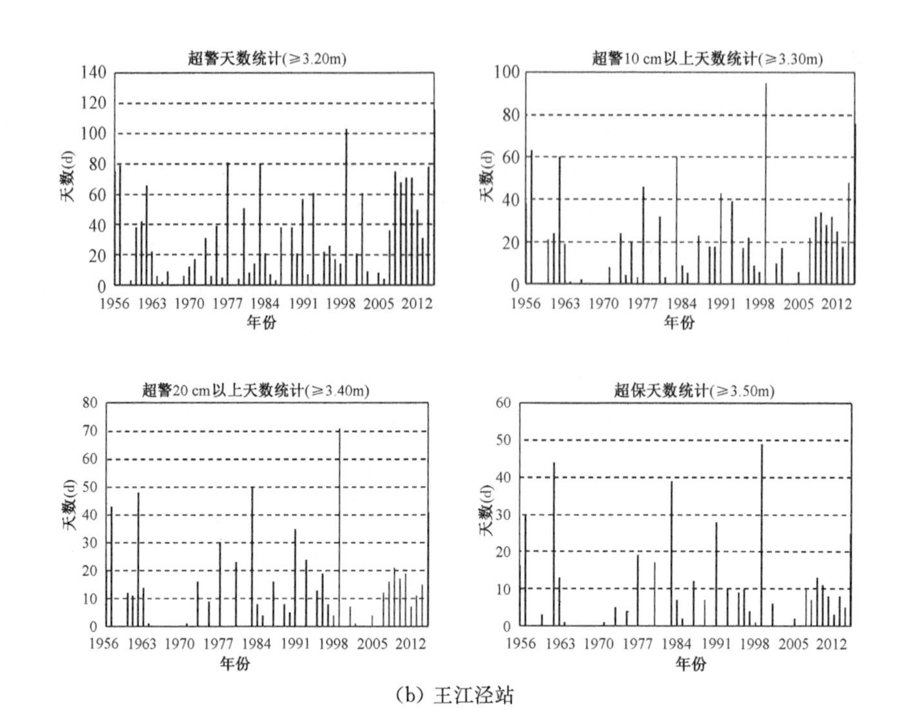

(b) 王江泾站

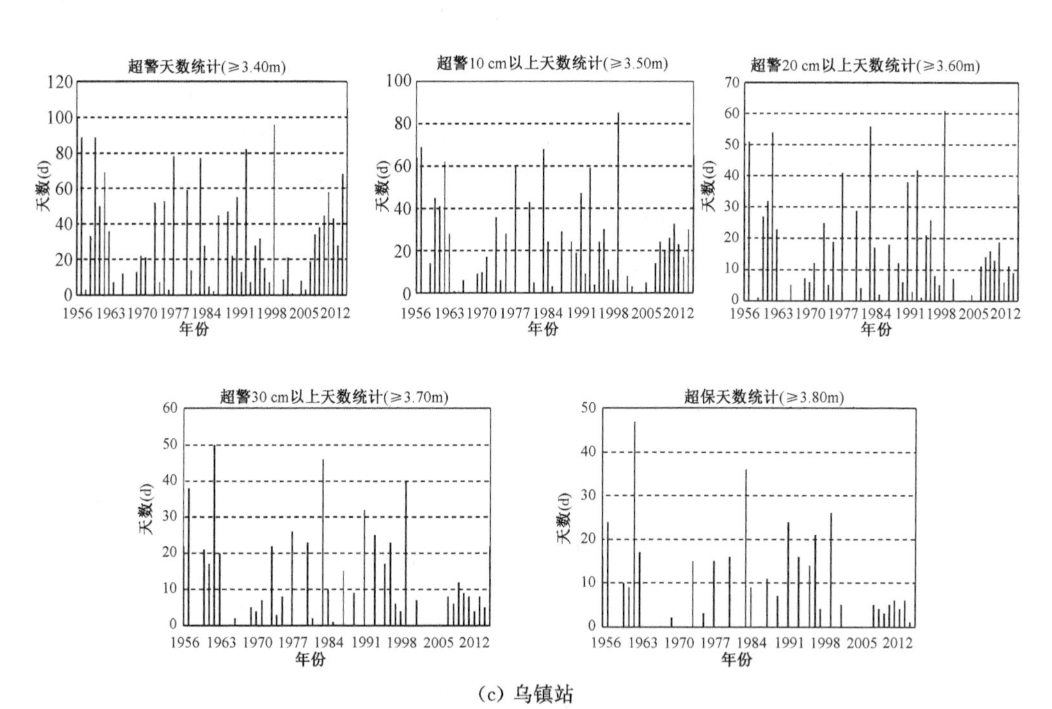

(c) 乌镇站

图 3.41　杭嘉湖区代表站超定量水位日数统计

证水位 3.80 m 的年份有 31 个，平均 1.9 a 就会出现超保情况，发生超保年份中，平均超保天数为 13 d。2002 年以来，杭嘉湖代表站嘉兴站、王江泾站、乌镇站超警天数均有所上升，均在 2015 年达到了 2002 年以来超警天数最大值 75 d、116 d、105 d。

3.4　武澄锡虞区代表站水位变化分析

武澄锡虞区是受人类活动影响最大的区域之一，此处选择青阳、陈墅两个区域河网代表站和无锡(二)大运河代表站作分析。基于1952—2015年无锡(二)站、青阳站和1959—2015年陈墅站3个代表站的逐日水位资料，分析研究代表站年最高水位、年最低水位、时段平均水位(年平均水位和月平均水位)的水文变化特性及超定量水位日数，包括年内和年际变化规律，并讨论引江济太以来(2002—2015年)水位特征要素的变化。

3.4.1　年最高水位变化

3.4.1.1　年内分布

根据武澄锡虞区3个代表站无锡(二)站、青阳站、陈墅站逐日水位资料，统计各站年内最高水位在不同时段出现的频次，见表3.19和图3.42。由图表可以看出，不同资料系列武澄锡虞区3个代表站年最高水位在年内分布的频次均集中于6月至10月，在2002年以后更加集中于6月至8月。在1952—2015年、1952—2001年、2002—2015年3个水位系列中，无锡(二)站年最高水位发生在6—9月的频次分别约占总次数的89%、88%、93%，其中发生在6—8月的分别约占78%、74%、93%。在1952—2015年、1952—2001年、2002—2015年3个水位系列中，青阳站年最高水位发生在6—9月的频次分别约占总次数的91%、90%、93%，其中发生在6—8月的分别约占77%、72%、93%。在1959—2015年、1959—2001年、2002—2015年3个水位系列中，陈墅站年最高水位发生在6—9月的频次分别约占总次数的89%、88%、93%，其中发生在6—8月的分别约占75%、70%、93%。

表3.19　武澄锡虞区代表站年最高水位频次统计　　单位:次

站名	年份	1月	2月	3月	4月	5月	6月	7月	8月	9月	10月	11月	12月
无锡(二)	1952—2015年				1		17	27	6	7	6		
	1952—2001年				1		12	21	4	7	5		
	2002—2015年						5	6	2		1		
青阳	1952—2015年					1	20	23	6	9	5		
	1952—2001年					1	14	18	4	9	4		
	2002—2015年						6	5	2		1		
陈墅	1959—2015年					1	19	16	8	8	5		
	1959—2001年					1	13	12	5	8	4		
	2002—2015年						6	4	3		1		

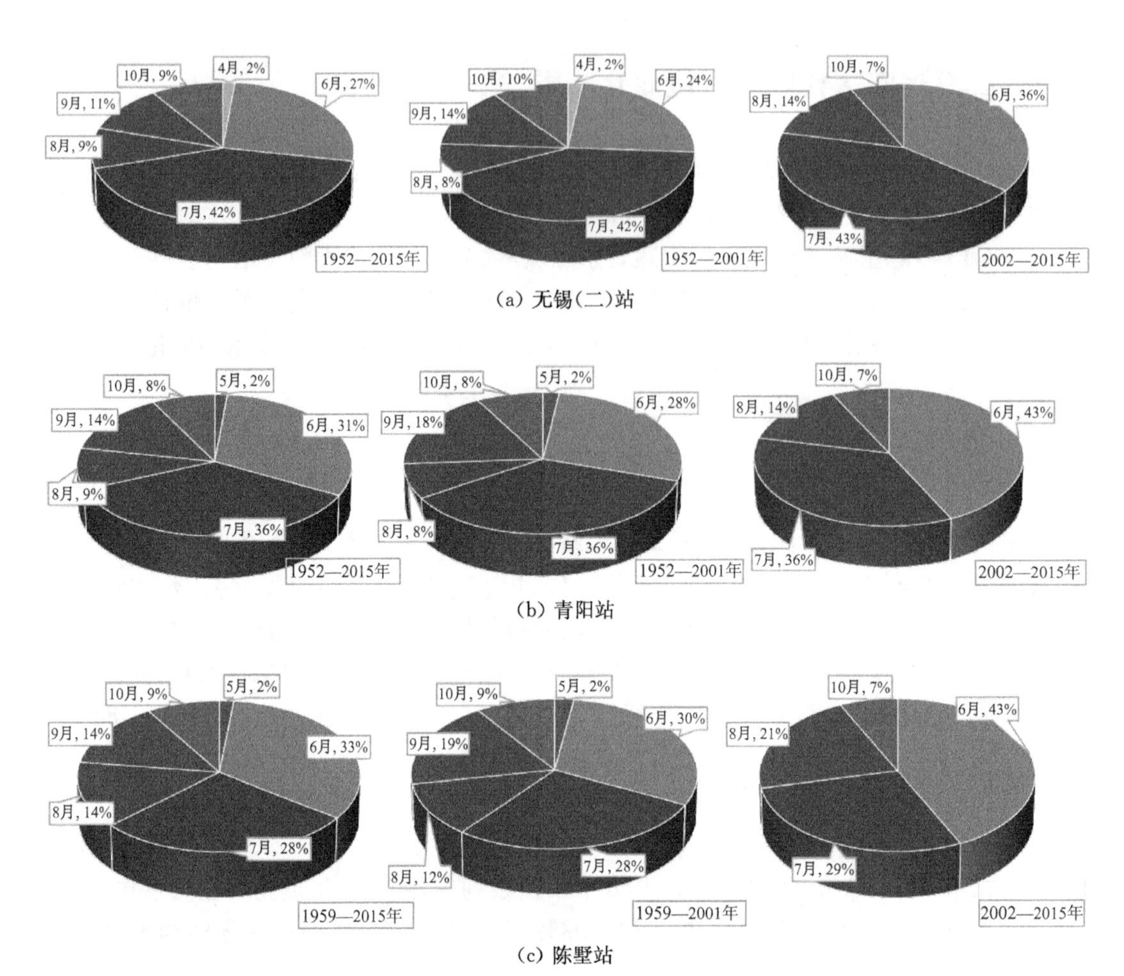

图 3.42　武澄锡虞区代表站年最高水位出现在年内各月的百分比

武澄锡虞区 3 个代表站不同时段的年最高水位在旬月中分布频次统计见图 3.43。武澄锡虞区代表站年最高水位时间分布虽然具有一定的"双峰型"特征，但 6—7 月高度集中，发生频次明显较高。无锡(二)站、青阳站 1952—2015 年及陈墅站 1959—2015 年的年最高水位发生频次有两个明显峰值，第一个峰值为 6—7 月，第二个峰值为 9 月上旬和 10 月上旬，其中，第一个峰值明显高于第二个峰值，6 月中下旬和 7 月上旬年最高水位出现频次明显高于其他时段。

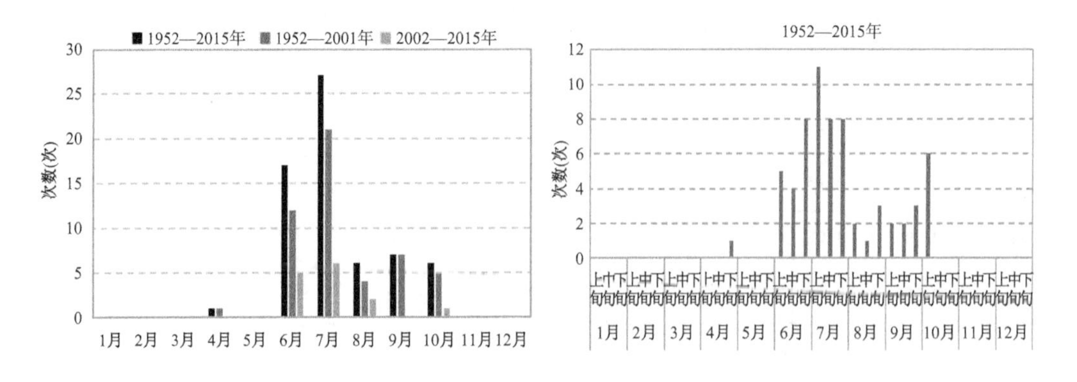

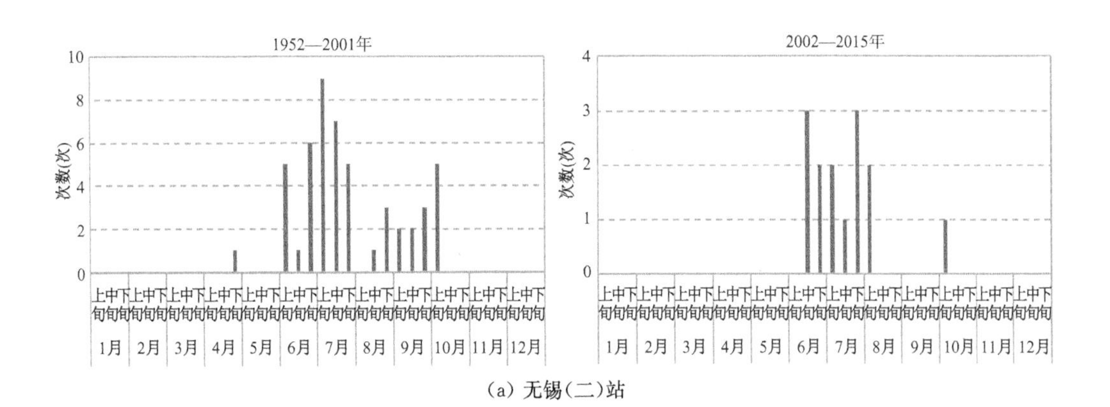

1952—2001年
2002—2015年
次数(次)
上中下旬
1月 2月 3月 4月 5月 6月 7月 8月 9月 10月 11月 12月

（a）无锡（二）站

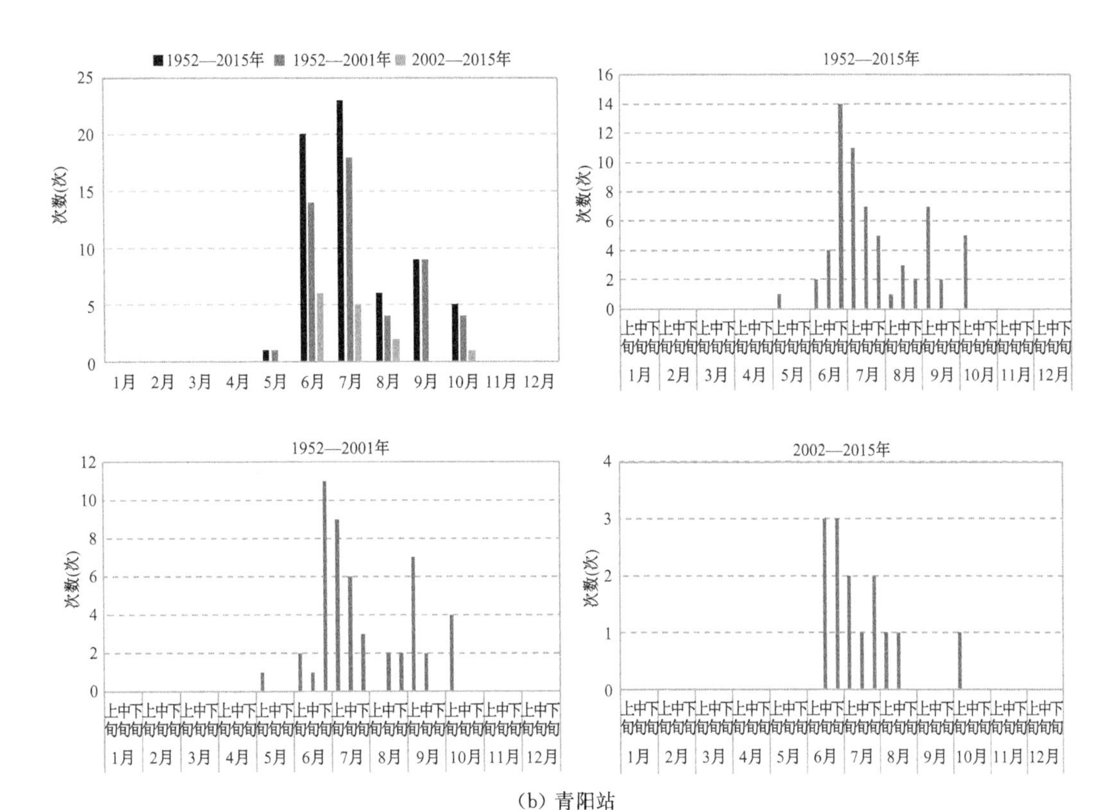

1952—2015年 1952—2001年 2002—2015年
1952—2015年
1952—2001年
2002—2015年
次数(次)
上中下旬
1月 2月 3月 4月 5月 6月 7月 8月 9月 10月 11月 12月

（b）青阳站

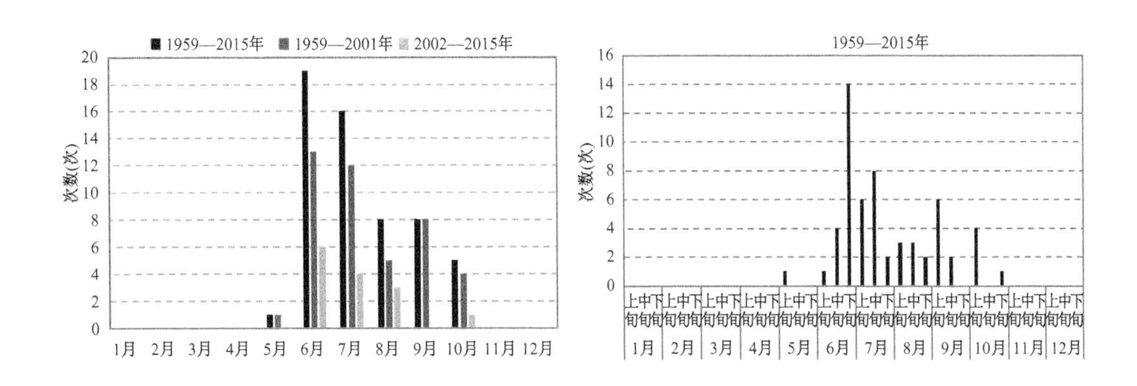

1959—2015年 1959—2001年 2002—2015年
1959—2015年
次数(次)
上中下旬
1月 2月 3月 4月 5月 6月 7月 8月 9月 10月 11月 12月

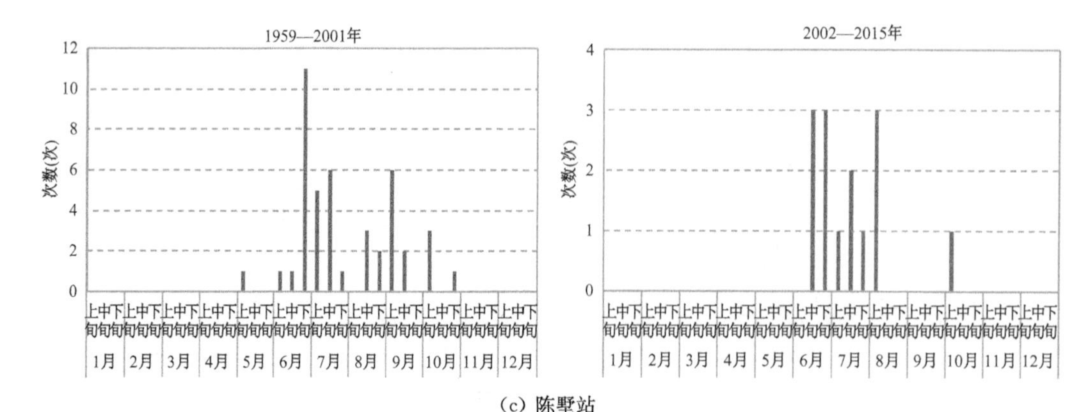

(c) 陈墅站

图 3.43　武澄锡虞区代表站年最高水位旬月频次图

3.4.1.2　年际变化

对武澄锡虞区 3 个代表站年最高水位的年际变化进行统计分析，如表 3.20 所示。由表 3.20 可知，武澄锡虞区代表站年最高水位具有明显的年际变化，2002 年前后两个水位系列相比，各代表站年最高水位的最小值和均值均明显上升，无锡(二)站、青阳站、陈墅站的最小值分别上升 0.99 m、0.73 m、0.56 m，均值分别上升 0.55 m、0.35 m、0.27 m，最小值上升幅度显著，尤其是无锡(二)站最小值和均值上升幅度分别达 0.99 m 和 0.55 m；代表站年最高水位的最大值除陈墅站下降 0.56 m 外，无锡(二)站和青阳站分别上升 0.30 m 和 0.25 m；各代表站极值比和离势系数 Cv 均在下降，其中陈墅站极值比下降幅度最大，达 0.37。对武澄锡虞区代表站年最高水位分别进行 MK 趋势检验，结果表明均呈上升趋势，无锡(二)站、青阳站 1952—2015 年及陈墅站 1959—2015 年的年最高水位在 95%的置信水平上均呈显著上升趋势。

表 3.20　武澄锡虞区代表站年最高水位的年际变化

站名	年份	最大值(m)	最小值(m)	均值(m)	极值比	Cv	MK 值
无锡(二)	1952—2015 年	5.18	2.93	4.00	1.77	0.12	3.89
	1952—2001 年	4.88	2.93	3.88	1.67	0.11	1.16
	2002—2015 年	5.18	3.92	4.43	1.32	0.08	2.08
青阳	1952—2015 年	5.32	3.23	4.30	1.65	0.09	2.23
	1952—2001 年	5.07	3.23	4.22	1.57	0.09	0.09
	2002—2015 年	5.32	3.96	4.57	1.34	0.07	0.66
陈墅	1959—2015 年	5.52	3.46	4.20	1.60	0.10	2.16
	1959—2001 年	5.52	3.46	4.13	1.60	0.10	0.11
	2002—2015 年	4.96	4.02	4.40	1.23	0.06	1.20

武澄锡虞区代表站年最高水位变化趋势如图 3.44 所示。从 5 a 滑动平均值变化可见，各代表站年最高水位 5 a 滑动平均值均呈现先下降后上升的趋势，无锡(二)站 1969 年前年最高水位 5 a 滑动平均值呈现波动下降趋势，之后呈波动上升趋势；青阳站、陈墅站情况类似，转折点均在 1980 年。

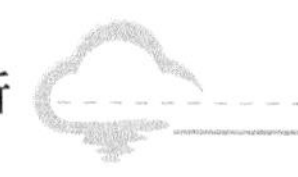

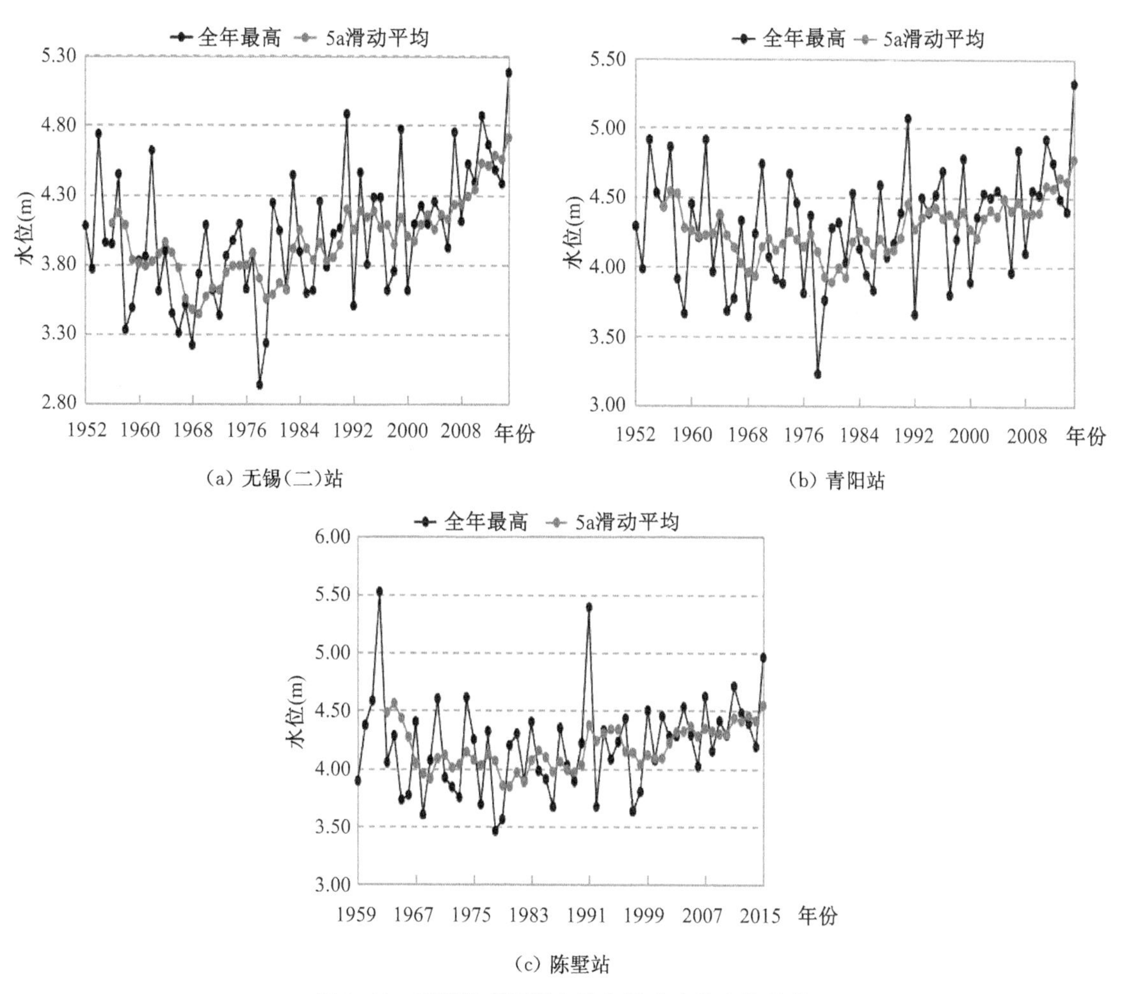

(a) 无锡(二)站　　(b) 青阳站

(c) 陈墅站

图3.44　武澄锡虞区代表站年最高水位变化趋势

从武澄锡虞区代表站年最高水位累积距平曲线(图3.45)可以看出,3站最高水位累积距平值均在1986—1989年间发生趋势转换,之前持续波动下降,之后持续波动上升。

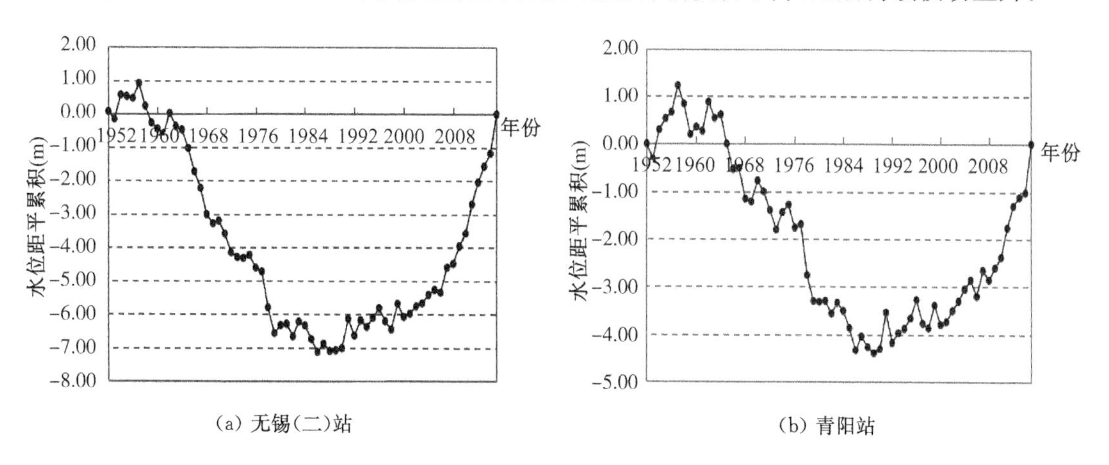

(a) 无锡(二)站　　(b) 青阳站

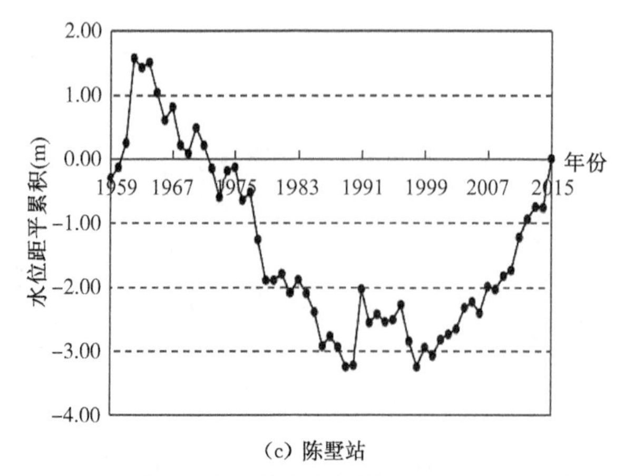

(c) 陈墅站

图 3.45 武澄锡虞区代表站年最高水位累积距平曲线

3.4.2 年最低水位变化

3.4.2.1 年内分布

根据武澄锡虞区 3 个代表站无锡(二)站、青阳站、陈墅站逐日水位资料，统计各站年内最低水位在不同时段出现的频次，见表 3.21 和图 3.46。由图表可以看出，不同时段武澄锡虞区的 3 个代表站年最低水位在年内分布的频次均高度集中于 1—3 月和 12 月，尤以 1—2 月最为突出，且在 2002 年以后所占比重整体略有上升。1952—2015 年、1952—2001 年、2002—2015 年，1—2 月无锡(二)站年最低水位的分布频次分别约占总频次的 55%、52%、64%；1952—2015 年、1952—2001 年、2002—2015 年，1—2 月青阳站年最低水位的分布频次分别约占总频次的 58%、58%、57%；1959—2015 年、1959—2001 年、2002—2015 年，1—2 月陈墅站年最低水位的分布频次分别约占总频次的 65%、63%、71%。

表 3.21 武澄锡虞区代表站年最低水位频数统计 单位:次

站名	年份	1月	2月	3月	4月	5月	6月	7月	8月	9月	10月	11月	12月
无锡(二)	1952—2015 年	19	16	7	3	2	2		1	2	1	2	9
	1952—2001 年	12	14	6	3	2	1		1	2	1	1	7
	2002—2015 年	7	2	1			1					1	2
青阳	1952—2015 年	22	15	7	4	1	2		1	1		1	10
	1952—2001 年	16	13	6	3	1	1		1	1			8
	2002—2015 年	6	2	1	1		1					1	2
陈墅	1959—2015 年	21	16	4	4		4					1	7
	1959—2001 年	12	15	3	4		3						6
	2002—2015 年	9	1	1			1					1	1

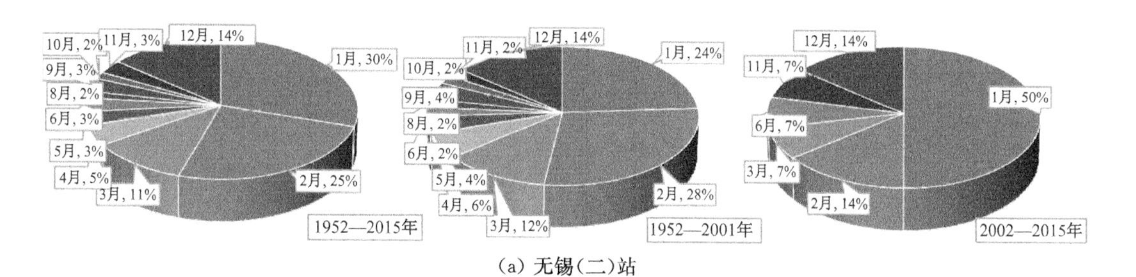

(a) 无锡(二)站

(b) 青阳站

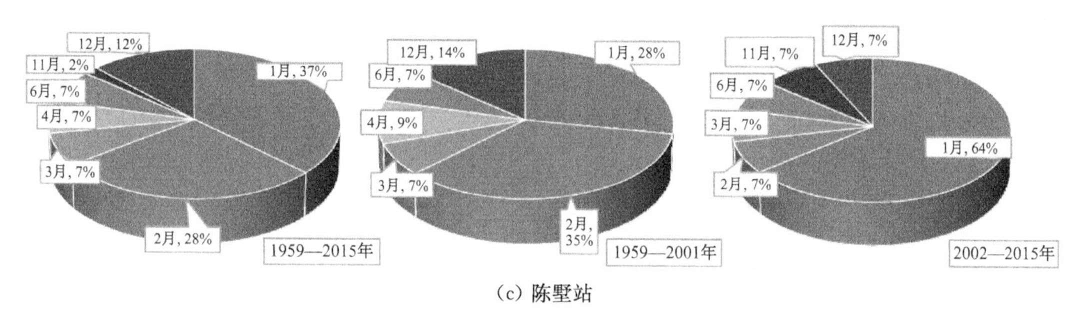

(c) 陈墅站

图 3.46　武澄锡虞区代表站最低水位出现在年内各月的百分比

武澄锡虞区 3 个代表站不同时段的年最低水位在旬月中分布频次统计见图 3.47。由图 3.47(a)可以看出,1952—2015 年、1952—2001 年和 2002—2015 年无锡(二)站年最低水位出现频次峰值主要集中在 12 月下旬、1 月中下旬和 2 月中下旬,其中,1952—2015 年和 2002—2015 年 1 月下旬年最低水位出现频次明显高于其他时段,分别约占总频次的 17%和 36%,1952—2001 年 2 月中旬年最低水位出现频次明显高于其他时段,占总频次的 14%。由图 3.47(b)可以看出,1952—2015 年、1952—2001 年和 2002—2015 年青阳站年最低水位出现频次峰值主要集中在 12 月下旬、1 月中下旬和 2 月中下旬,其中,1 月下旬年最低水位出现频次明显高于其他时段,分别约占总频次的 19%、16%和 29%。由图 3.47(c)可以看出,1959—2015 年和 1959—2001 年陈墅站年最低水位主要集中出现在 12 月下旬和 1—2 月,2002—2015 年年最低水位主要集中出现在 1 月,其中 1959—2015 年和 2002—2015 年 1 月下旬年最低水位出现频次明显高于其他时段,分别约占总频次的 18%和 36%,1959—2001 年 2 月中旬年最低水位出现频次明显高于其他时段,约占总频次的 16%。由此可见,武澄锡虞区代表站年最低水位多出现于 12 月和 1—2 月等流域枯水期,以 1 月下旬和 2 月中旬居多,尤其是 2002 年以后 1 月下旬出现频率有所增大,这一情况与降水的年内分布规律以及年内用水过程相对应。

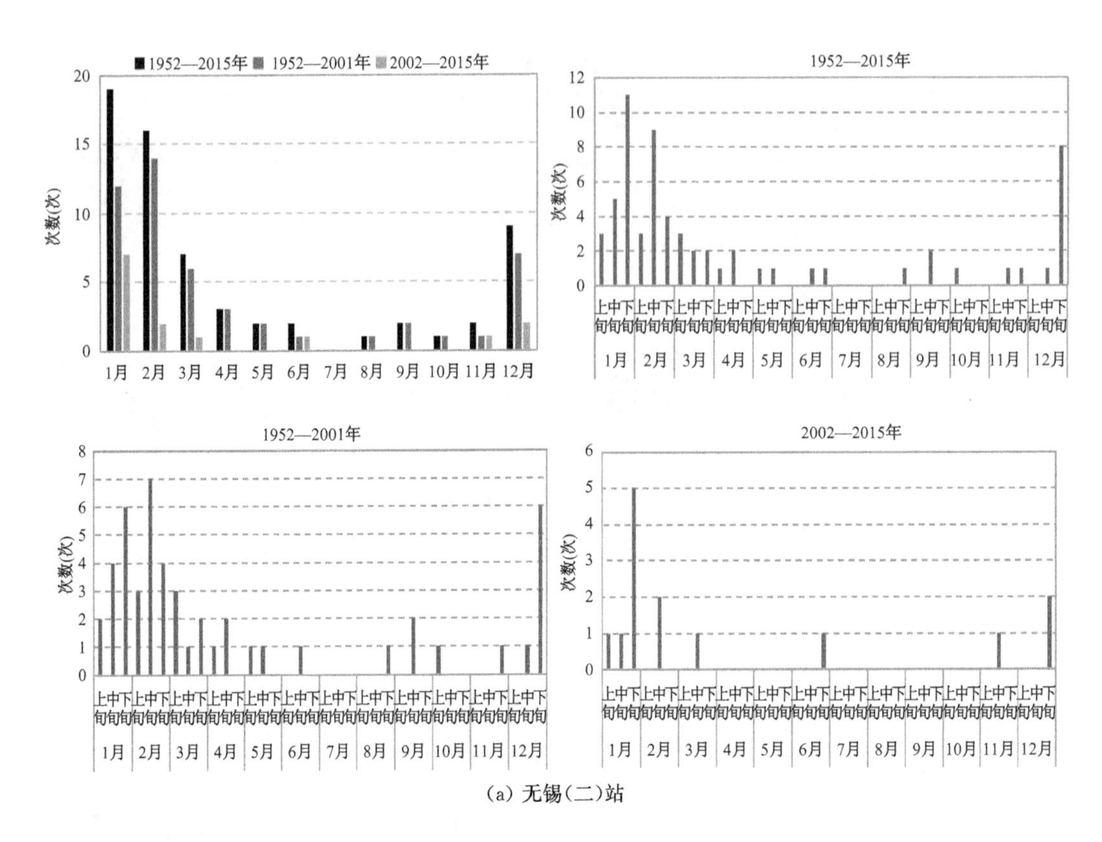
1952—2015年
1952—2001年
2002—2015年
次数(次)
1月
2月
3月
4月
5月
6月
7月
8月
9月
10月
11月
12月
上中下
旬旬旬

(a) 无锡(二)站

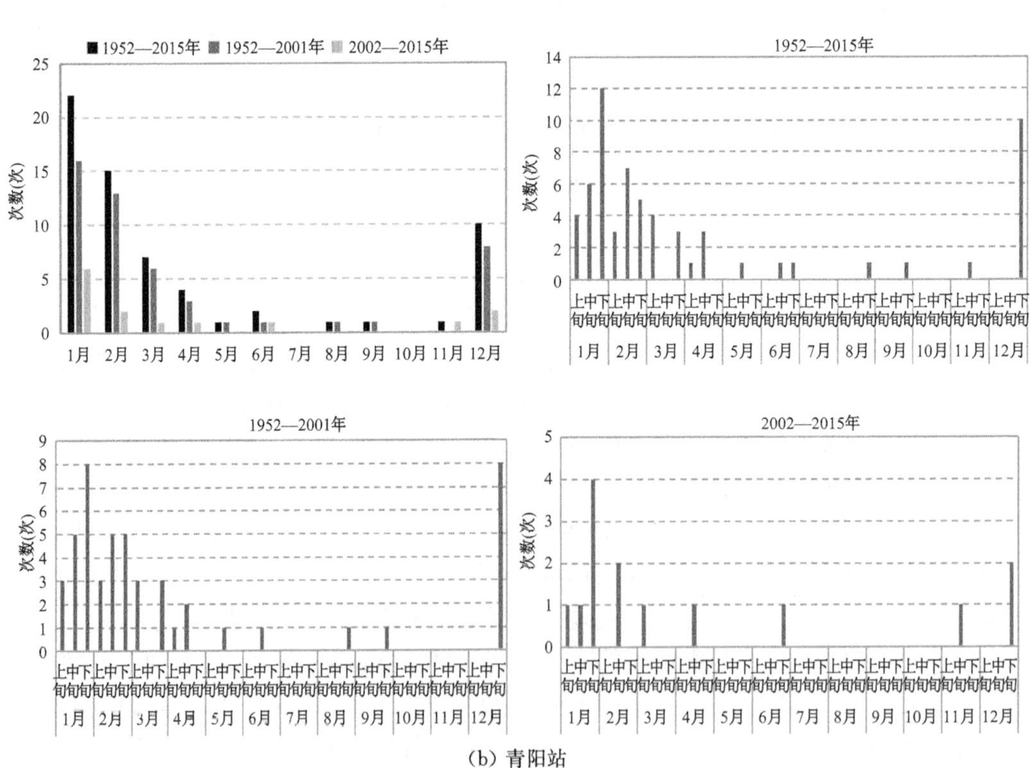
1952—2015年
1952—2001年
2002—2015年
次数(次)
1月
2月
3月
4月
5月
6月
7月
8月
9月
10月
11月
12月
上中下
旬旬旬

(b) 青阳站

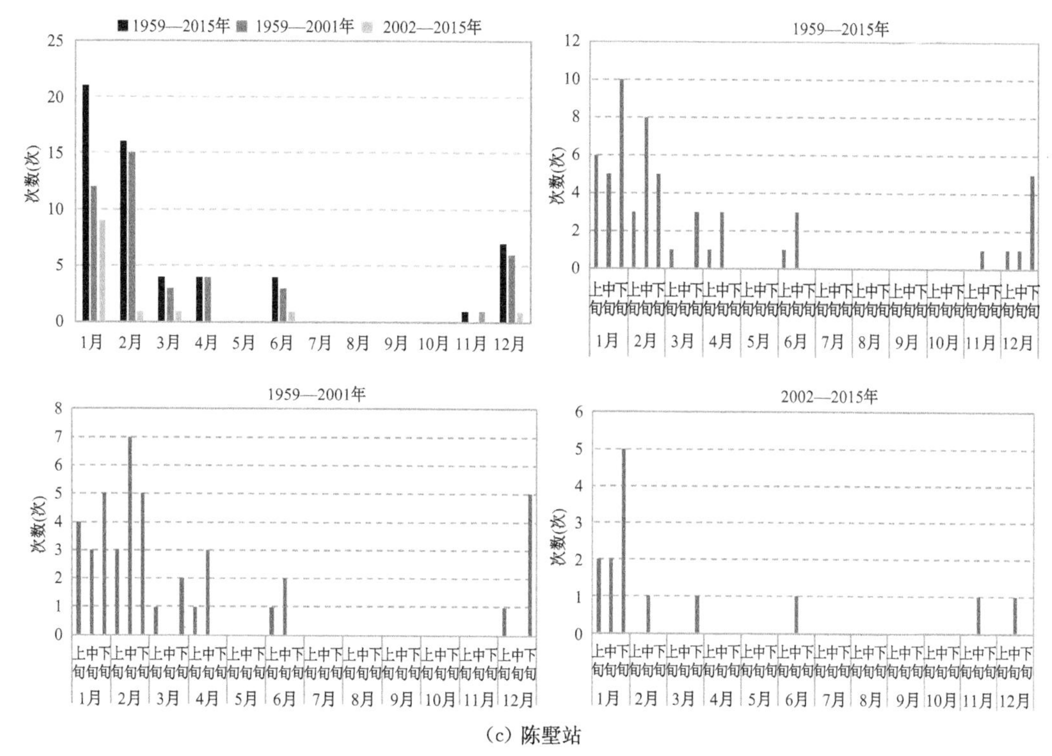

(c) 陈墅站

图 3.47　武澄锡虞区代表站年最低水位旬月频次图

3.4.2.2　年际变化

对武澄锡虞区3个代表站年最低水位的年际变化进行统计分析，如表3.22所示。由表3.22可知，武澄锡虞区代表站年最低水位具有明显的年际变化，2002年前后两个水位系列相比，各代表站年最低水位的最大值、最小值和均值均明显上升，无锡(二)站、青阳站、陈墅站的年最低水位最大值分别上升0.25 m、0.22 m、0.34 m，最小值分别上升0.67 m、0.46 m、0.51 m，均值分别上升0.45 m、0.38 m、0.42 m，其中各代表站年最低水位的最小值上升幅度最显著；各代表站极值比和离势系数Cv均在下降，其中无锡(二)站极值比下降幅度最大，达0.22。对武澄锡虞区代表站分别进行MK趋势检验，各代表站的年最低水位均呈上升趋势，除1952—2001年青阳站在90%的置信水平上显著上升外，其他系列各代表站均在95%的置信水平上显著上升。这与沿江引水能力较强有关，当降水不足时，通过沿江引水可以使水位不至于下降太低，年最低水位上升趋势比较显著。

表 3.22　武澄锡虞区代表站年最低水位的年际变化

站名	年份	最大值(m)	最小值(m)	均值(m)	极值比	Cv	MK值
无锡(二)	1952—2015年	3.18	2.24	2.68	1.42	0.09	6.15
	1952—2001年	2.93	2.24	2.58	1.31	0.07	2.64
	2002—2015年	3.18	2.91	3.03	1.09	0.03	2.74

续表

站名	年份	最大值(m)	最小值(m)	均值(m)	极值比	Cv	MK 值
青阳	1952—2015 年	3.19	2.39	2.74	1.33	0.08	5.37
	1952—2001 年	2.97	2.39	2.65	1.24	0.06	1.77
	2002—2015 年	3.19	2.85	3.03	1.12	0.04	2.79
陈墅	1959—2015 年	3.23	2.40	2.74	1.35	0.08	6.67
	1959—2001 年	2.89	2.40	2.64	1.20	0.05	3.31
	2002—2015 年	3.23	2.91	3.06	1.11	0.03	2.74

武澄锡虞区代表站年最低水位变化趋势如图 3.48 所示。从 5 a 滑动平均值变化可见,20 世纪 60 年代和 70 年代末年最低水位不断下降,1981 年开始年最低水位不断上升,尤其是 1999 年以后(陈墅 2000 年以后)水位上升明显。

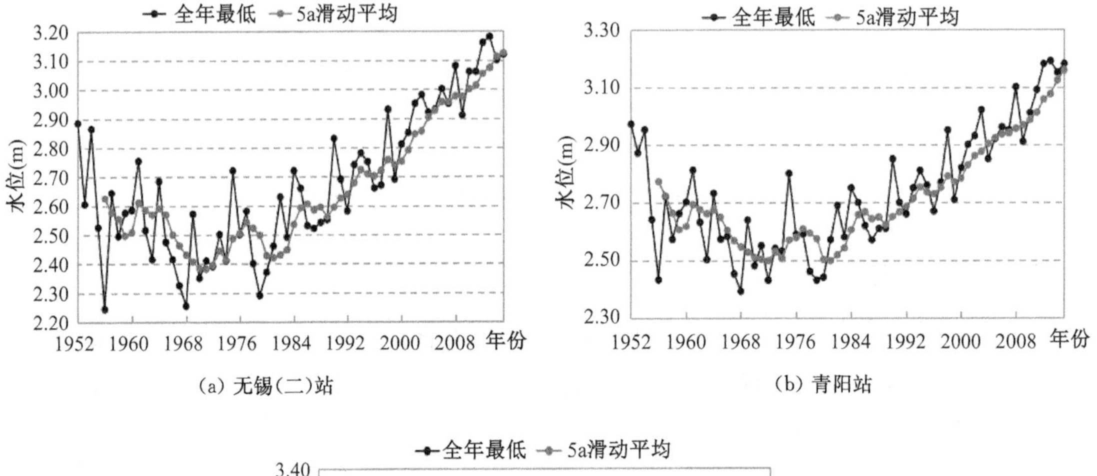

(a) 无锡(二)站　　(b) 青阳站

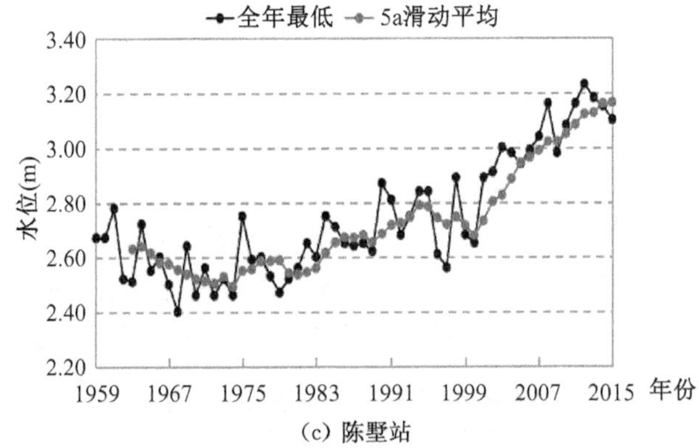

(c) 陈墅站

图 3.48　武澄锡虞区代表站年最低水位变化趋势

从武澄锡虞区代表站年最低水位累积距平曲线(图 3.49)可以看出,1989 年以前累积距平值持续下降,年最低水位基本处于均值以下;1989—1998 年累积距平值较平稳,年最低水位在均值附近波动;1999 年以后(陈墅站 2000 年以后)累积距平值总体持续上升,年最低水位基本处于均值以上。

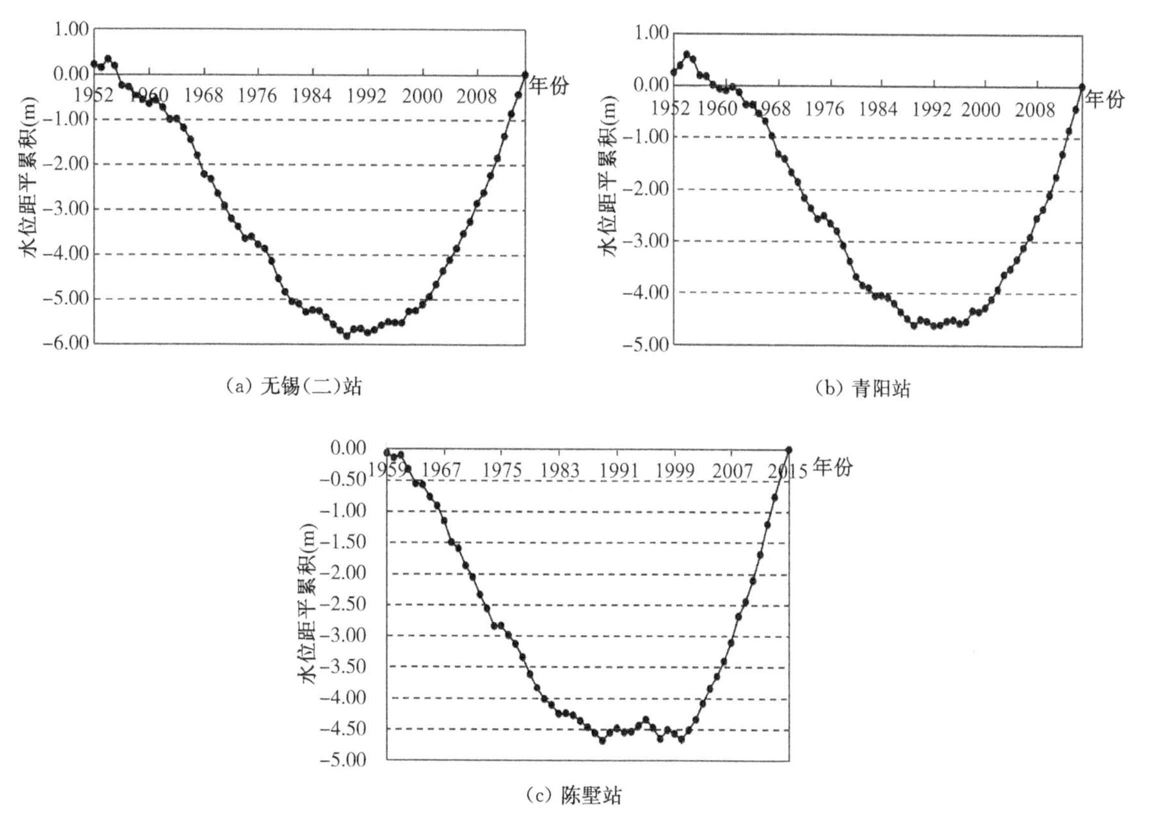

(a) 无锡(二)站　　(b) 青阳站

(c) 陈墅站

图 3.49　武澄锡虞区代表站年最低水位累积距平曲线

3.4.3　年平均水位变化

3.4.3.1　年平均水位

对武澄锡虞区3个代表站年平均水位的年际变化进行统计分析，如表3.23所示。由表3.23可知，武澄锡虞区代表站年平均水位具有明显的年际变化，2002年前后两个水位系列，各代表站年平均水位的最大值、最小值和均值均上升，无锡(二)站、青阳站、陈墅站的年平均水位最大值分别上升0.06 m、0.03 m、0.35 m，最小值分别上升0.57 m、0.48 m、0.49 m，均值分别上升0.37 m、0.32 m、0.42 m，其中无锡(二)站最小值上升幅度最大，陈墅站整体上升幅度最大；各代表站极值比和离势系数Cv均下降。对武澄锡虞区代表站分别进行MK趋势检验，各代表站的年平均水位均呈上升趋势，除1952—2001年青阳站在90%的置信水平上显著上升外，其他系列各代表站均在95%的置信水平上显著上升。

表 3.23　武澄锡虞区代表站年平均水位的年际变化

站名	年份	最大值(m)	最小值(m)	均值(m)	极值比	Cv	MK值
无锡(二)	1952—2015年	3.60	2.68	3.15	1.34	0.07	5.34
	1952—2001年	3.54	2.68	3.07	1.32	0.06	1.94
	2002—2015年	3.60	3.25	3.44	1.11	0.03	3.07

续表

站名	年份	最大值(m)	最小值(m)	均值(m)	极值比	Cv	MK 值
青阳	1952—2015 年	3.67	2.78	3.22	1.32	0.07	4.80
	1952—2001 年	3.64	2.78	3.15	1.31	0.06	1.33
	2002—2015 年	3.67	3.26	3.47	1.13	0.04	3.01
陈墅	1959—2015 年	3.63	2.81	3.15	1.29	0.07	6.60
	1959—2001 年	3.28	2.81	3.04	1.17	0.04	3.41
	2002—2015 年	3.63	3.30	3.46	1.10	0.03	1.59

武澄锡虞区代表站年平均水位变化趋势如图 3.50 所示。从 5 a 滑动平均值变化可见，20 世纪 60 年代武澄锡虞区代表站年平均水位不断下降，70 年代水位略有上升，80 年代至 1997 年水位相对平稳，略有上升，1997 年以后水位明显上升。

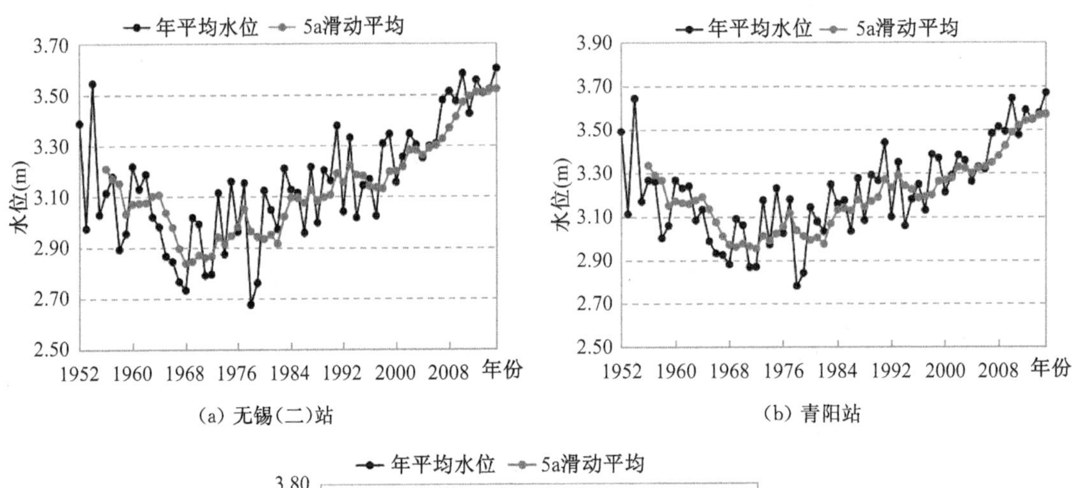

(a) 无锡(二)站　　(b) 青阳站

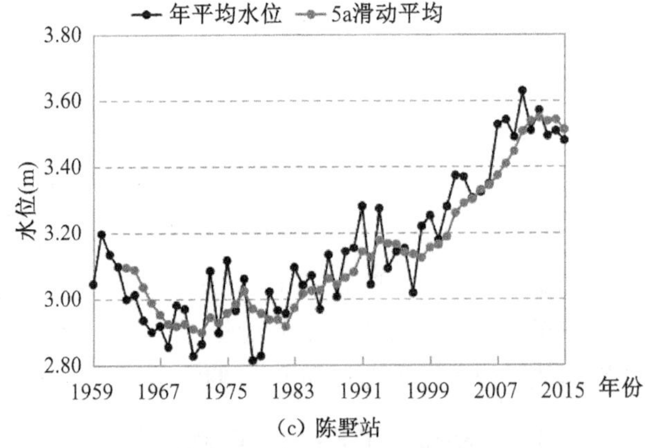

(c) 陈墅站

图 3.50　武澄锡虞区代表站年平均水位变化趋势

武澄锡虞区代表站年平均水位累积距平曲线如图 3.51 所示。从累积距平曲线可以看出，自 1963 年开始，武澄锡虞区代表站年平均水位累积距平值不断下降，1982 年以后各站年平均水位累积距平值呈上升趋势，尤其是在 1997 年以后累积距平值明显上升，年平均水位处于均值以上。

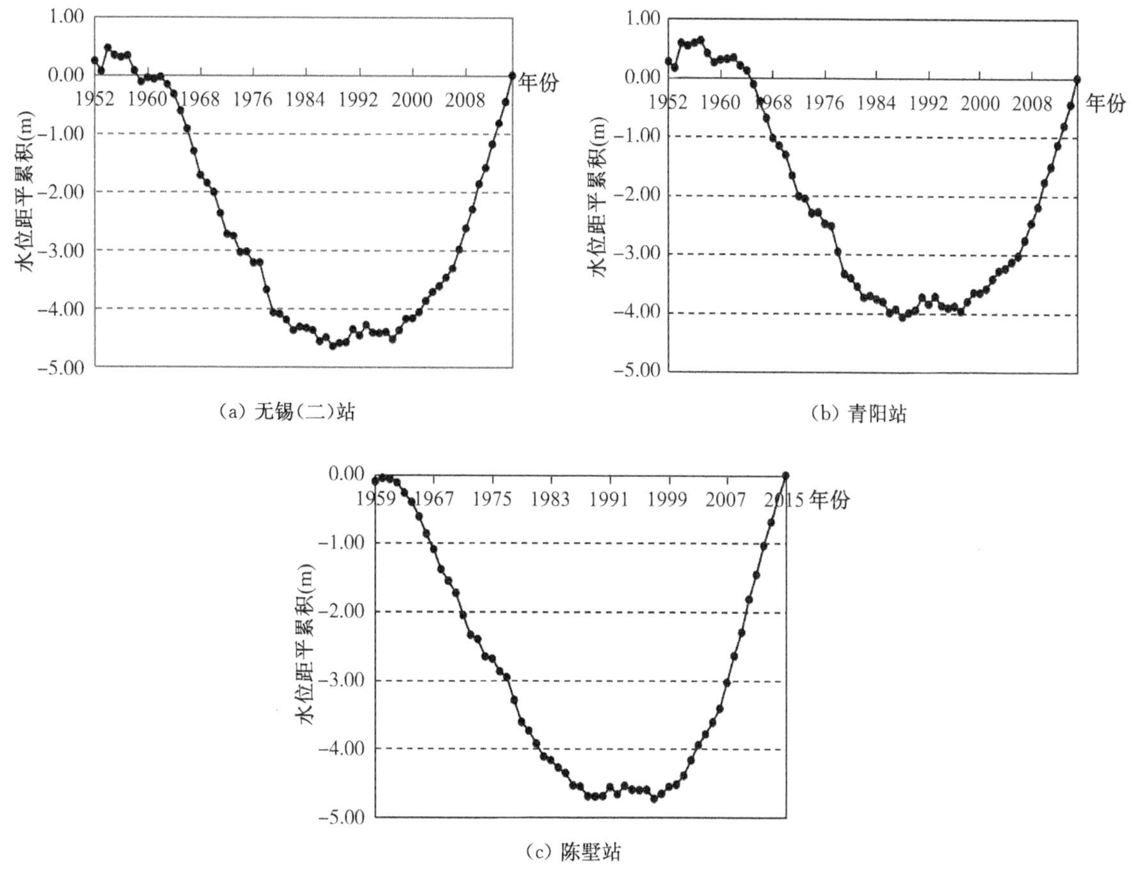

(a) 无锡(二)站

(b) 青阳站

(c) 陈墅站

图 3.51 武澄锡虞区代表站年平均水位累积距平曲线

3.4.3.2 月平均水位

对武澄锡虞区代表站月平均水位的年际变化进行统计分析，如表 3.24 所示。武澄锡虞区代表站逐月月平均水位变化趋势和武澄锡虞区代表站逐月月平均水位累积距平曲线分别见图 3.52 和图 3.53。由图表可以看出，武澄锡虞区代表站的各月平均水位均值非汛期明显低于汛期，峰值主要集中在 6—9 月，其中 7 月均值最大，与区域强降水时段分布较为一致。对武澄锡虞区代表站分别进行 MK 趋势检验，武澄锡虞区代表站各月平均水位均在 95%的置信水平上显著上升。

表 3.24 武澄锡虞区代表站月平均水位的年际变化

时段	无锡(二)站				青阳站				陈墅站			
	均值	Cv	MK 值	变化趋势	均值	Cv	MK 值	变化趋势	均值	Cv	MK 值	变化趋势
1月	2.91	0.08	5.13	显著↑	2.94	0.08	5.10	显著↑	2.93	0.09	6.13	显著↑
2月	2.81	0.10	4.88	显著↑	2.86	0.09	4.75	显著↑	2.84	0.10	6.21	显著↑
3月	2.97	0.10	5.23	显著↑	3.03	0.10	5.03	显著↑	2.99	0.10	6.36	显著↑
4月	3.05	0.08	5.07	显著↑	3.11	0.08	4.75	显著↑	3.05	0.08	6.37	显著↑

续表

时段	无锡(二)站				青阳站				陈墅站			
	均值	Cv	MK 值	变化趋势	均值	Cv	MK 值	变化趋势	均值	Cv	MK 值	变化趋势
5 月	3.11	0.08	3.72	显著↑	3.20	0.07	2.84	显著↑	3.12	0.07	5.05	显著↑
6 月	3.22	0.09	3.65	显著↑	3.32	0.08	3.24	显著↑	3.22	0.07	4.31	显著↑
7 月	3.47	0.11	3.26	显著↑	3.57	0.10	2.60	显著↑	3.42	0.08	4.25	显著↑
8 月	3.36	0.11	4.05	显著↑	3.46	0.10	3.37	显著↑	3.34	0.08	4.92	显著↑
9 月	3.36	0.10	3.64	显著↑	3.45	0.09	2.82	显著↑	3.35	0.07	5.15	显著↑
10 月	3.30	0.09	3.22	显著↑	3.37	0.08	2.85	显著↑	3.28	0.07	5.36	显著↑
11 月	3.17	0.08	3.73	显著↑	3.23	0.07	3.16	显著↑	3.16	0.07	5.80	显著↑
12 月	3.03	0.08	6.15	显著↑	3.06	0.08	4.94	显著↑	3.04	0.08	6.55	显著↑

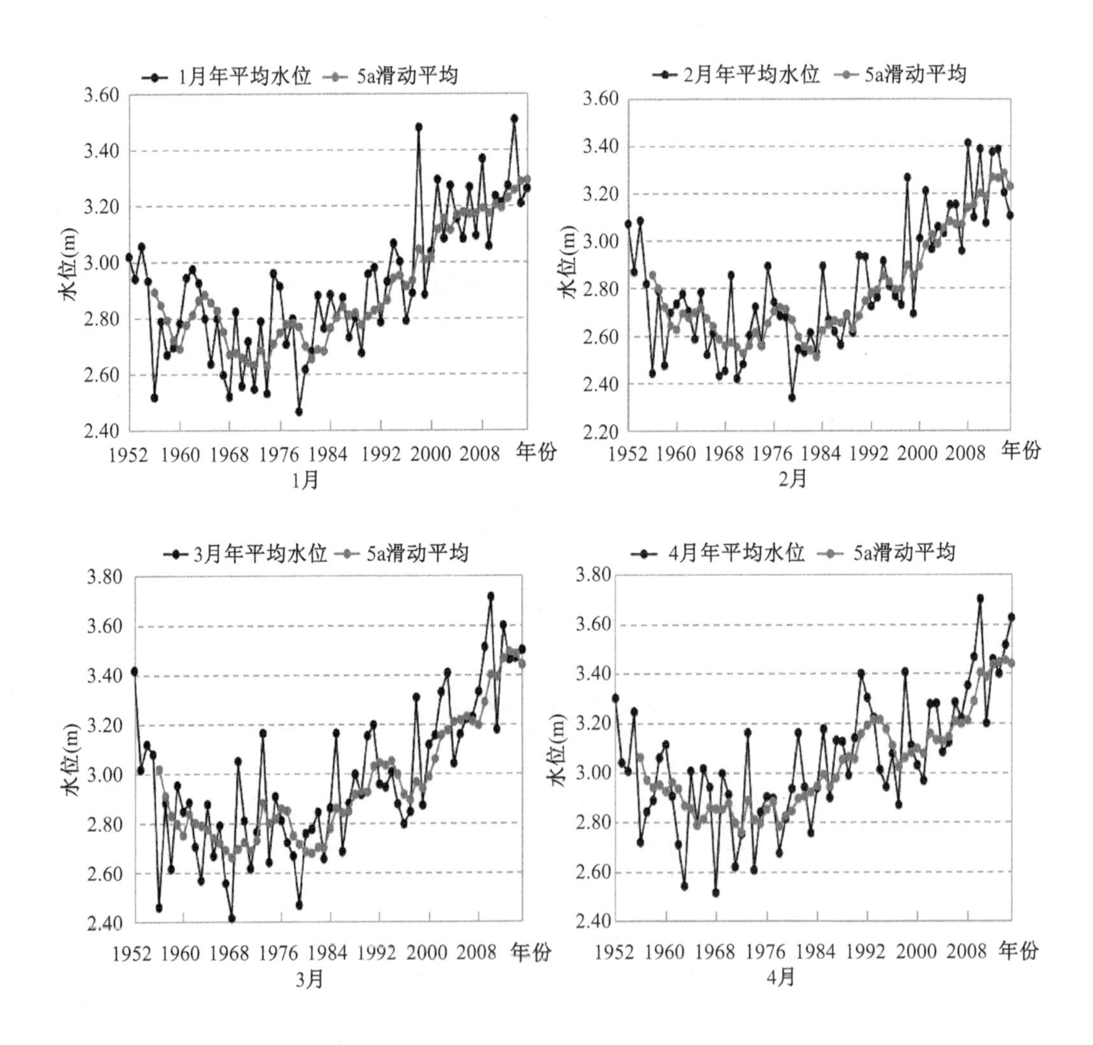

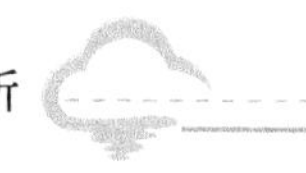

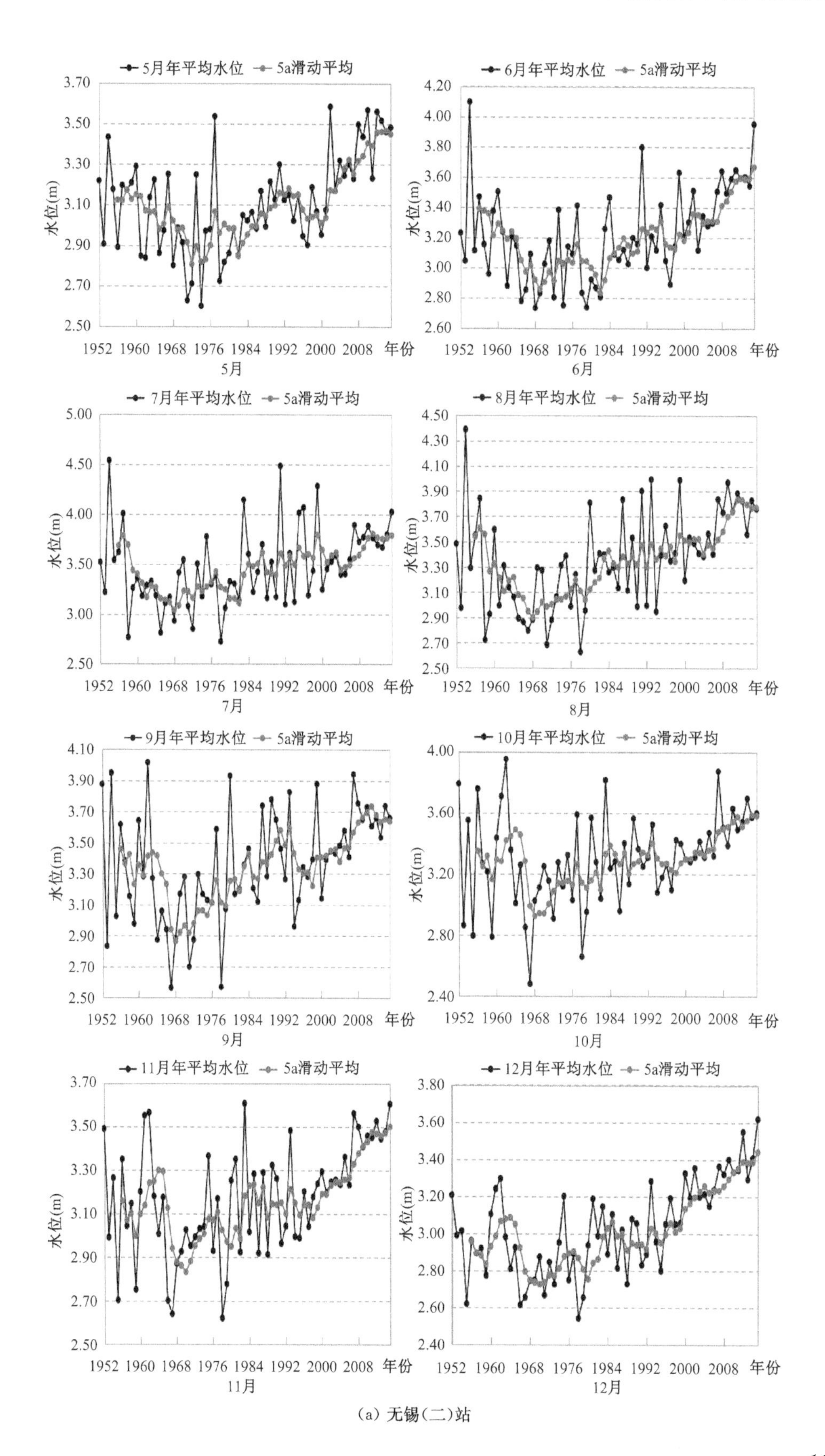
5月年平均水位
5a滑动平均
水位(m)
年份
5月
6月年平均水位
5a滑动平均
6月
7月年平均水位
5a滑动平均
7月
8月年平均水位
5a滑动平均
8月
9月年平均水位
5a滑动平均
9月
10月年平均水位
5a滑动平均
10月
11月年平均水位
5a滑动平均
11月
12月年平均水位
5a滑动平均
12月

(a) 无锡(二)站

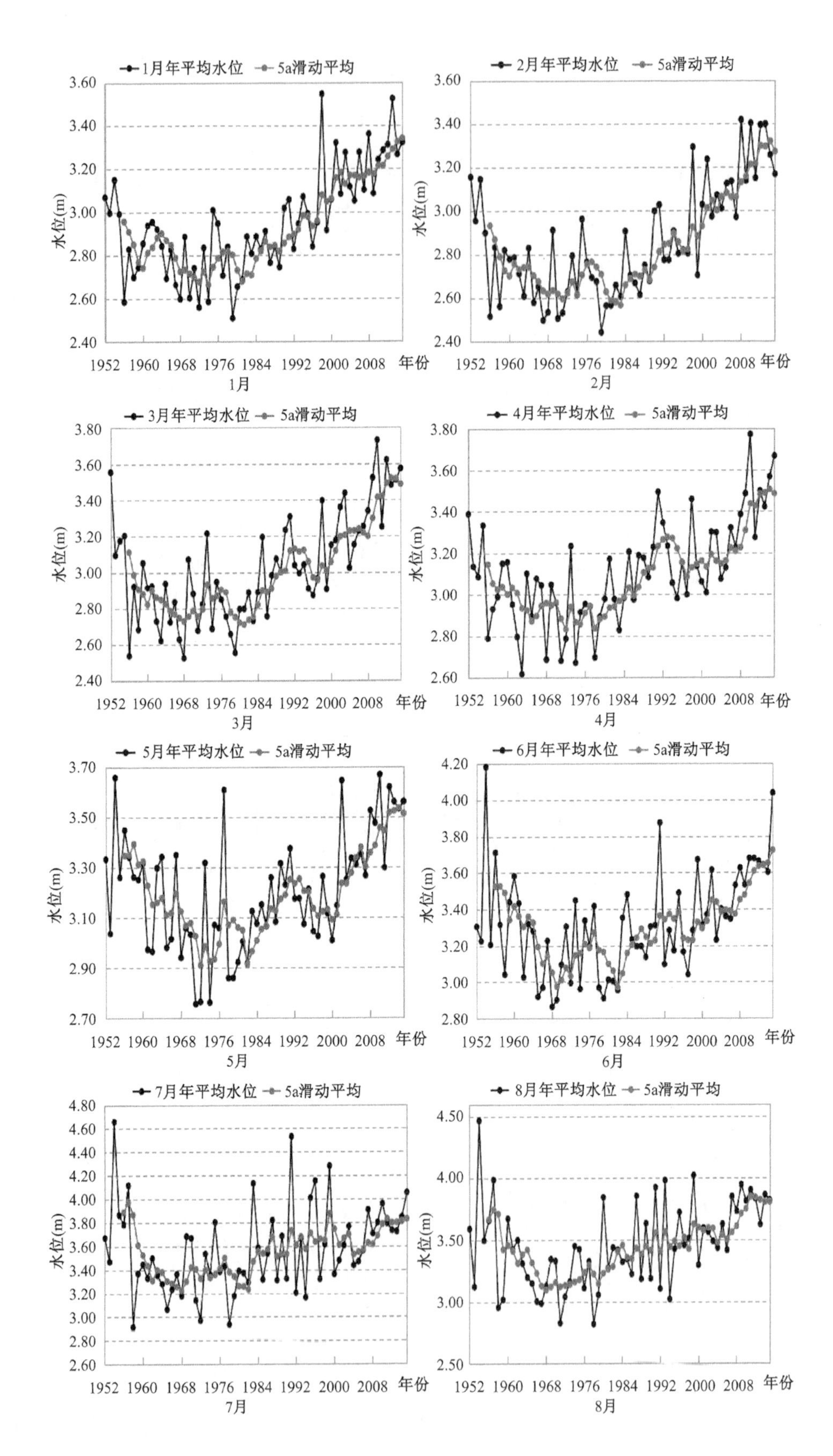
1月年平均水位
5a滑动平均
水位(m)
年份
1月
2月年平均水位
5a滑动平均
2月
3月年平均水位
3月
4月年平均水位
4月
5月年平均水位
5月
6月年平均水位
6月
7月年平均水位
7月
8月年平均水位
8月
1952
1960
1968
1976
1984
1992
2000
2008

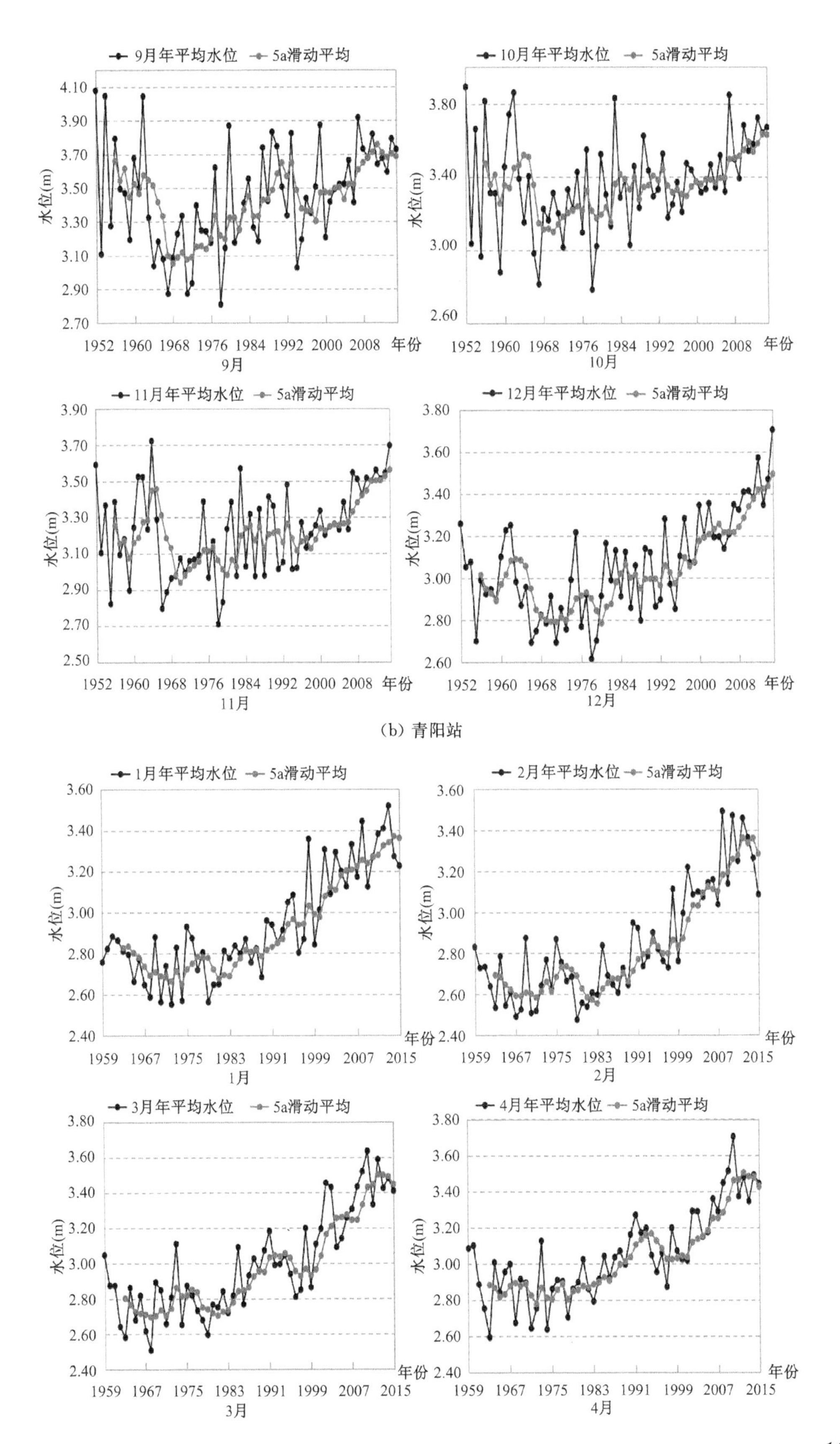
9月年平均水位
5a滑动平均
水位(m)
4.10
3.90
3.70
3.50
3.30
3.10
2.90
2.70
1952 1960 1968 1976 1984 1992 2000 2008
年份
9月
10月年平均水位
5a滑动平均
水位(m)
3.80
3.40
3.00
2.60
1952 1960 1968 1976 1984 1992 2000 2008
年份
10月
11月年平均水位
5a滑动平均
水位(m)
3.90
3.70
3.50
3.30
3.10
2.90
2.70
2.50
1952 1960 1968 1976 1984 1992 2000 2008
年份
11月
12月年平均水位
5a滑动平均
水位(m)
3.80
3.60
3.40
3.20
3.00
2.80
2.60
1952 1960 1968 1976 1984 1992 2000 2008
年份
12月
1月年平均水位
5a滑动平均
水位(m)
3.60
3.40
3.20
3.00
2.80
2.60
2.40
1959 1967 1975 1983 1991 1999 2007 2015
年份
1月
2月年平均水位
5a滑动平均
水位(m)
3.60
3.40
3.20
3.00
2.80
2.60
2.40
1959 1967 1975 1983 1991 1999 2007 2015
年份
2月
3月年平均水位
5a滑动平均
水位(m)
3.80
3.60
3.40
3.20
3.00
2.80
2.60
2.40
1959 1967 1975 1983 1991 1999 2007 2015
年份
3月
4月年平均水位
5a滑动平均
水位(m)
3.80
3.60
3.40
3.20
3.00
2.80
2.60
2.40
1959 1967 1975 1983 1991 1999 2007 2015
年份
4月

(b) 青阳站

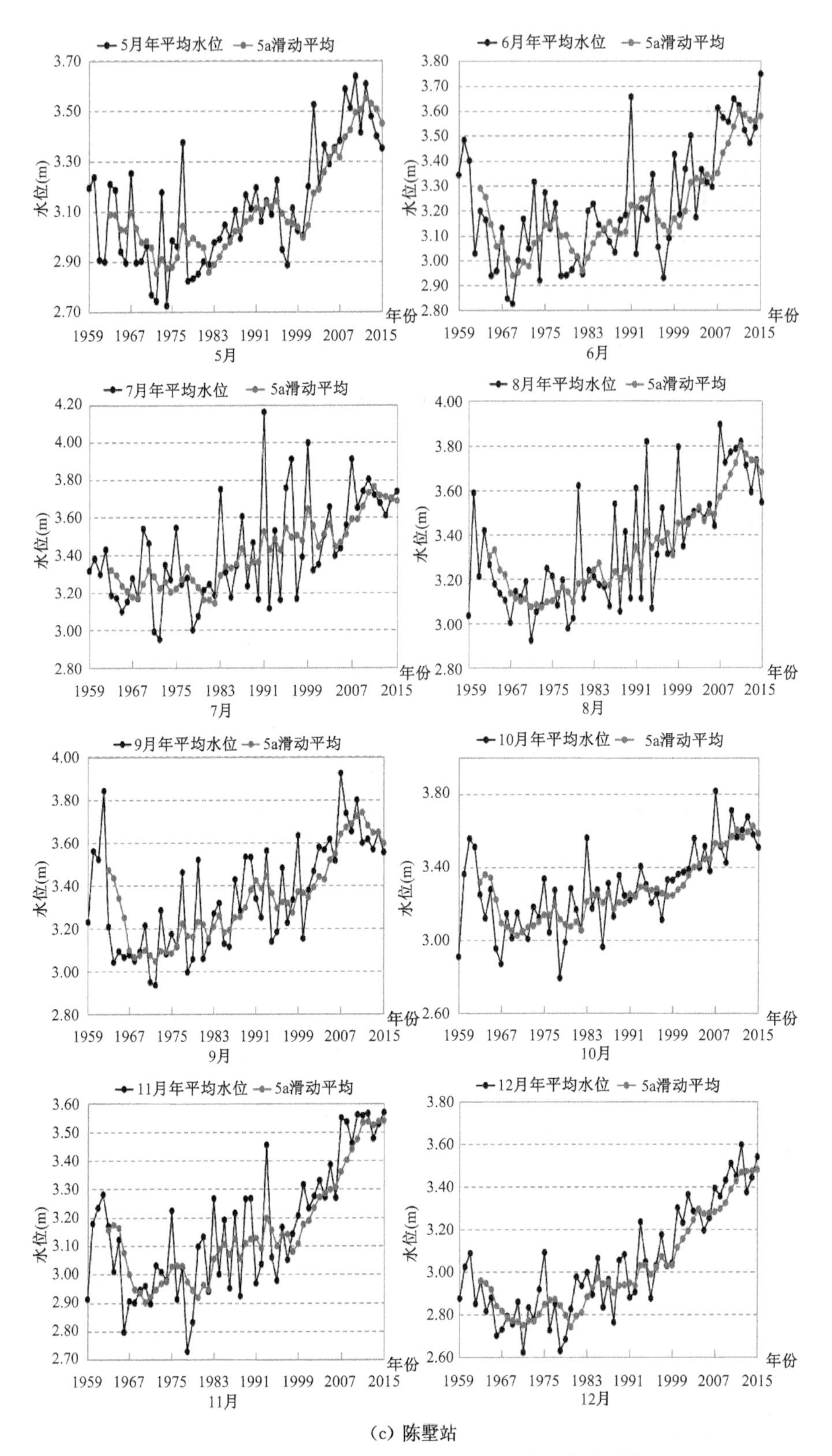

(c) 陈墅站

图 3.52 武澄锡虞区代表站逐月月平均水位变化趋势图

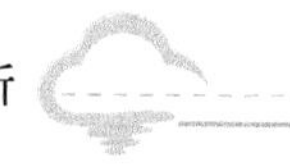

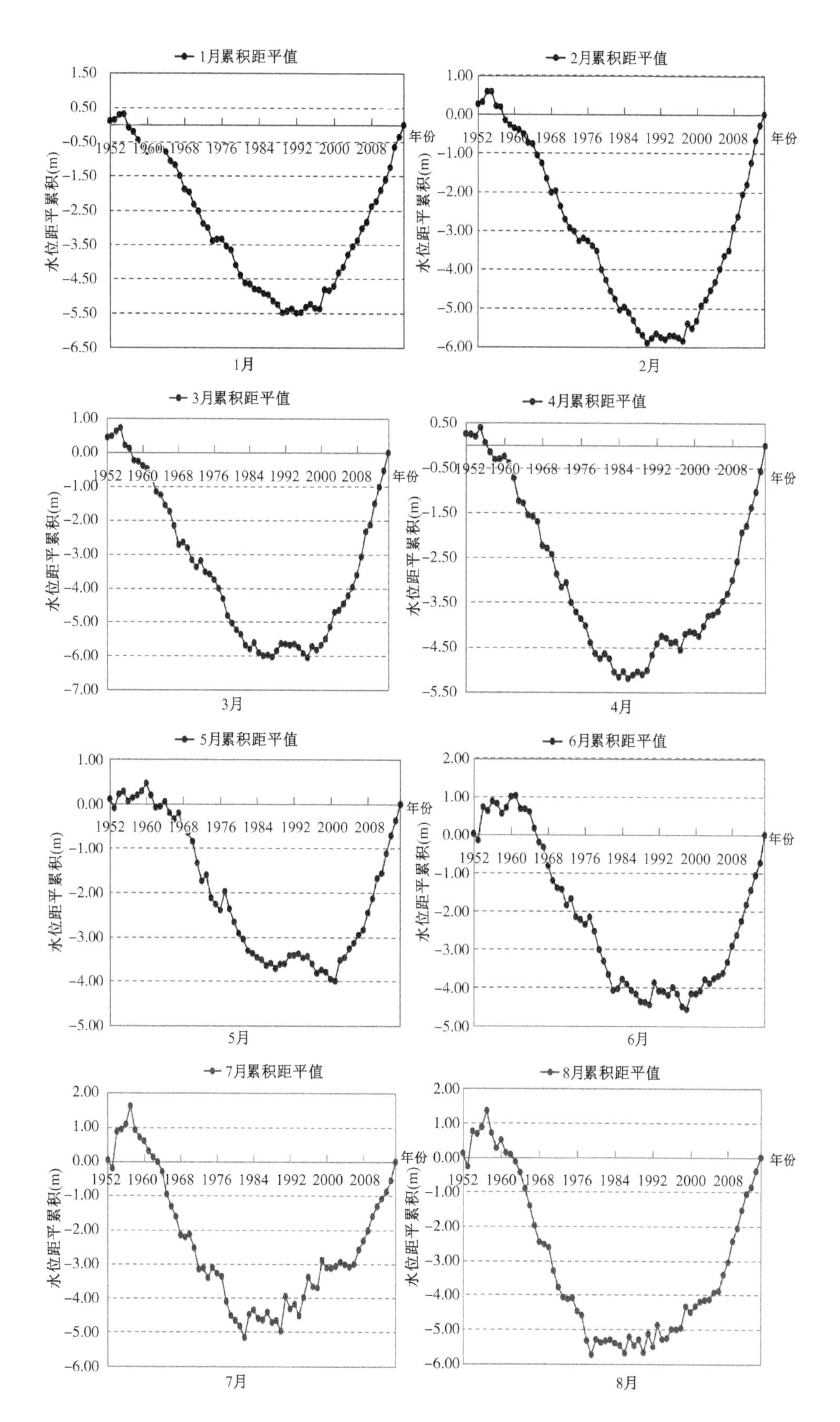

1月累积距平值
水位距平累积(m)
1.50
0.50
-0.50
-1.50
-2.50
-3.50
-4.50
-5.50
-6.50
1952 1960 1968 1976 1984 1992 2000 2008
年份
1月
2月累积距平值
1.00
0.00
-1.00
-2.00
-3.00
-4.00
-5.00
-6.00
2月
3月累积距平值
-7.00
3月
4月累积距平值
-2.50
-3.50
-4.50
-5.50
4月
5月累积距平值
5月
6月累积距平值
2.00
6月
7月累积距平值
7月
8月累积距平值
8月

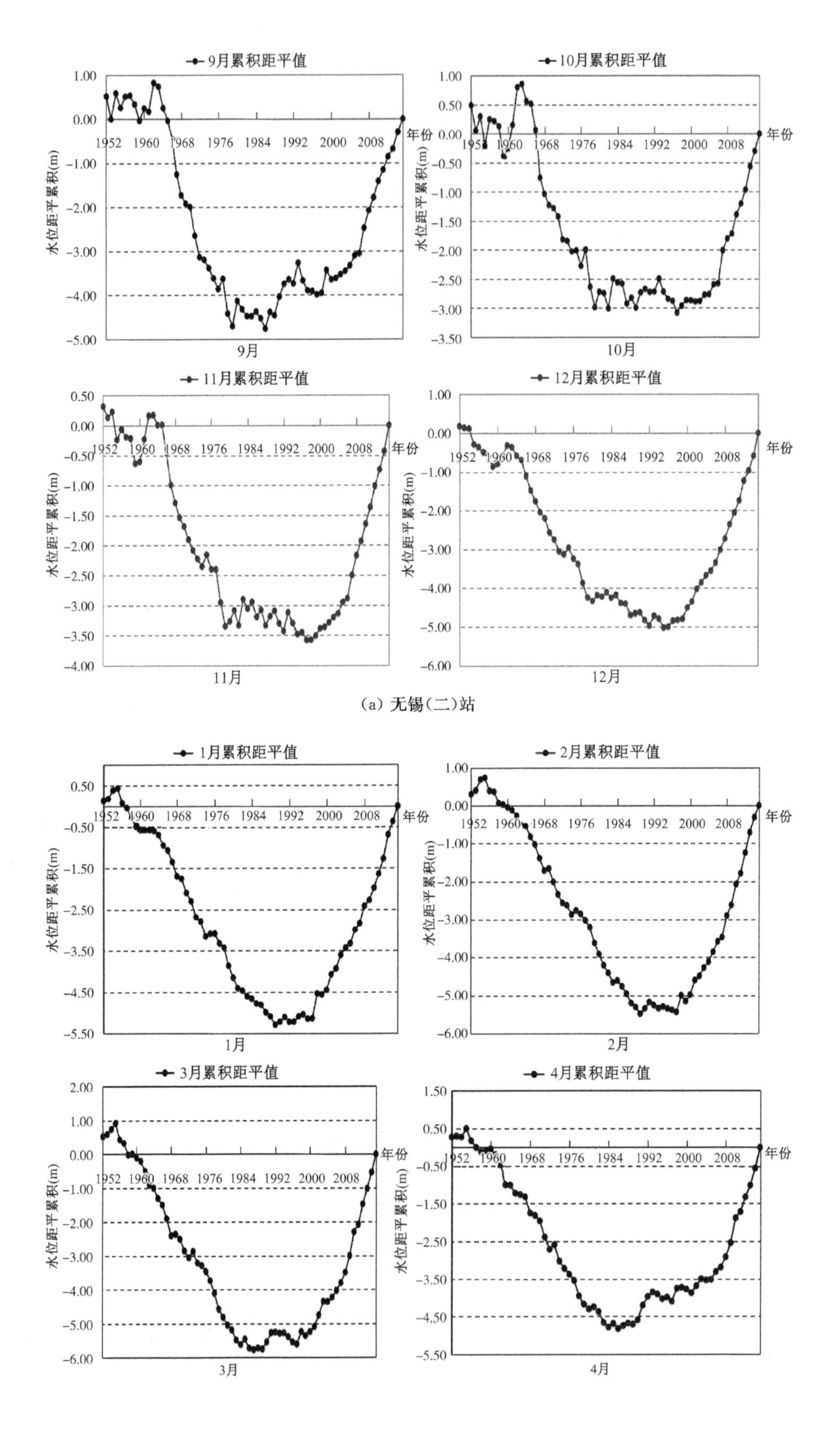
9月累积距平值
水位距平累积(m)
年份
9月
10月累积距平值
10月
11月累积距平值
11月
12月累积距平值
12月
(a) 无锡(二)站
1月累积距平值
1月
2月累积距平值
2月
3月累积距平值
3月
4月累积距平值
4月

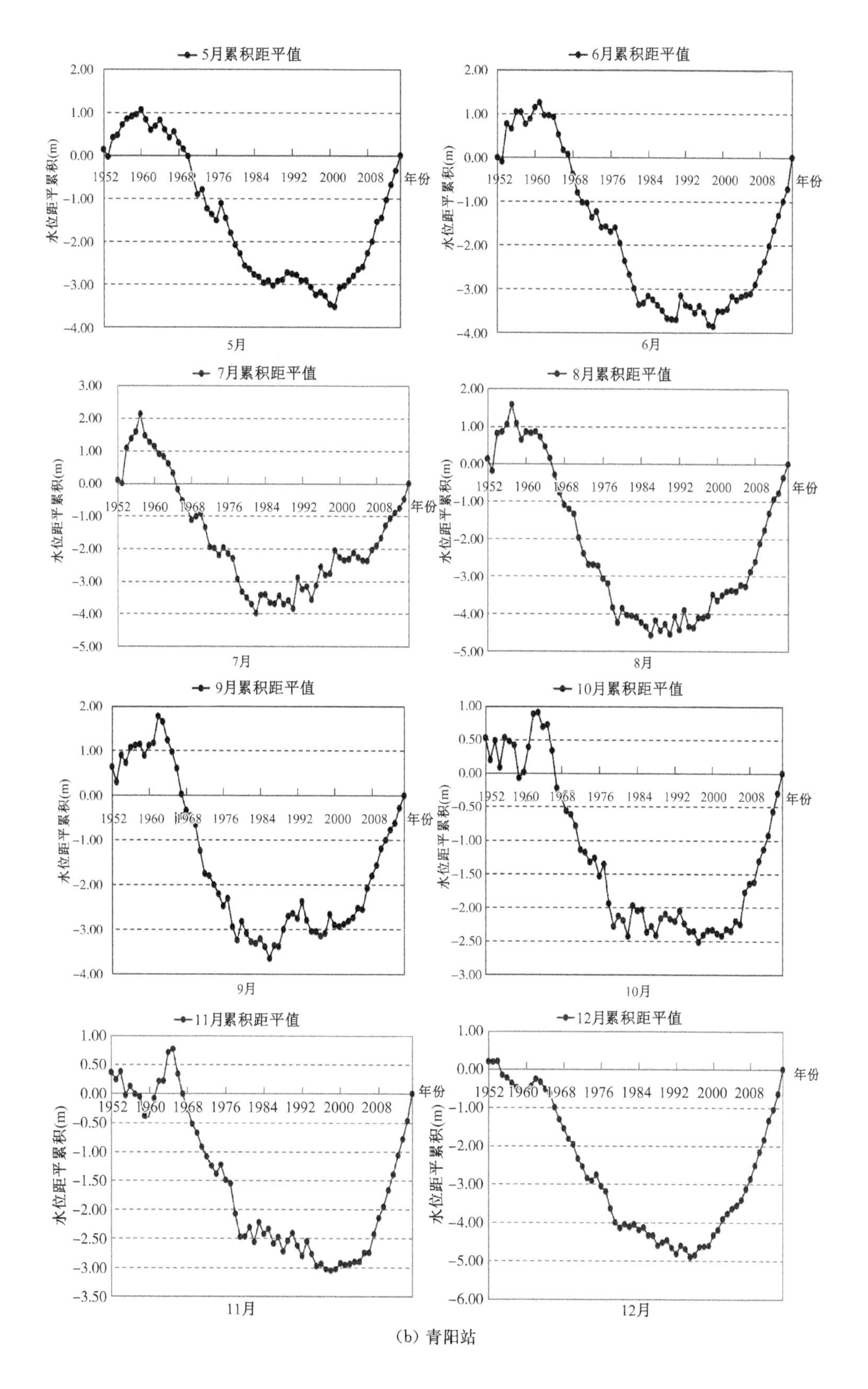
5月累积距平值
水位距平累积(m)
年份
5月
6月累积距平值
6月
7月累积距平值
7月
8月累积距平值
8月
9月累积距平值
9月
10月累积距平值
10月
11月累积距平值
11月
12月累积距平值
12月

(b) 青阳站

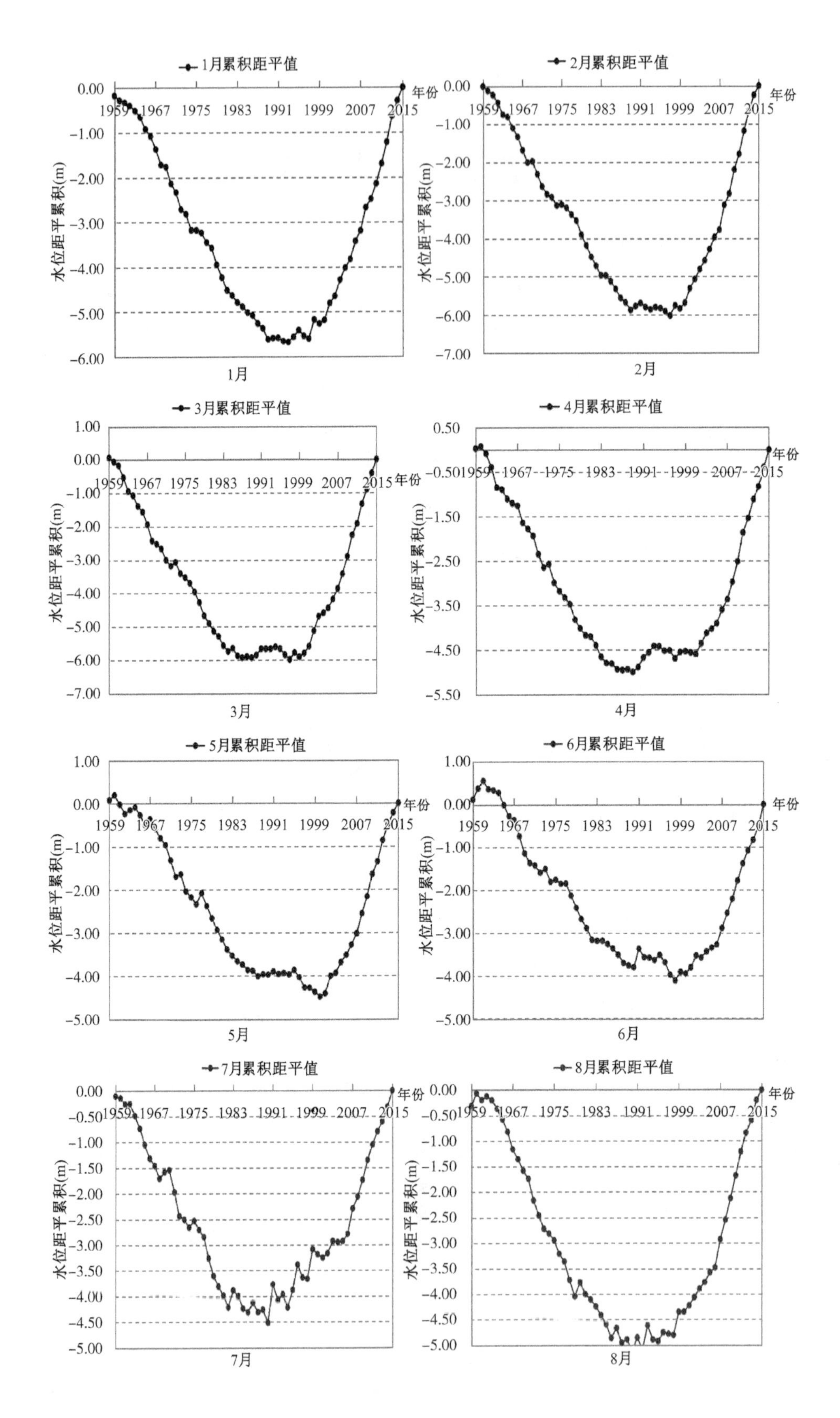

1月累积距平值
2月累积距平值
3月累积距平值
4月累积距平值
5月累积距平值
6月累积距平值
7月累积距平值
8月累积距平值
水位距平累积(m)
年份
1959
1967
1975
1983
1991
1999
2007
2015
1月
2月
3月
4月
5月
6月
7月
8月

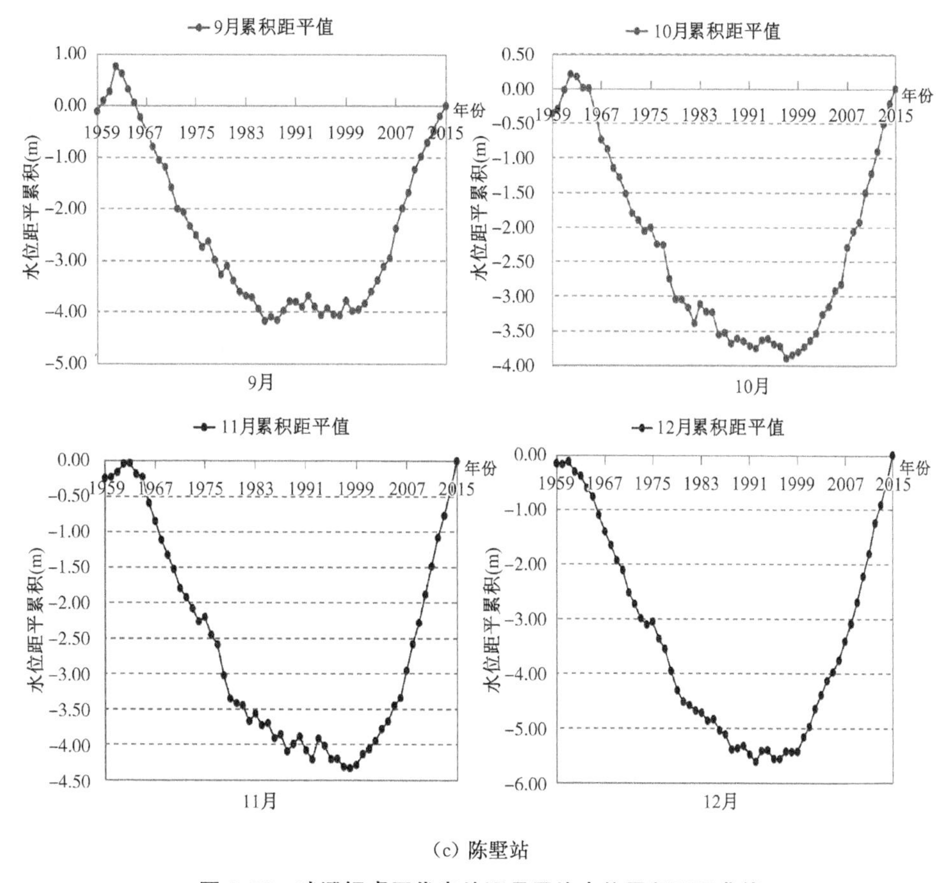

(c) 陈墅站

图 3.53　武澄锡虞区代表站逐月平均水位累积距平曲线

3.4.4　超定量水位日数

根据武澄锡虞区 3 个代表站无锡(二)站、青阳站、陈墅站逐日水位资料，统计了历年各站超警超保区间的天数，如图 3.54 所示。无锡(二)站 1952—2015 年历年超警天数(≥3.90 m)、超警 10 cm 以上天数(4.00 m)、超警 20 cm 以上天数(≥4.10 m)、超警 30 cm 以上天数(≥4.20 m)、超警 40 cm 以上天数(≥4.30 m)、超警 50 cm 以上天数(≥4.40 m)、超保天数(≥4.53 m)统计结果见图 3.54(a)。由图 3.54(a)可知，无锡(二)站超警水位天数在 1954 年、1962 年、1991 年、1999 年和 2007 年出现峰值，其中超警天数和超保天数持续时间最长的均是 1954 年。据统计，无锡(二)站发生超警戒水位 3.90 m 的年份有 32 个，平均 2 a 出现一次超警戒水位的年份，发生超警年份的平均超警天数为 23 d；超过保证水位 4.53 m 的年份有 6 个，平均 10.7 a 出现一次超保证水位的年份，发生超保年份的年平均超保天数为 9 d。青阳站 1952—2015 年历年超警天数(≥4.00 m)、超警 10 cm 以上天数(≥4.10 m)、超警 20 cm 以上天数(≥4.20 m)、超警 30 cm 以上天数(≥4.30 m)、超警 40 cm 以上天数(≥4.40 m)、超警 50 cm 以上天数(≥4.50 m)、超警 60 cm 以上天数(≥4.60 m)、超警 70 cm 以上天数(≥4.70 m)、超保天数(≥4.85 m)统计结果见图 3.54(b)。由图 3.54(b)可知，青阳站超警水位天数在 1954 年、1991 年和 1999 年出现峰值，其

中超警天数持续时间最长的是 1954 年。据统计，青阳站发生超警戒水位 4.00 m 的年份有 44 个，平均 1.5 a 出现一次超警戒水位的年份，发生超警年份的平均超警天数为 15 d；超过保证水位 4.85 m 的年份有 5 个，平均 12.8 a 出现一次超保证水位的年份，发生超保年份的年平均超保天数为 2.6 d。陈墅站 1959—2015 年历年超警天数(≥3.90 m)、超警 10 cm 以上天数(4.00 m)、超警 20 cm 以上天数(≥4.10 m)、超警 30 cm 以上天数(≥4.20 m)、超警 40 cm 以上天数(≥4.30 m)、超警 50 cm 以上天数(≥4.40 m)、超保天数(≥4.50 m)统计结果见图 3.54(c)。由图 3.54(c)可知，陈墅站超警水位天数在 1991 年、1996 年、1999 年和 2007 年出现峰值，其中超警天数持续时间最长的是 2007 年，超保天数持续时间最长的是 1991 年。据统计，陈墅站发生超警戒水位 3.90 m 的年份有 39 个，平均 1.5 a 出现一次超警戒水位的年份，发生超警年份的平均超警天数为 8 d；超过保证水位 4.50 m 的年份有 3 个，平均 19 a 出现一次超保证水位的年份，发生超保年份的年平均超保天数为 5 d。由此可见，武澄锡虞区代表站超警天数峰值多集中出现在 1954 年、1991 年和 1999 年等大洪水年份，与降水强度及持续时间密切相关。此外，2002 年以来，武澄锡虞区代表站超警天数在 2007 年达到了峰值[无锡(二)站 56 d、青阳站 19 d、陈墅站 51 d]，之后先减少后上升。

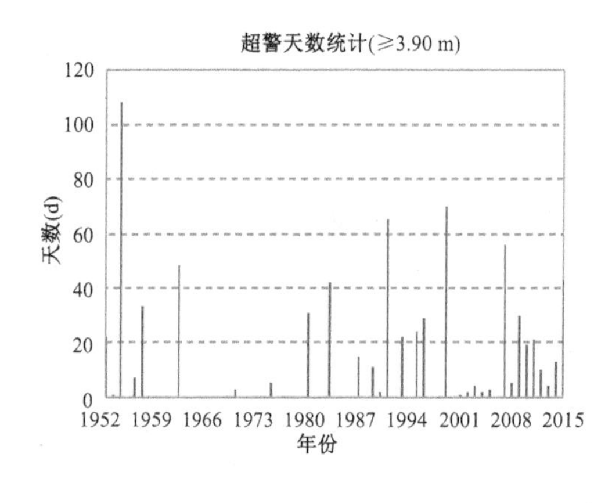

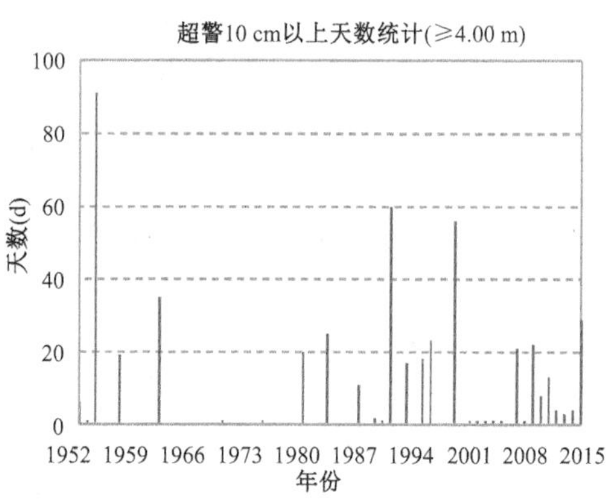

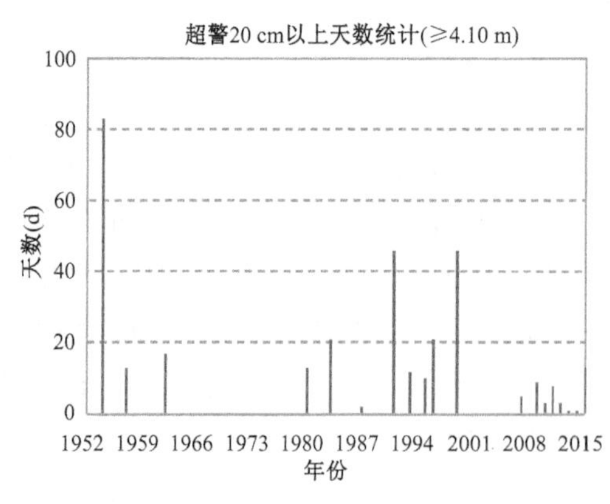

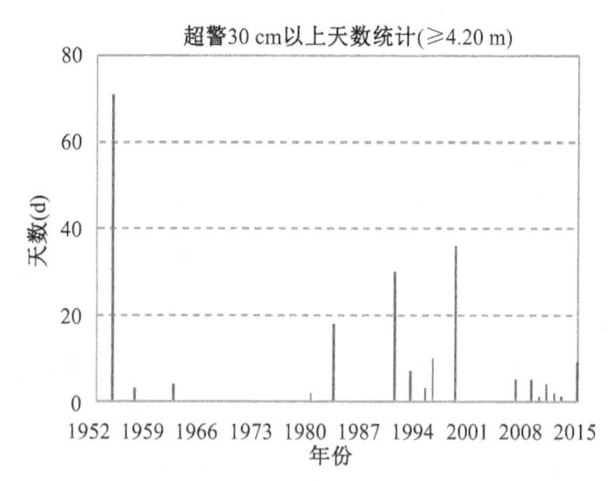

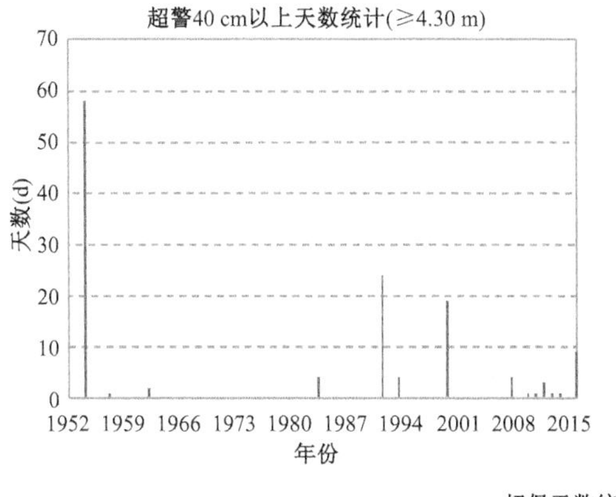

超警40 cm以上天数统计(≥4.30 m)
天数(d)
年份

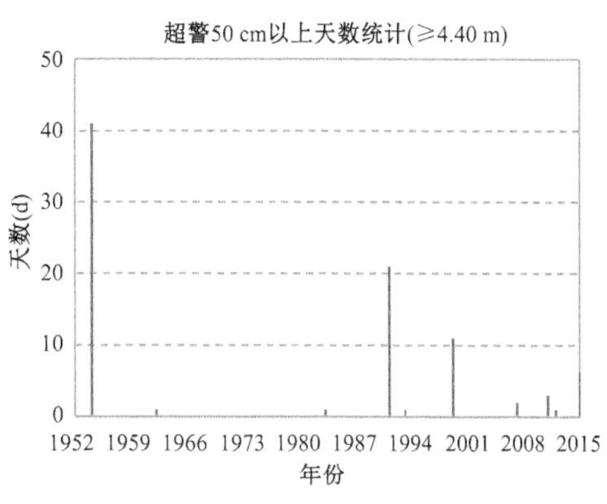

超警50 cm以上天数统计(≥4.40 m)
天数(d)
年份

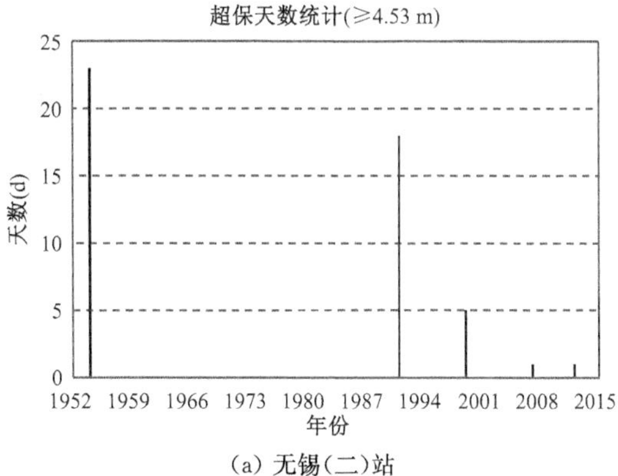

超保天数统计(≥4.53 m)
天数(d)
年份

(a) 无锡(二)站

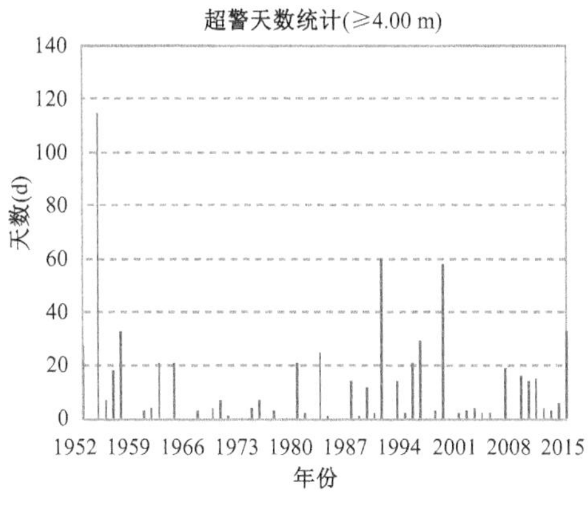

超警天数统计(≥4.00 m)
天数(d)
年份

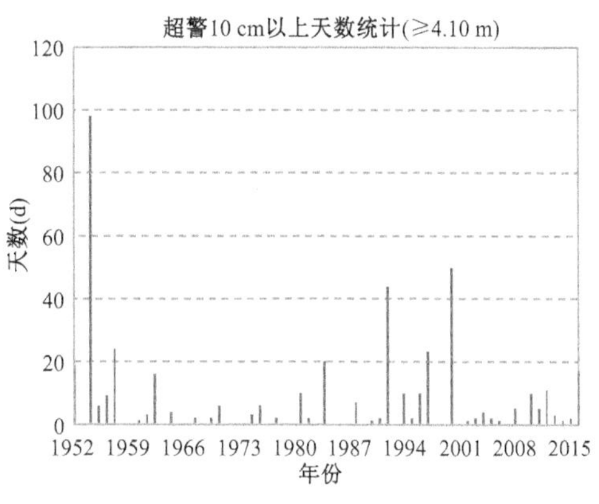

超警10 cm以上天数统计(≥4.10 m)
天数(d)
年份

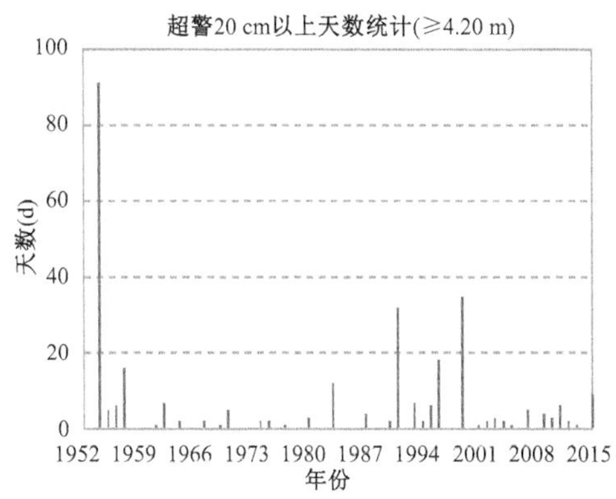

超警20 cm以上天数统计(≥4.20 m)
天数(d)
年份

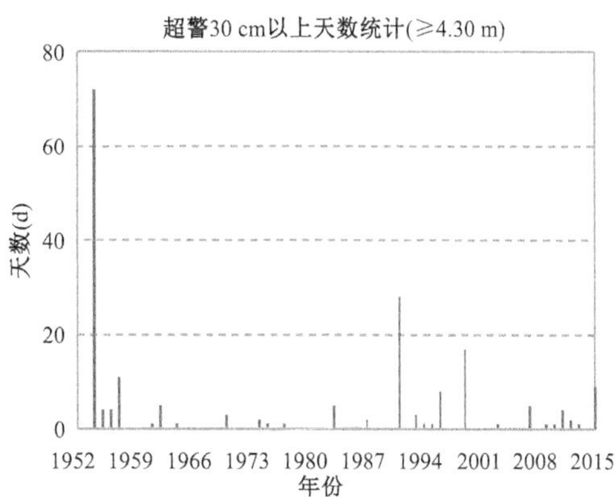

超警30 cm以上天数统计(≥4.30 m)
天数(d)
年份

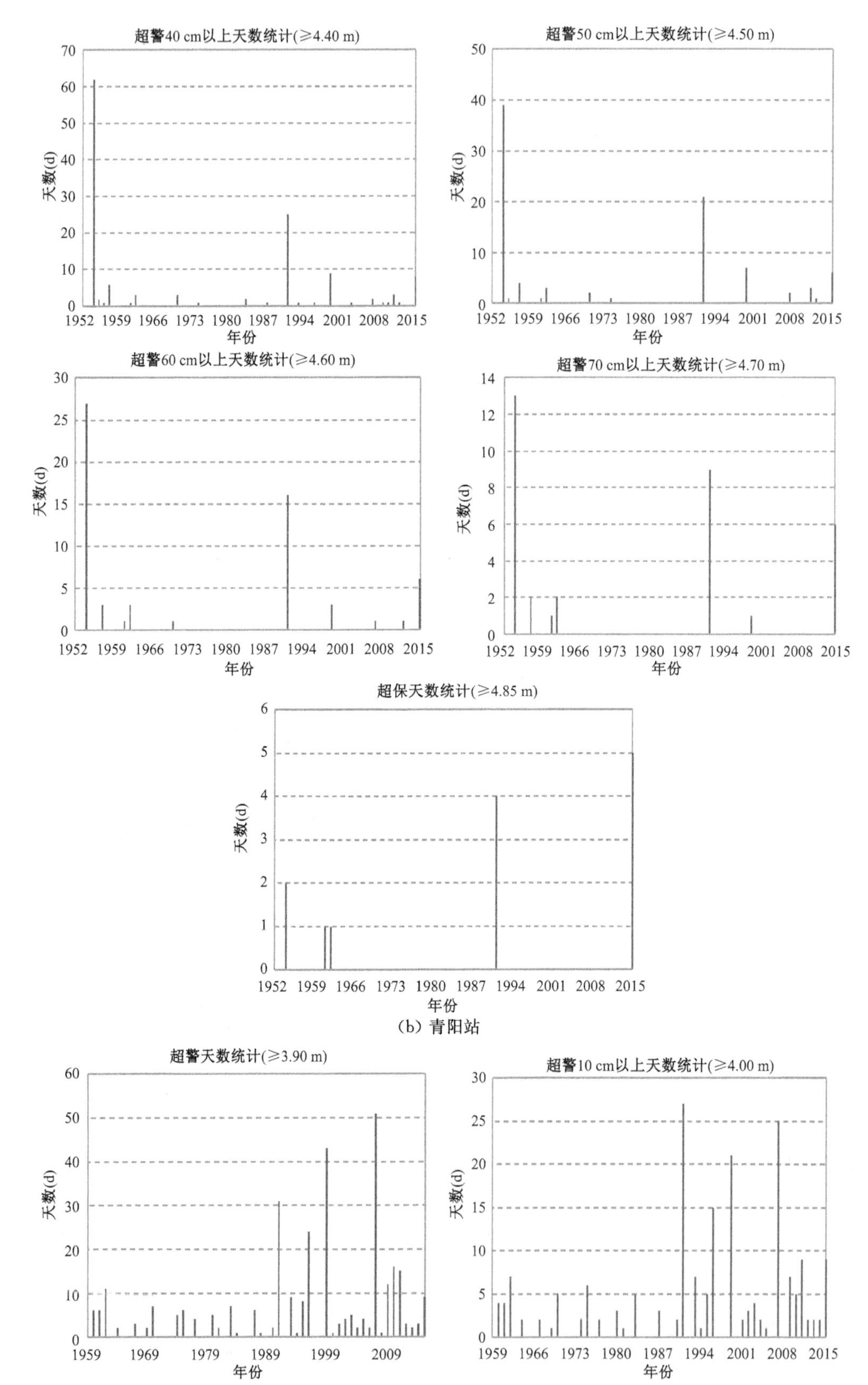
超警40 cm以上天数统计(≥4.40 m)
超警50 cm以上天数统计(≥4.50 m)
超警60 cm以上天数统计(≥4.60 m)
超警70 cm以上天数统计(≥4.70 m)
超保天数统计(≥4.85 m)
超警天数统计(≥3.90 m)
超警10 cm以上天数统计(≥4.00 m)
天数(d)
年份

(b) 青阳站

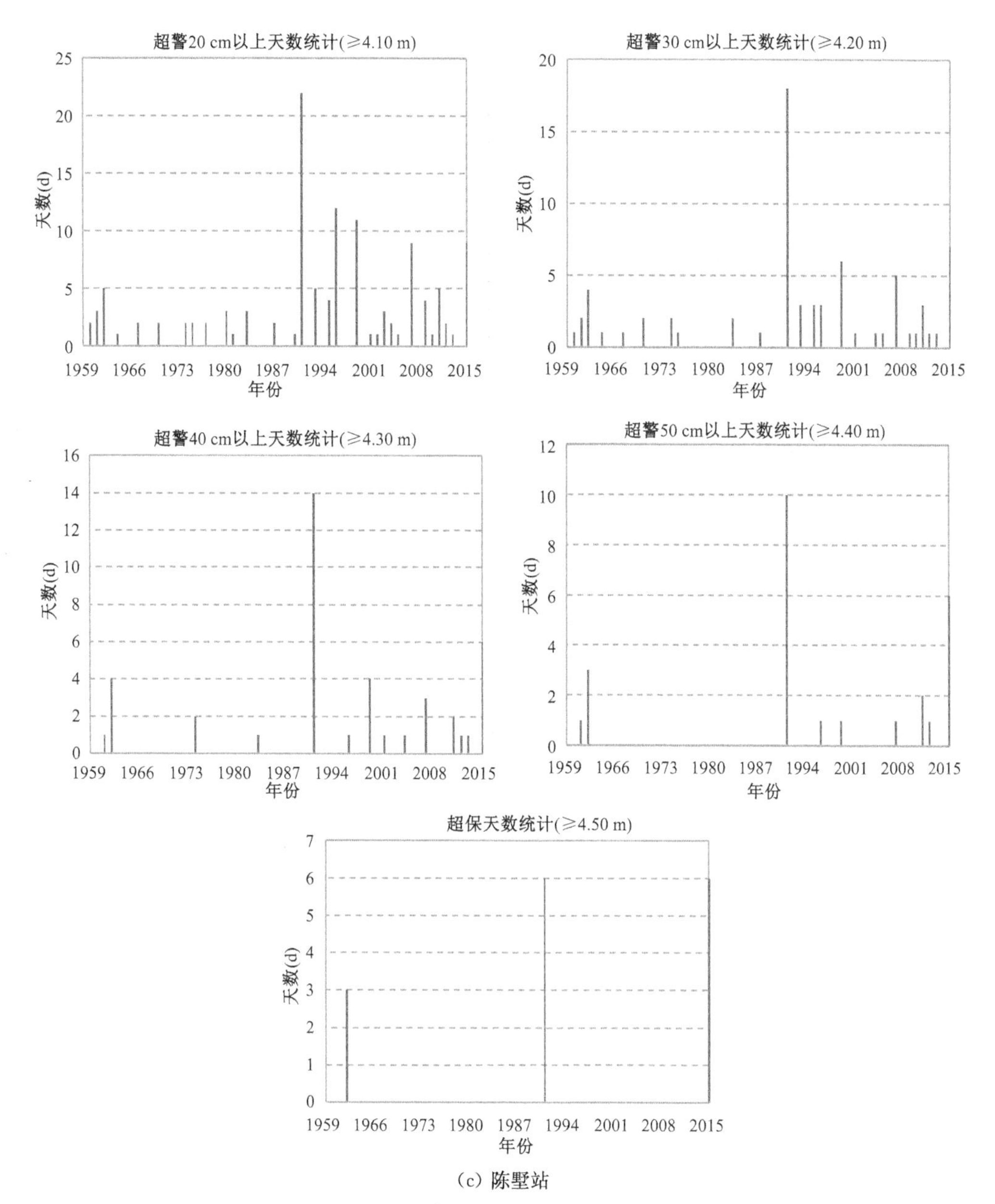

(c) 陈墅站

图 3.54　武澄锡虞区代表站超定量水位日数统计

3.5　洪水水位涨落分析

根据太湖及各分区代表站警戒水位，选择有明显上涨的超警洪水，分析代表站水位涨落情况及与区域降雨的关系。涨水期的开始时间为对应水位明显上涨的时刻(与分区主要场次降雨过程的开始时刻基本同步)，退水期指从水位峰值退至警戒水位以下的时间。

3.5.1 太湖水位

太湖的警戒水位为 3.80 m。表 3.25 和表 3.26 分别是太湖 1954—2015 年 27 场超警洪水的涨水期、退水期的水位和流域降水统计参数。由表 3.25 和表 3.26 可知，1954—2015 年典型洪水平均涨水时间为 38 d，退至警戒水位的时间为 20 d。对于 27 场典型洪水过程，涨水期流域平均降水强度与水位涨幅的相关系数达到了 0.978，详见图 3.55。经计算，流域平均降水强度与太湖平均涨水速率两者之间的线性回归关系为：

$$v_{\mathrm{ht}} = 0.3731 I_a - 1.3166 (R^2 = 0.956) \tag{3-1}$$

式中：v_{ht}——涨水速率，cm/d；

I_a——降水强度，mm/d。

表 3.25　太湖 1954—2015 年超警洪水涨水期水位、降水统计参数

序号	年份	起涨日期	最高水位日期	起涨水位(m)	最高水位(m)	涨水差(m)	涨水历时(d)	平均涨水速率(cm/d)	涨水期降水量(mm)	降水强度(mm/d)
1	1954	5/5	7/25	3.05	4.65	1.60	81	2.0	848.2	10.5
2	1956	9/13	10/2	3.50	3.98	0.48	19	2.5	210.9	11.1
3	1957	6/20	7/13	3.05	4.19	1.14	23	5.0	391.9	17.0
4	1961	7/23	10/17	3.01	3.87	0.86	86	1.0	523.9	6.1
5	1962	7/20	9/24	3.21	4.24	1.03	66	1.6	546.2	8.3
6	1970	6/18	7/21	3.00	3.81	0.81	33	2.5	311.0	9.4
7	1973	6/11	7/1	3.31	3.90	0.59	20	3.0	220.2	11.0
8	1975	6/16	7/16	2.94	3.99	1.05	30	3.5	355.7	11.9
9	1977	8/8	10/1	3.21	4.01	0.80	54	1.5	432.0	8.0
10	1980	7/29	9/2	3.38	4.25	0.87	35	2.5	360.1	10.3
11	1983	5/27	7/18	3.09	4.42	1.33	52	2.6	475.0	9.1
12	1984	6/6	6/23	3.02	3.96	0.94	17	5.5	225.0	13.2
13	1987	7/1	8/1	3.10	4.16	1.06	31	3.4	354.8	11.4
14	1989	8/19	9/23	3.48	4.10	0.62	35	1.8	281.7	8.0
15	1991	5/18	7/16	3.27	4.79	1.52	59	2.6	678.8	11.5
16	1993	6/12	8/26	3.16	4.46	1.30	75	1.7	664.1	8.9
17	1995	6/12	7/10	3.25	4.34	1.09	28	3.9	360.1	12.9
18	1996	6/2	7/19	2.82	4.37	1.55	47	3.3	530.2	11.3
19	1999	6/7	7/8	3.00	4.97	1.97	31	6.4	628.6	20.3

续表

序号	年份	起涨日期	最高水位日期	起涨水位(m)	最高水位(m)	涨水差(m)	涨水历时(d)	平均涨水速率(cm/d)	涨水期降水量(mm)	降水强度(mm/d)
20	2007	10/6	10/13	3.59	3.91	0.32	7	4.6	111.6	15.9
21	2008	6/7	6/28	3.14	3.94	0.80	21	3.8	286.6	13.6
22	2009	6/2	8/16	3.11	4.20	1.09	75	1.5	601.7	8.0
23	2010	6/24	7/19	3.14	3.82	0.68	25	2.7	261.0	10.4
24	2011	6/3	6/25	2.83	3.92	1.09	22	5.0	358.9	16.3
25	2012	8/2	8/13	3.36	3.92	0.56	11	5.1	192.8	17.5
26	2013	10/5	10/15	3.21	3.82	0.61	10	6.1	206.3	20.6
27	2015	6/1	7/14	3.22	4.19	0.97	43	2.3	488.8	11.4

表3.26　太湖1954—2015年超警洪水退水期水位、降水统计参数

序号	年份	最高水位日期	消退日期	最高水位(m)	消退水位(m)	水位差(m)	退水历时(d)	退水速率(cm/d)	降水量(mm)	降水强度(mm/d)
1	1954	7/25	9/24	4.65	3.77	0.88	61	1.4	228.8	3.8
2	1956	10/2	10/28	3.98	3.70	0.28	26	1.1	22.2	0.9
3	1957	7/13	9/13	4.19	3.38	0.81	62	1.3	235.8	3.8
4	1961	10/17	11/8	3.87	3.71	0.16	22	0.7	48.2	2.2
5	1962	9/24	11/19	4.24	3.61	0.63	56	1.1	111.2	2.0
6	1970	7/21	8/17	3.81	3.30	0.51	27	1.9	37.3	1.4
7	1973	7/1	7/25	3.90	3.41	0.49	24	2.1	43.2	1.8
8	1975	7/16	8/2	3.99	3.65	0.34	17	2.0	72.6	4.3
9	1977	10/1	11/5	4.01	3.38	0.63	35	1.8	47.0	1.3
10	1980	9/2	10/15	4.25	3.60	0.65	43	1.5	111.4	2.6
11	1983	7/18	9/1	4.42	3.20	1.22	45	2.7	44.7	1.0
12	1984	6/23	7/20	3.96	3.56	0.40	27	1.5	102.1	3.8
13	1987	8/1	8/19	4.16	3.68	0.48	18	2.7	51.2	2.8
14	1989	9/23	11/3	4.10	3.38	0.72	41	1.8	26.9	0.7
15	1991	7/16	9/3	4.79	3.55	1.24	49	2.5	154.4	3.2

续表

序号	年份	最高水位日期	消退日期	最高水位(m)	消退水位(m)	水位差(m)	退水历时(d)	退水速率(cm/d)	降水量(mm)	降水强度(mm/d)
16	1993	8/26	10/13	4.46	3.58	0.88	48	1.8	126.1	2.6
17	1995	7/10	8/8	4.34	3.49	0.85	29	2.9	44.0	1.5
18	1996	7/19	8/16	4.37	3.57	0.80	28	2.9	33.3	1.2
19	1999	7/8	8/11	4.97	3.79	1.18	34	3.5	118.2	3.5
20	2007	10/13	11/14	3.91	3.42	0.49	32	1.5	14.0	0.4
21	2008	6/28	7/18	3.94	3.54	0.40	20	2.0	58.0	2.9
22	2009	8/16	9/15	4.20	3.45	0.75	30	2.5	48.7	1.6
23	2010	7/19	8/5	3.82	3.55	0.27	17	1.6	33.8	2.0
24	2011	6/25	7/10	3.92	3.64	0.28	15	1.9	33.1	2.2
25	2012	8/13	9/7	3.92	3.56	0.36	25	1.4	85.3	3.4
26	2013	10/15	10/29	3.82	3.59	0.23	14	1.7	1.8	0.1
27	2015	7/14	8/6	4.19	3.66	0.53	23	2.3	74.2	3.2

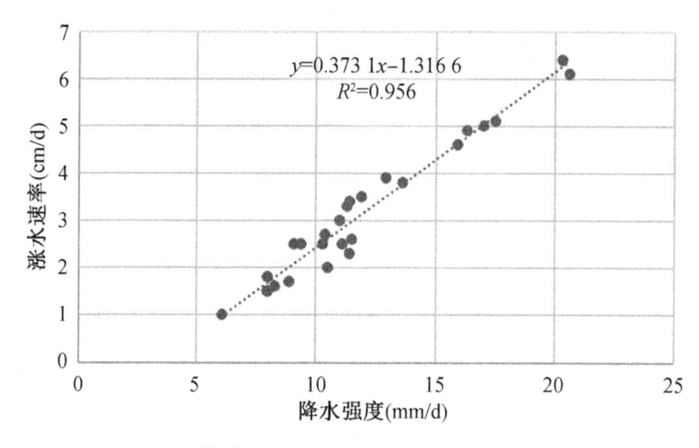

图 3.55　涨水期太湖涨水速率与降水强度关系图

图 3.56 给出了退水期太湖水位退幅与退水历时的关系图。从图 3.56 可知，前期最高水位、退水期降水量对太湖水位消退时间有一定影响。如果不考虑退水期降水影响，从太湖最高水位退至警戒水位的幅度与退水历时的相关系数达到 0.797，相比涨水期的涨水速率与降水强度的关系要稍差些。经计算，退水期太湖水位退幅与退水历时两者之间的线性回归关系为：

$$T = 26.484\Delta Z + 13.105 (R^2 = 0.636\,1) \tag{3-2}$$

式中：T——退水历时，d；

ΔZ——太湖最高水位退至警戒水位的幅度，m。

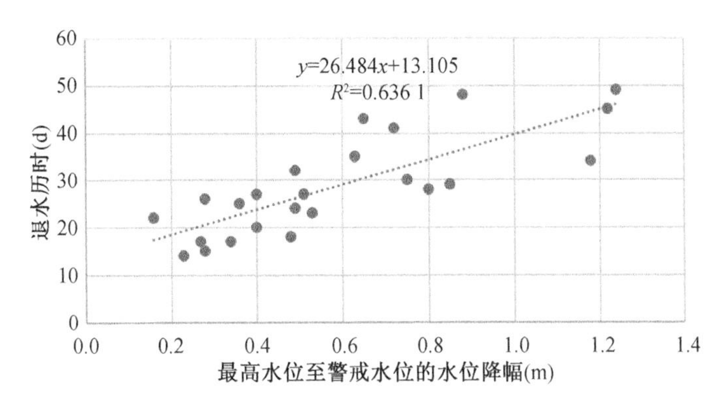

图 3.56　退水期太湖最高水位退至警戒水位的幅度与退水历时的关系图

3.5.2　杭嘉湖区嘉兴站

嘉兴站警戒水位为 3.30 m。表 3.27 和表 3.28 分别是嘉兴站 1954—2015 年 55 场洪水涨水期、退水期的水位和分区降水统计参数。由表可知，1954—2015 年典型洪水平均涨水时间为 22 d，从最高水位消退至警戒水位的平均时间为 10 d。

由于嘉兴城市大包围等工程于 2001 年启用，结合 2002 年开始实施引江济太的实际情况，本书仅对 2002 年后嘉兴站的水位变化情况进行分析。对 2002 年及以后的 12 场典型洪水过程进行分析，涨水期杭嘉湖区平均降水强度与嘉兴站平均涨水速率的相关系数达到 0.991，详见图 3.57。经计算，杭嘉湖区平均降水强度与嘉兴站平均涨水速率两者之间的线性回归关系为：

$$v_{ht}=0.554\,4I_a-1.319\,6(R^2=0.981\,3) \tag{3-3}$$

式中：v_{ht}——嘉兴站涨水速率，cm/d；

I_a——杭嘉湖区降水强度，mm/d。

表 3.27　嘉兴站 1954—2015 年典型洪水涨水期水位、降水统计参数

序号	年份	起涨日期	最高水位日期	起涨水位(m)	最高水位(m)	涨水差(m)	涨水历时(d)	平均涨水速率(cm/d)	涨水期降水量(mm)	区域降水强度(mm/d)
1	1954	3/27	7/31	2.73	4.35	1.62	126	1.3	1 157.8	9.2
2	1955	5/27	7/8	2.78	3.38	0.60	42	1.4	326.7	7.8
3	1956	9/17	9/26	3.08	3.80	0.72	9	8.0	167.4	18.6
4	1957	6/20	7/6	2.70	4.13	1.43	16	8.9	358.7	22.4
5	1958	8/20	9/11	2.21	3.31	1.10	22	5.0	168.1	7.6
6	1959	4/25	5/27	2.83	3.53	0.70	32	2.2	274.3	8.6

续表

序号	年份	起涨日期	最高水位日期	起涨水位(m)	最高水位(m)	涨水差(m)	涨水历时(d)	平均涨水速率(cm/d)	涨水期降水量(mm)	区域降水强度(mm/d)
7	1960	9/4	9/11	3.00	3.86	0.86	7	12.3	154.8	22.1
8	1961	4/20	6/9	2.58	3.79	1.21	50	2.4	312.1	6.2
9	1962	7/19	9/7	2.65	4.21	1.56	50	3.1	493.5	9.9
10	1963	9/11	9/16	2.91	4.29	1.38	5	27.6	279.8	56.0
11	1964	9/8	9/20	2.33	3.54	1.21	12	10.1	179.9	15.0
12	1965	9/28	10/3	2.68	3.32	0.64	5	12.8	94.6	18.9
13	1966	6/12	7/12	2.39	3.67	1.28	30	4.3	326.4	10.9
14	1967	3/24	5/13	2.32	3.31	0.99	50	2.0	384.5	7.7
15	1969	6/23	7/8	2.46	3.49	1.03	15	6.9	204.9	13.7
16	1970	7/10	7/18	2.87	3.39	0.52	8	6.5	122.5	15.3
17	1971	5/16	6/20	2.31	3.61	1.30	35	3.7	373.8	10.7
18	1973	6/11	6/29	2.83	3.74	0.91	18	5.1	228.7	12.7
19	1974	8/16	8/23	2.62	3.48	0.86	7	12.3	79.5	11.4
20	1975	6/17	7/3	2.70	3.63	0.93	16	5.8	163.3	10.2
21	1976	6/15	7/3	2.77	3.45	0.68	18	3.8	124.0	6.9
22	1977	8/6	8/23	2.67	3.99	1.32	17	7.8	224.5	13.2
23	1979	8/11	8/26	2.33	3.37	1.04	15	6.9	130.6	8.7
24	1980	7/30	8/19	2.84	3.64	0.80	20	4.0	242.2	12.1
25	1981	10/31	11/7	2.87	3.45	0.58	7	8.3	111.2	15.9
26	1982	7/9	8/1	2.59	3.33	0.74	23	3.2	209.5	9.1
27	1983	5/27	7/6	2.73	4.03	1.30	40	3.3	485.1	12.1
28	1984	5/31	6/15	2.62	4.10	1.48	15	9.9	290.2	19.3
29	1985	7/25	8/1	2.68	3.72	1.04	7	14.9	143.4	20.5
30	1986	9/1	9/6	2.78	3.40	0.62	5	12.4	96.5	19.3
31	1987	9/8	9/13	3.08	3.90	0.82	5	16.4	147.1	29.4
32	1989	7/21	9/17	2.85	3.75	0.90	58	1.6	443.6	7.6
33	1990	8/4	9/1	2.26	3.46	1.20	28	4.3	236.1	8.4
34	1991	5/18	6/17	2.68	3.80	1.12	30	3.7	340.0	11.3

续表

序号	年份	起涨日期	最高水位日期	起涨水位(m)	最高水位(m)	涨水差(m)	涨水历时(d)	平均涨水速率(cm/d)	涨水期降水量(mm)	区域降水强度(mm/d)
35	1992	9/20	9/24	2.74	3.37	0.63	4	15.8	94.3	23.6
36	1993	7/16	8/22	2.88	3.95	1.07	37	2.9	441.9	11.9
37	1994	6/8	6/13	2.38	3.43	1.05	5	21.0	179.6	35.9
38	1995	6/11	7/7	2.76	4.10	1.34	26	5.2	419.7	16.1
39	1996	6/2	7/3	2.37	3.68	1.31	31	4.2	382.8	12.3
40	1997	6/19	7/11	2.26	3.96	1.70	22	7.7	322.0	14.6
41	1998	1/7	1/15	2.83	3.58	0.75	8	9.4	127.6	16.0
42	1999	6/6	7/1	2.62	4.31	1.69	25	6.8	630.1	25.2
43	2001	5/29	6/26	2.58	3.94	1.36	28	4.9	358.0	12.8
44	2002	6/19	6/29	2.75	3.35	0.60	10	6.0	122.2	12.2
45	2005	6/28	8/8	2.52	3.61	1.09	41	2.7	322.5	7.9
46	2006	1/11	1/20	2.64	3.31	0.67	9	7.4	110.7	12.3
47	2007	10/6	10/9	3.07	3.92	0.85	3	28.3	155.3	51.8
48	2008	6/7	6/11	2.85	3.77	0.92	4	23.0	170.3	42.6
49	2009	7/21	8/11	2.71	3.75	1.04	21	5.0	308.3	14.7
50	2010	2/24	3/6	2.89	3.91	1.02	10	10.2	174.1	17.4
51	2011	6/3	6/19	2.61	4.01	1.40	16	8.8	360.6	22.5
52	2012	7/31	8/9	2.93	4.01	1.08	9	12.0	177.0	19.7
53	2013	10/5	10/9	2.92	4.42	1.50	4	37.5	287.3	71.8
54	2014	6/16	7/16	2.83	3.71	0.88	30	2.9	303.1	10.1
55	2015	6/2	7/7	2.94	3.86	0.92	35	2.6	281.6	8.0

表3.28 嘉兴站1954—2015年典型洪水退水期水位、降水统计参数

序号	年份	最高水位时间	消退时间	最高水位(m)	消退水位(m)	水位差(m)	退水历时(d)	退水速率(cm/d)	降水量(mm)	区域降水强度(mm/d)
1	1954	7/31	10/16	4.35	3.30	1.05	77	1.4	238.9	3.1
2	1955	7/8	7/10	3.38	3.29	0.09	2	4.5	1.2	0.6
3	1956	9/26	10/27	3.80	3.28	0.52	31	1.7	24.8	0.8

续表

序号	年份	最高水位时间	消退时间	最高水位(m)	消退水位(m)	水位差(m)	退水历时(d)	退水速率(cm/d)	降水量(mm)	区域降水强度(mm/d)
4	1957	7/6	7/25	4.13	3.28	0.85	19	4.5	12.7	0.7
5	1958	9/11	9/12	3.31	3.21	0.10	1	10.0	3.3	3.3
6	1959	5/27	5/31	3.53	3.26	0.27	4	6.8	0.1	0.0
7	1960	9/11	9/30	3.86	3.26	0.60	19	3.2	66.3	3.5
8	1961	6/9	6/20	3.79	3.26	0.53	11	4.8	85.6	7.8
9	1962	9/7	11/5	4.21	3.29	0.92	59	1.6	230.7	3.9
10	1963	9/16	10/1	4.29	3.29	1.00	15	6.7	16.5	1.1
11	1964	9/20	9/25	3.54	3.27	0.27	5	5.4	1.1	0.2
12	1965	10/3	10/5	3.32	3.27	0.05	2	2.5	24.7	12.4
13	1966	7/12	7/16	3.67	3.17	0.50	4	12.5	0.3	0.1
14	1967	5/13	5/14	3.31	3.27	0.04	1	4.0	0.5	0.5
15	1969	7/8	7/13	3.49	3.25	0.24	5	4.8	15.2	3.0
16	1970	7/18	7/21	3.39	3.26	0.13	3	4.3	3.0	1.0
17	1971	6/20	6/26	3.61	3.28	0.33	6	5.5	11.0	1.8
18	1973	6/29	7/6	3.74	3.26	0.48	7	6.9	3.4	0.5
19	1974	8/23	8/26	3.48	3.29	0.19	3	6.3	3.4	1.1
20	1975	7/3	7/18	3.63	3.26	0.37	15	2.5	80.5	5.4
21	1976	7/3	7/7	3.45	3.22	0.23	4	5.8	0.4	0.1
22	1977	8/23	8/29	3.99	3.26	0.73	6	12.2	0.7	0.1
23	1979	8/26	8/29	3.37	3.23	0.14	3	4.7	28.6	9.5
24	1980	8/19	9/6	3.64	3.29	0.35	18	1.9	97.2	5.4
25	1981	11/7	11/10	3.45	3.22	0.23	3	7.7	10.2	3.4
26	1982	8/1	8/2	3.33	3.22	0.11	1	11.0	10.3	10.3
27	1983	7/6	7/22	4.03	3.23	0.80	16	5.0	90.0	5.6
28	1984	6/15	6/24	4.10	3.28	0.82	9	9.1	24.6	2.7
29	1985	8/1	8/6	3.72	3.21	0.51	5	10.2	130.8	26.2
30	1986	9/6	9/8	3.40	3.22	0.18	2	9.0	84.9	42.5

续表

序号	年份	最高水位时间	消退时间	最高水位(m)	消退水位(m)	水位差(m)	退水历时(d)	退水速率(cm/d)	降水量(mm)	区域降水强度(mm/d)
31	1987	9/13	9/20	3.90	3.21	0.69	7	9.9	1.5	0.2
32	1989	9/17	9/25	3.75	3.28	0.47	8	5.9	17.2	2.2
33	1990	9/1	9/19	3.46	3.29	0.17	18	0.9	200.3	11.1
34	1991	6/17	6/25	3.80	3.28	0.52	8	6.5	65.9	8.2
35	1992	9/24	9/27	3.37	3.27	0.10	3	3.3	81.2	27.1
36	1993	8/22	8/30	3.95	3.28	0.67	8	8.4	21.0	2.6
37	1994	6/13	6/15	3.43	3.23	0.20	2	10.0	59.1	29.6
38	1995	7/7	7/20	4.10	3.05	1.05	13	8.1	31.3	2.4
39	1996	7/3	7/24	3.68	3.23	0.45	21	2.1	189.1	9.0
40	1997	7/11	7/15	3.96	3.28	0.68	4	17.0	122.3	30.6
41	1998	1/15	1/20	3.58	3.24	0.34	5	6.8	49.1	9.8
42	1999	7/1	7/23	4.31	3.29	1.02	22	4.6	133.6	6.1
43	2001	6/26	7/1	3.94	3.19	0.75	5	15.0	98.0	19.6
44	2002	6/29	6/30	3.35	3.29	0.06	1	6.0	13.3	13.3
45	2005	8/8	8/11	3.61	3.23	0.38	3	12.7	1.5	0.5
46	2006	1/20	1/22	3.31	3.22	0.09	2	4.5	37.4	18.7
47	2007	10/9	10/17	3.92	3.25	0.67	8	8.4	57.0	7.1
48	2008	6/11	6/16	3.77	3.27	0.50	5	10.0	145.4	29.1
49	2009	8/11	8/17	3.75	3.27	0.48	6	8.0	37.4	6.2
50	2010	3/6	3/11	3.91	3.26	0.65	5	13.0	93.9	18.8
51	2011	6/19	6/24	4.01	3.26	0.75	5	15.0	85.7	17.1
52	2012	8/9	8/14	4.01	3.28	0.73	5	14.6	142.9	28.6
53	2013	10/9	10/18	4.42	3.28	1.14	9	12.7	13.4	1.5
54	2014	7/16	7/20	3.71	3.22	0.49	4	12.3	34.2	8.6
55	2015	7/7	7/27	3.86	3.27	0.59	20	3.0	110.0	5.5

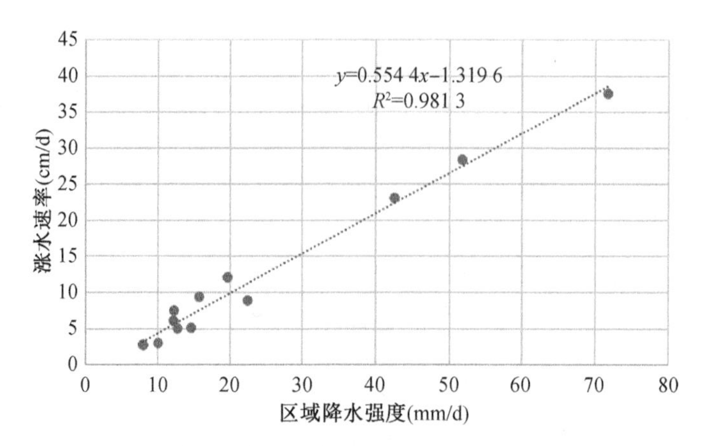

图 3.57　涨水期嘉兴站涨水速率与区域降水强度关系图

图 3.58 给出了退水期嘉兴站水位退幅与退水历时的关系图。由图 3.58 可知，从嘉兴站最高水位退至警戒水位的幅度与退水历时的相关系数虽然也达到 0.869，但点据总体较分散，这主要是由于退水速度与退水期降雨、外江潮位等多个因素有关。由于资料有限，不足以分类进行分析，今后再做进一步完善。经计算，退水期嘉兴站水位退幅与退水历时两者之间的线性回归关系为：

$$T = 6.5637\Delta Z + 1.1741 (R^2 = 0.7552) \tag{3-4}$$

式中：T——退水历时，d；

ΔZ——嘉兴站最高水位退至警戒水位的幅度，m。

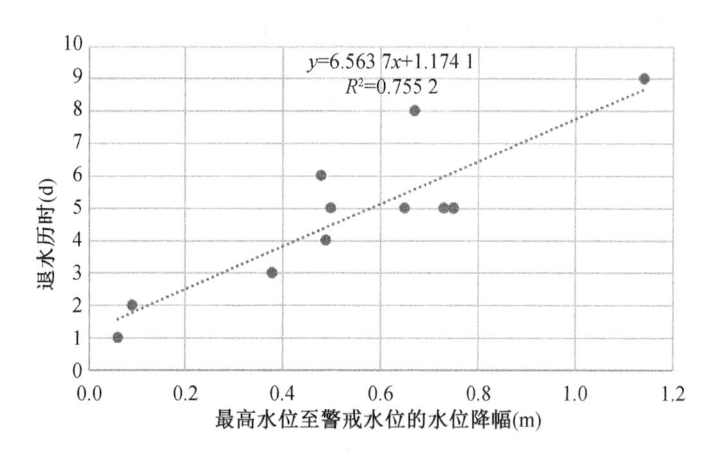

图 3.58　退水期嘉兴站最高水位退至警戒水位的幅度与退水历时的关系图

3.5.3　武澄锡虞区无锡(二)站

无锡(二)站警戒水位为 3.90 m，保证水位为 4.53 m。表 3.29 和表 3.30 分别是无锡(二)站 1952—2015 年 31 场典型洪水涨水期、退水期的水位和分区降水统计参数。由表 3.29 和表 3.30 可知，无锡(二)站 1952—2015 年典型洪水平均涨水时间为 23 d，从最高水位消退至警戒水位的平均时间约为 12 d。

由于2002年开始实施引江济太，引长江水规律发生很大变化，本书仅对2002年后无锡(二)站的水位变化情况进行分析。对2002年以来的13场典型洪水过程进行分析，涨水期武澄锡虞区平均降水强度与无锡(二)站平均涨水速率的相关系数达到0.983，详见图3.59。经计算，武澄锡虞区平均降水强度与无锡(二)站平均涨水速率两者之间的回归关系为：

$$v_{ht}=0.0123I_a^2-0.1414I_a+5.067(R^2=0.9672) \tag{3-5}$$

式中：v_{ht}——无锡(二)站涨水速率，cm/d；

I_a——武澄锡虞区降水强度，mm/d。

表3.29　无锡(二)站1952—2015年典型洪水涨水期水位、降水统计参数

序号	年份	起涨日期	最高水位日期	起涨水位(m)	最高水位(m)	涨水差(m)	涨水历时(d)	平均涨水速率(cm/d)	涨水期降水量(mm)	区域降水强度(mm/d)
1	1952	8/21	9/23	3.41	4.07	0.66	33	2.0	342.3	10.4
2	1954	4/24	7/25	3.00	4.68	1.68	92	1.8	787.4	8.6
3	1956	9/13	9/28	3.43	3.93	0.50	15	3.3	215.1	14.3
4	1957	6/20	7/4	3.00	4.33	1.33	14	9.5	368.4	26.3
5	1962	9/5	9/7	3.33	4.50	1.17	2	58.5	277.7	138.9
6	1970	6/18	7/14	2.95	4.02	1.07	26	4.1	301.9	11.6
7	1975	6/17	7/1	2.89	4.01	1.12	14	8.0	335.0	23.9
8	1980	7/30	8/31	3.32	4.21	0.89	32	2.8	329.5	10.3
9	1983	5/27	7/18	3.04	4.40	1.36	52	2.6	392.1	7.5
10	1987	8/15	8/26	3.66	4.14	0.48	11	4.4	191.8	17.4
11	1989	8/18	9/22	3.37	4.00	0.63	35	1.8	233.3	6.7
12	1990	8/18	9/1	2.88	4.00	1.12	14	8.0	174.5	12.5
13	1991	5/18	7/3	3.22	4.76	1.54	46	3.3	739.9	16.1
14	1993	6/17	8/22	3.03	4.40	1.37	66	2.1	537.2	8.1
15	1995	6/12	7/7	3.21	4.28	1.07	25	4.3	281.1	11.2
16	1996	6/15	7/19	2.92	4.28	1.36	34	4.0	359.3	10.6
17	1999	6/7	7/1	3.05	4.74	1.69	24	7.0	420.0	17.5
18	2001	5/27	6/24	3.07	4.01	0.94	28	3.4	315.7	11.3
19	2002	6/18	6/21	3.19	4.05	0.86	3	28.7	160.9	53.6
20	2003	6/26	7/6	3.01	4.04	1.03	10	10.3	210.3	21.0
21	2004	6/14	6/26	3.06	4.06	1.00	12	8.3	244.1	20.3
22	2005	7/25	8/7	3.50	4.08	0.58	13	4.5	158.7	12.2

续表

序号	年份	起涨日期	最高水位日期	起涨水位(m)	最高水位(m)	涨水差(m)	涨水历时(d)	平均涨水速率(cm/d)	涨水期降水量(mm)	区域降水强度(mm/d)
23	2007	6/27	7/8	3.43	4.57	1.14	11	10.4	295.2	26.8
24	2008	6/13	6/18	3.33	4.02	0.69	5	13.8	122.1	24.4
25	2009	7/21	8/11	3.51	4.38	0.87	21	4.1	314.3	15.0
26	2010	6/24	7/13	3.51	4.30	0.79	19	4.2	182.8	9.6
27	2011	6/4	6/19	3.31	4.49	1.18	15	7.9	254.1	16.9
28	2012	8/7	8/9	3.50	4.57	1.07	2	53.5	134.0	67.0
29	2013	10/5	10/8	3.50	4.31	0.81	3	27.0	160.8	53.6
30	2014	6/16	7/28	3.51	4.13	0.62	42	1.5	353.9	8.4
31	2015	6/14	6/17	3.51	5.01	1.50	3	50.0	192.2	64.1

表 3.30　无锡(二)站 1952—2015 年典型洪水退水期水位、降水统计参数

序号	年份	最高水位时间	消退时间	最高水位(m)	消退水位(m)	水位差(m)	退水历时(d)	退水速率(cm/d)	降水量(mm)	区域降水强度(mm/d)
1	1952	9/23	10/5	4.07	3.88	0.19	12	1.6	14.6	1.2
2	1954	7/25	9/18	4.68	3.86	0.82	55	1.5	182.8	3.3
3	1956	9/28	10/2	3.93	3.85	0.08	4	2.0	0.1	0.0
4	1957	7/4	7/22	4.33	3.89	0.44	18	2.4	37.2	2.1
5	1962	9/7	10/24	4.50	3.89	0.61	47	1.3	76.6	1.6
6	1970	7/14	7/16	4.02	3.80	0.22	2	11.0	22.4	11.2
7	1975	7/1	7/3	4.01	3.84	0.17	2	8.5	12.2	6.1
8	1980	8/31	9/13	4.21	3.88	0.33	13	2.5	15.3	1.2
9	1983	7/18	7/29	4.40	3.87	0.53	11	4.8	7.4	0.7
10	1987	8/26	8/29	4.14	3.88	0.26	3	8.7	4.0	1.3
11	1989	9/22	9/27	4.00	3.84	0.16	5	3.2	0.0	0.0
12	1990	9/1	9/3	4.00	3.69	0.31	2	15.5	3.2	1.6
13	1991	7/3	8/18	4.76	3.88	0.88	46	1.9	346.5	7.5
14	1993	8/22	9/8	4.40	3.89	0.51	17	3.0	5.6	0.3
15	1995	7/7	7/23	4.28	3.89	0.39	16	2.4	16.3	1.0
16	1996	7/19	8/3	4.28	3.88	0.40	15	2.7	16.8	1.1

续表

序号	年份	最高水位时间	消退时间	最高水位(m)	消退水位(m)	水位差(m)	退水历时(d)	退水速率(cm/d)	降水量(mm)	区域降水强度(mm/d)
17	1999	7/1	8/6	4.74	3.87	0.87	36	2.4	162.9	4.5
18	2001	6/24	6/25	4.01	3.85	0.16	1	16.0	5.2	5.2
19	2002	6/21	6/23	4.05	3.67	0.38	2	19.0	55.8	27.9
20	2003	7/6	7/8	4.04	3.74	0.30	2	15.0	10.5	5.3
21	2004	6/26	6/27	4.06	3.82	0.24	1	24.0	1.3	1.3
22	2005	8/7	8/9	4.08	3.77	0.31	2	15.5	3.6	1.8
23	2007	7/8	7/13	4.57	3.89	0.68	5	13.6	65.8	13.2
24	2008	6/18	6/19	4.02	3.79	0.23	1	23.0	0.7	0.7
25	2009	8/11	8/25	4.38	3.88	0.50	14	3.6	40.2	2.9
26	2010	7/13	7/25	4.30	3.89	0.41	12	3.4	45.5	3.8
27	2011	6/19	6/26	4.49	3.87	0.62	7	8.9	69.7	10.0
28	2012	8/9	8/16	4.57	3.89	0.68	7	9.7	22.5	3.2
29	2013	10/8	10/10	4.31	3.84	0.47	2	23.5	24.3	12.2
30	2014	7/28	7/30	4.13	3.87	0.26	2	13.0	0.0	0.0
31	2015	6/17	6/22	5.01	3.88	1.13	5	22.6	31.5	6.3

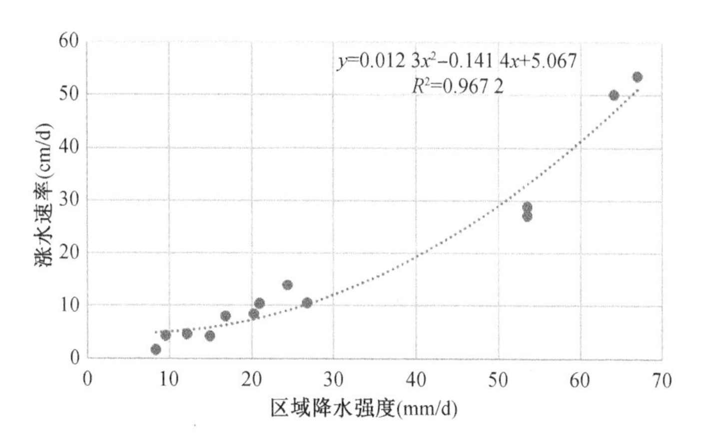

图3.59　涨水期无锡(二)站涨水速率与区域降水强度关系图

无锡(二)站最高水位退至警戒水位的幅度与退水历时的相关性较差，点据较分散，这主要是无锡(二)站的退水速度与退水期区域降雨、沿江引排、大运河上下游水情等密切相关。由于资料有限，不足以分类进行分析，今后再做进一步完善。

3.5.4 浙西区瓶窑站

瓶窑站警戒水位为 7.50 m。表 3.31 和表 3.32 分别是瓶窑站 1952—2015 年 30 场洪水涨水期、退水期的水位和分区降水统计参数。由表 3.31 和表 3.32 可知，1952—2015 年典型洪水平均涨水时间为 3 d，从最高水位消退至警戒水位的平均时间为 8 d。

为与上述几个区域代表站时间序列保持一致，本节也对 2002 年以来瓶窑站水位变化情况进行分析。对 2002 年以来的 8 场典型洪水过程进行分析，涨水期浙西区平均降水强度与瓶窑站平均涨水速率的相关系数达到 0.911，详见图 3.60。经计算，浙西区平均降水强度与瓶窑站平均涨水速率两者之间的回归关系为：

$$v_{ht} = -0.0078 I_a^2 + 3.3429 I_a - 31.036 (R^2 = 0.8293) \quad (3-6)$$

式中：v_{ht}——瓶窑站涨水速率，cm/d；

I_a——浙西区降水强度，mm/d。

表 3.31 瓶窑站 1952—2015 年典型洪水涨水期水位、降水统计参数

序号	年份	起涨日期	最高水位日期	起涨水位(m)	最高水位(m)	涨水差(m)	涨水历时(d)	平均涨水速率(cm/d)	涨水期降水量(mm)	区域降水强度(mm/d)
1	1952	7/14	7/23	3.85	7.59	3.74	9	41.6	162.6	18.1
2	1954	6/24	6/29	4.80	7.94	3.14	5	62.8	157.8	31.6
3	1956	7/31	8/3	3.37	8.12	4.75	3	158.3	167.4	55.8
4	1961	10/3	10/6	4.16	7.96	3.80	3	126.7	176.3	58.8
5	1962	9/4	9/7	3.38	8.16	4.78	3	159.3	202.6	67.5
6	1963	9/10	9/14	3.04	8.28	5.24	4	131.0	263.1	65.8
7	1969	7/4	7/6	5.00	7.53	2.53	2	126.5	107.6	53.8
8	1973	6/18	6/22	3.24	7.76	4.52	4	113.0	148.1	37.0
9	1974	8/18	8/22	3.16	7.83	4.67	4	116.8	156.0	39.0
10	1977	9/23	9/27	3.88	7.74	3.86	4	96.5	126.2	31.6
11	1983	7/4	7/6	6.29	7.69	1.40	2	70.0	141.4	70.7
12	1984	6/12	6/14	3.75	8.73	4.98	2	249.0	227.2	113.6
13	1987	9/9	9/12	3.63	7.86	4.23	3	141.0	145.4	48.5
14	1990	8/30	9/1	2.99	7.92	4.93	2	246.5	200.3	100.2
15	1991	7/4	7/8	4.58	7.58	3.00	4	75.0	128.6	32.2
16	1992	9/22	9/24	3.25	7.68	4.43	2	221.5	117.6	58.8
17	1993	7/3	7/5	5.10	7.69	2.59	2	129.5	95.2	47.6
18	1995	6/20	6/25	3.43	8.03	4.60	5	92.0	214.9	43.0

续表

序号	年份	起涨日期	最高水位日期	起涨水位(m)	最高水位(m)	涨水差(m)	涨水历时(d)	平均涨水速率(cm/d)	涨水期降水量(mm)	区域降水强度(mm/d)
19	1996	6/29	7/3	5.37	8.78	3.41	4	85.3	193.0	48.3
20	1997	7/10	7/11	5.38	7.78	2.40	1	240.0	72.8	72.8
21	1999	6/23	7/1	4.57	9.01	4.44	8	55.5	457.6	57.2
22	2001	6/22	6/26	3.81	8.24	4.43	4	110.8	129.3	32.3
23	2005	8/5	8/7	3.78	7.74	3.96	2	198.0	117.3	58.7
24	2007	10/7	10/9	3.62	7.87	4.25	2	212.5	178.3	89.2
25	2008	6/17	6/19	5.64	7.96	2.32	2	116.0	113.0	56.5
26	2009	8/8	8/11	6.02	8.34	2.32	3	77.3	148.5	49.5
27	2010	3/1	3/6	3.47	8.12	4.65	5	93.0	147.0	29.4
28	2011	6/13	6/19	5.27	8.00	2.73	6	45.5	213.7	35.6
29	2012	8/7	8/9	3.74	7.90	4.16	2	208.0	193.8	96.9
30	2013	10/6	10/8	3.26	8.67	5.41	2	270.5	255.7	127.9

表3.32 瓶窑站1952—2015年典型洪水退水期水位、降水统计参数

序号	年份	最高水位时间	消退时间	最高水位(m)	消退水位(m)	水位差(m)	退水历时(d)	退水速率(cm/d)	降水量(mm)	区域降水强度(mm/d)
1	1952	7/23	8/3	7.59	3.71	3.88	11	35.3	11.3	1.0
2	1954	6/29	7/7	7.94	4.74	3.20	8	40.0	8.8	1.1
3	1956	8/3	8/14	8.12	3.69	4.43	11	40.3	21.7	2.0
4	1961	10/6	10/14	7.96	4.35	3.61	8	45.1	0.0	0.0
5	1962	9/7	9/13	8.16	5.44	2.72	6	45.3	30.0	5.0
6	1963	9/14	9/27	8.28	4.90	3.38	13	26.0	22.6	1.7
7	1969	7/6	7/17	7.53	3.68	3.85	11	35.0	73.5	6.7
8	1973	6/22	6/23	7.76	7.07	0.69	1	69.0	10.2	10.2
9	1974	8/22	8/31	7.83	3.55	4.28	9	47.6	15.5	1.7
10	1977	9/27	10/6	7.74	3.98	3.76	9	41.8	5.7	0.6
11	1983	7/6	7/12	7.69	5.95	1.74	6	29.0	37.5	6.3
12	1984	6/14	6/25	8.73	4.21	4.52	11	41.1	53.8	4.9
13	1987	9/12	9/20	7.86	3.93	3.93	8	49.1	3.7	0.5

续表

序号	年份	最高水位时间	消退时间	最高水位(m)	消退水位(m)	水位差(m)	退水历时(d)	退水速率(cm/d)	降水量(mm)	区域降水强度(mm/d)
14	1990	9/1	9/10	7.92	4.10	3.82	9	42.4	50.3	5.6
15	1991	7/8	7/13	7.58	4.85	2.73	5	54.6	15.9	3.2
16	1992	9/24	9/30	7.68	3.69	3.99	6	66.5	3.1	0.5
17	1993	7/5	7/13	7.69	3.66	4.03	8	50.4	17.0	2.1
18	1995	6/25	7/1	8.03	5.32	2.71	6	45.2	10.8	1.8
19	1996	7/3	7/11	8.78	6.17	2.61	8	32.6	84.7	10.6
20	1997	7/11	7/21	7.78	3.19	4.59	10	45.9	18.4	1.8
21	1999	7/1	7/6	9.01	6.71	2.30	5	46.0	4.9	1.0
22	2001	6/26	7/5	8.24	3.58	4.66	9	51.8	1.5	0.2
23	2005	8/7	8/14	7.74	3.55	4.19	7	59.9	10.3	1.5
24	2007	10/9	10/15	7.87	4.07	3.80	6	63.3	1.7	0.3
25	2008	6/19	6/27	7.96	4.44	3.52	8	44.0	54.6	6.8
26	2009	8/11	8/20	8.34	3.96	4.38	9	48.7	27.0	3.0
27	2010	3/6	3/14	8.12	4.00	4.12	8	51.5	40.4	5.1
28	2011	6/19	6/28	8.00	3.84	4.16	9	46.2	58.8	6.5
29	2012	8/9	8/18	7.90	3.67	4.23	9	47.0	42.0	4.7
30	2013	10/8	10/12	8.67	6.34	2.33	4	58.3	9.3	2.3

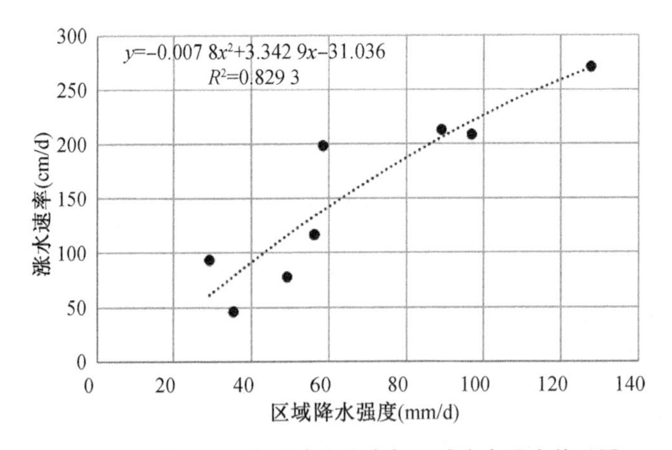

图 3.60　涨水期瓶窑站涨水速率与区域降水强度关系图

图 3.61 是退水期瓶窑站水位退幅与退水历时的关系图。由图 3.61 可知，从瓶窑站最高水位退至警戒水位的幅度与退水历时的相关系数虽然也达到 0.858，但点据总体较

分散，这主要是由于退水速度与退水期降雨等因素有关。由于资料有限，不足以分类进行分析，今后再做进一步完善。经计算，退水期瓶窑站水位退幅与退水历时两者之间的线性回归关系为：

$$T = 2.1778\Delta Z - 0.897 (R^2 = 0.7365) \tag{3-7}$$

式中：T——退水历时，d；

ΔZ——瓶窑站最高水位退至警戒水位的幅度，m。

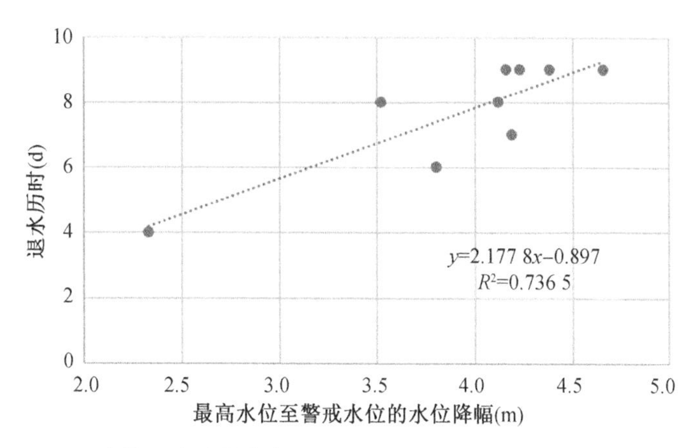

图 3.61　退水期瓶窑站最高水位退至警戒水位的幅度与退水历时的关系图

3.6　小结

本章从年最高水位、最低水位、平均水位、超定量水位日数等方面，详细分析了太湖水位及浙西区、杭嘉湖区、武澄锡虞区代表站水位特征要素的演变规律，特别诊断了近年来(2002—2015 年)各项水位特征要素是否出现了异常情况。主要结论如下。

(1) 关于太湖水位

从年内分配上看，太湖年最高水位在年内主要呈现两个明显峰值，分别是 6 月下旬至 7 月上旬的梅雨期和 8 月中旬至 10 月上旬的台风影响期，其中 7 月上旬出现频次明显高于其他时段，梅雨依然是造成太湖出现年最高水位的重要因素，同时台风也有一定的影响。太湖年最低水位多出现于 12 月至次年 2 月的流域枯水期，2002 年以后 2 月中旬出现年最低水位的频率有所增大，这一情况与流域降水的年内分布规律以及年内用水过程相对应。此外在枯水年，由于降水量偏少，年最低水位也常出现在汛期 6—8 月的高温期，尤其是 6 月下旬。太湖年内各月平均水位以 7 月份最高，其次为 6 月和 8—10 月，与强降水时段分布较为一致。太湖高水位与流域降水持续时间和降水强度密切相关，水位超过保证水位 4.65 m 的情况主要出现在 1954 年、1991 年和 1999 年等典型梅雨洪水年份。

从年际变化来看，2002 年前后两个太湖水位系列相比，太湖年最高水位和年平均水位的最大值下降，最小值上升；太湖年最低水位的最大值、最小值均上升；极值比下降幅度均较大，特征水位离散程度减小。太湖年最高水位的周期性变化与流域降水丰枯的周期

性变化基本一致。年最低水位 2002 年前主要受降水丰枯影响较大，但 2002 年后受引江济太等水资源调度因素影响比较明显，即使处于枯水期，由于从长江大量引水，年最低水位仍呈上涨趋势。太湖年平均水位的周期性变化与年最低水位类似，但变化幅度小于年最低水位。2002—2015 年太湖年最高水位、年平均水位和年最低水位均呈上升趋势，其中年最高水位和年平均水位在 95%的置信水平上显著上升。

(2) 关于浙西区代表站

从年内分配上看，浙西区代表站年最高水位具有一定的“双峰型”特征，分别是 6 月中旬到 7 月上旬的梅雨期、8 月上下旬及 9 月上中旬和 10 月上旬的台风期，其中 6 月下旬和 7 月上旬梅雨期出现频次明显高于其他时段，但在 2002 年以后台风对代表站年最高水位的影响比重有所增大。此外，受春汛降水等因素影响，年最高水位在 3 月上旬等时段也常有发生。年最低水位主要集中出现于 2—3 月等流域枯水期，以 2 月中下旬和 3 月中旬居多，尤其是 2002 年以后 2 月中旬出现频率有所增大，这一情况与流域降水的年内分布规律以及年内用水过程相对应。此外，代表站年最低水位还出现在汛期，尤其是 2002 年以后在 6 月下旬多有出现，但主要集中在 2003 年等枯水年。浙西区代表站超警超保天数较多的年份主要出现在 1954 年和 1999 年等典型梅雨洪水年份，与降水强度和降水持续时间密切相关，2002—2015 年期间没有出现大的梅雨洪水，因此，代表站水位超警戒的天数大幅减少，尤其是杭长桥站。

从年际变化来看，2002 年前后两个水位系列相比，浙西区代表站年最高水位、年平均水位、年最低水位等特征水位的最小值均明显上升，极值比下降，代表站水位的离散程度减小。2002—2015 年代表站除瓶窑站外，年最高水位均在 90%的置信水平上显著上升，杭长桥站年最低水位在 90%的置信水平上显著上升，代表站年平均水位均在 90%的置信水平上显著上升。

(3) 关于杭嘉湖区代表站

从年内分配上看，杭嘉湖区代表站年最高水位具有明显的“双峰型”特征，分别是 6 月中旬到 7 月上中旬的梅雨期和 8 月下旬到 10 月上旬的台风期，其中梅雨期 7 月上旬年最高水位出现频次明显高于其他时段，同时台风影响也十分突出，尤其在 2002 年后对杭嘉湖区代表站水位的影响比重不断增大，且影响时段也在延长，9 月比重下降明显，多在 10 月上旬出现。此外，受春汛等因素影响，年最高水位在 3 月上旬等时段也常有发生。年最低水位在年内分布的频次主要集中在 1—4 月和 12 月流域枯水期，以 2 月中旬居多，且在 2002 年以后 1—2 月比重大幅上升。此外，在汛期代表站年最低水位也有一定的出现频率，但主要发生在 2003 年等枯水年。杭嘉湖区代表站超警天数较多的年份主要出现在强降水年份。此外，2002 年以来，杭嘉湖代表站嘉兴站、王江泾站、乌镇站超警天数均有所上升。

从年际变化来看，2002 年前后两个水位系列相比，杭嘉湖区代表站的年最高水位、年平均水位和年最低水位的均值和最小值均有所上升，极值比和离势系数 Cv 值有所下降，但离势系数整体不大，水位变化不剧烈。2002—2015 年杭嘉湖区代表站年最高水位和年平均水位均在 95%的置信水平上显著上升，年最低水位除王江泾站外均在 95%的置信水平上显著上升。杭嘉湖区代表站特征水位具有一定的周期性变化趋势，年最高水位与降

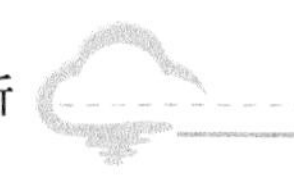

水的丰枯变化基本一致。杭嘉湖区代表站年平均水位和年最低水位变化相似，但变化幅度小于年最低水位。

(4) 关于武澄锡虞区代表站

从年内分配上看，武澄锡虞区代表站年最高水位主要呈现两个明显峰值，分别为 6 月中旬至 7 月上中旬的梅雨期和 9 月上旬到 10 月上旬的台风期，其中 6 月中下旬和 7 月上旬代表站年最高水位出现频次明显高于其他时段，梅雨仍然是造成武澄锡虞区代表站年最高水位的重要因素，尤其是 2002 年以后影响比重进一步增大(6 月比重上升幅度最大)。此外，武澄锡虞区受台风影响相对较弱。年最低水位多集中于 12 月和 1—2 月等流域枯水期，以 1 月下旬和 2 中旬居多，尤其是 2002 年以后 1—2 月(1 月下旬上升幅度最大)比重有所增大。

从年际变化来看，2002 年前后两个水位系列相比，武澄锡虞区代表站年最高水位、年平均水位和年最低水位的最大值、最小值和均值均有所上升，尤其是最小值上升幅度最大，极值比和离势系数 Cv 均在下降，其中陈墅站极值比下降幅度最大。2002—2015 年各代表站年最低水位、年平均水位及月平均水位均在 95%的置信水平上显著上升，年最高水位仅无锡(二)站在 95%的置信水平上显著上升，这主要是由于其沿江引水能力较强，当降水不足时，通过沿江引水可以使水位不至于下降太低，年最低水位和平均水位上升趋势比较显著。武澄锡虞区代表站年最高水位与武澄锡虞区降水的丰枯变化比较一致。

(5) 关于代表站涨退水分析

通过对 20 世纪 50 年代至 2015 年典型分区的代表站的降水量与水位过程进行分析，重点分析 2002—2015 年的资料系列，发现各站涨水速率与降水强度均有较好的相关关系，除山丘区代表站瓶窑站的相关系数在 0.91 外，其余各站的相关系数均在 0.97 以上；水位退水幅度与退水历时的关系相对差些，相关系数基本在 0.80～0.87。

第4章 工程运行对典型区域洪水影响分析

太湖流域从20世纪开始围湖造地、联圩并圩、开采地下水、开展水利工程建设，城市快速发展，人类活动频繁，改变了流域自然条件和产汇流特性，从而影响了流域洪水特性。如在暴雨洪水过程中，大中型水库、蓄滞洪区、闸坝等水利工程的防洪调度，会对区域洪水演进过程产生一定的影响。此外，长期过量开采地下水，造成地下水位大幅度下降，发生地面沉降等，也会降低抵御洪涝灾害的能力，尤以杭嘉湖区较为显著。本章以典型分区浙西区、杭嘉湖区、武澄锡虞区为研究对象，选取2009年"莫拉克"台风等造成的典型洪水，开展水利工程建设对典型区域的洪水特性影响分析，主要基于实测资料统计分析和模型模拟计算等方法对水位、流量等水文特性进行分析。

4.1 计算方法

4.1.1 太湖流域产汇流模型

根据太湖流域产流特点，产汇流模拟分平原区和山丘区。平原区产流将流域下垫面划分为水面、水田、旱地、建设用地四种类型，分别计算产水量；山丘区产汇流采用新安江三水源模型计算。

4.1.1.1 平原区产流计算

(1) 水面产流计算

水面产流(净雨深)为降水量与蒸发量之差，即

$$R_W = P - C_E \times E \tag{4-1}$$

式中：P ——日降水量，mm；

E ——蒸发皿的日蒸发量，mm；

C_E ——蒸发皿折算系数；

R_W ——水面日净雨深，mm。

对于平原地区圩区内水面产流需考虑圩内水体的调蓄作用，计算过程如下：

$$W_E = W_S + (P - C_E \times E) \tag{4-2}$$

当 $W_E \leqslant W_M$ 时，不产流，即 $R_W = 0$

当 $W_E > W_M$ 时，产流量为：$R_W = W_E - W_M$，$W_S = W_M$

式中：W_E ——圩内水体时段末蓄水量，mm；

W_S——圩内水体时段初蓄水量，mm；

W_M——圩内水体蓄水容量，mm。

计算时，W_M 取值为 300 mm，起算时，W_S 取值为 300 mm。

(2) 水田产流计算

水田净雨深按照田间水量平衡原理确定。为了保证水稻的正常生长，水稻在不同的生育期需要田面维持一定的水层深度，其中起控制作用的水田水层深度有水田的适宜水深上限、适宜水深下限、耐淹水深等。适宜水深下限主要控制水稻不致因水田水深不足而失水凋萎，进而影响产量，当水田实际水深低于适宜水深下限时，需及时进行灌溉。适宜水深上限主要是控制水稻最佳生长允许的最大水深，每次灌溉时以此深度为限制条件。耐淹水深主要控制水田的水层深度不能超过其值，当降雨过大而使水层水深超过耐淹水深时，要及时排除水田里的多余水量，水田的排水量即为水田所产生的净雨深。

以日为时段的田间水量平衡方程式如下：

$$H_2 = H_1 + P - \alpha \times C_E \times E \tag{4-3}$$

当 $Y_2 > H_P$ 时，$R_R = H_2 - H_P, M_i = 0, H_2 = H_P$

当 $H_U < H_2 < H_P$ 时，$R_R = H_2 - H_U, M_i = 0, H_2 = H_U$

当 $H_D < H_2 < H_P$ 时，$R_R = 0, M_i = 0,\ H_2 = H_1 + P - \alpha \times C_E \times E$

当 $H_2 < H_D$ 时，$R_R = 0, M_i = (H_U + H_D)/2, H_2 = (H_U + H_D)/2$

式中：H_1, H_2——每日初、末水稻田水深，mm；

α——水稻各生长期的需水系数；

H_P——各生长期水稻耐淹水深，mm；

H_U——各生长期水稻的适宜水深上限，mm；

H_D——各生长期水稻适宜水深下限，mm；

R_R——时段内水稻田排水量，mm；

M_i——时段内水稻田的灌溉水量，mm。

在非水稻种植季节，水田类下垫面作为旱地处理，产汇流按旱地产流方法计算。

(3) 旱地产流计算

在平原河网地区，尤其是在水田占较大比重的情况下，地下水位较高，土壤含水量易于得到补充，旱地产流可以采用蓄满产流公式计算，具体如下：

$$EE = C_K \times E \times \frac{W_D}{WM} \tag{4-4}$$

$$WMM = WM \times (1 + B) \tag{4-5}$$

$$A = WMM \times \left[1 - \left(1 - \frac{W_D}{WM}\right)^{\frac{1}{1+B}}\right] \tag{4-6}$$

当 $P - EE \leqslant 0$ 时，不产流，则 $R_D = 0$

当 $P - EE + A < WMM$ 时，$R_D = P - EE - (WM - W_D) + WM \times \left(1 - \frac{P - EE + A}{WMM}\right)^{(1+B)}$

当 $P - EE + A \geqslant WMM$ 时，$R_D = P - EE - (WM - W_D)$

式中：C_K ——陆面蒸发折算系数；

W_D ——旱地初始土壤含水量，mm；

WM ——流域平均蓄水容量，即土层最大可能缺水量，mm；

EE ——旱地蒸发量，mm；

B ——蓄水容量曲线指数，它反映了流域上蓄水容量分布的不均匀性，其取值决定于流域的地形、地质条件，对于均匀分布情况，其取值为 0，分布愈不均匀，其取值愈大；

R_D ——旱地产水量，mm。

太湖流域平均蓄水容量 WM 的取值为 120 mm，旱地初始土壤含水量 W_D 的取值为流域平均蓄水容量的 20%，蓄水容量曲线指数 B 的取值 0。

(4) 建设用地产流计算

建设用地的产水量 R_I 按照径流系数法计算。

(5) 平原区总产流计算

平原各分区的总日净雨深为各类下垫面日净雨深乘以其相应的面积权重后相加，即

$$R_S = A_W R_W + A_R R_R + A_D R_D + A_I R_I \tag{4-7}$$

式中：A_W, A_R, A_D, A_I ——水面、水田、旱地及建设用地面积占各分区总面积的权重；

R_S ——各分区的总日净雨深，mm。

4.1.1.2 浙西山区产汇流计算

浙西山区属典型的湿润地区，采用新安江三水源日模型进行产汇流计算。新安江三水源模型流程图如图 4.1 所示。模型设计将一个流域划分为若干个子流域，然后分别对每个子流域单元的产流、汇流等径流形成的全过程进行计算，模型结构及计算方法分为四个部分：蒸散发计算、产流量计算、分水源计算以及汇流计算。

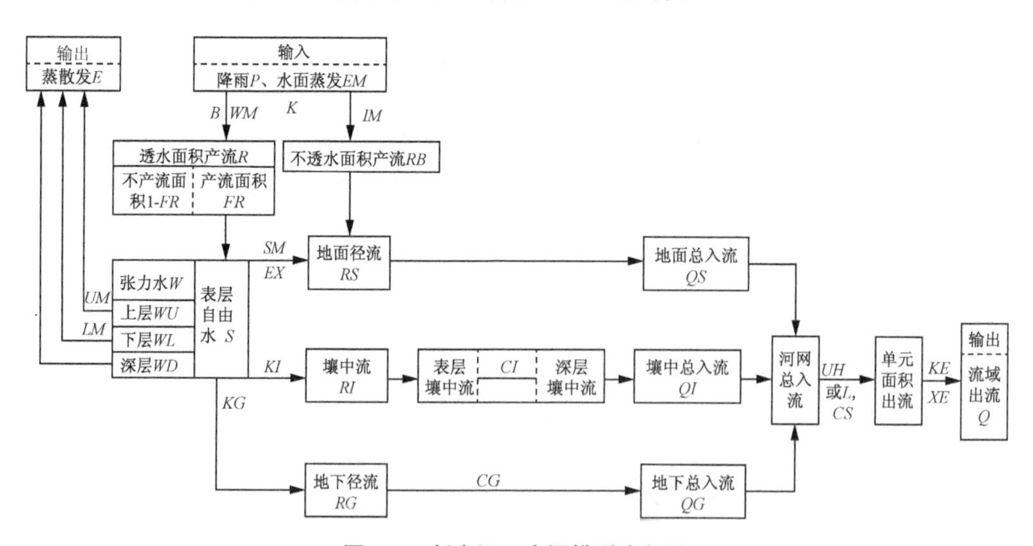

图 4.1 新安江三水源模型流程图

4.1.2　一维河网水动力学模型

根据明渠非恒定渐变流基本方程式(圣维南方程组),以四点隐式差分格式建立河网追赶方程,同时考虑河道附加陆域宽和汊口(湖荡)调蓄的影响。河网内控制建筑物的泄流按水力学闸流公式计算。

连续方程：
$$\frac{\partial Q}{\partial x}+\frac{\partial A}{\partial t}=q_{\mathrm{L}} \tag{4-8}$$

动量方程：
$$\frac{\partial Q}{\partial x}+\frac{\partial (Q^2/A)}{\partial x}+gA\frac{\partial Z}{\partial x}+\frac{gn^2\mid U\mid Q}{R^{4/3}}=0 \tag{4-9}$$

式中：x——距离，m，为自变量；

t——时间，s，为自变量；

A——过水面积，m^2；

Z——水位，m；

U——流速，m/s；

R——水力半径，m，$R\approx A/B$；

B——水面宽，m；

n——糙率；

q_{L}——旁侧入流，m^2/s。

由于资料等方面的限制，模拟计算时所采用的河网、湖泊以及闸泵等工程难以与真实情况完全一致，我们根据河道输水能力和流域蓄水能力等效原理，对天然河网、湖泊进行合并概化。太湖流域河网、湖泊概化图见图 4.2。

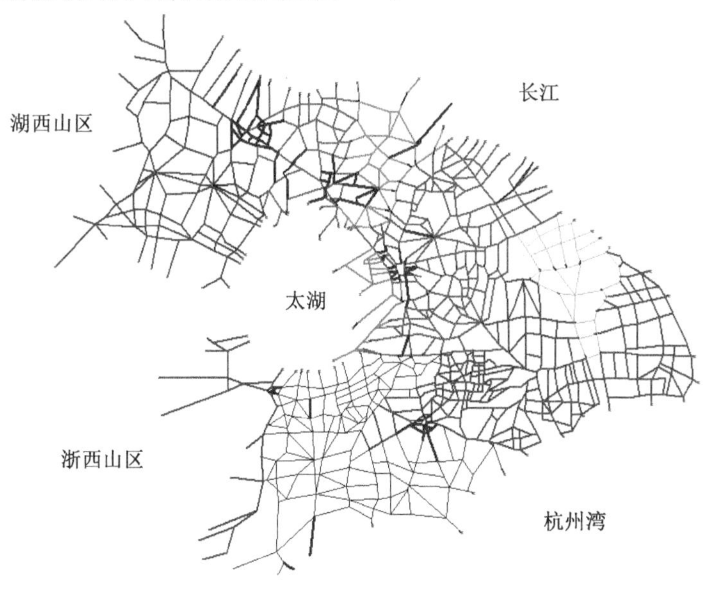

图 4.2　太湖流域河网、湖泊概化图

太湖流域产汇流模型和一维河网水动力模型经过多年的实践和不断完善，已广泛应

用于太湖流域防洪规划、工程设计等前期项目以及各项研究工作中。

4.1.3 模型耦合与计算条件

4.1.3.1 模型耦合

太湖流域产汇流模型分平原区和山丘区，山丘区又分 20 个小分区，产汇流模型计算的每个小分区出口断面的流量直接作为太湖流域水动力模型的河道入流边界。

平原河网产汇流模型与水动力模型连接方式与山丘区不同，因为平原河网区地势平坦，没有统一的汇流出口断面，而是将产水汇流到周边河道里。具体处理如下：将平原区域划分为 1 km×1 km 的网格(图 4.3)，并将相关信息栅格化，河网多边形区域内的产水量以 1 km×1 km 的网格为单元汇入周边的河道。考虑到模型计算的稳定性，河网多边形区域内的产水量向周边河道分配时考虑河道过水能力，即采用如下综合系数法将网格内产水量分配到多边形中综合系数最小的河道上，对水动力模型来说相当于旁侧入流。

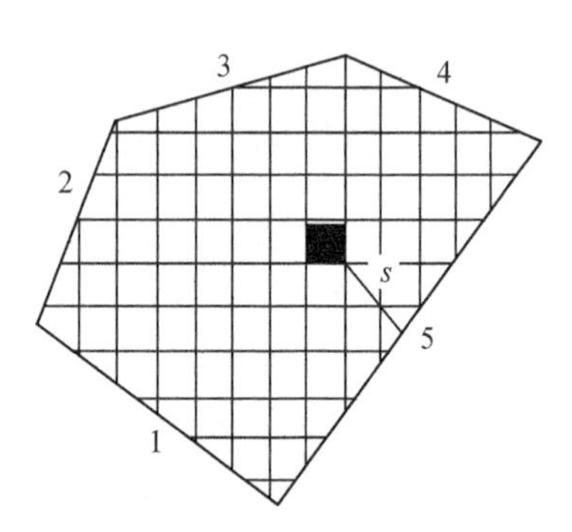

图 4.3 河网多边形栅格化处理

$$\theta=\frac{s}{AR^{0.67}} \tag{4-10}$$

式中：θ——综合系数；

A——河道过水面积，m^2；

R——河道水力半径，m；

s——计算网格到概化河道的最小距离，m。

4.1.3.2 计算条件

(1) 边界条件

除了产汇流入流边界外，还有沿长江至杭州湾共 43 个潮位边界。其中镇江、江阴、浒浦闸、吴淞、乍浦、澉浦、盐官等 7 个潮位站具有实测潮位资料，其他 36 个没有实测潮位资料的沿江和杭州湾口门采用拉格朗日三点插值法，由距离各无实测资料潮位站最近的三个实测潮位站的整点潮位插值得出相应站的整点潮位，并将各站整点潮位作为沿江和杭州湾 43 个口门的边界。

(2) 工程条件

模型中采用的流域工情除太湖流域及区域设计水位分析中采用 1.3.4 节介绍的规划工情外，其余分析研究均采用现状工况，即与规划工况相比，不考虑二轮治太工程未实施部分。

4.2 浙西区工程运用对洪水影响分析

基于 2009 年“莫拉克”台风影响期间的降水、浙西区水利工程(水库、滞洪区、东导流)

的调度及浙西区瓶窑、港口、杭长桥等区域代表站水位的涨跌情况等实测资料及不同情景下的模型模拟情况，研究浙西区工程运用对浙西区水位、流量等洪水要素的影响。

4.2.1　浙西区水利工程建设情况

多年来，浙西区开展了大规模的综合治理工作，形成了“上蓄、中滞、下泄”的工程体系。目前，区内已建有5座大型水库、10座中型水库，滞洪区7处，并实施了以西险大塘加固工程为重点的河道整治、堤防工程以及圩区整治工程。

4.2.1.1　水库

浙西区现有大中型水库15座，水库控制集水面积共1 897.3 km^2，占浙西区总面积的32.0%，总库容达到9.94亿 m^3，防洪库容总计4.71亿 m^3。此外，浙西区还建有226座小型水库，总库容约9 715万 m^3。浙西区所涉的湖州和杭州市各县区水库数量分布情况如表4.1所示。

表4.1　浙西区各县区水库分布情况表　　单位:座

市	县(区)	小(二)型以上水库座数			
		大型	中型	小型	小计
湖州	安吉县	2	3	78	83
	德清县	1		17	18
	长兴县	1	3	31	35
	吴兴区		1	20	21
	开发区			1	1
杭州	临安区	1	2	53	56
	余杭区		1	26	27
合计		5	10	226	241

浙西区5座大型水库分别为东苕溪流域的青山水库、对河口水库，西苕溪流域的老石坎水库、赋石水库以及长兴水系的合溪水库，中型水库10座，分别为东苕溪流域的里畈水库、四岭水库、水涛庄水库、老虎潭水库和西苕溪流域的凤凰水库、大河口水库、天子岗水库、和平水库，以及长兴水系的泗安水库、二界岭水库。

近年来，浙西山区中大型水库先后完成了除险加固。青山水库作为东苕溪防洪骨干工程，经历了多次整修和加固。2002年9月至2005年8月，对拦河大坝、泄洪闸、泄洪放空洞、副坝等进行了全面除险加固，解决了工程中存在的隐患，确保水库的防洪安全。

对河口水库是东苕溪支流余英溪中段的一个水库。1964年竣工，2003年9月开始实施除险加固工程，2005年10月完成。除险加固后，水库正常蓄水位为50.20 m，相应库容为0.805亿 m^3，总库容为1.469亿 m^3。

老石坎水库地处湖州市安吉县境内，位于西苕溪支流南溪中游。老石坎水库于1958

年8月开工，工程经历1958年8月至1960年10月、1964年10月至1966年7月、1968年5月至1969年12月、1978年初至1983年底等4个阶段的建设和持续加高，形成目前规模。2002年1月起开始水库除险加固工程建设，至2003年10月完成主体工程加固任务。水库总库容1.14亿 m^3，调洪库容6 865万 m^3。

赋石水库地处湖州市安吉县境内，坝址坐落在西苕溪支流西溪的上游，是一座以防洪为主，结合灌溉、供水、发电、养鱼等综合利用的大型水库，总库容为2.18亿 m^3。工程于1972年9月动工兴建，1979年底完工，1980年6月通过竣工验收。

合溪水库位于湖州市长兴县境内的合溪流域。合溪水库是一座以防洪、供水为主的综合性水库，总库容1.11亿 m^3。水库工程于2007年12月开工建设，2010年4月主体工程基本建成，并于2011年8月正式下闸蓄水，2012年6月开始正式向长兴县供水。

4.2.1.2 滞洪区

(1) 南湖滞洪区

位于杭州市余杭区境内，是东苕溪流域重要的分滞洪区之一。南湖滞洪区北临南苕溪，南沿02省道，西连上南湖；由东西圩堤组成，分滞洪区面积4.68 km^2。有6 m×5 m 6孔分洪闸、4 m×3 m泄水闸等水利设施。

(2) 北湖滞洪区

位于东苕溪支流中苕溪左岸，分洪时可滞蓄中苕溪洪水，分滞中苕溪洪峰入干流。工程于1995年开工，1997年竣工，新建6孔×6 m分洪闸，设计流量525 m^3/s。蓄洪面积5.3 km^2，平均地面高程4.20～5.20 m。开闸水位为瓶窑水位6.46 m，相应闸上水位7.46 m。按照20 a一遇设计蓄洪水位7.96 m，相应库容2 066万 m^3。

(3) 非常滞洪区

包括余杭区永建片非常滞洪区、瓶窑镇的澄清圩区、张堰圩区、径山镇的潘板圩区和中泰街道的上南湖圩区共5片。非常滞洪区的作用是当东苕溪流域遇到20 a一遇以上大洪水时，在南湖、北湖两个滞洪区运用后，采用非常措施进行调洪，以确保西险大塘的安全。

4.2.1.3 东苕溪导流港诸闸

东苕溪导流港沿线共有6座防洪节制闸及吴沈门新闸(港航)，位于东苕溪导流港东岸，顺流而下分别是德清大闸、洛舍新闸、鲇鱼口闸、菁山闸、吴沈门闸、吴沈门新闸、湖州船闸，见表4.2。导流港沿线各闸是沟通苕溪水系和杭嘉湖平原水系的重要枢纽控制工程。

表4.2 东苕溪导流港7闸的基本情况表

闸坝名称	孔数	总净宽(m)	设计流量(m^3/s)	相应水位(m)		实测最高水位(m)	出现日期	实测最大流量(m^3/s)
				上游	下游			
德清大闸	2	24	438	4.66	2.66	4.59	1999/7/1	479
洛舍新闸	2	18	397	3.96	2.66	—	—	—
鲇鱼口闸	1	9	155	3.81	2.66	4.70	1984/6/14	158

续表

<table>
<tr><th rowspan="2" colspan="2">闸坝名称</th><th rowspan="2">孔数</th><th rowspan="2">总净宽
(m)</th><th rowspan="2">设计流量
(m³/s)</th><th colspan="2">相应水位(m)</th><th rowspan="2">实测最高
水位(m)</th><th rowspan="2">出现
日期</th><th rowspan="2">实测最大流
量(m³/s)</th></tr>
<tr><th>上游</th><th>下游</th></tr>
<tr><td colspan="2">菁山闸</td><td>1</td><td>6</td><td>105</td><td>3.66</td><td>2.66</td><td>4.47</td><td>1984/6/14</td><td>72.2</td></tr>
<tr><td colspan="2">吴沈门闸</td><td>1</td><td>6</td><td>116</td><td>3.41</td><td>2.66</td><td>4.19</td><td>1984/6/14</td><td>158</td></tr>
<tr><td colspan="2">吴沈门新闸(港航)</td><td>2</td><td>40</td><td>—</td><td>—</td><td>—</td><td>—</td><td>—</td><td>—</td></tr>
<tr><td rowspan="3">湖州船闸</td><td>节制闸</td><td>2</td><td>32</td><td>—</td><td>3.16</td><td>2.66</td><td rowspan="3">4.07</td><td rowspan="3">1999/7/1</td><td>307</td></tr>
<tr><td>一线船闸</td><td>1</td><td>12</td><td rowspan="2">—</td><td>—</td><td>—</td><td rowspan="2">—</td></tr>
<tr><td>二线船闸</td><td>1</td><td>23</td><td>4.12</td><td>2.65</td></tr>
</table>

4.2.2　基于实测资料分析工程运行对浙西区洪水的影响

影响浙西区河道、水库洪水特征的因素较多，主要有区域降水、山区水库调度、东苕溪导流港诸闸的分洪、滞洪区的运用以及太湖水位等因素。暴雨洪水过程中，浙西区大中型水库、蓄滞洪区、闸坝等水利工程坚持“上蓄、中滞、下泄”的防洪方针，采取积极措施进行调度，充分发挥各自防洪减灾的功能，对区域洪水演进过程产生积极影响。

选择近 20 年来对浙西区影响较大的 2009 年“莫拉克”期间，分析工程运行对区域洪水的影响。受“莫拉克”台风暴雨影响，浙西区大中型水库均对洪水进行了拦蓄；西苕溪横塘村以下河段梅溪、港口，东苕溪瓶窑、德清大闸等站洪水位均超保证水位；长兴平原河网水位也持续上涨。本小节主要结合“莫拉克”台风影响期间流域水情和工情实况阐明水利工程运行调度对浙西区洪水特征的影响；同时，针对近年来西苕溪港口站流量变化趋势及成因进行分析。

4.2.2.1　山区水库运行调度对典型洪水特征的影响

浙西区湖州市的大中型水库基本按照 20 a 一遇标准拦洪。由于各水库下游河段防洪标准不足 20 a 一遇，为协调水库自身和下游河道防洪安全，在低于 20 a 一遇洪水时，有联合调度条件的水库以分洪调度为主；在超标准洪水时，以分洪和逐步提高泄洪量以及考虑下游河道错峰和区间补偿调节为主。

洪水期间老石坎水库通过鸭坑坞渠道分洪至赋石水库，其传播时间约 1.5 h；其他河段传播时间分别为：老石坎水库至横塘村约 10 h，赋石水库至横塘村约 9 h；横塘村至太湖长兜港口约 12 h；青山水库至德清大桥约 16 h，德清大桥至长兜港口约 12 h。浙西区各水利工程的调度对河道、水库洪水情势具有积极的作用。台风来临前各大中型水库的预泄可有效降低库水位，腾出库容，而在台风影响期间可拦蓄更大的洪水，为下游地区防洪安全提供保障。

“莫拉克”台风影响期间，浙西区 15 座大中型水库共拦蓄洪水 2.72 亿 m^3，占洪量的 29%，即洪水期间接近 3 成的洪量被本区域大中型水库所拦蓄。其中，中型水库四岭水库水位达 78.03 m，超历史纪录；大型水库老石坎、赋石水库水位分别达 120.54 m 和

85.05 m，超库区征地水位 1.87 m 和 1.88 m，成为历史次高洪水位。通过两座大型水库的联合调度，最大洪峰削峰率分别达 77%、97%。

(1) 东苕溪流域

2009 年 7 月下旬至 8 月初“莫拉克”台风来临前，东苕溪支流北苕溪四岭水库、中苕溪水涛庄水库、南苕溪里畈、青山水库 4 座大中型水库均提前开闸预泄，以全面抗击“莫拉克”台风暴雨洪水。8 月 4 日 8 时起，四岭水库开闸预泄，至 9 日 16 时，预泄水量 1 908 万 m^3，水位由 68.45 m 降至 64.83 m；8 月 6 日 0 时至 8 日 2 时，水涛庄水库开闸预泄，预泄水量 560 万 m^3，水位由 143.00 m 降至 136.44 m；8 月 6 日 17 时至 8 日 2 时，里畈水库开闸预泄，预泄水量 1 908 万 m^3，水位由 234.70 m 降至 227.00 m；8 月 5 日凌晨，青山水库预泄腾空库容；8 月 6 日 10 时至 7 日 20 时，对河口水库开闸预泄，水位降至 43.68 m。

随着台风在东苕溪流域影响逐渐加大，特别是 8 月 9 日 16 时 20 分“莫拉克”台风登陆后，全流域普降大暴雨，流域各大中型水库随着入库流量逐渐加大，库水位开始急速上涨。为减缓水位快速上涨，除四岭水库外，各水库再次开闸泄洪。受上游降水和水库泄洪的共同影响，东苕溪干流瓶窑站、德清大闸上站从 8 月 10 日凌晨开始水位急剧上涨(见图 4.4)。为减轻下游河道压力，8 月 9 日 16 时起，四岭水库关闸错峰长达 29 h；10 日 10 时 50 分，青山水库停止泄洪，进行错峰调度；10 日 11 时，对河口水库关闸错峰；10 日 23 时，里畈水库关闸停止泄洪。

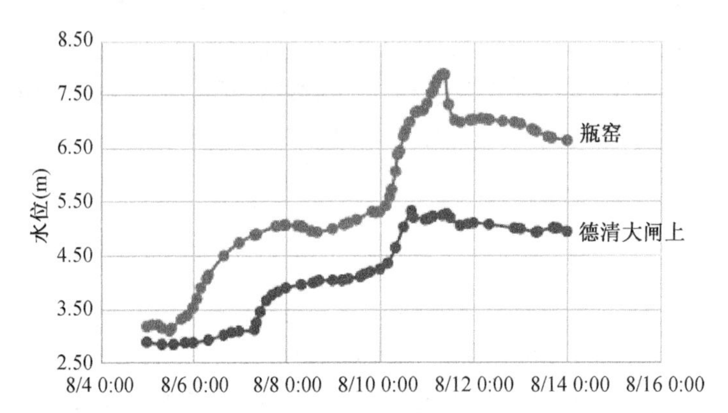

图 4.4 “莫拉克”台风影响期间瓶窑站和德清大闸上站水位过程线

“莫拉克”暴雨洪水过程中，东苕溪上游青山等大中型水库提前预泄，降低水位，腾出库容，有效减缓了后期水位涨势，而在台风影响期间暴雨集中期，有效调蓄了大量洪水，对保障下游行洪安全，削减洪峰产生了非常积极的作用。

(2) 西苕溪流域

西苕溪流域在迎来“莫拉克”台风最强 24 h 暴雨前，老石坎水库于 8 月 9 日 15 时开始预泄，预泄流量 30 m^3/s(见图 4.5)。8 月 10 日 8 时，赋石水库开启泄洪闸预泄，预泄流量 30 m^3/s(见图 4.6)。8 月 11 日 11 时，为减轻西苕溪沿线及太湖防洪压力，发挥两大水库联合调度作用，老石坎水库泄洪闸停止泄洪，同时减小分洪流量至 100 m^3/s，西苕溪干流横塘村等站从 11 日 6 时起先后达到峰值水位(见图 4.7)。8 月 12 日 5 时 30 分，赋石水

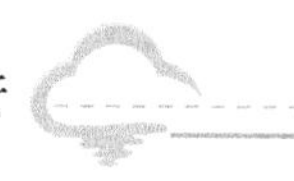

库再次开闸泄洪，泄洪流量 100 m³/s，12 日 10 时，库水位达到峰值 85.05 m，水库加大泄洪流量至 150 m³/s，库水位开始下降。本次洪水过程老石坎水库最大拦蓄洪水 4 855 万 m³，赋石水库拦蓄洪水 7 785 万 m³，西苕溪流域凤凰、大河口、天子岗、和平 4 座中型水库共拦蓄洪水 1 142 万 m³，有效降低太湖水位 0.06 m。

"莫拉克"暴雨洪水过程中，西苕溪上游两大水库前期预泄洪水，降低水位，为后期拦蓄洪水留出了一定的库容；随着各自入库流量的加大，两大水库实现联合调度，老石坎水库根据两大水库流域降水、水库水位的涨幅、西苕溪流域降水、水库下游河道水位涨幅等情况，多次调整泄洪流量和分洪流量，有效控制了水库水位上涨速率及幅度。同时两座水库的关闸错峰，减小了下游河道洪峰流量，并使得下游河道峰值水位提前出现，有效减轻了下游河道的防洪压力。西苕溪中型水库的蓄洪也在一定程度上减轻了库区下游河道的防洪压力。

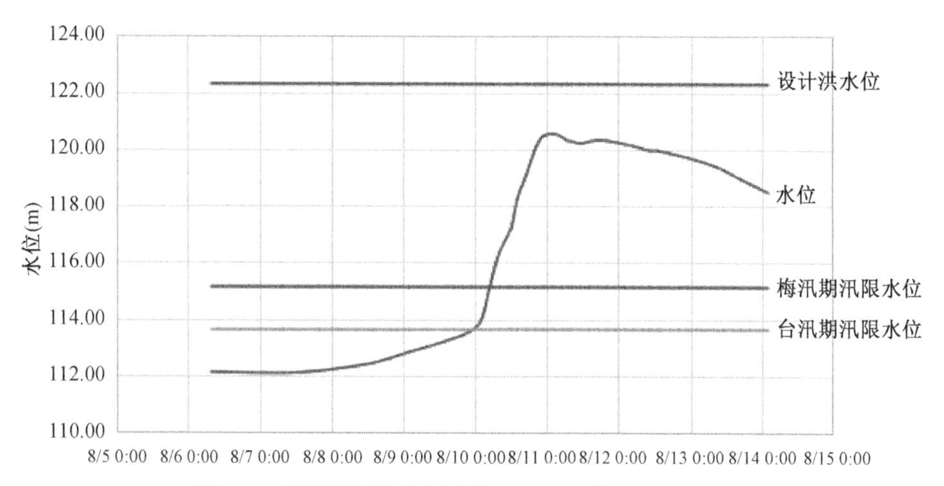

图 4.5　"莫拉克"台风影响期间老石坎水库水位过程线

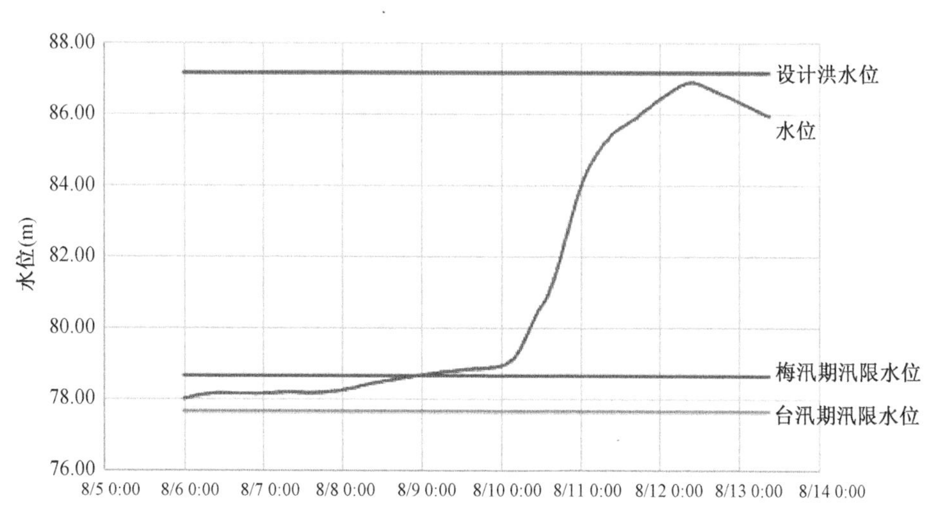

图 4.6　"莫拉克"台风影响期间赋石水库水位过程线

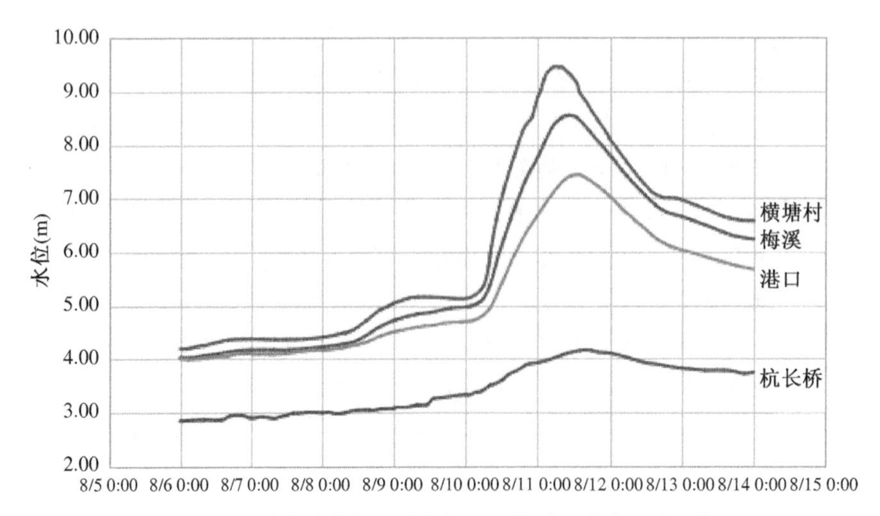

图 4.7 "莫拉克"台风影响期间西苕溪 4 站水位过程线

4.2.2.2 分蓄洪区对典型洪水特征的影响

8 月 10 日傍晚东苕溪流域上游降大暴雨，面平均降水量高达 170.0 mm，致使东苕溪流域水库、河道水位迅速上涨。8 月 11 日 1 时，东苕溪干流瓶窑站水位达 6.62 m，已超警戒水位近 1 m，并有持续上涨趋势，严重危及张堰、潘板、澄清、外畈等 4 个圩区 2 万多人安全，防汛形势十分严峻。

随着台风北移，对东苕溪流域持续影响，降水不断，根据东苕溪洪水调度方案，浙江省防汛防旱指挥部于 8 月 11 日 1 时开启了北湖分洪闸分滞洪水，并于 11 日 8 时 15 分对北苕溪堤防实施破口分洪，将北湖分洪流量加大了 200 m^3/s，3 h 内降低北苕溪水位 1.30 m，降低东苕溪干流水位 0.50 m。北湖分洪区的运用，不仅有效保护了附近圩区的安全，而且也有效缓解了东苕溪流域西险大塘等重要防洪工程的防守压力，进而确保了杭州市市区的防洪安全。

4.2.2.3 东导流各闸调度对典型洪水特征的影响

2009 年 8 月 7 日上午 9 时始，东苕溪导流港沿线德清大闸、洛舍闸、鲇鱼口闸、菁山闸、吴沈门闸、吴沈门新闸相继关闭，以保障杭嘉湖平原防汛安全；17 时 30 分，湖州船闸 2 孔节制闸关闭，启用船闸。受强降雨影响，东导流上游水位迅速上涨。为保护西险大塘防汛安全，8 月 10 日 16 时 30 分起，德清大闸节制闸、套闸开启 1.50 m 泄洪，开闸后闸上水位 6.20 m，下泄流量为 163 m^3/s；11 日 3 时 30 分，德清大闸节制闸、套闸开至 2.00 m，调整前闸上水位 6.22 m，调整后闸上水位 6.18 m，泄洪流量最大加大至 222 m^3/s；11 日 17 时 30 分，德清大闸节制闸、套闸再次调整开度至 1.50 m 泄洪，调整前闸上水位 6.06 m，调整后闸上水位 6.10 m，下泄流量减小至 158 m^3/s；13 日 9 时，德清大闸又一次调整开度，流量进一步减少至 103 m^3/s，15 日 8 时大闸关闭。随着水位进一步下降，8 月 18 日 7 时，湖州船闸节制闸开启；18 日 14 时，德清大闸全开恢复通航；20 日 9 时，吴沈门新闸开闸；24 日 11 时，洛舍闸、鲇鱼口闸、菁山闸开启，至此，东导流各闸全部恢复正常运行。

台风期间东苕溪导流港诸闸实施了科学调度，充分发挥了导流港将山洪导流入太湖的作用，减轻了杭嘉湖东部平原的洪涝压力，同时又确保了湖州城区、西险大塘和导流东大堤的安全。据统计，从 8 月 6 日至 15 日 8 时，东苕溪来水量约 2.95 亿 m^3，其中通过德清大闸东分水量约 5 800 万 m^3，有效降低了太湖水位约 2.5 cm。

4.2.3　基于模型模拟分析水库运用对浙西区下游水位的影响

浙西区现有大中型水库 15 座，总库容达到 9.94 亿 m^3，小型水库 226 座，总库容约 9 715 万 m^3。本小节主要利用太湖流域水动力学模型计算无水库拦蓄条件下，浙西区主要代表站最高水位、超警戒（保证）幅度、持续时间以及涨退水速率等。

4.2.3.1　方案设计

本书主要分析对浙西区造成重大影响的 2009 年“莫拉克”台风期间水库调度对下游洪水的影响。受“莫拉克”台风影响，太湖流域 8 月 8—12 日累计降水量 87.2 mm，分区降水量最大的为浙西区 132.0 mm，其次是湖西区 97.7 mm，其余各分区在 60.0～80.0 mm 之间，杭嘉湖区降水量为 69.2 mm。其间太湖最高水位 4.23 m，发生在 8 月 16 日。

为分析强降水期间浙西区水库调度对区域代表站的影响，模型计算时间选取为 7 月 1 日至 8 月 31 日，计算方案见表 4.3。

表 4.3　模型计算方案设计

时间	方案	水库调度	其他工程调度
7.1—8.31	方案 0	水库运用	太湖流域洪水与水量调度
	方案 1	水库不运用	

4.2.3.2　成果分析

（1）水位分析

根据太湖流域水动力学模型模拟结果，与水库拦蓄作用相比，在没有水库拦蓄条件下（方案 1），瓶窑站、港口站、杭长桥站水位明显上升，其中瓶窑站最高水位上升 1.09 m，港口站抬升 0.84 m，杭长桥站抬升 0.22 m，削峰率分别达到 11%、11%、4%，见表 4.4。由图 4.8～图 4.10 也可看出，水库调蓄错峰作用明显。

表 4.4　浙西区代表站最高水位对比表　　单位：m

站点		警戒水位	保证水位	历史最高水位	本次降雨过程最高水位	两者差值	超警幅度	超保幅度
瓶窑站	有水库拦蓄	7.50	8.50	9.19（1999 年）	8.77	1.09	1.27	0.27
	无水库拦蓄				9.86		2.36	1.36

续表

站点		警戒水位	保证水位	历史最高水位	本次降雨过程最高水位	两者差值	超警幅度	超保幅度
港口站	有水库拦蓄	5.60	6.60	7.91 (2013年)	6.91	0.84	1.31	0.31
	无水库拦蓄				7.75		2.15	1.15
杭长桥站	有水库拦蓄	4.50	5.00	5.60 (1999年)	5.04	0.22	0.54	0.04
	无水库拦蓄				5.26		0.76	0.26

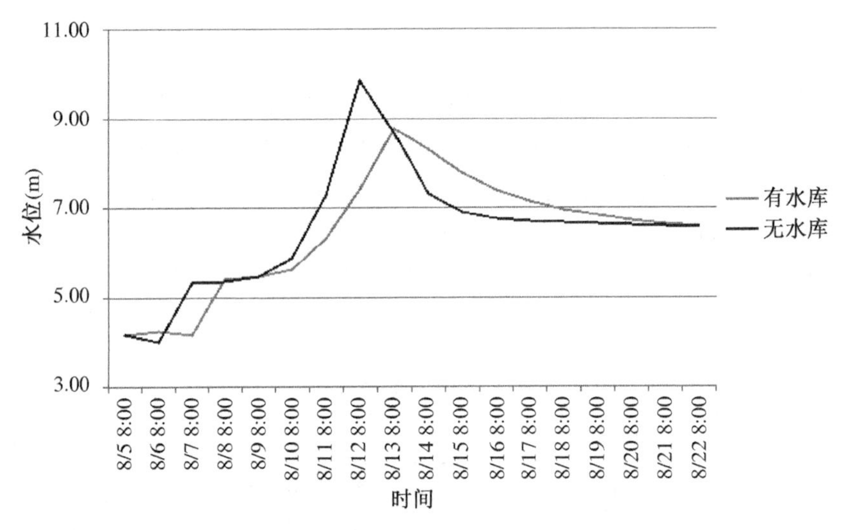

图 4.8 瓶窑站有无水库调蓄情况下水位变化过程

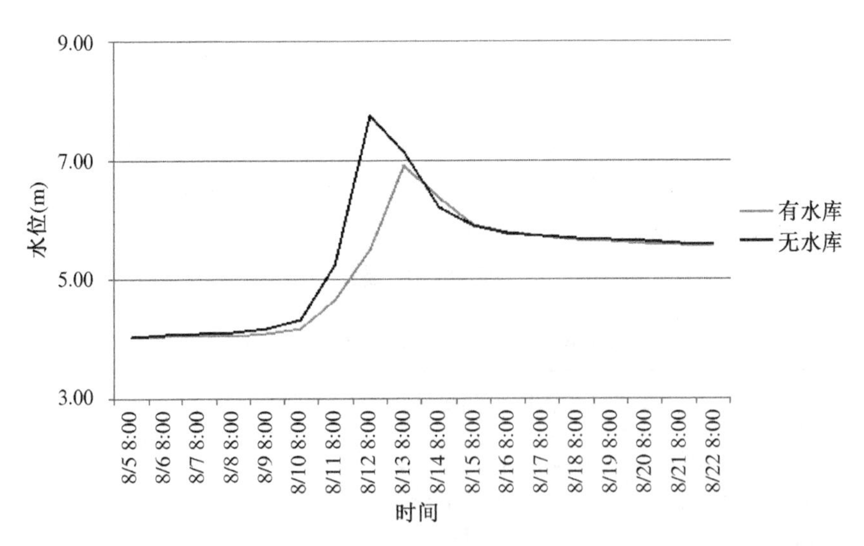

图 4.9 港口站有无水库调蓄情况下水位变化过程

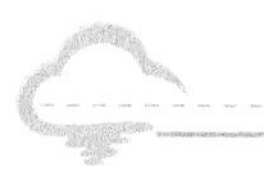

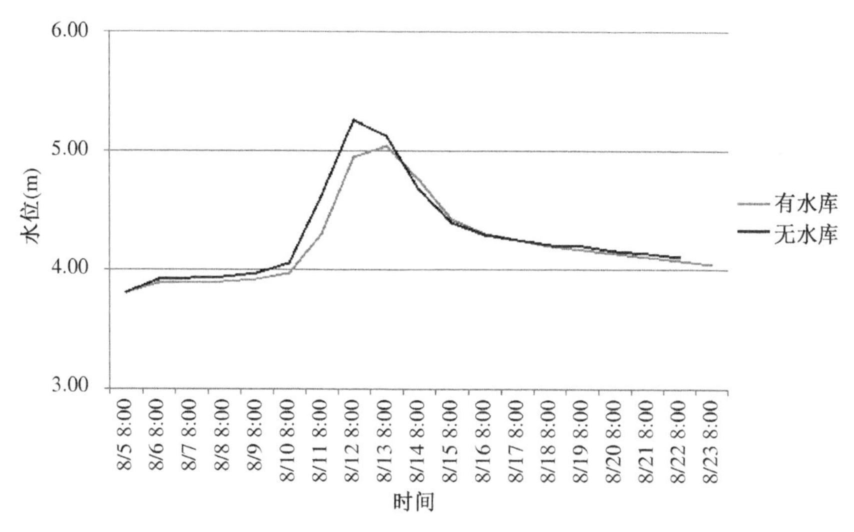

图 4.10 杭长桥站有无水库调蓄情况下水位变化过程

(2) 流量分析

由表 4.5 可知,无水库调蓄条件下,各代表站最大流量均大于有水库调蓄的情况,但大部分站点均未超历史最大流量(除港口站外),德清大闸站最大流量较有水库情况增加了 205%,瓶窑站最大流量较有水库情况增加了 107%,港口站最大流量较有水库情况增加了 90%,横塘村站最大流量较有水库情况增加了 75%。

表 4.5 区域代表站最大流量对比表

站点		历史最大流量(m^3/s)	本次降水过程最大流量(m^3/s)	最大流量出现时间(月/日)
瓶窑站	有水库拦蓄	795	332	8/12
	无水库拦蓄		688	8/12
德清大闸站	有水库拦蓄	479	147	8/25
	无水库拦蓄		448	8/12
杭长桥站	有水库拦蓄	788	345	8/12
	无水库拦蓄		623	8/12
横塘村站	有水库拦蓄	3 700	670	8/12
	无水库拦蓄		1 170	8/12
港口站	有水库拦蓄	1 060	728	8/13
	无水库拦蓄		1 380	8/12

4.3 杭嘉湖区工程运用对洪水影响分析

基于 2009 年台风"莫拉克"期间降水、水利工程(太浦闸、杭嘉湖南排工程、城市防洪工程及东导流)调度及杭嘉湖区嘉兴、新市、王江泾、乌镇等区域代表站水位流量等实测资料及不同工程调度条件下模型模拟情况,研究工程运用对杭嘉湖区水位、流量等洪水要素的影响。

4.3.1 杭嘉湖区水利工程建设情况

4.3.1.1 太浦河工程

太浦河西起太湖之滨的横扇镇时家港,向东经蚂蚁漾、平望、汾湖、钱盛荡,至南大港斜塘入黄浦江。太浦河沿河穿越大小湖荡十余处,流经江苏、浙江和上海市交界地区,全长 57.6 km。

太湖流域综合治理总体规划方案确定其工程任务包括防洪、排涝、供水及航运。其中防洪要求按 1954 年设计年型 5—7 月安排太浦河承泄太湖洪水 22.5 亿 m^3,占太湖外排水量的 49%;排涝要求按设计年型 5—7 月需承泄杭嘉湖地区涝水 11.6 亿 m^3,占本区涝水总量的 23%;防洪与排涝的协调调度规定按平望水位 3.30 m 控制太浦闸泄洪流量,以便在太湖水位不高时,抢排杭嘉湖涝水。

太浦河工程浙江段自 1991 年冬开始建设,目前已完成,主体工程太浦河河道已于 1995 年洪水、1996 年洪水、1999 年特大洪水及 2003 年干旱年、2009 年“莫拉克”台风、2013 年“菲特”台风中发挥了重要作用。

4.3.1.2 杭嘉湖南排工程

1977 年浙江省开始兴建长山闸排涝工程,1987 年基本完成长山闸及长山河的干河开挖及支河配套工程。自 1991 年以来,先后兴建了南台头闸、盐官下河泵闸及盐官上河闸排涝工程。截至 2015 年,南排工程 4 条排涝干河长 161.66 km,4 处排涝闸净宽 144.0 m,盐官下河枢纽另建有电排站,总装机 8 000 kW,设计排水流量 200 m^3/s。南排工程建成后,按太湖流域综合治理规划方案要求遇 1954 年 5—7 月型洪水,向杭州湾排泄洪水 22.14 亿 m^3。

南排工程对减缓杭嘉湖平原的洪涝压力起了较大作用。1999 年南排 4 大排涝工程都投入汛期抗洪排水,在 1999 年“6·30”特大洪水期,6 月 7 日至 7 月 20 日共 44 d 南排工程共外排水量 16.47 亿 m^3,整个汛期外排水量近 36.00 亿 m^3,加快了平原的退水速度,减少了高水位持续时间,使得杭嘉湖平原河网各代表站最高洪水位下降了 0.12~1.12 m。

4.3.1.3 城市、中心城镇防洪工程

嘉兴市区城市防洪工程至 2003 年 10 月已完成全部工程项目建设,采取大、小两级包围方式共同形成城市防洪除涝体系。在城市发展规划区外围通过筑堤、建闸构成大包围圈,利用泵站抽排,控制市河最高水位;利用已建和续建的小包围圈抵御一般高水位。工程实际修筑防洪堤 42.5 km,修筑护岸 3.4 km,建设大小水闸 51 座,新建穆湖溪、三店塘、平湖塘、海盐塘 4 座泵站。城市规划防洪标准达到 100 a 一遇,除涝标准为

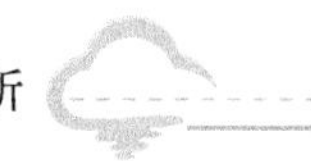

20 a一遇。

从1999年下半年起，各县(市)根据各地不同特点，因地制宜地编制了中心城镇的防洪工程规划。到2002年底，嘉兴五县(市)的中心城镇都实现了“主城区不受淹”的目标，至2006年，魏塘街道、武原街道、硖石街道和梧桐街道的防洪工程达到50 a一遇防洪标准。

4.3.2 基于实测资料分析工程运行对杭嘉湖区洪水的影响

4.3.2.1 东导流港各闸运行对嘉北片洪水情势的影响

东苕溪导流港沿线共有6座防洪节制闸及吴沈门新闸(港航)，位于东苕溪导流港东岸，顺流而下分别是：德清大闸、洛舍新闸、鲇鱼口闸、菁山闸、吴沈门闸、吴沈门新闸、湖州船闸。它们是沟通苕溪水系和杭嘉湖平原水系的重要枢纽控制工程。2009年“莫拉克”台风影响期间，8月7日上午9时，东苕溪导流港沿线德清大闸、洛舍大闸、鲇鱼口闸、菁山闸、吴沈门闸、吴沈门新闸相继关闭；17时30分，湖州船闸2孔节制闸关闭，待节制闸关闭后启用船闸。德清大闸闸上水位在基本无雨情况下从关闸前的4.11 m上涨至11时的4.42 m，8月8日8时上涨至4.95 m。受8月9日、10日浙西区暴雨影响，8月10日16时30分起，德清大闸节制闸、套闸开启1.50 m泄洪，下泄流量为163 m^3/s，开闸后闸上水位由6.20 m略有下降，至20时降至6.17 m；11日3时30分，德清大闸节制闸、套闸开度至2.00 m，泄洪流量加大到最大222 m^3/s，闸上水位从调整前的6.22 m降至调整后的6.18 m；11日17时30分，德清大闸节制闸、套闸再次调整开度至1.50 m泄洪，下泄流量减少至158 m^3/s，闸上水位从调整前的6.06 m上升至调整后的6.10 m；13日9时，德清大闸又一次调整开度，流量继续减少到103 m^3/s，闸上水位从调整前的5.92 m上升至调整后的5.96 m；15日8时，德清大闸关闭，闸上水位从调整前的5.58 m上升至调整后的5.65 m；18日7时，湖州船闸节制闸开启。8月18日14时，德清大闸全开恢复通航。8月20日9时，吴沈门新闸开启。8月24日11时，洛舍闸、鲇鱼口闸、菁山闸开启。

总体上，德清大闸开闸后，闸上水位立即下降，一般当开闸流量为150 m^3/s时，闸上水位可下降0.10 m。根据8月15日8时德清大闸关闸到8月18日14时德清大闸开闸之后一段时间(期间杭嘉湖区基本无雨)杭嘉湖区水位分析，杭嘉湖西部的新市站水位从8月15日8时的3.77 m降至18日8时的3.52 m，平均日降幅0.08 m，在德清大闸关闸期间，其水位基本维持平稳；杭嘉湖东部的嘉兴站在德清大闸关闸期间，其水位从8月15日8时的3.41 m降至18日8时的3.26 m，平均日降幅0.05 m，在德清大闸关闸期间，其水位日降幅0.02 m，下降趋势减缓。

4.3.2.2 太浦闸及太浦河南岸各闸运行对区域洪水的影响

太浦闸位于江苏省吴江区境内太浦河进口段，是太湖流域东部骨干泄洪通道太浦河上泄洪建筑物，也是环太湖大堤重要口门控制建筑物。

2009年8月“莫拉克”台风影响太湖流域期间，太浦闸最大下泄流量达488 m^3/s，8月份平均流量达269 m^3/s。太浦闸泄洪对嘉北片洪水情势具有比较复杂的影响。一方面，

太浦闸加大下泄流量能够及时降低太湖水位，从而减少太湖洪水对杭嘉湖地区造成的压力。另一方面，太浦闸加大下泄流量会抬高太浦河沿线水位，导致太浦河沿线洪水向杭嘉湖地区分流。金泽站距离太浦闸下游约 35 km，练塘站距离太浦闸下游约 54 km。2009 年 7—8 月太浦闸站与金泽站、练塘站日下泄量过程对比见图 4.11。由图 4.11 可知，尽管太浦河下游站流量受上游来水、潮汐涨潮流和平原河网汇流、湖荡调蓄等因素影响，其影响组成较为复杂，但在 2009 年洪水期间，太浦闸下游站水量明显与太浦闸下泄水量具有正相关关系。

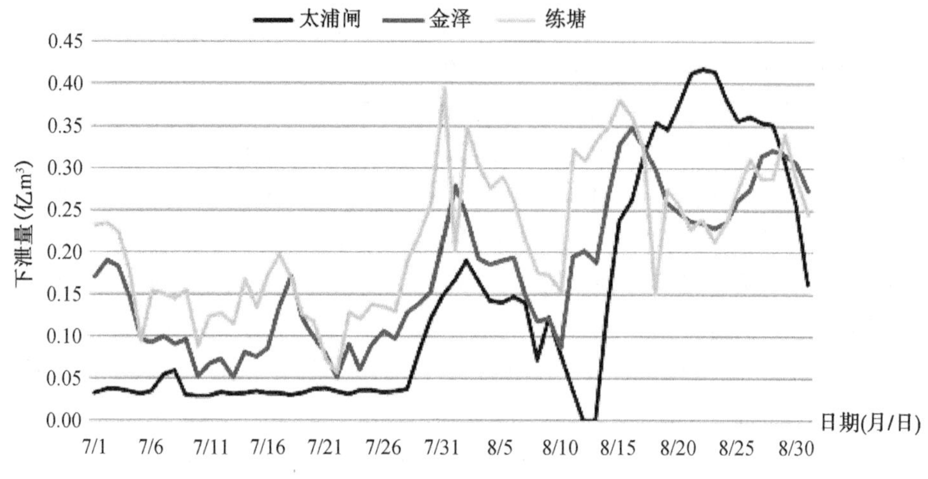

图 4.11　2009 年 7—8 月太浦闸与下游各站日下泄量对比过程图

图 4.12 给出了 2009 年 7—8 月太浦闸下泄流量与嘉北地区苏州塘王江泾站日平均流量过程对照。太浦闸泄洪流量与王江泾站逆流量（出太浦河方向）呈正相关关系。由图 4.12 可知，太浦闸泄洪流量超过 50 m^3/s 时，对王江泾流量有一定影响。太浦闸泄洪会导致太浦河上游段水位抬升明显，加剧北水南压现象，导致王江泾站逆流量的增加。

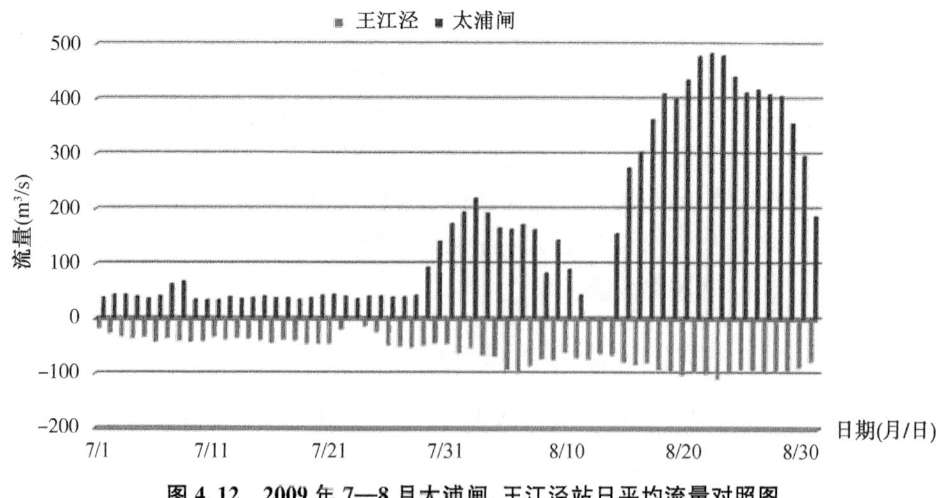

图 4.12　2009 年 7—8 月太浦闸、王江泾站日平均流量对照图

太浦河下泄水量与嘉北西部上游来水流量也有一定关系。从图 4.13 和图 4.14 来看，在 7 月 21 日至 8 月 11 日期间，上游乌镇站、南浔站受本地、上游降水产水以及上游过境洪水等多方面因子影响，其流量与太浦闸站流量关系较为散乱。但在 8 月 12 日至 8 月 31 日期间，由于本地降水的逐渐停止以及上游来水量的减少，影响流量的因素较为单一，上游各站流量与太浦闸站流量呈线性关系。而且随着太浦闸站流量的加大，上游南浔站、乌镇站入太浦河方向的流量均逐渐减小。由此可见，太浦闸泄洪不仅使进入嘉北片的流量增大，同时受其泄洪量顶托影响，也使南浔、乌镇等杭嘉湖西部来水量减少，从而使嘉北片和南浔片河网水位有所抬高。

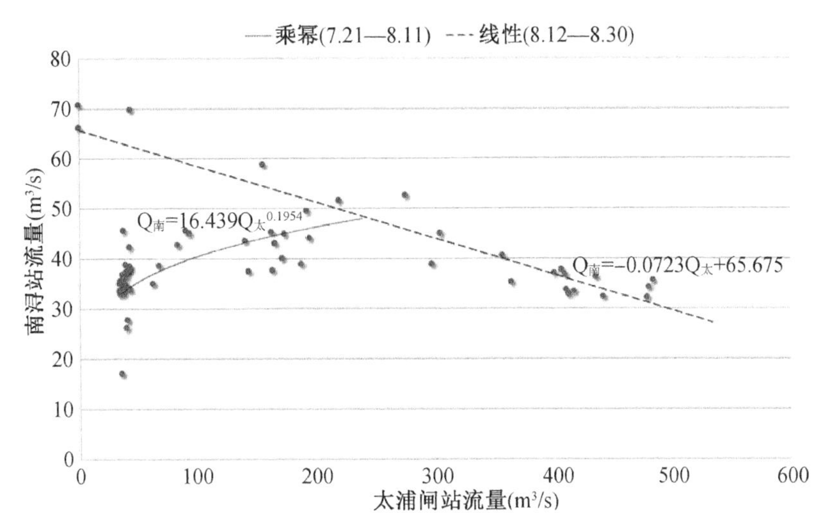

图 4.13　太浦闸站流量与南浔站流量关系图

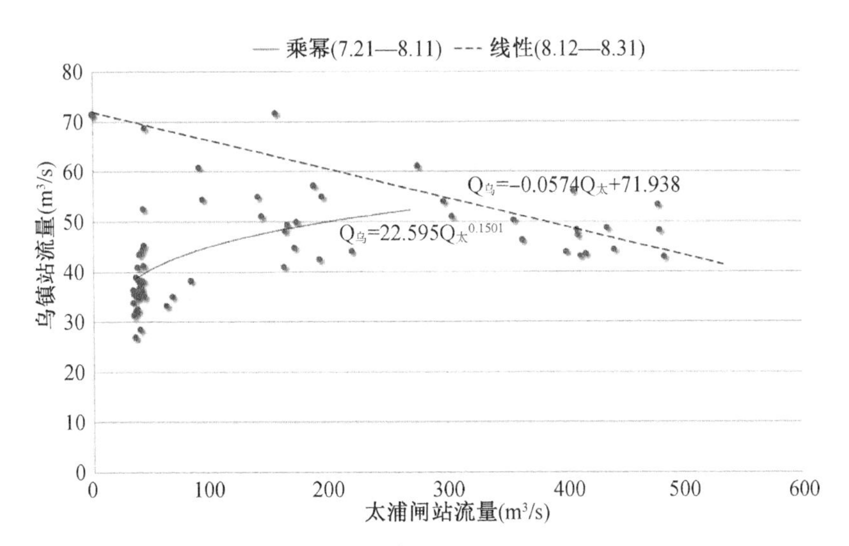

图 4.14　太浦闸站流量与乌镇站流量关系图

4.3.3 基于模型模拟分析工程运用对杭嘉湖区洪水的影响

4.3.3.1 东导流运行调度对典型洪水特征的影响

根据太湖流域水动力模型对2009年“莫拉克”台风影响结束后东导流各闸关闸和泄洪150 m^3/s、250 m^3/s三种方案进行模拟(为了区分降水影响,模拟时段特选择台风影响结束后无雨期,下同),结果表明:东导流各闸分洪150 m^3/s与关闸相比,对于杭嘉湖平原特别是运西片水位影响明显,乌镇站、桐乡站水位抬高0.07～0.13 m,王江泾站抬高0.03～0.06 m,嘉兴站抬高0.04～0.07 m;东导流各闸分洪250 m^3/s与关闸相比,对于杭嘉湖平原特别是运西片水位影响进一步加大,乌镇站、桐乡站水位抬高0.13～0.24 m,王江泾站抬高0.07～0.12 m,嘉兴站抬高0.08～0.15 m。

4.3.3.2 太浦闸运行调度对典型洪水特征的影响

根据太湖流域水动力模型对2009年“莫拉克”台风影响期间太浦闸关闸及泄洪50 m^3/s、150 m^3/s和300 m^3/s四种方案进行模拟,结果如下:当太浦闸站泄量为50 m^3/s时,与关闸状况相比,王江泾站和嘉兴站水位升高0.01 m左右;当太浦闸站泄量为150 m^3/s时,与关闸状况相比,王江泾站水位升高0.04～0.05 m,嘉兴站水位升高0.03～0.04 m;当太浦闸站泄量为300 m^3/s时,与关闸状况相比,王江泾站水位升高0.10～0.11 m,嘉兴站水位升高0.06 m。

4.3.3.3 南排工程运行调度对典型洪水特征的影响

根据太湖流域水动力模型对2009年“莫拉克”台风影响期间南排工程关闸和运用两种方案进行模拟,结果表明,南排工程对于杭嘉湖平原特别是南排片水位影响明显,与南排工程关闸相比,南排工程运用时杭嘉湖区水位整体可降低0.15～0.20 m,其中王江泾站降低0.10～0.14 m,嘉兴站降低0.17～0.23 m。

4.4 武澄锡虞区工程运用对洪水影响分析

根据近年来较典型的2007年7月上旬强降水过程和2009年“莫拉克”台风影响期间武澄锡虞区青阳、洛社、无锡(二)、陈墅等区域代表站水位流量等实测资料,分析研究沿江口门引排水、无锡市城市防洪工程运用等对区域洪水的影响,并利用太湖流域水动力学模型计算分析无锡城市大包围控制与不控制条件下区域代表站最高水位等特征值的变化情况。

4.4.1 武澄锡虞区水利工程建设情况

1991年大水后全面实施治太骨干工程以来,武澄锡引排工程已完成白屈港、澡港、新夏港的枢纽及河道等骨干工程建设,武澄锡西控制线上的新闸工程、白屈港控制线上的建筑物也已建设完成。

4.4.1.1　沿湖工程

武澄锡虞区太湖岸线主要在无锡市境内，常州少许。沿湖自 1988 年至 2000 年已建成水闸 23 座，其中新区 5 座、滨湖区 14 座，设计排水流量 932 m^3/s。节制闸与船闸或套闸并建的有 3 座，单独建套闸的有 6 座，单独建节制闸的有 16 座，太湖大堤东段口门已全线封闭。太湖大堤在经受了 1999 年太湖特大洪水考验后，通过 2000—2003 年的应急加固处理，基本达到了 50 a 一遇的防洪标准。

4.4.1.2　沿江口门工程

武澄锡虞区无锡市江阴段沿江有新沟、新夏港、夏港、锡澄运河、白屈港等 12 条通江河道，共 15 个入江口门。建有 12 座节制闸、2 个抽水站、3 个船闸共 17 座不同类型水工建筑物。节制闸最大引水流量 917.5 m^3/s，最大排水流量 1 351.6 m^3/s。白屈港船闸、黄田港船闸、夏港船闸作为航运通道水工建筑物，不参与引、排水。一般水情条件下，各闸站之间引、排水不统一控制运行，只有在洪水期间才服从统一排水。

武澄锡虞区常州市有澡港水利枢纽 1 座。澡港水利枢纽工程位于常州市新北区春江镇北 3 km、澡港河入江口，2002 年建成投运，是武澄锡低片重要引排工程，设计引排流量为 100 m^3/s。

武澄锡虞区苏州市沿江有张家港闸、十一圩港闸。张家港闸位于张家港港区镇中部的张家港河口，设计最大灌溉流量 455 m^3/s，最大排涝流量 210 m^3/s。十一圩港闸是长江南水北上交通的一个主要口门，设计最大灌溉流量 120 m^3/s，排涝流量 48.5 m^3/s。

4.4.1.3　无锡市城市防洪工程

无锡市城市防洪工程于 2004 年 5 月 25 日开工建设，至 2007 年 10 月基本完成。无锡市城市防洪工程以苏南运河为界，分为运东、运西两部分。运东片实行“大包围”防洪，主要包括 8 大水利枢纽、32 km 堤防和 11 座口门建筑物，建成后受益面积达 136 km^2。运西片主要包括 6 个圩区的达标建设和山洪防治等内容。运东片控制圈中心城区 136 km^2 范围内防洪标准达到 200 a 一遇，运西片城区达到 50～200 a 一遇；城市排涝标准达到 20 a 一遇。

运东片大包围外围防线总长约 68.5 km(其中市区 30.6 km)，主要由圩堤、防洪岸墙、口门控制建筑物和沿线能自然分水的高地所组成。其中，外围堤防及防洪岸墙长 37.5 km。口门控制建筑物主要由 7 座翻水站组成。翻水站总装机流量 415 m^3/s。城市防洪工程主要包括江尖水利枢纽工程等 8 大水利枢纽。

运西片工程布局：在综合考虑山洪出路等因素后，运西片仍采用分散布防形式，即盛岸联圩、山北南圩、山北北圩等 8 个圩子单独设防。通过疏通河道加高加固圩堤、闸站等措施使各圩达到规划标准。

(1) 仙蠡桥枢纽工程

工程位于无锡市京杭运河与梁溪河交汇处。由南、北枢纽和连接南北枢纽的穿运地涵组成。南枢纽包括一座节制闸(2 孔，单孔净宽 20 m)和穿运地涵南涵首，北枢纽包括设

计流量为 75 m^3/s 的泵站、净宽 16 m 的节制闸和穿运地涵北涵首，穿运地涵为沟通南北枢纽的建筑物，过水能力 30 m^3/s。泵站单向排水，安装 5 台立式轴流泵，单机流量 15 m^3/s，配 630 kW 同步电机。

(2) 江尖枢纽工程

工程位于江尖大桥与黄埠墩之间的古运河上。工程主要包括 60 m^3/s 的泵站一座及节制闸一座（3 孔，单孔净宽 25 m），其中泵站为 3 台 20 m^3/s 的竖井式贯流泵机组，配 800 kW 异步电机。

(3) 利民桥枢纽工程

工程位于无锡市原南长区（现已与崇安区、北塘区合并为梁溪区）古运河与京杭大运河交汇处，由一座净宽 16 m 的节制闸、一座 12(16) m×90 m 的船闸和一座设计流量为 60 m^3/s 的泵站以及附属设施组成。泵站单向排水，安装 4 台立式轴流泵，单机流量 15 m^3/s，配 630 kW 同步电机。

(4) 北兴塘枢纽工程

工程位于无锡市城东，坐落在万安桥东侧与规划春丰路之间的北兴塘上，由一座 60 m^3/s 的泵站、一座净宽 16 m 的节制闸和一座 16 m×135 m 的船闸组成。泵站单向排水，安装 4 台立式轴流泵，单机流量 15 m^3/s，配 630 kW 同步电机。

(5) 九里河枢纽工程

工程位于锡山区东亭与查桥交界处的九里河上，泵站设计流量 45 m^3/s，单向排水，安装 3 台立式轴流泵，单机流量 15 m^3/s，配 630 kW 同步电机。新建泵站与原先建的 6 m 宽节制闸和 8 m×90 m 船闸组成水利枢纽。

(6) 伯渎港枢纽工程

工程位于新区坊前与梅村交界处的伯渎港上，泵站设计流量 45 m^3/s，单向排水，安装 3 台立式轴流泵，单机流量 15 m^3/s，配 630 kW 同步电机。新建泵站与原先建的 6 m 宽节制闸和 8 m×90 m 船闸组成水利枢纽。

(7) 严埭港枢纽工程

工程位于惠山区严埭港、锡北运河和白屈港交汇处，由一座 70 m^3/s 的泵站、一座节制闸（2 孔，单孔净宽 12 m）和一座 16(20) m×135 m 的船闸和上下游连接建筑物组成。泵站安装 5 台套立式轴流泵，单机流量 14 m^3/s，配 630 kW 同步电机，其中 2 台泵共 28 m^3/s 流量具备双向抽排功能。

(8) 寺头港节制闸工程

工程位于惠山区堰桥镇的寺头港与锡北运河交汇处，工程为 12 m 宽的节制闸一座（2 孔，单孔宽 6 m）。

4.4.2 基于实测资料分析工程运行对武澄锡虞区洪水的影响

当降水造成武澄锡虞区域水位上涨，水利工程调度控制运用是降低河道水位的有效手段之一。武澄锡虞区水利工程平时一般不统一运用，但遇区域大水时服从统一的挡洪、排涝需要，在强降水结束后 72 h 左右可将内河水位降低至起涨水位。

除本区域降水外，武澄锡虞区水量主要来自 4 个方向：一是以大运河为主的锡澄西线

来水，二是沿江各闸自长江引水，三是沿太湖梅梁湖泵站、大渲河泵站、小溪港泵站等自太湖调水，四是因少数东西向河流没有建闸在引江济太时受望虞河水位抬高影响而进入的少量水量。出境水量主要有 3 个方向：一是东部边界向望虞河排水（锡澄东线），二是汛期通过沿江各闸向长江排水，三是大运河出区域水量。武澄锡虞区沿江口门一般情况下不同时引水，但遇大水排涝期间，则服从统一排水。引水与排水都会对区域内水位产生影响，但引水使内河水位上涨的速度明显小于排水使内河水位下降的速度。以锡澄运河定波闸为例，图 4.15 为 2010 年定波闸引排水时其上游青阳水位变化情况。2010 年 1 月 1 日 15 时 16 分至 17 时 20 分定波闸引水 49.62 万 m^3，引水前青阳水位相对平稳，水位为 3.31 m，16 时后青阳水位开始明显上升，至 3.36 m，上升了 0.05 m。2010 年 8 月 7 日 7 时 56 分至 12 时 10 分定波闸排水 47.89 万 m^3，排水前青阳水位相对平稳，水位为 3.97 m，8 时 10 分后青阳水位明显下降，一直降至 3.90 m，下降了 0.07 m。据统计分析，在正常情况下，未受降水影响时，定波闸单次引水量小于 100 万 m^3 时，锡澄运河上游青阳

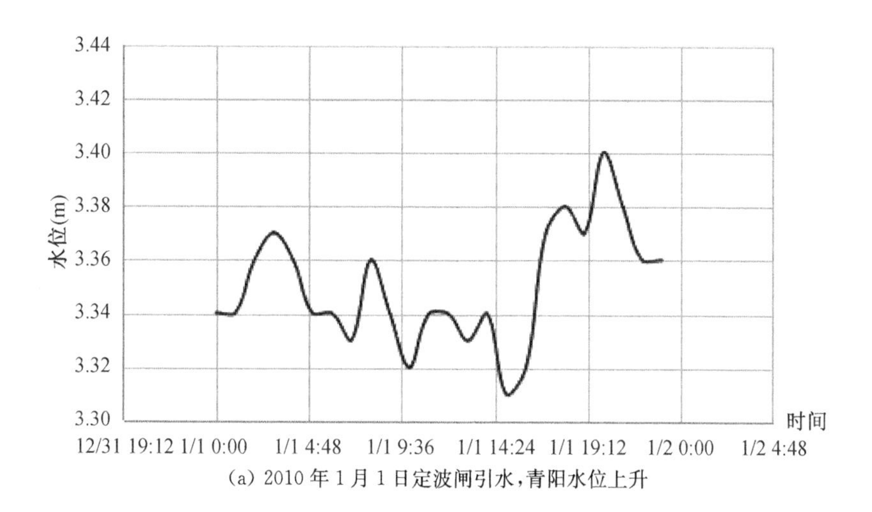

(a) 2010 年 1 月 1 日定波闸引水，青阳水位上升

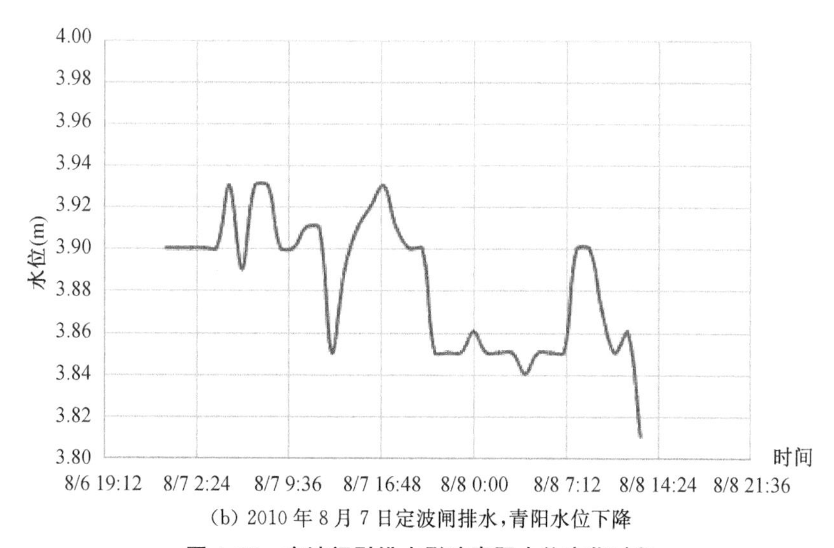

(b) 2010 年 8 月 7 日定波闸排水，青阳水位下降

图 4.15　定波闸引排水影响青阳水位变化过程

水位平均上升 0.05 m；单次排水量小于 100 万 m^3 时，青阳水位平均下降 0.07 m。当单次引水量超过 100 万 m^3 时，青阳水位平均上升 0.07 m；单次排水量超过 100 万 m^3 时，青阳水位平均下降 0.09 m。此外，定波闸引水影响到青阳水位变化时间约为 1 h，排水影响到青阳水位变化时间较引水短，约 30 min。

当无锡市境内白屈港等工程加大排水力度时，可改变江阴市东部河网水流流向，甚至造成张家港凤凰断面流向向西；加大引水力度时，可抬高望虞河以西河网水位，通过张家港、锡北运河增加东排望虞河的水量。

武澄锡虞区苏州境内沿江口门一般以排水为主。近年来，张家港、十一圩港引江水量有所增加，通过东清河进入锡北运河的水量也增加，致使锡北运河锡北镇段、东港镇段总体水位比以前明显上升，并在锡北运河和东清河交界的石村、陈墅附近造成区域最高水位，据统计，附近陈塘河陈墅站 2007—2015 年多年平均水位比 2000—2006 年上升了 0.22 m。

4.4.2.1　沿江口门排水对洪水特征的影响

以 2007 年汛期"7·4""7·8"强降水过程和 2009 年"莫拉克"台风期间的实测资料为基础，分析沿江口门排水对武澄锡虞区洪水特征的影响。

(1) 2007 年"7·4""7·8"暴雨

2007 年 7 月 4 日、7 月 8 日武澄锡虞区连续两次出现强降水过程，7 月 4 日凌晨 4 时开始，无锡、江阴普降大到暴雨，降水历时约 10 h，其中最大 6 h 无锡站降水达 106.0 mm，降水强度为历年少见。根据无锡站历年最大 6 h 降水量统计分析，6 h 暴雨频率在 10 a 一遇左右。受"7·4"暴雨影响，各站水位从起涨到达峰值水位历经 11～16 h，大运河无锡(二)站水位达 4.75 m，达到该站当时历史第 3 高纪录。

7 月 7 日 12 时至 8 日 11 时 30 分，武澄锡虞区再次普降大暴雨，局部地区(青阳、玉祁、马镇)降特大暴雨，平均降水量 116.0 mm，降水历时 26 h 左右，暴雨频率在 5 a 一遇左右。受"7·8"暴雨影响，陈墅站水位从 3.50 m(7 月 7 日 11 时)涨到 4.55 m(7 月 8 日 15 时)，上涨 1.05 m；青阳站水位从 3.65 m(7 月 7 日 10 时)涨到 4.84 m(7 月 8 日 16 时)，上涨 1.19 m。平均 100 mm 降水量，区域水位上涨 1.00 m 左右。

在应对两次集中性降水期间，武澄锡虞区沿江口门及时排水，为安全度汛发挥了重要作用。7 月 4 日至 12 日，江阴沿江 14 座口门全部开启，充分利用长江低潮位向长江排水，白屈港、夏港抽水站全力向长江排水降低内河水位，沿江各闸总排水量 3.0 亿 m^3，其中定波闸排水 3 850 万 m^3，动力排水 6 900 万 m^3。常熟水利枢纽 7 月 4 日 12 时停止从长江引水，改为全力排水，7 月 4 日至 12 日共向长江排水 2.76 亿 m^3，张家港共排水 5 920 万 m^3。

(2) 2009 年"莫拉克"台风

受第 8 号"莫拉克"台风带来的强降水影响，8 月 10 日 6 时起，武澄锡虞区各河道水位快速上升，11 日 14 时左右达到峰值水位，河道水位普涨 0.65 m 左右，11 日 17 时后水位缓慢下降，到 26 日 8 时基本降到起涨水位。

8 月 9 日至 11 日，江阴沿江 14 座口门全部开启，充分利用长江低潮位向长江排水，白屈港、夏港抽水站紧急启动，两抽水站 8 台机组全部开机排水，全力向长江排水以降低内河水位，沿江各闸总排水量 12 400 万 m^3，其中动力排水 1 500 万 m^3；张家港全力排水入

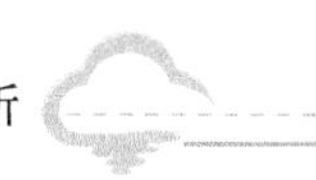

长江，共排水 1 327 万 m^3。通过统一调度，有效控制了武澄锡地区河网水位。台风期间，常熟水利枢纽、望亭水利枢纽全力排水，常熟水利枢纽向长江排水 8 410 万 m^3，望亭水利枢纽排泄太湖洪水 3 992 万 m^3。梅梁湖泵站调水平均流量 22.0 m^3/s，共调 570.2 万 m^3 太湖水入大运河。

4.4.2.2　城市水利工程运用对洪水特征的影响

无锡市城市防洪工程 8 大枢纽的建成大大提高了运东片城区的防洪和排涝标准，特别是在面对 2007 年“7·4”暴雨和“7·8”暴雨袭击时，通过工程联合调度运行，将大包围内无锡南门站水位控制在 3.50 m 以下，为保护无锡市人民生命财产安全发挥了重要作用。

2007 年，无锡市城市防洪运东大包围 8 大枢纽中的利民桥枢纽和严埭港枢纽尚未全面完成，但防洪工程已基本具备运行条件。2007 年 7 月 3 日 21 时，伯渎港、九里河、北兴塘、江尖、仙蠡桥泵站先后启动运行，总排涝流量 110 m^3/s，4 日 4 时增至 130 m^3/s，4 日 19 时又加大到 150 m^3/s。通过工程联合运行，大包围内的无锡南门站水位从 7 月 4 日 12 时的最高水位 4.44 m，至 5 日 2 时降至 3.50 m 以下(3.48 m)，降幅 0.96 m，用时 14 h，平均约下降 0.07 m/h(见表 4.6)。7 月 7 日，运东大包围各大枢纽又联合运行，7 日 13 时，排涝流量 90 m^3/s，16 时增至 110 m^3/s，22 时加大到 150 m^3/s。通过工程联合运行，大包围内的无锡南门站最高水位仅为 3.64 m，比大包围外的无锡(二)站最高水位低 1.08 m。整个暴雨过程，无锡南门站水位始终保持较低，变幅较小(见表 4.7)。

表 4.6　“7·4”暴雨期间水位及运东大包围排涝流量统计表

时间	无锡(二)站水位(m)	无锡南门站水位(m)	排涝流量(m^3/s)	时间	无锡(二)站水位(m)	无锡南门站水位(m)	排涝流量(m^3/s)
3 日 21 时	3.75	3.39	110	4 日 10 时	4.43	4.29	130
3 日 22 时	3.76	3.38	110	4 日 11 时	4.51	4.40	130
3 日 23 时	3.76	3.37	110	4 日 12 时	4.58	4.44	130
4 日 0 时	3.75	3.37	110	4 日 13 时	4.56	4.43	130
4 日 1 时	3.75	3.36	110	4 日 14 时	4.59	4.41	130
4 日 2 时	3.77	3.35	110	4 日 15 时	4.60	4.40	130
4 日 3 时	3.75	3.34	110	4 日 16 时	4.59	4.34	130
4 日 4 时	3.76	3.34	130	4 日 17 时	4.64	4.27	130
4 日 5 时	3.82	3.37	130	4 日 18 时	4.64	4.17	130
4 日 6 时	3.93	3.57	130	4 日 19 时	4.62	4.09	150
4 日 7 时	4.00	3.70	130	4 日 20 时	4.58	4.01	150
4 日 8 时	4.09	3.80	130	4 日 21 时	4.58	3.92	150
4 日 9 时	4.27	4.06	130				

表 4.7 “7·8”暴雨期间无锡水位及运东大包围排涝流量统计表

时间	无锡(二)站水位(m)	无锡南门站水位(m)	排涝流量(m^3/s)	时间	无锡(二)站水位(m)	无锡南门站水位(m)	排涝流量(m^3/s)
7日13时	3.71	3.21	90	8日2时	4.26	3.49	150
7日14时	3.78	3.29	90	8日3时	4.28	3.44	150
7日15时	3.77	3.36	90	8日4时	4.30	3.37	150
7日16时	3.80	3.37	110	8日5时	4.31	3.28	130
7日17时	3.82	3.35	110	8日6时	4.30	3.24	130
7日18时	3.78	3.36	110	8日7时	4.44	3.40	130
7日19时	3.83	3.36	110	8日8时	4.53	3.50	130
7日20时	3.86	3.38	110	8日9时	4.55	3.55	130
7日21时	3.94	3.38	110	8日10时	4.66	3.62	110
7日22时	4.01	3.59	150	8日11时	4.70	3.64	110
7日23时	4.05	3.57	150	8日12时	4.72	3.59	110
8日0时	4.14	3.57	150	8日13时	4.70	3.59	110
8日1时	4.22	3.59	150				

2009年“莫拉克”台风影响太湖流域期间，面对台风及强降水，无锡市防汛部门提前采取措施，相继启动城市防洪工程各大水利枢纽泵站，最多开启11台机泵，共计排涝流量167 m^3/s。大包围内无锡南门站水位始终保持在3.50 m以下。

但无锡市城市防洪工程建成后，也对武澄锡虞区河网水位造成了影响，加大了大包围外围行洪排涝压力。为改善区域水环境及满足汛期主城区防汛需求，江尖水利枢纽泵站与利民桥水利枢纽泵站将包围圈内水量向大运河抽排。2007—2010年江尖水利枢纽泵站向大运河平均抽排水量9 640万 m^3，利民桥水利枢纽泵站向大运河平均抽排水量18 560万 m^3。这些水量都通过梁溪河排入大运河或直接进入大运河，使大运河无锡段近几年一直保持高水位行水。据统计，大运河无锡(二)站2007—2015年多年平均水位比2000—2006年增加0.24 m；2007—2015年大运河无锡(二)站日平均水位超警戒水位56 d、5 d、30 d、19 d、21 d、10 d、4 d、13 d及43 d；无锡上游大运河洛社站2007—2010年日平均流量出现逆流的天数分别为6 d、59 d、62 d、60 d，2011年2月12日10时逆流甚至上溯到常州横林大桥断面；洛社站2007—2010年平均径流量比2000—2006年减少28 220万 m^3。

4.4.3 基于模型模拟分析城防工程对武澄锡虞区洪水的影响

本小节主要利用太湖流域水动力学模型计算分析无锡城市大包围控制与不控制条件下，武澄锡虞区主要水位代表站最高水位、从起涨到出现最高水位时间、从最高水位降到起涨水位时间、超警戒(超保证)幅度以及持续时间等要素变化情况。

4.4.3.1　计算时段及方案设计

本书计算主要分析流域 2007 年 7 月上旬，受区域局地暴雨影响时，武澄锡虞区城防工程运用对区域代表站点的水位影响。2007 年 7 月上旬，流域累计降水量 137.2 mm，主要集中在 1—4 日和 7—9 日，分区降水量最大的为武澄锡虞区 321.1 mm，后依次是湖西区 234.2 mm、阳澄淀泖区 171.3 mm、太湖区 110.9 mm、浦东浦西区 98.5 mm，浙西区 54.2 mm，杭嘉湖区降水量仅为 27.2 mm。

考虑模型模拟前期的稳定性，模型计算时间选择 6 月 1 日至 7 月 31 日，计算方案如表 4.8 所示。

表 4.8　模型计算方案设计

时间	方案	城防工程调度	其他工程调度
6.1—7.31	方案 0	敞开	太湖流域洪水与水量调度方案
	方案 1	按无锡(二)站和无锡南门站水位联合调度	

当无锡(二)站水位大于 3.80 m 时，开启城防工程运用，此时当无锡南门站水位低于 3.30 m 时关闸，否则开启城防工程排水直到仙蠡桥枢纽水位低于 2.50 m。

4.4.3.2　成果分析

根据太湖流域水动力学模型模拟结果，与没有无锡城市大包围防洪工程运用相比，在城市防洪工程运用条件下(方案 1)，除陈墅站外，青阳站、无锡(二)站、洛社站水位明显上升，上升幅度在 0.25～0.55 m 之间。图 4.16～图 4.19 为武澄锡虞区代表站在城市防洪工程运用与不运用情况下的水位过程线。

与无城市大包围工程情况相比，运用城市大包围工程后陈墅站水位反而有一定程度降低，分析原因主要是陈墅站离城市大包围相对较远，离沿江十一圩港和张家港较近，受后者调度影响更大。模型计算中，张家港闸和十一圩闸的调度依据为北国水位。在大包围方案下，北国水位比无大包围方案偏高，因此，容易较早达到启用十一圩闸和张家港闸排水的条件，造成圩外陈墅站水位反而比无大包围方案更低。

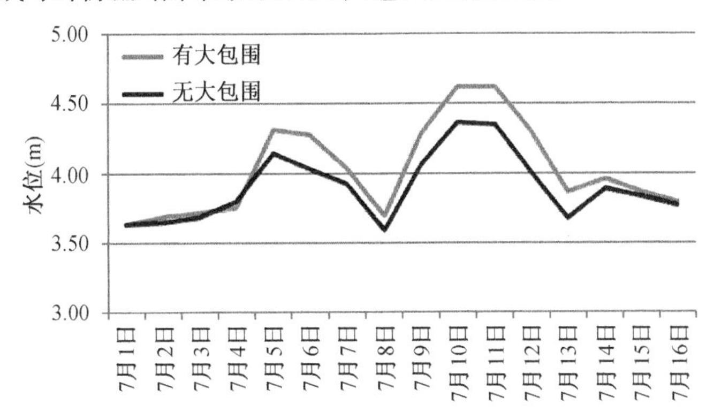

图 4.16　无锡城市大包围运用与否青阳站水位过程线

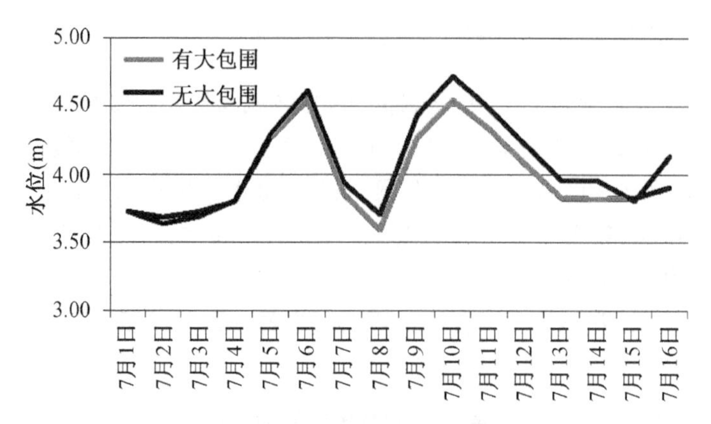

图 4.17 无锡城市大包围运用与否陈墅站水位过程线

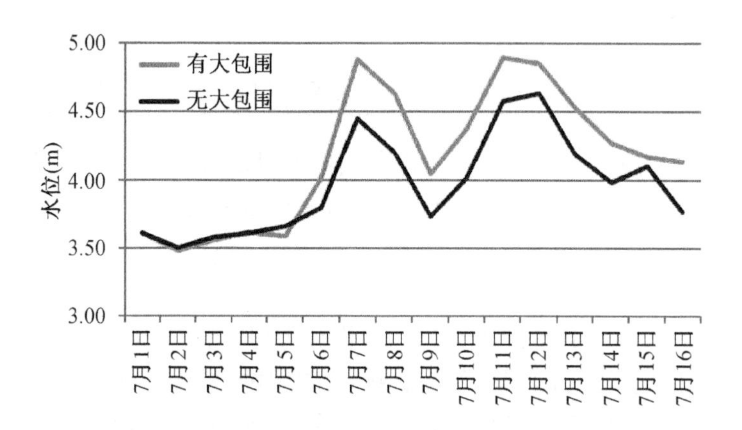

图 4.18 无锡城市大包围运用与否无锡(二)站水位过程线

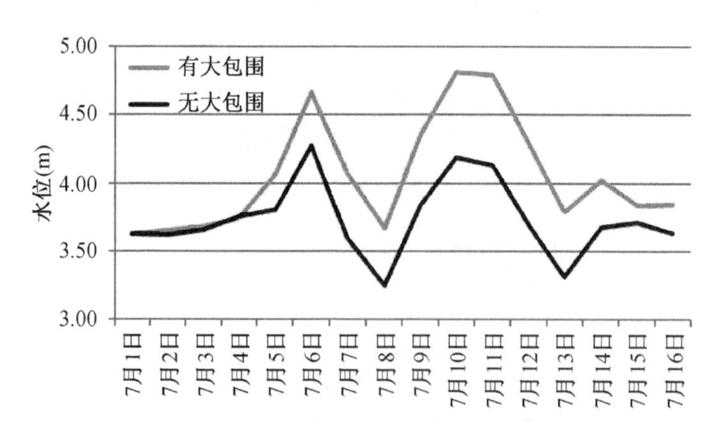

图 4.19 无锡城市大包围运用与否洛社站水位过程线

因此,武澄锡虞区城市防洪工程的运用对于降低圩内水位是有效的,同时会增加圩外站点的防洪风险,最高水位和超警持续时间均有所增加。

4.5　小结

在收集区域水文数据的基础上，结合典型洪水实况和水利工程建设调研，系统分析了工程运行对浙西区、杭嘉湖区、武澄锡虞区洪水特性的影响，并在此基础上运用太湖流域河网水动力学模型，分析了浙西区水库调度、杭嘉湖区太浦闸和南排工程运用、武澄锡虞区城防工程调度对区域洪水的影响，通过分析得知水利工程运用对区域洪水影响比较显著。主要结论如下：

第一，洪水期间，老石坎水库至横塘村传播时间约 10 h，赋石水库至横塘村约 9 h；横塘村至太湖长兜港口约 12 h。青山水库至德清大桥传播时间约 16 h，德清大桥至长兜港口约 12 h。浙西区大型水库的调度运用对下游河道代表站最高水位和最大流量的错峰削峰作用明显，与无水库拦蓄作用相比，2009 年“莫拉克”台风期间东西苕溪瓶窑站、港口站水位削峰率可达 11%左右，杭长桥站水位削峰率可达 4%左右；各站最大流量削峰率均在 40%以上，其中德清大闸站最大，达到 67%，其次为瓶窑站，达 52%，港口站、杭长桥站、横塘村站的流量削峰率分别为 47%、45%、43%。

第二，水利工程调度对杭嘉湖区洪水影响：东导流开闸向杭嘉湖分洪，对杭嘉湖西部水位影响较大，对东部水位影响相对较小。当东导流分泄 150 m^3/s 和 250 m^3/s 时，杭嘉湖西部代表站水位将分别整体上涨 0.07 m 和 0.13 m 左右，东部嘉兴等站水位将分别上涨 0.03 m 和 0.07 m 左右；太浦闸泄洪对杭嘉湖区有一定影响，其流量的增大能加大王江泾站向南的流量，同时也会减少杭嘉湖西部上游的来水量，抬高嘉北片和南浔片河网水位，太浦闸泄量每增加 100 m^3/s，王江泾、嘉兴等站水位将升高 0.02～0.03 m；南排工程对于降低杭嘉湖平原特别是南排片水位效果明显，与南排工程不运用相比，2009 年“莫拉克”台风影响期间，杭嘉湖区水位整体可下降 0.15～0.20 m。

第三，水利工程调度对武澄锡虞区洪水影响：沿江口门引水与排水都会对区域内水位产生影响，但引水使内河水位上涨的速度明显小于排水使内河水位下降的速度；无锡城市防洪工程对于降低城市内河水位是十分有效的，但同时会增加圩外区域的防洪风险，当区域发生 100 mm 以上强降水时，运用无锡城市大包围后，无锡(二)、青阳等站最高水位将上升 0.20 m 以上，这将造成圩外最高水位和超警持续时间均有所增加，尤其是近些年大运河无锡段一直保持高水位行水。

第5章 太湖流域设计洪水分析

设计洪水成果将直接影响流域防洪规划、工程设计、风险图编制等多项工作，其可靠性关系到流域的防洪安全，是一项十分重要的基础工作。本章节在已有降水资料基础上，开展全流域、上游区、下游区、北部区、南部区和7大水利分区最大1 d～90 d的设计暴雨频率分析，结合流域历史洪水选择暴雨典型年开展不同重现期设计暴雨时空分配过程分析计算，提出太湖流域“91北部”“91上游”“99南部”典型设计暴雨过程，并利用太湖流域产汇流模型开展流域设计洪量计算分析。

5.1 设计洪量计算方法

太湖流域为平原河网地区，湖泊星罗棋布，水流往复不定，很难选取具有代表性的流量控制断面，流域洪量一般是根据设计暴雨采用太湖流域产汇流模型间接推求得出，具体如下：

① 设计暴雨推求。利用太湖流域及各水利分区设计时段(最大1 d、3 d、7 d、15 d、30 d、45 d、60 d、90 d)长系列暴雨资料进行频率分析，各时段暴雨频率参数在计算机上采用目估适线法估计，计算太湖流域和各水利分区不同重现期设计暴雨值。

② 设计暴雨时空分配计算。分析太湖流域历史洪水，选择暴雨典型年，以30 d、60 d、90 d为控制时段，推求流域不同重现期设计暴雨过程。

③ 设计洪水推求。将设计暴雨过程作为输入，利用太湖流域产汇流模型计算得到太湖流域及各水利分区设计洪量。太湖流域产汇流模型计算原理已在第4章中介绍，本章不再赘述。

5.2 太湖流域设计暴雨分析与计算

5.2.1 暴雨分布参数估计的原则

设计暴雨的统计时段应适应于流域和区域尺度的各类防洪排涝工程。根据中华人民共和国成立以来发生的1954年、1991年和1999年典型洪水造峰特性，统计历时分为最大30 d、60 d和90 d，同时为了更详细地分析各区域雨洪过程，又增加了最大1 d、3 d、7 d、15 d和45 d的暴雨统计历时，因此，设计时段定为1 d、3 d、7 d、15 d、30 d、45 d、60 d、90 d。各时段暴雨频率参数在计算机上采用目估适线法估计。其中，时段降水量均值按矩法估计，Cv和Cs的初值按绝对离差和最小为准则得出，然后通过目估适当调整统计参数。统

计参数调整的原则如下：

① 时段降水量均值按矩法计算结果保持不变；

② 侧重考虑频率曲线中上部点据与分布曲线的配合优劣，以增加曲线外延的合理性；

③ 各时段降水量频率曲线参数随降水时段变化具有渐变性，频率曲线在分析使用范围不相交。

5.2.2　暴雨特大值重现期考证

暴雨特大值尚无严格的定义，目前按目估进行经验性判断。对于实测样本，主要考虑系列中的老大点据，1999 年最大 30 d 降水量超历史明显，是造成太湖最高水位的主降水量，其重现期的考证和分析对时段降水量频率分析是重要的。分区暴雨频率分布曲线分析结果表明，除 1999 年暴雨外，1991 年湖西区、武澄锡虞区暴雨也应属于特大值。

太湖流域各地区关于流域洪涝灾害的历史文献记载比较丰富，但缺乏对特大暴雨时段降水量的观测，对于雨情、水情和灾情的描述也是非定量的。加之流域土地利用情况、水利工程条件的变更及人类活动的影响，使暴雨成灾的一致性受到影响。与水位重现期考证比较，暴雨重现期考证可靠性程度较低，只能根据文献中所记载的降水程度、降水历时、分布区域和成灾程度大体估计降水量级及重现期，在暴雨频率分析适线时作为参考。目前主要依据的考证资料是原水利电力部水管司、科技司和水利水电科学研究院 1991 年 11 月联合编辑出版的《清代长江流域西南国际河流洪涝档案史料》，其中收录了包括太湖流域在内的 1736—1911 年共 176 a 的洪涝灾情考证资料。文献中以道光二十九年(1849 年)记载的太湖流域洪涝灾害最为显著。当年浙江巡抚吴文熔在五月上旬后有十份关于太湖流域浙江部分特大洪涝灾情的奏折，内载："浙江省地方因春夏以来雨多晴少，底水过大，自夏令闰四月十六日(6 月 6 日)以后，复叠遭大雨，江河漫溢。据杭州、嘉兴、湖州、绍兴、严州五府所属之海宁、钱塘二十余州县禀报，居民宅舍以及驿路田亩，汪洋一片，禾苗漂淌，墙屋倾圮。……今岁灾区宽广，情形甚重，应赈户口较多，比道光三年(1823 年)之灾几于倍之"。同年，江苏巡抚傅绳勋关于太湖流域江苏区域洪涝灾情的多份奏折称，"本年自闰四月初旬起至五月止，两月之中雨多晴少，纵有一日微阳，不敌连朝倾注，平地水深数尺，低区不止丈余，一片汪洋，仅见柳梢屋角……苏松常镇太等所属三十四州厅县，无处不灾，而且情形极重"。进一步参考水利部太湖流域管理局 1995 年 3 月编写的《太湖流域水旱灾害》以及中国科学院南京地理与湖泊研究所和水利部太湖流域管理局 1990 年 6 月编制的《太湖流域水旱灾害规律研究》等文献，其中整理的历史资料所描述的道光二十九年太湖流域洪涝灾害特点为：① 范围大，"38 府县夏秋大雨，苏、松、镇诸府皆成泽国"；② 历时长，"江阴五月至六月淫雨数昼夜；松江、华亭二月淫雨，连绵至五月；奉贤春淫雨，自闰四月至六月；浦东浦西夏四月二十九日大雨，历时五十日；娄县春二月大雨，昼夜不停，至五月方晴；平湖夏五月淫雨浃旬；海盐夏大雨连旬；昆山、新阳夏五月大雨倾注，昼夜不息；上海夏四月二十九日大雨，历时五十余日方停"；③ 灾情重，"江阴城陷数十丈；吴县平均水深一二尺；昆山、新阳河水暴涨丈余；宜兴溢圩岸数百里；嘉兴、桐乡禾田淹没无存；青浦水骤涨丈余，田尽没，水之大为百年所未有；海盐平地水深数尺，比道光三年高三尺许;德清淹禾,险塘溃决;孝丰一月间发水二十九次;安吉夏大水,平地丈余,陆路不通者半月”。

按历史文献记载分析,1849 年全流域每一区域都遭受严重洪涝灾害,1999 年暴雨洪水对湖西和武澄锡虞影响较小,1849 年流域受灾范围及程度似乎大于 1999 年。如果以 1849—2015 年为考证期,流域 1999 年最大 30 d 降水量应为 1849 年后最大,则重现期为 2015—1849=166 a。

万历三十六年(1608 年)也是历史文献记载的太湖流域特大洪涝灾害年份,如果以 1608—2015 年作为考证期,1849 年居首,1999 年为次,则 1999 年降水量重现期为 (2015−1608)/2≈204 a。

综合以上分析并加以折中,1999 年最大 30 d 降水量重现期取 166～204 a 之间较为适宜。

对流域及区域 1999 年暴雨重现期处理如下:

流域、上游区域 30 d 降水量重现期和 90 d 降水量重现期取 166 a。

下游区域:30 d 降水量重现期取 166～204 a 的上限 204 a 更为合适,90 d 降水量重现期取 166 a。

太湖区、杭嘉湖区、浙西区、浦东浦西区 1999 年 30 d、45 d、90 d 降水量作为特大值处理,考虑 60 d 降水量不作为特大值,30 d 降水量重现期应大于 45 d 和 90 d,按流域 1999 年 30 d 降水重现期分析结果,30 d 降水量重现期取 204 a,45 d 和 90 d 降水量重现期取 166 a。

对于各区域降水量系列分析,除 1999 年以外,湖西区和武澄锡虞区 1991 年最大 30～60 d 降水量也显著高于其他年份的相应值,应作为特大值处理。其重现期考证如下:

湖西区 1991 年 30～60 d 各时段降水量,经考证分析,该区 1991 年灾情和降水量大于 1889 年降水量,为 1849 年以来最大,重现期为 2015−1849=166 a。

武澄锡虞区 1991 年 30～60 d 各时段降水量亦为特大值,其降水量与湖西区同步,重现期同样按 166 a 处理。

5.2.3 暴雨频率计算

5.2.3.1 计算结果

太湖流域、上游区、下游区、北部区、南部区及各水利分区设计暴雨频率统计参数见表 5.1。

表 5.1 太湖流域暴雨频率计算结果

区域	参数	1 d	3 d	7 d	15 d	30 d	45 d	60 d	90 d
流域	EX(mm)	62.2	99.7	139.2	200.8	285.3	357.3	421.2	553.7
	Cv	0.45	0.40	0.38	0.33	0.31	0.29	0.28	0.26
	Cs/Cv	4.0	4.0	4.0	4.0	4.0	4.0	4.0	4.0
	T(50)(mm)	141.9	210.6	284.7	378.0	519.0	627.7	727.0	922.1
	T(100)(mm)	160.1	234.8	316.0	414.4	566.0	681.0	786.7	992.5

续表

区域	参数	1 d	3 d	7 d	15 d	30 d	45 d	60 d	90 d
上游区	EX(mm)	66.9	105.4	147.1	209.7	297.9	370.7	439.5	577.1
	Cv	0.44	0.38	0.36	0.33	0.32	0.31	0.29	0.26
	Cs/Cv	4.0	4.0	4.0	4.0	4.0	4.0	4.0	4.0
	T(50)(mm)	150.4	220.5	294.0	379.9	537.4	646.8	754.0	973.9
	T(100)(mm)	169.3	244.7	324.7	413.3	584.6	699.9	813.8	1 048.3
下游区	EX(mm)	63.7	98.0	137.5	195.9	277.4	345.1	406.0	531.0
	Cv	0.52	0.45	0.41	0.35	0.32	0.31	0.30	0.28
	Cs/Cv	4.0	4.0	4.0	4.0	3.5	3.5	3.5	3.5
	T(50)(mm)	161.0	223.6	295.0	381.4	507.6	620.9	718.2	907.7
	T(100)(mm)	184.5	252.3	329.8	420.2	552.5	674.3	778.1	978.5
湖西区	EX(mm)	77.4	118.3	156.4	219.7	297.4	367.0	432.0	560.4
	Cv	0.42	0.37	0.36	0.35	0.34	0.32	0.30	0.29
	Cs/Cv	3.5	3.5	3.5	3.5	3.5	3.5	3.5	3.5
	T(50)(mm)	166.2	234.9	305.6	422.4	562.5	671.5	764.2	974.6
	T(100)(mm)	185.1	258.7	335.8	463.1	615.2	731.0	827.9	1 053.2
武澄锡虞区	EX(mm)	80.1	122.7	160.0	223.8	297.5	365.8	430.5	555.1
	Cv	0.42	0.41	0.40	0.38	0.34	0.33	0.32	0.31
	Cs/Cv	3.5	3.5	3.5	3.5	3.5	3.5	3.5	3.5
	T(50)(mm)	172.0	259.5	333.2	451.6	562.7	680.6	787.7	998.8
	T(100)(mm)	191.5	288.3	369.4	498.4	615.4	742.6	857.5	1 084.6
阳澄淀泖区	EX(mm)	73.0	108.7	146.3	203.6	285.8	353.0	412.2	531.3
	Cv	0.50	0.45	0.42	0.38	0.35	0.32	0.31	0.29
	Cs/Cv	3.5	3.5	3.5	3.5	3.0	3.0	3.0	3.0
	T(50)(mm)	176.4	244.2	314.2	410.8	542.2	638.2	733.1	914.1
	T(100)(mm)	199.7	273.7	349.9	453.4	591.4	691.5	792.6	983.9
太湖区	EX(mm)	72.8	111.7	149.9	205.0	285.7	355.5	419.4	541.5
	Cv	0.47	0.43	0.42	0.37	0.36	0.34	0.32	0.30
	Cs/Cv	4.0	4.0	4.0	4.0	4.0	4.0	4.0	4.0
	T(50)(mm)	171.2	247.2	326.7	412.5	565.5	680.7	776.2	968.1
	T(100)(mm)	194.0	277.7	366.0	456.7	624.6	748.0	848.7	1 053.1

续表

区域	参数	1 d	3 d	7 d	15 d	30 d	45 d	60 d	90 d
杭嘉湖区	EX(mm)	75.0	109.8	151.3	207.3	289.4	358.9	421.3	549.1
	Cv	0.55	0.49	0.43	0.37	0.33	0.31	0.30	0.28
	Cs/Cv	3.5	3.5	3.5	3.5	3.5	3.5	3.5	3.5
	T(50)(mm)	194.2	261.5	329.9	411.7	538.4	645.8	745.3	938.6
	T(100)(mm)	222.1	295.6	368.2	453.4	587.5	701.3	807.4	1 011.8
浙西区	EX(mm)	80.7	126.0	168.0	239.4	338.8	423.4	500.3	661.0
	Cv	0.49	0.42	0.41	0.37	0.33	0.31	0.30	0.28
	Cs/Cv	4.0	4.0	4.0	4.0	4.0	3.5	3.5	3.5
	T(50)(mm)	195.4	274.6	360.4	481.7	637.8	761.8	885.1	1 129.9
	T(100)(mm)	222.4	307.7	402.9	533.4	699.2	827.3	958.8	1 218.0
浦东浦西区	EX(mm)	75.3	107.1	146.1	202.0	279.0	341.4	400.0	516.5
	Cv	0.46	0.44	0.42	0.39	0.35	0.34	0.33	0.31
	Cs/Cv	3.5	3.5	3.5	3.5	3.5	3.5	3.5	3.5
	T(50)(mm)	171.7	237.1	313.7	414.1	536.5	645.8	744.2	929.4
	T(100)(mm)	192.9	265.1	349.4	458.1	588.1	706.3	812.0	1 009.2
北部区	EX(mm)	75.7	117.5	154.9	218.3	294.3	362.5	428.3	557.0
	Cv	0.39	0.38	0.37	0.36	0.33	0.31	0.30	0.29
	Cs/Cv	4.0	4.0	4.0	4.0	4.0	4.0	4.0	4.0
	T(50)(mm)	157.3	240.3	311.7	432.1	554.0	659.5	765.8	978.6
	T(100)(mm)	175.0	266.7	345.1	477.3	607.3	719.2	833.0	1 061.7
南部区	EX(mm)	66.6	102.8	143.8	203.6	290.3	362.0	425.1	559.4
	Cv	0.52	0.44	0.40	0.35	0.30	0.29	0.28	0.26
	Cs/Cv	4.0	4.0	4.0	4.0	4.0	4.0	4.0	4.0
	T(50)(mm)	168.3	231.0	303.7	396.4	519.0	636.0	733.8	931.6
	T(100)(mm)	192.9	260.1	338.7	436.7	564.6	690.0	794.0	1 002.8

5.2.3.2 与太湖流域防洪规划暴雨频率计算结果对比

本书太湖流域设计暴雨频率计算结果与太湖流域防洪规划相关成果对比见表 5.2～表 5.13。

表 5.2　太湖流域暴雨频率计算结果对比

参数	项目	1 d	3 d	7 d	15 d	30 d	45 d	60 d	90 d
均值	防洪规划(mm)	59.6	96.9	138.1	194.4	281.7	354.7	418.6	551.1
	本书计算(mm)	62.2	99.7	139.2	200.8	285.3	357.3	421.2	553.7
	绝对差(mm)	2.6	2.8	1.1	6.4	3.6	2.6	2.6	2.6
	相对差(%)	4.4	2.9	0.8	3.3	1.3	0.7	0.6	0.5
Cv	防洪规划	0.47	0.41	0.38	0.37	0.32	0.30	0.29	0.26
	本书计算	0.45	0.40	0.38	0.33	0.31	0.29	0.28	0.26
Cs/Cv	防洪规划	4.0	4.0	4.0	3.5	3.5	3.5	3.5	3.5
	本书计算	4.0	4.0	4.0	4.0	4.0	4.0	4.0	4.0
T(100)	防洪规划(mm)	158.8	232.3	313.4	424.8	560.6	679.4	786.3	975.1
	本书计算(mm)	160.1	234.8	316.0	414.4	566.0	681.0	786.7	992.5
	绝对差(mm)	1.3	2.5	2.6	−10.4	5.4	1.6	0.4	17.4
	相对差(%)	0.8	1.1	0.8	−2.4	1.0	0.2	0.1	1.8
T(50)	防洪规划(mm)	140.0	207.6	282.2	385.5	514.8	627.1	727.7	908.1
	本书计算(mm)	141.9	210.6	284.7	378.0	519.0	627.7	727.0	922.1
	绝对差(mm)	1.9	3.0	2.5	−7.5	4.2	0.6	−0.7	14.0
	相对差(%)	1.4	1.4	0.9	−1.9	0.8	0.1	−0.1	1.5

表 5.3　太湖流域上游区暴雨频率计算结果对比

参数	项目	1 d	3 d	7 d	15 d	30 d	45 d	60 d	90 d
均值	防洪规划(mm)	64.3	105.8	148.2	207.5	297.9	372.5	442.1	583.0
	本书计算(mm)	66.9	105.4	147.1	209.7	297.9	370.7	439.5	577.1
	绝对差(mm)	2.6	−0.4	−1.1	2.2	0.0	−1.8	−2.6	−5.9
	相对差(%)	4.0	−0.4	−0.7	1.1	0.0	−0.5	−0.6	−1.0
Cv	防洪规划	0.44	0.38	0.36	0.34	0.32	0.31	0.29	0.26
	本书计算	0.44	0.38	0.36	0.33	0.32	0.31	0.29	0.26
Cs/Cv	防洪规划	4.0	4.0	4.0	4.0	4.0	4.0	4.0	4.0
	本书计算	4.0	4.0	4.0	4.0	4.0	4.0	4.0	4.0
T(100)	防洪规划(mm)	162.6	240.1	323.9	436.3	602.3	738.4	842.0	1 044.5
	本书计算(mm)	169.3	244.7	324.7	413.3	584.6	699.9	813.8	1 048.3
	绝对差(mm)	6.7	4.6	0.8	−23.0	−17.7	−38.5	−28.2	3.8
	相对差(%)	4.1	1.9	0.2	−5.3	−2.9	−5.2	−3.3	0.4

续表

参数	项目	1 d	3 d	7 d	15 d	30 d	45 d	60 d	90 d
T(50)	防洪规划(mm)	144.3	216.2	293.1	396.9	550.7	676.9	776.0	970.4
	本书计算(mm)	150.4	220.5	294.0	379.9	537.4	646.8	754.0	973.9
	绝对差(mm)	6.1	4.3	0.9	−17.0	−13.3	−30.1	−22.0	3.5
	相对差(%)	4.2	2.0	0.3	−4.3	−2.4	−4.4	−2.8	0.4

表 5.4　太湖流域下游区暴雨频率计算结果对比

参数	项目	1 d	3 d	7 d	15 d	30 d	45 d	60 d	90 d
均值	防洪规划(mm)	61.2	94.8	135.3	188.4	271.5	341.8	402.9	526.2
	本书计算(mm)	63.7	98.0	137.5	195.9	277.4	345.1	406.0	531.0
	绝对差(mm)	2.5	3.2	2.2	7.5	5.9	3.3	3.1	4.8
	相对差(%)	4.1	3.4	1.6	4.0	2.2	1.0	0.8	0.9
Cv	防洪规划	0.51	0.45	0.41	0.38	0.33	0.31	0.30	0.28
	本书计算	0.52	0.45	0.41	0.35	0.32	0.31	0.30	0.28
Cs/Cv	防洪规划	4.0	4.0	4.0	4.0	3.5	3.5	3.5	3.0
	本书计算	4.0	4.0	4.0	4.0	3.5	3.5	3.5	3.5
T(100)	防洪规划(mm)	174.5	244.0	324.4	427.6	550.7	667.4	771.7	955.1
	本书计算(mm)	184.5	252.3	329.8	420.2	552.5	674.3	778.1	978.5
	绝对差(mm)	10.0	8.3	5.4	−7.4	1.8	6.9	6.4	23.4
	相对差(%)	5.7	3.4	1.7	−1.7	0.3	1.0	0.8	2.5
T(50)	防洪规划(mm)	152.1	216.0	289.9	385.0	504.6	614.5	712.3	889.6
	本书计算(mm)	161.0	223.6	295.0	381.4	507.6	620.9	718.2	907.7
	绝对差(mm)	8.9	7.6	5.1	−3.6	3.0	6.4	5.9	18.1
	相对差(%)	5.9	3.5	1.8	−0.9	0.6	1.0	0.8	2.0

表 5.5　湖西区暴雨频率计算结果对比

参数	项目	1 d	3 d	7 d	15 d	30 d	45 d	60 d	90 d
均值	防洪规划(mm)	74.7	114.2	149.8	207.5	286.5	351.9	416.9	543.0
	本书计算(mm)	77.4	118.3	156.4	219.7	297.4	367.0	432.0	560.4
	绝对差(mm)	2.7	4.1	6.6	12.2	10.9	15.1	15.1	17.4
	相对差(%)	3.6	3.6	4.4	5.9	3.8	4.3	3.6	3.2
Cv	防洪规划	0.44	0.40	0.40	0.39	0.36	0.34	0.32	0.30
	本书计算	0.42	0.37	0.36	0.35	0.34	0.32	0.30	0.29

续表

参数	项目	1 d	3 d	7 d	15 d	30 d	45 d	60 d	90 d
Cs/Cv	防洪规划	3.5	3.5	3.5	3.5	3.5	3.5	3.5	3.5
	本书计算	3.5	3.5	3.5	3.5	3.5	3.5	3.5	3.5
T(100)	防洪规划(mm)	184.9	263.5	345.6	470.2	614.6	727.3	829.7	1 040.0
	本书计算(mm)	185.1	258.7	335.8	463.1	615.2	731.0	827.9	1 053.2
	绝对差(mm)	0.2	−4.8	−9.8	−7.1	0.6	3.7	−1.8	13.2
	相对差(%)	0.1	−1.8	−2.8	−1.5	0.1	0.5	−0.2	1.3
T(50)	防洪规划(mm)	165.2	237.5	311.6	424.9	559.2	664.9	762.2	960.0
	本书计算(mm)	166.2	234.9	305.6	422.4	562.5	671.5	764.2	974.6
	绝对差(mm)	1.0	−2.6	−6.0	−2.5	3.3	6.6	2.0	14.6
	相对差(%)	0.6	−1.1	−1.9	−0.6	0.6	1.0	0.3	1.5

表 5.6 武澄锡虞区暴雨频率计算结果对比

参数	项目	1 d	3 d	7 d	15 d	30 d	45 d	60 d	90 d
均值	防洪规划(mm)	75.4	113.7	148.3	206.1	279.8	344.2	407.8	532.6
	本书计算(mm)	80.1	122.7	160.0	223.8	297.5	365.8	430.5	555.1
	绝对差(mm)	4.7	9.0	11.7	17.7	17.7	21.6	22.7	22.5
	相对差(%)	6.2	7.9	7.9	8.6	6.3	6.3	5.6	4.2
Cv	防洪规划	0.46	0.43	0.43	0.39	0.36	0.34	0.32	0.30
	本书计算	0.42	0.41	0.40	0.38	0.34	0.33	0.32	0.31
Cs/Cv	防洪规划	4.0	4.0	3.5	3.5	3.5	3.5	3.5	3.5
	本书计算	3.5	3.5	3.5	3.5	3.5	3.5	3.5	3.5
T(100)	防洪规划(mm)	197.5	282.5	360.8	467.0	600.2	711.4	811.6	1 020.1
	本书计算(mm)	191.5	288.3	369.4	498.4	615.4	742.6	857.5	1 084.6
	绝对差(mm)	−6.0	5.8	8.6	31.4	15.2	31.2	45.9	64.5
	相对差(%)	−3.0	2.1	2.4	6.7	2.5	4.4	5.7	6.3
T(50)	防洪规划(mm)	174.4	251.3	323.1	422.0	546.1	650.3	745.5	941.6
	本书计算(mm)	172.0	259.5	333.2	451.6	562.7	680.6	787.7	998.8
	绝对差(mm)	−2.4	8.2	10.1	29.6	16.6	30.3	42.2	57.2
	相对差(%)	−1.4	3.3	3.1	7.0	3.0	4.7	5.7	6.1

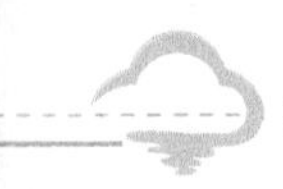

表 5.7　阳澄淀泖区暴雨频率计算结果对比

参数	项目	1 d	3 d	7 d	15 d	30 d	45 d	60 d	90 d
均值	防洪规划(mm)	70.1	105.7	142.8	195.0	276.9	344.9	406.4	521.1
	本书计算(mm)	73.0	108.7	146.3	203.6	285.8	353.0	412.2	531.3
	绝对差(mm)	2.9	3.0	3.5	8.6	8.9	8.1	5.8	10.2
	相对差(%)	4.1	2.8	2.5	4.4	3.2	2.3	1.4	2.0
Cv	防洪规划	0.50	0.46	0.44	0.42	0.38	0.35	0.33	0.31
	本书计算	0.50	0.45	0.42	0.38	0.35	0.32	0.31	0.29
Cs/Cv	防洪规划	3.5	3.5	3.5	3.5	3.0	3.0	3.0	3.0
	本书计算	3.5	3.5	3.5	3.5	3.0	3.0	3.0	3.0
T(100)	防洪规划(mm)	191.7	270.6	353.4	466.2	603.8	713.2	810.5	1 001.3
	本书计算(mm)	199.7	273.7	349.9	453.4	591.4	691.5	792.6	983.9
	绝对差(mm)	8.0	3.1	−3.5	−12.8	−12.4	−21.7	−17.9	−17.4
	相对差(%)	4.2	1.1	−1.0	−2.7	−2.1	−3.0	−2.2	−1.7
T(50)	防洪规划(mm)	169.1	240.7	315.8	418.4	550.1	653.9	746.4	926.2
	本书计算(mm)	176.4	244.2	314.2	410.8	542.2	638.2	733.1	914.1
	绝对差(mm)	7.3	3.5	−1.6	−7.6	−7.9	−15.7	−13.3	−12.1
	相对差(%)	4.3	1.5	−0.5	−1.8	−1.4	−2.4	−1.8	−1.3

表 5.8　太湖区暴雨频率计算结果对比

参数	项目	1 d	3 d	7 d	15 d	30 d	45 d	60 d	90 d
均值	防洪规划(mm)	69.7	109.4	148.9	201.7	288.6	357.8	418.6	543.8
	本书计算(mm)	72.8	111.7	149.9	205.0	285.7	355.5	419.4	541.5
	绝对差(mm)	3.1	2.3	1.0	3.3	−2.9	−2.3	0.8	−2.3
	相对差(%)	4.4	2.1	0.7	1.6	−1.0	−0.6	0.2	−0.4
Cv	防洪规划	0.51	0.45	0.42	0.40	0.36	0.34	0.32	0.30
	本书计算	0.47	0.43	0.42	0.37	0.36	0.34	0.32	0.30
Cs/Cv	防洪规划	4.0	4.0	4.0	4.0	3.5	3.5	3.5	3.5
	本书计算	4.0	4.0	4.0	4.0	4.0	4.0	4.0	4.0
T(100)	防洪规划(mm)	198.7	281.6	363.5	474.9	619.1	739.5	833.1	1 041.5
	本书计算(mm)	194.0	277.7	366.0	456.7	624.6	748.0	848.7	1 053.1
	绝对差(mm)	−4.7	−3.9	2.5	−18.2	5.5	8.5	15.6	11.6
	相对差(%)	−2.4	−1.4	0.7	−3.8	0.9	1.1	1.9	1.1

续表

参数	项目	1 d	3 d	7 d	15 d	30 d	45 d	60 d	90 d
T(50)	防洪规划(mm)	173.5	249.3	324.1	425.5	563.3	676.0	765.3	961.4
	本书计算(mm)	171.2	247.2	326.7	412.5	565.5	680.7	776.2	968.1
	绝对差(mm)	−2.3	−2.1	2.6	−13.0	2.2	4.7	10.9	6.7
	相对差(%)	−1.3	−0.8	0.8	−3.1	0.4	0.7	1.4	0.7

表 5.9　杭嘉湖区暴雨频率计算结果对比

参数	项目	1 d	3 d	7 d	15 d	30 d	45 d	60 d	90 d
均值	防洪规划(mm)	68.3	105.7	147.3	202.1	284.2	358.4	422.7	554.0
	本书计算(mm)	75.0	109.8	151.3	207.3	289.4	358.9	421.3	549.1
	绝对差(mm)	6.7	4.1	4.0	5.2	5.2	0.5	−1.4	−4.9
	相对差(%)	9.8	3.9	2.7	2.6	1.8	0.1	−0.3	−0.9
Cv	防洪规划	0.55	0.48	0.42	0.37	0.33	0.30	0.29	0.27
	本书计算	0.55	0.49	0.43	0.37	0.33	0.31	0.30	0.28
Cs/Cv	防洪规划	4.0	4.0	4.0	4.0	4.0	4.0	4.0	4.0
	本书计算	3.5	3.5	3.5	3.5	3.5	3.5	3.5	3.5
T(100)	防洪规划(mm)	207.5	286.6	359.5	450.2	586.0	696.4	805.1	1 013.2
	本书计算(mm)	222.1	295.6	368.2	453.4	587.5	701.3	807.4	1 011.8
	绝对差(mm)	14.6	9.0	8.7	3.2	1.5	4.9	2.3	−1.4
	相对差(%)	7.0	3.1	2.4	0.7	0.3	0.7	0.3	−0.1
T(50)	防洪规划(mm)	179.6	252.0	320.6	406.4	534.4	640.1	741.9	938.7
	本书计算(mm)	194.2	261.5	329.9	411.7	538.4	645.8	745.3	938.6
	绝对差(mm)	14.6	9.5	9.3	5.3	4.0	5.7	3.4	−0.1
	相对差(%)	8.1	3.8	2.9	1.3	0.7	0.9	0.5	0.0

表 5.10　浙西区暴雨频率计算结果对比

参数	项目	1 d	3 d	7 d	15 d	30 d	45 d	60 d	90 d
均值	防洪规划(mm)	78.7	126.6	170.6	240.6	344.4	433.0	512.9	677.6
	本书计算(mm)	80.7	126.0	168.0	239.4	338.8	423.4	500.3	661.0
	绝对差(mm)	2.0	−0.6	−2.6	−1.2	−5.6	−9.6	−12.6	−16.6
	相对差(%)	2.5	−0.5	−1.5	−0.5	−1.6	−2.2	−2.5	−2.4
Cv	防洪规划	0.49	0.41	0.39	0.36	0.32	0.30	0.29	0.26
	本书计算	0.49	0.42	0.41	0.37	0.33	0.31	0.30	0.28

续表

参数	项目	1 d	3 d	7 d	15 d	30 d	45 d	60 d	90 d
Cs/Cv	防洪规划	4.0	4.0	4.0	4.0	4.0	4.0	4.0	4.0
	本书计算	4.0	4.0	4.0	4.0	4.0	3.5	3.5	3.5
T(100)	防洪规划(mm)	217.0	303.5	394.4	525.8	696.4	841.4	976.9	1 214.0
	本书计算(mm)	222.4	307.7	402.9	533.4	699.2	827.3	958.8	1 218.0
	绝对差(mm)	5.4	4.2	8.5	7.6	2.8	−14.1	−18.1	4.0
	相对差(%)	2.5	1.4	2.2	1.4	0.4	−1.7	−1.9	0.3
T(50)	防洪规划(mm)	190.4	271.3	354.3	475.8	636.7	773.3	900.2	1 127.9
	本书计算(mm)	195.4	274.6	360.4	481.7	637.8	761.8	885.1	1 129.9
	绝对差(mm)	5.0	3.3	6.1	5.9	1.1	−11.5	−15.1	2.0
	相对差(%)	2.6	1.2	1.7	1.2	0.2	−1.5	−1.7	0.2

表 5.11　浦东浦西区暴雨频率计算结果对比

参数	项目	1 d	3 d	7 d	15 d	30 d	45 d	60 d	90 d
均值	防洪规划(mm)	73.6	105.5	144.8	196.7	275.7	343.3	400.5	516.0
	本书计算(mm)	75.3	107.1	146.1	202.0	279.0	341.4	400.0	516.5
	绝对差(mm)	1.7	1.6	1.3	5.3	3.3	−1.9	−0.5	0.5
	相对差(%)	2.3	1.5	0.9	2.7	1.2	−0.6	−0.1	0.1
Cv	防洪规划	0.46	0.44	0.41	0.39	0.36	0.33	0.32	0.30
	本书计算	0.46	0.44	0.42	0.39	0.35	0.34	0.33	0.31
Cs/Cv	防洪规划	3.5	3.5	3.5	3.5	3.0	3.0	3.0	3.0
	本书计算	3.5	3.5	3.5	3.5	3.5	3.5	3.5	3.5
T(100)	防洪规划(mm)	188.4	261.1	340.1	445.7	580.4	684.7	784.1	973.0
	本书计算(mm)	192.9	265.1	349.4	458.1	588.1	706.3	812.0	1 009.2
	绝对差(mm)	4.5	4.0	9.3	12.4	7.7	21.6	27.9	36.2
	相对差(%)	2.4	1.5	2.7	2.8	1.3	3.2	3.6	3.7
T(50)	防洪规划(mm)	167.6	233.3	305.9	402.8	531.0	630.5	723.7	902.1
	本书计算(mm)	171.7	237.1	313.7	414.1	536.5	645.8	744.2	929.4
	绝对差(mm)	4.1	3.8	7.8	11.3	5.5	15.3	20.5	27.3
	相对差(%)	2.4	1.6	2.5	2.8	1.0	2.4	2.8	3.0

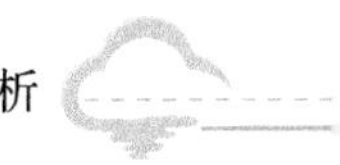

表 5.12　北部区暴雨频率计算结果对比

参数	项目	1 d	3 d	7 d	15 d	30 d	45 d	60 d	90 d
均值	防洪规划(mm)	72.5	112.4	146.9	204.8	281.6	347.2	411.8	538.6
	本书计算(mm)	75.7	117.5	154.9	218.3	294.3	362.5	428.3	557.0
	绝对差(mm)	3.2	5.1	8.0	13.5	12.7	15.3	16.5	18.4
	相对差(%)	4.4	4.5	5.4	6.6	4.5	4.4	4.0	3.4
Cv	防洪规划	0.41	0.40	0.40	0.39	0.35	0.33	0.31	0.29
	本书计算	0.39	0.38	0.37	0.36	0.33	0.31	0.30	0.29
Cs/Cv	防洪规划	3.5	3.5	3.5	3.5	3.5	3.5	3.5	3.5
	本书计算	4.0	4.0	4.0	4.0	4.0	4.0	4.0	4.0
T(100)	防洪规划(mm)	170.3	259.3	338.9	464.1	593.0	704.2	804.1	1 011.8
	本书计算(mm)	175.0	266.7	345.1	477.3	607.3	719.2	833.0	1 061.7
	绝对差(mm)	4.7	7.4	6.2	13.2	14.3	15.0	28.9	49.9
	相对差(%)	2.8	2.9	1.8	2.8	2.4	2.1	3.6	4.9
T(50)	防洪规划(mm)	153.2	233.8	305.6	419.3	540.8	645.3	740.4	936.3
	本书计算(mm)	157.3	240.3	311.7	432.1	554.0	659.5	765.8	978.6
	绝对差(mm)	4.1	6.5	6.1	12.8	13.2	14.2	25.4	42.3
	相对差(%)	2.7	2.8	2.0	3.1	2.4	2.2	3.4	4.5

表 5.13　南部区暴雨频率计算结果对比

参数	项目	1 d	3 d	7 d	15 d	30 d	45 d	60 d	90 d
均值	防洪规划(mm)	63.7	100.7	143.1	201.0	289.1	363.8	427.8	563.6
	本书计算(mm)	66.6	102.8	143.8	203.6	290.3	362.0	425.1	559.4
	绝对差(mm)	2.9	2.1	0.7	2.6	1.2	−1.8	−2.7	−4.2
	相对差(%)	4.6	2.1	0.5	1.3	0.4	−0.5	−0.6	−0.7
Cv	防洪规划	0.53	0.45	0.40	0.36	0.31	0.29	0.28	0.26
	本书计算	0.52	0.44	0.40	0.35	0.30	0.29	0.28	0.26
Cs/Cv	防洪规划	3.5	3.5	3.5	3.5	3.5	3.5	3.5	3.5
	本书计算	4.0	4.0	4.0	4.0	4.0	4.0	4.0	4.0
T(100)	防洪规划(mm)	182.8	253.5	330.2	431.2	564.5	683.4	787.9	997.2
	本书计算(mm)	192.9	260.1	338.7	436.7	564.6	690.0	794.0	1 002.8
	绝对差(mm)	10.1	6.6	8.5	5.5	0.1	6.6	6.1	5.6
	相对差(%)	5.5	2.6	2.6	1.3	0.0	1.0	0.8	0.6

续表

参数	项目	1 d	3 d	7 d	15 d	30 d	45 d	60 d	90 d
T(50)	防洪规划(mm)	160.3	226.0	297.6	392.3	519.8	632.4	730.9	929.7
	本书计算(mm)	168.3	231.0	303.7	396.4	519.0	636.0	733.8	931.6
	绝对差(mm)	8.0	5.0	6.1	4.1	−0.8	3.6	2.9	1.9
	相对差(%)	5.0	2.2	2.0	1.0	−0.2	0.6	0.4	0.2

由上表可知，本书计算与防洪规划相比，流域、上游区、下游区 1～90 d 时段降水量频率统计参数结果差别很小，均值最大不超过 4.4%，Cv 差别最大为 0.04，Cs/Cv 差别最大为 0.5，其中 30～90 d 均值最大差别不超过 2.2%，Cv 差别最大仅为 0.01，Cs/Cv 差别最大为 0.5；防洪规划 1～90 d 时段降水 50～100 a 重现期暴雨设计值与本书计算结果的最大差别为 5.9%，其中，50 a 重现期 30～90 d 暴雨设计值与本书计算结果的最大差别为 4.4%，100 a 重现期 30～90 d 暴雨设计值与本书计算结果的最大差别为 5.2%。

本书计算的 7 大水利分区暴雨频率参数与防洪规划相比也较接近，1～90 d 时段降水量均值的差别不超过 9.8%，50～100 a 重现期 1～90 d 时段暴雨设计值与本书计算结果的最大差别为 8.1%，其中，30～90 d 降水量均值最大差别不超过 6.3%，发生在武澄锡虞区；50 a、100 a 重现期 30～90 d 暴雨设计值差别最大的均为武澄锡虞区，分别为 6.1%、6.3%。

综上所述，本书暴雨频率计算成果与太湖流域防洪规划设计暴雨频率计算结果总体较接近，除湖西区、阳澄淀泖区外大多略偏大，这可能与降水系列延长导致均值以及参数的变化有关。为此，本书又对防洪规划降水量系列以后的近 16 a(2000—2015 年，下同)降水相应时段的均值进行了统计，并分别与本书计算的均值、太湖流域防洪规划计算的均值进行比较，具体见表 5.14。

表 5.14　2000—2015 年均值与防洪规划均值对比

区域	均值	1 d	3 d	7 d	15 d	30 d	45 d	60 d	90 d
流域	防洪规划(mm)	59.6	96.9	138.1	194.4	281.7	354.7	418.6	551.1
	2000—2015 年(mm)	67.4	105.8	136.0	208.8	287.6	351.9	418.4	552.3
	差值(mm)	7.8	8.9	−2.1	14.4	5.9	−2.8	−0.2	1.2
	比例(%)	13.1	9.2	−1.5	7.4	2.1	−0.8	0.0	0.2
上游区	防洪规划(mm)	64.3	105.8	148.2	207.5	297.9	372.5	442.1	583.0
	2000—2015 年(mm)	70.6	109.2	142.0	217.4	299.6	369.2	444.1	579.7
	差值(mm)	6.3	3.4	−6.2	9.9	1.7	−3.3	2.0	−3.3
	比例(%)	9.8	3.2	−4.2	4.8	0.6	−0.9	0.5	−0.6
下游区	防洪规划(mm)	61.2	94.8	135.3	188.4	271.5	341.8	402.9	526.2
	2000—2015 年(mm)	69.6	107.0	138.0	203.4	283.9	340.3	402.1	532.4
	差值(mm)	8.4	12.2	2.7	15.0	12.4	−1.5	−0.8	6.2
	比例(%)	13.7	12.9	2.0	8.0	4.6	−0.4	−0.2	1.2

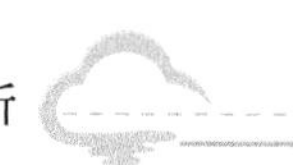

续表

区域	均值	1 d	3 d	7 d	15 d	30 d	45 d	60 d	90 d
湖西区	防洪规划(mm)	74.7	114.2	149.8	207.5	286.5	351.9	416.9	543.0
	2000—2015年(mm)	81.4	123.1	164.6	239.4	315.5	392.8	462.2	591.0
	差值(mm)	6.7	8.9	14.8	31.9	29.0	40.9	45.3	48.0
	比例(%)	9.0	7.8	9.9	15.4	10.1	11.6	10.9	8.8
武澄锡虞区	防洪规划(mm)	75.4	113.7	148.3	206.1	279.8	344.2	407.8	532.6
	2000—2015年(mm)	85.7	135.2	175.4	250.5	326.3	402.5	471.2	598.3
	差值(mm)	10.3	21.5	27.1	44.4	46.5	58.3	63.4	65.7
	比例(%)	13.7	18.9	18.3	21.5	16.6	16.9	15.5	12.3
阳澄淀泖区	防洪规划(mm)	70.1	105.7	142.8	195.0	276.9	344.9	406.4	521.1
	2000—2015年(mm)	82.7	120.0	152.5	219.7	297.1	356.7	415.6	546.4
	差值(mm)	12.6	14.3	9.7	24.7	20.2	11.8	9.2	25.3
	比例(%)	18.0	13.5	6.8	12.7	7.3	3.4	2.3	4.9
太湖区	防洪规划(mm)	69.7	109.4	148.9	201.7	288.6	357.8	418.6	543.8
	2000—2015年(mm)	72.2	109.5	138.6	200.7	267.1	335.5	405.6	518.5
	差值(mm)	2.5	0.1	−10.3	−1.0	−21.5	−22.3	−13.0	−25.3
	比例(%)	3.6	0.1	−6.9	−0.5	−7.4	−6.2	−3.1	−4.7
杭嘉湖区	防洪规划(mm)	68.3	105.7	147.3	202.1	284.2	358.4	422.7	554.0
	2000—2015年(mm)	77.0	112.6	146.3	199.3	285.8	338.2	402.1	519.2
	差值(mm)	8.7	6.9	−1.0	−2.8	1.6	−20.2	−20.6	−34.8
	比例(%)	12.7	6.5	−0.7	−1.4	0.6	−5.6	−4.9	−6.3
浙西区	防洪规划(mm)	78.7	126.6	170.6	240.6	344.4	433.0	512.9	677.6
	2000—2015年(mm)	80.6	122.4	158.8	229.9	326.0	400.2	473.3	623.1
	差值(mm)	1.9	−4.2	−11.8	−10.7	−18.4	−32.8	−39.6	−54.5
	比例(%)	2.4	−3.3	−6.9	−4.4	−5.3	−7.6	−7.7	−8.0
浦东浦西区	防洪规划(mm)	73.6	105.5	144.8	196.7	275.7	343.3	400.5	516.0
	2000—2015年(mm)	77.9	116.0	145.8	202.4	284.5	329.0	397.7	521.7
	差值(mm)	4.3	10.5	1.0	5.7	8.8	−14.3	−2.8	5.7
	比例(%)	5.8	10.0	0.7	2.9	3.2	−4.2	−0.7	1.1
北部区	防洪规划(mm)	72.5	112.4	146.9	204.8	281.6	347.2	411.8	538.6
	2000—2015年(mm)	80.1	124.8	165.6	238.8	315.2	388.3	462.3	591.6
	差值(mm)	7.6	12.4	18.7	34.0	33.6	41.1	50.5	53.0
	比例(%)	10.5	11.0	12.7	16.6	11.9	11.8	12.3	9.8

续表

区域	均值	1 d	3 d	7 d	15 d	30 d	45 d	60 d	90 d
南部区	防洪规划(mm)	63.7	100.7	143.1	201.0	289.1	363.8	427.8	563.6
	2000—2015 年(mm)	70.7	109.3	140.4	200.7	287.6	346.9	411.0	541.9
	差值(mm)	7.0	8.6	−2.7	−0.3	−1.5	−16.9	−16.8	−21.7
	比例(%)	11.0	8.5	−1.9	−0.1	−0.5	−4.6	−3.9	−3.9

由表 5.14 可以看出，除太湖区、杭嘉湖区、浙西区和南部区外，流域和其他水利分区 2000—2015 年最大 1～90 d 时段降水量均值与防洪规划相比总体略偏大；湖西区、阳澄淀泖区虽均值比防洪规划略偏大，但本书计算的 Cv 值小于防洪规划成果，因此两个分区本书设计值与防洪规划相比偏小是合理的。

5.2.3.3 参数成果合理性分析

(1) 不同时段降水量参数协调性分析

对流域及各区域最大 1 d、3 d、7 d、15 d、30 d、45 d、60 d、90 d 降水量频率曲线配线时已经考虑了各时段降水量参数的协调。从各水利分区降水量频率曲线图看(见图 5.1)，各时段频率曲线形状和它们的间距是合适的，在研究和使用范围不相交，时段降水量分布参数随降水历时增减基本具有渐变趋势，特点是随降水历时的增加，降水量均值增大，Cv 值减小。这是符合一般情况下时段暴雨参数的变化趋势和降水特性的。

(2) 区域降水量协调分析

从各水利分区最大 30～90 d 重现期 50 a、100 a 降水量看，浙西山丘区显著高于其他地区，平原地区基本相近。从流域、上游区和下游区重现期 50 a、100 a 降水量看，当降水历时在 30 d 以上时，全流域设计暴雨介于上游区域和下游区域之间；当降水历时在 15 d 以下时，全流域设计暴雨既小于上游区域的设计暴雨，也小于下游区域的设计暴雨。说明随降水历时的减小，流域降水的同步性降低，符合降水空间分布特性。

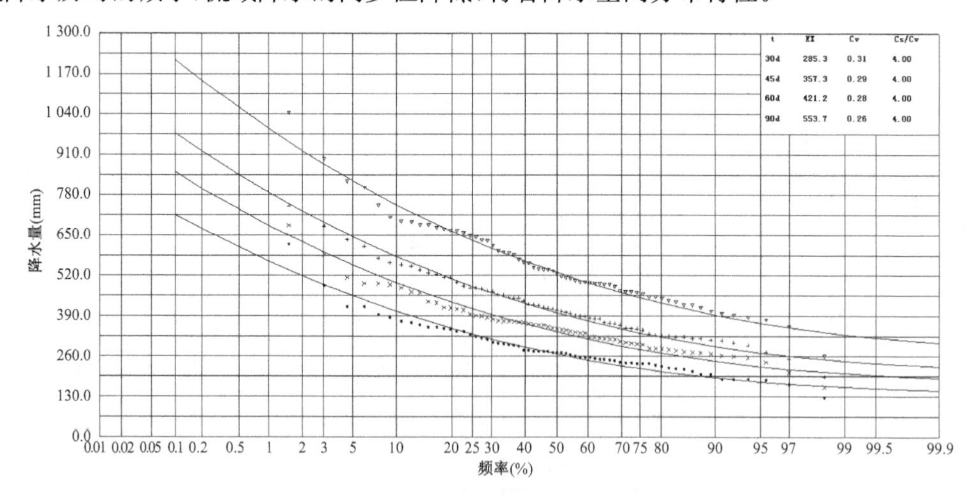

图 5.1 太湖流域时段降水量频率曲线图(以全流域为例)

5.3　太湖流域设计暴雨过程推求

5.3.1　暴雨典型年选择

设计暴雨过程计算包括推求设计条件下暴雨的时间分布和空间分布。设计暴雨的时间分布是指设计暴雨总量在时间上的分配，总量相等的暴雨可有不同的降水过程，应选择既满足规划要求又符合太湖流域暴雨特性的降水过程作为设计暴雨的时程分配，供推求设计洪水过程线之用。设计暴雨时程分配一般采用不同时段暴雨量同频率控制典型放大的方法确定。时程分配的典型(也称设计雨型)可选择几次同类型大暴雨过程进行综合概化确定，也可以直接选用对防洪较为不利的实测大暴雨过程。设计暴雨的空间分布是指设计暴雨总量在流域或地区上的分布，总量相等的暴雨可有不同的地区分布，应拟定既满足规划要求又符合太湖流域暴雨特性的设计暴雨地区分布，供推求设计洪水过程线之用。设计暴雨地区分布的推求方法一般是选择典型暴雨图，并把它放置在流域的适当位置，然后按设计面雨量把典型暴雨图放大而求得。当流域内有较长系列暴雨资料时，可选本流域内对防洪安全不利的实测大暴雨等值线图作为典型暴雨图。

本书设计暴雨的时间分配采用同频率法，保证计算结果合理性的关键是暴雨典型年的选择。其基本原则是：

① 历史上已经发生过的流域性特大暴雨，降水时空分布资料充分和可靠；

② 造成流域特大洪涝灾害的暴雨，水文气象条件较接近设计情况；

③ 暴雨类型和时空分布特征具有代表性；

④ 对流域规划工程不利的雨型。

20世纪50年代至2015年，太湖流域发生了1954年、1991年、1999年3次长历时大暴雨，太湖流域普遍遭受严重的洪涝灾害。暴雨的时空分布各有其特点，基本反映了流域暴雨时空分布特征。

5.3.1.1　1954年暴雨

1954年属梅雨型暴雨，降水历时长，达90 d，降水总量较大，全流域90 d降水量达50 a一遇，但降水强度不大，没有明显的集中降水期，降水时空分布较均匀。各时段降水量统计值见表5.15。

5.3.1.2　1991年暴雨

1991年属梅雨型暴雨，其暴雨中心主要位于北部的湖西区和武澄锡虞区。太湖流域最大90 d降水量为824.4 mm，重现期为22 a，但北部区最大90 d降水量达到1 043.2 mm，重现期为105 a，而南部区最大90 d降水量为726.9 mm，重现期仅为7 a。湖西区和武澄锡虞区最大90 d降水量均超过1 000 mm，分别达到1 049.1 mm和1 032.9 mm，重现期分别为118 a和97 a，最大30～60 d降水量重现期为150 a，其重现期显著高于其他分区。各时段降水量统计值见表5.16。

表 5.15　1954 年典型暴雨时段降水量统计值　　单位:mm

区域	1 d	3 d	7 d	15 d	30 d	45 d	60 d	90 d
湖西区	74.8	119.7	157.6	218.3	401.8	509.3	614.9	880.5
武澄锡虞区	88.2	121.6	152.9	204.3	314.6	419.3	538.7	780.4
阳澄淀泖区	74.2	99.3	145.7	170.0	294.6	405.8	522.4	731.7
太湖区	94.7	114.8	170.5	194.8	344.9	452.5	584.4	809.9
杭嘉湖区	79.9	142.1	178.0	265.4	412.9	586.1	718.3	1 008.7
浙西区	95.7	158.5	211.9	318.4	478.9	667.8	836.2	1 163.2
浦东浦西区	86.8	111.2	169.9	218.2	320.8	448.7	560.7	766.6
北部区	78.5	120.4	156.0	213.2	371.9	475.5	582.3	846.2
南部区	65.4	120.6	156.4	232.6	362.7	523.5	659.5	929.1
全流域	60.1	120.5	150.7	226.3	354.3	491.2	634.9	896.6

表 5.16　1991 年典型暴雨时段降水量统计值　　单位:mm

区域	1 d	3 d	7 d	15 d	30 d	45 d	60 d	90 d
湖西区	98.4	217.5	321.0	435.7	698.6	793.1	885.9	1 049.1
武澄锡虞区	164.8	261.4	348.8	438.8	680.9	804.4	880.0	1 032.9
阳澄淀泖区	86.7	168.2	229.0	293.1	516.1	601.3	655.4	786.1
太湖区	68.9	139.3	211.9	256.7	459.4	528.5	593.5	727.7
杭嘉湖区	67.4	90.2	162.0	267.8	371.1	463.2	564.6	673.2
浙西区	67.4	112.8	181.6	225.4	388.5	470.2	618.1	769.2
浦东浦西区	124.6	128.1	217.6	309.7	431.6	490.4	581.9	709.0
北部区	121.1	225.1	330.5	436.8	692.5	796.6	883.4	1 043.2
南部区	54.1	103.3	183.6	267.1	418.0	499.1	589.7	726.9
全流域	67.2	138.2	216.7	283.8	489.1	589.5	678.8	824.4

5.3.1.3　1999 年暴雨

1999 年属梅雨型暴雨,其暴雨中心主要位于南部区。1999 年特大暴雨流域主雨期为 6 月 7 日至 7 月 1 日,其中又以 6 月 23—30 日降水最为集中,是造成太湖最高水位的直接因素。流域最大 30 d 降水量为 621.1 mm,重现期为 150 a,南部各分区降水量重现期普遍较大,太湖区、杭嘉湖区、浙西区和浦东浦西区最大 90 d 降水量均超过 1 000 mm,湖西区最小,为 864.3 mm。各时段降水量统计值见表 5.17。

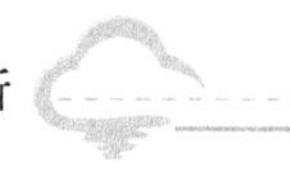

表 5.17　1999 年典型暴雨时段降水量统计值　　单位:mm

区域	1 d	3 d	7 d	15 d	30 d	45 d	60 d	90 d
湖西区	108.9	149.1	230.3	292.9	507.7	560.8	603.9	864.3
武澄锡虞区	111.8	142.4	233.6	311.4	451.6	514.5	641.8	964.2
阳澄淀泖区	105.7	164.9	331.6	392.6	595.4	649.6	698.1	992.6
太湖区	88.1	208.5	369.4	440.0	729.7	791.1	851.9	1 156.6
杭嘉湖区	77.7	187.4	385.2	458.3	642.3	723.0	770.7	1 065.0
浙西区	85.7	182.5	420.7	518.1	752.5	841.2	924.9	1 249.8
浦东浦西区	104.7	191.3	416.1	465.1	700.0	779.4	844.3	1 139.9
北部区	109.9	146.8	231.4	295.5	488.4	545.0	596.7	898.5
南部区	87.4	170.9	387.7	459.8	681.0	752.6	817.2	1 115.5
全流域	72.0	152.9	339.1	402.1	621.1	681.4	744.4	1 044.1

按照典型年选择原则,在防洪规划设计暴雨中选择了 1954 年、1991 年、1999 年,考虑到太湖流域规划工程实施后,1954 年型暴雨不会给流域造成大的洪涝灾害,另外,2000—2015 年太湖流域未发生流域性的典型大暴雨,因此,本书设计暴雨推求仍沿用太湖流域防洪规划采用的 1991 年、1999 年暴雨典型。

5.3.2　设计暴雨过程推求

根据太湖流域典型洪水太湖造峰时间,本书设计暴雨时间分布采用同频率缩放方法推求,即在全流域发生设计频率暴雨的情况下,以 1991 年和 1999 年最大 90 d 暴雨过程为典型,控制最大 30 d、60 d、90 d 降水为同频率。设计暴雨的空间分布按照 1991 年、1999 年典型暴雨的实际分布情况,拟定"91 北部"型和"99 南部"型,同时考虑对太湖防洪不利的"91 上游"型。对同一典型年,选择缩放的典型暴雨起讫时间,将流域时段最大降水量的起讫时间作为各区典型暴雨的统一起讫点。起讫时间的选择满足时段降水量层层内包的要求,以保证缩放出的暴雨过程满足各时段设计降雨同频率的要求。据此原则,最终采用的各典型年暴雨起讫时间见表 5.18。

表 5.18　各典型年时段暴雨起讫时间

年份		30 d	60 d	90 d
1991	起	6 月 8 日	5 月 18 日	5 月 10 日
	讫	7 月 7 日	7 月 16 日	8 月 7 日
1999	起	6 月 7 日	6 月 7 日	6 月 7 日
	讫	7 月 6 日	8 月 5 日	9 月 4 日

设计暴雨空间分配方法一般有两种,一种是采用各分区最大时段降水量多年均值比例对典型设计暴雨同频区域或相应区域内的分区降水量进行分配(以下简称"多年平均

法”)，另一种是采用典型年各分区最大时段降水量比例对典型设计暴雨同频区域或相应区域内的分区降水量进行分配(以下简称“典型年法”)。本书设计暴雨对两种方法均进行了计算，具体如下。

方案1方法1(“91北部”，多年平均法)：1991年暴雨中心位于太湖流域北部区域，按(湖西区＋武澄锡虞区)与流域同频率，其他区域相应，各分区降水量按多年平均法分配；以1991年最大90 d暴雨过程为典型，控制最大30 d、60 d、90 d降水为同频率。

方案1方法2(“91北部”，典型年法)：按(湖西区＋武澄锡虞区)与流域同频率，其他区域相应，各分区降水量按典型年法分配；以1991年最大90 d暴雨过程为典型，控制最大30 d、60 d、90 d降水为同频率。

方案2方法1(“99南部”，多年平均法)：1999年暴雨中心位于太湖流域南部区域，按(阳澄淀泖区＋太湖区＋杭嘉湖区＋浙西区＋浦东浦西区)与流域同频率，其他区域相应，各分区降水量按多年平均法分配；以1999年最大90 d暴雨过程为典型，控制最大30 d、60 d、90 d降水为同频率。

方案2方法2(“99南部”，典型年法)：按(阳澄淀泖区＋太湖区＋杭嘉湖区＋浙西区＋浦东浦西区)与流域同频率，其他区域相应，各分区降水量按典型年法分配；以1999年最大90 d暴雨过程为典型，控制最大30 d、60 d、90 d降水为同频率。

方案3方法1(“91上游”，多年平均法)：按上游(湖西区＋浙西区＋太湖区)与流域同频率，其他区域相应，各分区降水量按多年平均法分配；以1991年最大90 d暴雨过程为典型，控制最大30 d、60 d、90 d降水为同频率。

方案3方法2(“91上游”，典型年法)：按上游(湖西区＋浙西区＋太湖区)与流域同频率，其他区域相应，各分区降水量按典型年法分配；以1991年最大90 d暴雨过程为典型，控制最大30 d、60 d、90 d降水为同频率。

以方案1为例，推求设计暴雨过程计算方法说明如下：

$$X_m = X_{k,p} F_k \frac{x_m}{\sum_{i=1}^{n_k} x_i f_i} \tag{5-1}$$

$$k_{t_j - t_{j-1}} = \frac{X_{m,t_j} - X_{m,t_{j-1}}}{X_{d,t_j} - X_{d,t_{j-1}}} \tag{5-2}$$

$$P_{p,j} = k_{t_i - t_{i-1}} P_{d,j} \tag{5-3}$$

式中：X_m——北部区第m分区时段相应设计降水量，mm；

$X_{k,p}$——北部区时段降水量设计值，mm；

F_k——北部区面积，km^2；

x_m——若设计暴雨空间分布按多年平均法分配，此参数即为北部区第m分区最大时段降水量多年平均值，mm；若设计暴雨空间分布按典型年法分配，此参数即为北部区第m分区典型年最大时段降水量，mm(下同)；

x_i——北部区第i分区最大时段降水量多年平均值(或典型年最大时段降水

量)，mm；

f_i——北部区第 i 分区面积，km^2；

n_k——北部区分区个数；

X_{d,t_j}——北部区第 m 分区第 j 时段典型降水量，mm；

$P_{p,j}$——北部区第 m 分区第 j 天设计降水量，mm；

$P_{d,j}$——北部区第 m 分区第 j 天典型降水量，mm；

$k_{t_i-t_{i-1}}$——降水历时为 t_{i-1} 至 t_i 之间的日降水量缩放系数。

流域剩余区域各分区，即南部区各分区相应降水量按下式计算：

$$X_m=(X_pF-X_{k,p}F_k)\frac{x_m}{\sum_{i=1}^{n_c}x_if_i} \tag{5-4}$$

$$k_{t_i-t_{i-1}}=\frac{X_{m,t_i}-X_{m,t_{i-1}}}{X_{d,t_i}-X_{d,t_{i-1}}} \tag{5-5}$$

$$P_j=k_{t_i-t_{i-1}}P_{d,j} \tag{5-6}$$

式中：X_m——南部区第 m 分区时段相应设计降水量，mm；

X_P——流域时段降水量设计值，mm；

F——流域面积，km^2；

$X_{k,p}$——北部区时段降水量设计值，mm；

F_k——北部区面积，km^2；

x_m——南部区第 m 分区时段降水量多年平均值(或典型年最大时段降水量)，mm；

x_i——南部区第 i 分区最大时段降水量多年平均值(或典型年最大时段降水量)，mm；

f_i——南部区第 i 分区面积，km^2；

n_c——南部区分区个数；

X_{d,t_i}——南部区第 m 分区第 i 时段典型降水量，mm；

P_j——南部区第 m 分区第 j 天相应设计降水量，mm；

$k_{t_i-t_{i-1}}$——降水历时为 t_{i-1} 至 t_i 之间的日降水量缩放系数；

$P_{d,j}$——南部区第 m 分区第 j 天典型降水量，mm。

利用两种计算方法对3个设计暴雨方案进行计算，得出各分区90 d设计日降水量过程，对50 a、100 a一遇设计频率的时段降水量按分区进行了统计，并与相应的实测降水量进行对比分析，结果见表5.19～表5.21。

5.3.3　计算成果合理性分析

与太湖流域防洪规划相比，本书设计暴雨推求计算的方法、系列长度、采用的雨量站点和降水量均发生了变化。太湖流域防洪规划在推求设计降雨时“91北部”方案和“99南部”方案采用典型年法对设计暴雨进行空间分配，而“91上游”方案则采用多年平均法对设计暴雨进行空间分配，本书计算分别采用多年平均法和典型年法进行设计暴雨空间分

表 5.19 “91 北部”方案流域及各分区设计降雨表

单位:mm

时段	30 d(6 月 8 日至 7 月 7 日)					60 d(5 月 18 日至 7 月 16 日)					90 d(5 月 10 日至 8 月 7 日)				
分区	实测值	50 a		100 a		实测值	50 a		100 a		实测值	50 a		100 a	
		方法 1	方法 2	方法 1	方法 2		方法 1	方法 2	方法 1	方法 2		方法 1	方法 2	方法 1	方法 2
流域	489.1	519.0	519.0	566.0	566.0	678.8	727.0	727.0	786.7	786.7	824.4	922.1	992.5	992.5	992.5
湖西区	639.9	553.9	559.0	607.2	612.7	882.6	766.7	767.6	834.0	834.9	1 049.1	981.9	983.9	1 065.2	1 067.5
武澄锡虞区	659.1	554.1	544.8	607.4	597.2	863.8	764.1	762.5	831.1	829.4	1 024.0	972.6	968.7	1 055.2	1 051.0
阳澄淀泖区	507.9	482.7	616.4	525.1	670.5	655.4	673.8	776.3	727.3	837.9	781.4	842.7	968.6	903.5	1 038.5
太湖区	452.8	482.6	548.7	524.9	596.8	592.3	685.6	703.0	740.0	758.8	727.7	858.9	896.6	920.9	961.3
杭嘉湖区	371.1	488.8	443.2	531.7	482.1	564.6	688.7	668.8	743.3	721.9	673.2	871.0	829.5	933.8	889.3
浙西区	388.5	572.3	464.0	622.5	504.7	618.1	817.8	732.1	882.7	790.3	769.2	1 048.5	947.8	1 124.1	1 016.2
浦东浦西区	422.1	471.2	515.5	512.6	560.7	527.4	653.9	689.3	705.8	744.0	705.8	819.3	873.6	878.4	936.6

注:1. 方法 1 为多年平均法;方法 2 为典型年法。
2. 流域及各分区实测值的统计时间与流域最大 30 d、60 d、90 d 降水量时段一致。

表 5.20 “99 南部”方案流域及各分区设计降雨表

单位:mm

时段	30 d(6 月 7 日至 7 月 6 日)					60 d(6 月 7 日至 8 月 5 日)					90 d(6 月 7 日至 9 月 4 日)				
分区	实测值	50 a		100 a		实测值	50 a		100 a		实测值	50 a		100 a	
		方法 1	方法 2	方法 1	方法 2		方法 1	方法 2	方法 1	方法 2		方法 1	方法 2	方法 1	方法 2
流域	621.1	519.0	519.0	566.0	566.0	726.0	727.0	727.0	786.7	786.7	1 044.1	922.1	922.1	992.5	992.5
湖西区	507.7	518.9	539.9	569.0	592.0	603.9	712.7	696.6	771.4	753.9	864.3	904.0	865.9	972.8	931.9
武澄锡虞区	451.2	519.1	480.2	569.2	526.6	582.9	710.3	740.3	768.7	801.2	964.2	895.4	966.0	963.6	1 039.6
阳澄淀泖区	595.4	497.8	453.6	541.6	493.5	694.0	696.8	626.5	754.0	677.9	980.1	875.5	825.2	942.5	888.2

续表

时段	30 d(6月7日至7月6日)					60 d(6月7日至8月5日)					90 d(6月7日至9月4日)				
分区	实测值	50 a		100 a		实测值	50 a		100 a		实测值	50 a		100 a	
		方法1	方法2	方法1	方法2		方法1	方法2	方法1	方法2		方法1	方法2	方法1	方法2
太湖区	729.7	497.7	555.9	541.4	604.8	815.2	709.0	764.6	767.2	827.3	1 156.6	892.3	961.5	960.5	1 035.0
杭嘉湖区	642.3	504.1	489.3	548.4	532.3	738.6	712.2	691.7	770.6	748.4	1 044.0	904.9	885.4	974.0	953.0
浙西区	752.5	590.1	573.3	642.0	623.7	900.8	845.8	830.1	915.1	898.2	1 249.8	1 089.3	1 039.0	1 172.5	1 118.4
浦东浦西区	700.0	486.0	533.3	528.7	580.2	772.4	676.2	757.7	731.7	819.9	1 127.8	851.1	947.6	916.2	1 020.1

注:1. 方法1为多年平均法;方法2为典型年法。
2. 流域及各分区实测值的统计时间与流域最大30 d、60 d、90 d降水量时段一致。

表5.21 "91上游"方案流域及各分区设计降雨表

单位:mm

时段	30 d(6月8日至7月7日)					60 d(5月18日至7月16日)					90 d(5月10日至8月7日)				
分区	实测值	50 a		100 a		实测值	50 a		100 a		实测值	50 a		100 a	
		方法1	方法2	方法1	方法2		方法1	方法2	方法1	方法2		方法1	方法2	方法1	方法2
流域	489.1	519.0	519.0	566.0	566.0	678.8	727.0	727.0	786.7	786.7	824.4	922.1	922.1	992.5	992.5
湖西区	639.9	515.5	693.0	560.8	753.8	882.6	717.3	909.9	774.2	982.0	1 049.1	920.5	1 151.3	990.8	1 239.2
武澄锡虞区	659.1	520.9	721.0	569.3	788.0	863.8	729.0	955.3	790.7	1 036.1	1 024.0	906.1	1 172.1	975.3	1 261.5
阳澄淀泖区	507.9	500.4	546.5	546.9	597.3	655.4	698.0	711.5	757.1	771.7	781.4	867.3	892.0	933.5	960.1
太湖区	452.8	495.2	455.7	538.7	495.7	592.3	696.4	609.6	751.6	657.9	727.7	889.5	798.6	957.4	859.6
杭嘉湖区	371.1	506.8	393.0	553.8	429.5	564.6	713.5	612.9	773.8	664.8	673.2	896.4	763.9	964.7	822.2
浙西区	388.5	587.3	385.4	638.8	419.2	618.1	830.7	634.8	896.6	685.2	769.2	1 085.7	844.1	1 168.7	908.6
浦东浦西区	422.1	488.5	457.0	533.9	499.5	527.4	677.4	631.7	734.7	685.1	705.8	843.1	804.6	907.5	865.9

注:1. 方法1为多年平均法;方法2为典型年法。
2. 流域及各分区实测值的统计时间与流域最大30 d、60 d、90 d降水量时段一致。

配。为探讨两种方法的合理性，本节在太湖流域防洪规划典型设计暴雨方案的基础上，补充用多年平均法对太湖流域防洪规划设计暴雨方案进行空间分配，得到不同计算方法的空间分布设计暴雨过程，通过对比，分析各方法的合理性。

另外，太湖流域防洪规划"91 上游"设计暴雨方案采用全流域、上游区(湖西区+浙西区+太湖区)、湖西区三级同频。该方案本意主要是从流域防洪不利角度考虑，但采用三级同频，湖西区设计降雨就会相对较大，而浙西区、太湖区设计降雨相应会减小，是否会对流域防洪不利有待进一步论证。为此，本书又对太湖流域防洪规划"91 上游"设计暴雨方案采用全流域、上游区(湖西区+浙西区+太湖区)二级同频，空间分布仍采用太湖流域防洪规划中的多年平均法，通过对比，分析其对防洪的不利程度。

5.3.3.1 "91 北部"方案

太湖流域防洪规划"91 北部"方案以 1991 年最大 90 d 暴雨为典型，50 a 一遇设计暴雨以 30、60、90 d 为控制时段，100 a 一遇设计暴雨以 90 d 为控制时段。本书仅对太湖流域防洪规划"91 北部"50 a 一遇设计暴雨用不同方法分配空间分布的成果进行对比，见表 5.22。

表 5.22 防洪规划"91 北部"50 a 一遇设计暴雨不同空间分配方法对比

		湖西区	武澄锡虞区	阳澄淀泖区	太湖区	杭嘉湖区	浙西区	浦东浦西区	全流域
30 d	设计值(mm)	559.2	546.1	550.1	563.3	534.4	636.7	531.0	514.8
	防洪规划*1(mm)	548.7	523.5	601.0	546.1	447.6	456.3	532.5	514.8
	重现期(a)	43	37	96	40	16	7	51	50
	多年平均*2(mm)	544.8	532.1	470.4	490.3	482.8	585.1	468.4	514.8
	重现期(a)	41	41	18	21	25	28	21	50
60 d	设计值(mm)	762.2	745.5	746.4	765.3	741.9	900.2	723.7	727.7
	防洪规划(mm)	746.1	727.8	768.2	708.3	667.4	763.0	723.8	727.7
	重现期(a)	42	41	63	28	22	15	50	50
	多年平均(mm)	745.5	729.2	672.0	692.2	699.0	848.1	662.3	727.7
	重现期(a)	42	42	23	24	31	31	25	50
90 d	设计值(mm)	960.0	941.6	926.2	961.4	938.7	1 127.9	902.1	908.1
	防洪规划(mm)	943.3	921.0	946.3	881.1	820.1	964.9	889.8	908.1
	重现期(a)	43	42	60	25	17	14	44	50
	多年平均(mm)	942.0	923.9	819.5	855.2	871.2	1 065.6	811.5	908.1
	重现期(a)	43	43	20	21	27	31	21	50

注：* 1. 太湖流域防洪规划成果，即空间分布采用典型年法。
  * 2. 设计暴雨空间分布采用多年平均法。

“91北部”设计暴雨是指全流域和北部区域(湖西+武澄锡虞区)同频,其他区域相应,相应区域暴雨频率原则上应低于同频区域。但由表5.22可知,“91北部”50 a一遇设计暴雨典型年法成果(即太湖流域防洪规划成果)中,相应区域的阳澄淀泖区30 d暴雨重现期远高于同频区域的湖西区和武澄锡虞区,达到96 a,且高于流域50 a一遇的设计频率,浦东浦西区30 d暴雨重现期也达到51 a,高于流域设计频率。另外,相应区域中各分区重现期十分不均匀,最大为96 a,最小仅浙西区的7 a。同样,相应区域的阳澄淀泖区60 d、90 d暴雨重现期也高于同频区域的湖西区和武澄锡虞区,分别达到63 a和60 a,高于流域50 a一遇的设计频率;相应区域中各分区重现期分布不均,最大和最小相差45～50 a。采用多年平均法所得到的结果,同频区域的湖西区和武澄锡虞区30～90 d暴雨重现期为41～43 a,相应区域各分区重现期为18～31 a,成果符合该典型暴雨的设计概念,相对较合理。

5.3.3.2　“99南部”方案

太湖流域防洪规划“99南部”50 a、100 a一遇设计暴雨以1999年最大90 d暴雨为典型,以30、60、90 d为控制时段。本书仅对太湖流域防洪规划“99南部”50 a一遇设计暴雨用不同方法分配空间分布的成果进行对比,见表5.23。

表5.23　防洪规划“99南部”50 a一遇设计暴雨不同空间分配方法对比

		湖西区	武澄锡虞区	阳澄淀泖区	太湖区	杭嘉湖区	浙西区	浦东浦西区	全流域
30 d	设计值(mm)	559.2	546.1	550.1	563.3	534.4	636.7	531.0	514.8
	防洪规划*1(mm)	513.8	481.9	468.1	549.0	502.9	578.5	499.3	514.8
	重现期(a)	28	22	18	42	33	26	32	50
	多年平均*2(mm)	507.5	495.6	486.1	506.7	498.9	604.6	484.0	514.8
	重现期(a)	26	26	22	25	31	34	26	50
60 d	设计值(mm)	762.2	745.5	746.4	765.3	741.9	900.2	723.7	727.7
	防洪规划(mm)	716.7	729.2	640.8	750.5	704.3	843.8	698.7	727.7
	重现期(a)	32	42	17	43	33	30	38	50
	多年平均(mm)	725.6	709.8	680.4	700.8	707.7	858.7	670.5	727.7
	重现期(a)	34	34	25	26	34	34	28	50
90 d	设计值(mm)	960.0	941.6	926.2	961.4	938.7	1 127.9	902.1	908.1
	防洪规划(mm)	834.4	917.4	866.4	963.6	876.7	1 065.0	875.7	908.1
	重现期(a)	18	40	29	51	28	30	39	50
	多年平均(mm)	865.7	849.1	851.0	888.0	904.7	1 106.5	842.6	908.1
	重现期(a)	23	23	26	27	36	42	28	50

注:* 1. 太湖流域防洪规划成果,即空间分布采用典型年法。
* 2. 设计暴雨空间分布采用多年平均法。

“99 南部”设计暴雨是指全流域和南部区域(浙西区+杭嘉湖区+太湖区+阳澄淀泖区+浦东浦西区)同频,其他区域相应,相应区域暴雨频率原则上应低于同频区域。但由表 5.23 可知,“99 南部”50 a 一遇设计暴雨典型年法成果(即太湖流域防洪规划成果)中,60 d、90 d 相应区域中的武澄锡虞区暴雨重现期总体大于同频区域,而且同频区域各分区重现期分布不均,最大和最小相差 23～26 a。采用多年平均法所得到的结果,同频区域各分区 30～90 d 暴雨重现期为 22～42 a,相应区域各分区重现期为 23～34 a,成果符合该典型暴雨的设计概念,相对较合理。

5.3.3.3 “91 上游”方案

太湖流域防洪规划“91 上游”50 a、100 a 一遇设计暴雨以 1991 年最大 90 d 暴雨为典型,以 30、60、90 d 为控制时段。本书仅对太湖流域防洪规划“91 上游”50 a 一遇设计暴雨用不同方法分配空间分布的成果进行对比,见表 5.24。

表 5.24 防洪规划“91 上游”50 a 一遇设计暴雨不同空间分配方法对比

		湖西区	武澄锡虞区	阳澄淀泖区	太湖区	杭嘉湖区	浙西区	浦东浦西区	全流域
30 d	设计值(mm)	559.2	546.1	550.1	563.3	534.4	636.7	531.0	514.8
	防洪规划*1(mm)	559.2	484.0	479.0	482.3	491.7	575.6	477.0	514.8
	重现期(a)	50	23	21	19	28	25	24	50
	二级缩放*2(mm)	513.6	484.0	479.0	517.4	491.7	617.4	477.0	514.8
	重现期(a)	28	23	21	28	28	40	24	50
60 d	设计值(mm)	762.2	745.5	746.4	765.3	741.9	900.2	723.7	727.7
	防洪规划(mm)	762.2	680.4	678.1	687.0	705.3	841.7	668.2	727.7
	重现期(a)	50	26	25	23	33	30	27	50
	二级缩放(mm)	717.7	680.4	678.1	720.6	705.3	882.9	668.2	727.7
	重现期(a)	32	26	25	32	33	43	27	50
90 d	设计值(mm)	960.0	941.6	926.2	961.4	938.7	1 127.9	902.1	908.1
	防洪规划(mm)	960.0	853.5	835.1	841.1	887.8	1 048.1	826.9	908.1
	重现期(a)	50	24	22	18	31	27	25	50
	二级缩放(mm)	891.2	853.5	835.1	892.5	887.8	1 112.1	826.9	908.1
	重现期(a)	28	24	22	28	31	44	25	50

注:* 1. 太湖流域防洪规划成果,即全流域、上游区域及湖西区三级同频。
* 2. 全流域、上游区域二级同频。

“91 上游”设计暴雨是指全流域和上游区域(湖西区+浙西区+太湖区)同频,其他区域相应,该设计暴雨主要从不利于流域防洪安全考虑。但由表 5.24 可知,“91 上游”50 a 一遇设计暴雨“三级同频”成果(即太湖流域防洪规划成果)中,上游同频区域的太湖区、浙西区

30～90 d 暴雨重现期明显偏小，仅为 18～30 a；“二级同频”成果表明上游同频区域的湖西区、浙西区、太湖区 30～90 d 暴雨重现期相对均衡，为 28～44 a，太湖区和浙西区的暴雨重现期明显大于“三级同频”成果。上游地区是太湖的主要来水区，对流域防洪影响较大，尤其是太湖区和浙西区，因此，与“三级同频”成果相比，“二级同频”成果对流域防洪更为不利。

5.4　太湖流域设计洪量分析

本书选择“91 北部”“99 南部”50 a 一遇、100 a 一遇设计暴雨过程，利用太湖流域产汇流模型计算设计洪量。鉴于太湖流域防洪规划中设计暴雨过程推求均采用典型年法，为了便于与已有研究成果对比分析，本书设计洪量计算时也采用典型年法推求设计暴雨过程。

5.4.1　模型差别对洪量计算结果的影响

5.4.1.1　模型差异

与太湖流域防洪规划模型相比，本书对太湖流域产汇流模型做了以下改进，使之更符合实际情况，具体见表 5.25。

表 5.25　模型结构与太湖流域防洪规划模型相比的差别

<table>
<tr><th colspan="2">下垫面</th><th>防洪规划模型</th><th>本书改进的模型</th></tr>
<tr><td rowspan="9">平原区</td><td>水面</td><td colspan="2">降水扣除同期蒸发</td></tr>
<tr><td rowspan="5">水田</td><td colspan="2">非水稻生长期同相应旱地</td></tr>
<tr><td colspan="2">水稻生长期根据逐时段水量平衡，高于耐淹水深排至耐淹水深，低于适宜水深下限灌溉至适宜水深上限</td></tr>
<tr><td>未考虑水稻生长期不同阶段需水规律的不同</td><td>能够因不同生长期的需水规律不同在水田模式和旱地模式之间平滑地来回切换</td></tr>
<tr><td>未考虑灌渠损失</td><td>考虑灌渠损失</td></tr>
<tr><td>未考虑回归水对旱地的补给</td><td>考虑回归水对旱地的补给</td></tr>
<tr><td rowspan="2">旱地</td><td>一水源、一层蒸发模式新安江模型</td><td>三水源、三层蒸发模式新安江模型</td></tr>
<tr><td>没有考虑旱地灌溉</td><td>考虑旱地灌溉</td></tr>
<tr><td>城镇</td><td>降水乘径流系数</td><td>完整的城镇产流模型</td></tr>
<tr><td rowspan="2">山丘区</td><td>浙西</td><td colspan="2">三水源、三层蒸发模式新安江模型</td></tr>
<tr><td>湖西</td><td colspan="2">同平原区，分四种下垫面处理</td></tr>
</table>

5.4.1.2　“91 北部”设计洪量的影响

将太湖流域防洪规划中采用的 1997 年下垫面数据和“91 北部”50 a 一遇、100 a 一遇设计暴雨数据导入本书改进后的太湖流域产汇流模型中，得到太湖流域 50 a 一遇和 100 a 一遇设计洪量计算结果(见表 5.26 和表 5.27)。对于"91 北部"50 a 一遇和 100 a 一遇设计暴雨，全流域及各水利分区最大 30 d、60 d、90 d 设计洪量与太湖流域防洪规划成果对比见图 5.2～图 5.7。分析可知：

第一，全流域洪量相差基本在 10%以内，其中流域最大 90 d 洪量差别最大，为 10%左右，最大 60 d 洪量差别最小，在 1%以内。改进后的模型计算的全流域洪量除最大 30 d 洪量较太湖流域防洪规划成果偏大外，最大 60 d 和 90 d 洪量均小于太湖流域防洪规划成果。

第二，改进后的模型计算的成果与太湖流域防洪规划相比，各水利分区最大 90 d 洪量差别较大，其中又以武澄锡虞区差别最大，偏小 20%左右；其次湖西区、阳澄淀泖区、浦东浦西区偏小 10%左右。但各水利分区最大 30 d、60 d 洪量与太湖流域防洪规划成果相差均不大，长历时设计暴雨对区域最高水位不会造成太大影响，影响区域最高水位的主要是最大 7 d 或 15 d 洪量。

表 5.26 太湖流域"91 北部"50 a 一遇设计洪量对比表

统计时段	分区	本书改进的模型(亿 m^3)	防洪规划模型(亿 m^3)	绝对差(亿 m^3)	相对差(%)
30 d	湖西区	35.01	30.80	4.21	13.7
	武澄锡虞区	14.25	13.82	0.43	3.1
	阳澄淀泖区	22.61	21.65	0.96	4.4
	太湖区	15.05	15.08	−0.03	−0.2
	杭嘉湖区	26.22	25.66	0.56	2.2
	浙西区	18.01	17.81	0.20	1.1
	浦东浦西区	20.15	19.64	0.51	2.6
	全流域 *	151.3	144.5	6.84	4.7
60 d	湖西区	41.81	40.73	1.08	2.7
	武澄锡虞区	17.03	18.20	−1.17	−6.4
	阳澄淀泖区	24.96	24.61	0.35	1.4
	太湖区	17.45	17.99	−0.54	−3.0
	杭嘉湖区	33.94	35.09	−1.15	−3.3
	浙西区	30.77	29.91	0.86	2.9
	浦东浦西区	23.03	24.11	−1.08	−4.5
	全流域	189.0	190.6	−1.65	−0.8

* 根据《水文资料整编规范》(SL/T 247—2020)，水量四舍五入，取四位有效数字。后同。特此说明。

续表

统计时段	分区	本书改进的模型（亿 m^3）	防洪规划模型（亿 m^3）	绝对差（亿 m^3）	相对差（%）
90 d	湖西区	42.28	48.70	−6.42	−13.2
	武澄锡虞区	17.00	21.65	−4.65	−21.5
	阳澄淀泖区	24.89	27.50	−2.61	−9.5
	太湖区	16.62	19.18	−2.56	−13.3
	杭嘉湖区	36.71	37.79	−1.08	−2.9
	浙西区	34.63	36.26	−1.63	−4.5
	浦东浦西区	22.84	26.42	−3.58	−13.6
	全流域	195.0	217.5	−22.53	−10.3

注：表中洪量不包含太湖流域 3 个自排片。

表 5.27　太湖流域“91 北部”100 a 一遇设计洪量对比表

统计时段	分区	本书改进的模型（亿 m^3）	防洪规划模型（亿 m^3）	绝对差（亿 m^3）	相对差（%）
30 d	湖西区	39.10	36.81	2.29	6.2
	武澄锡虞区	15.83	17.37	−1.54	−8.9
	阳澄淀泖区	24.84	23.73	1.11	4.7
	太湖区	16.56	16.47	0.09	0.5
	杭嘉湖区	28.86	28.70	0.16	0.6
	浙西区	19.87	20.13	−0.26	−1.3
	浦东浦西区	22.15	21.34	0.81	3.8
	全流域	167.2	164.6	2.66	1.6
60 d	湖西区	46.65	48.95	−2.30	−4.7
	武澄锡虞区	19.00	21.66	−2.66	−12.3
	阳澄淀泖区	27.55	27.56	−0.01	−0.0
	太湖区	19.20	19.98	−0.78	−3.9
	杭嘉湖区	37.67	39.16	−1.49	−3.8
	浙西区	33.91	33.44	0.47	1.4
	浦东浦西区	25.50	23.81	1.69	7.1
	全流域	209.5	214.6	−5.08	−2.4

续表

统计时段	分区	本书改进的模型（亿 m³）	防洪规划模型（亿 m³）	绝对差（亿 m³）	相对差（%）
90 d	湖西区	47.23	54.24	−7.01	−12.9
	武澄锡虞区	18.98	23.93	−4.95	−20.7
	阳澄淀泖区	27.52	30.24	−2.72	−9.0
	太湖区	18.45	21.13	−2.68	−12.7
	杭嘉湖区	40.50	41.77	−1.27	−3.0
	浙西区	38.04	39.89	−1.85	−4.6
	浦东浦西区	25.33	29.07	−3.74	−12.9
	全流域	216.1	240.3	−24.22	−10.1

注:表中洪量不包含太湖流域 3 个自排片。

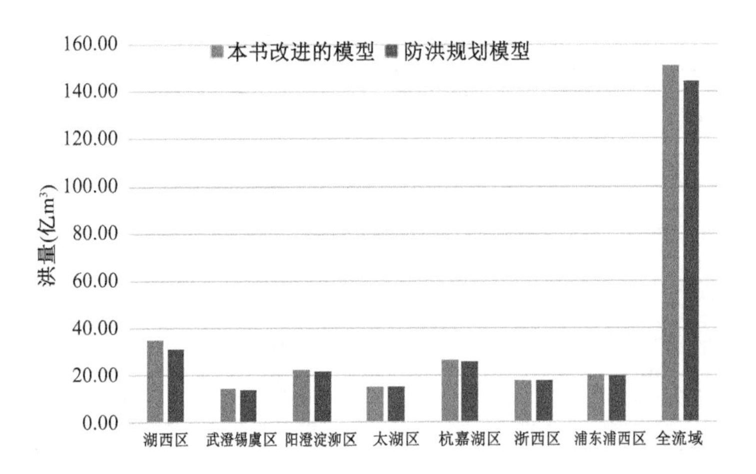

图 5.2　太湖流域“91 北部”50 a 一遇设计暴雨最大 30 d 洪量对比

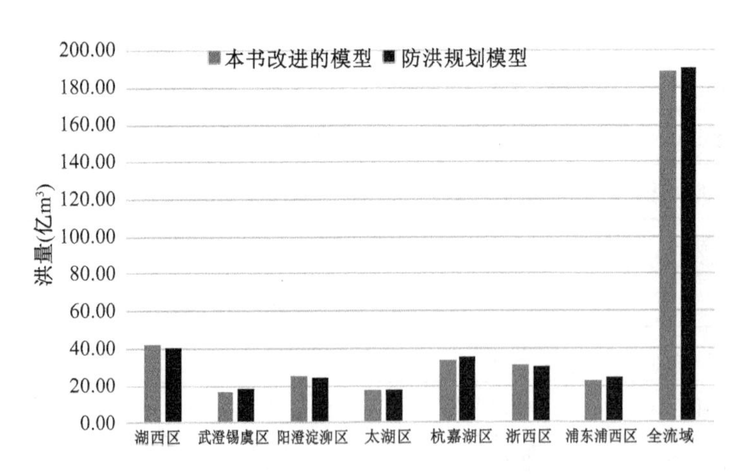

图 5.3　太湖流域“91 北部”50 a 一遇设计暴雨最大 60 d 洪量对比

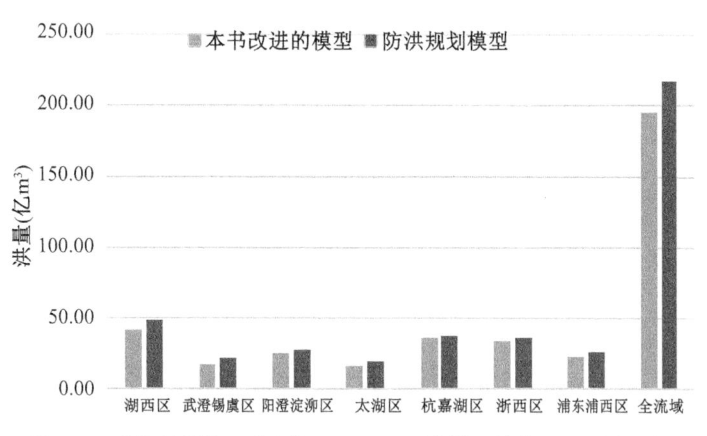

图 5.4　太湖流域“91 北部”50 a 一遇设计暴雨最大 90 d 洪量对比

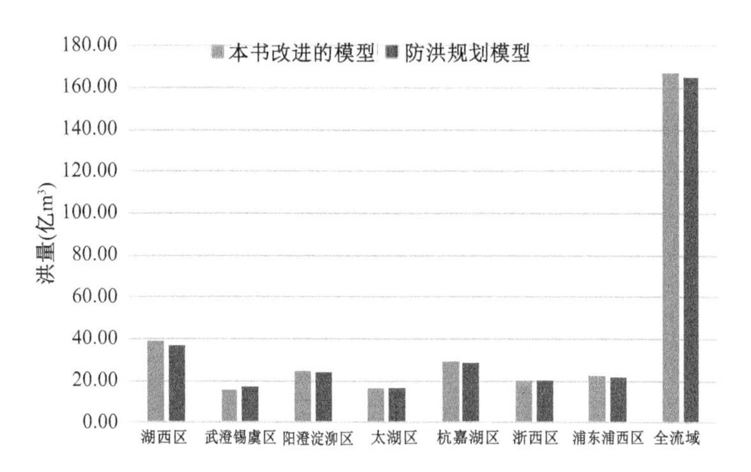

图 5.5　太湖流域“91 北部”100 a 一遇设计暴雨最大 30 d 洪量对比

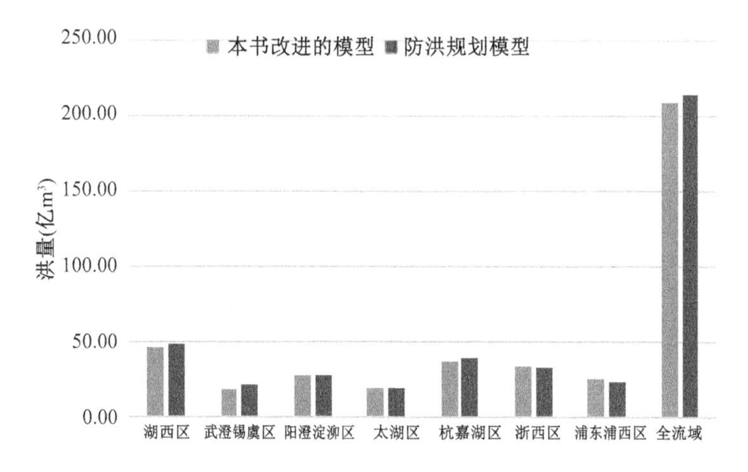

图 5.6　太湖流域“91 北部”100 a 一遇设计暴雨最大 60 d 洪量对比

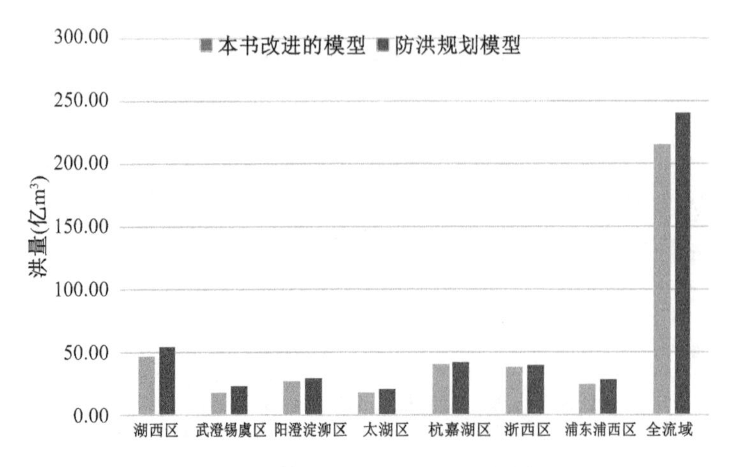

图 5.7 太湖流域“91 北部”100 a 一遇设计暴雨最大 90 d 洪量对比

5.4.1.3 “99 南部”设计洪量的影响

将太湖流域防洪规划中采用的 1997 年下垫面数据和 1999 年设计暴雨数据导入改进后的太湖流域产汇流模型中，得到太湖流域 50 a 一遇和 100 a 一遇设计洪量计算结果（见表 5.28、表 5.29）。对于“99 南部”50 a 一遇和 100 a 一遇设计暴雨，全流域及各水利分区最大 30 d、60 d、90 d 设计洪量与太湖流域防洪规划成果对比见图 5.8～图 5.13。分析可知：

表 5.28 太湖流域“99 南部”50 a 一遇设计洪量对比表

统计时段	分区	本书改进的模型（亿 m³）	防洪规划模型（亿 m³）	绝对差（亿 m³）	相对差（%）
30 d	湖西区	30.69	28.08	2.61	9.3
	武澄锡虞区	10.04	11.05	−1.01	−9.1
	阳澄淀泖区	15.70	16.38	−0.68	−4.2
	太湖区	14.96	15.18	−0.22	−1.4
	杭嘉湖区	30.34	29.83	0.51	1.7
	浙西区	26.48	24.07	2.41	10.0
	浦东浦西区	20.46	18.97	1.49	7.9
	全流域	148.7	143.6	5.11	3.6
60 d	湖西区	40.55	37.31	3.24	8.7
	武澄锡虞区	15.30	16.31	−1.01	−6.2
	阳澄淀泖区	19.42	20.27	−0.85	−4.2
	太湖区	18.57	18.62	−0.05	−0.3
	杭嘉湖区	41.45	38.70	2.75	7.1
	浙西区	38.91	35.33	3.58	10.1
	浦东浦西区	26.54	24.28	2.26	9.3
	全流域	200.7	190.8	9.92	5.2

续表

统计时段	分区	本书改进的模型（亿 m^3）	防洪规划模型（亿 m^3）	绝对差（亿 m^3）	相对差（%）
90 d	湖西区	43.32	40.04	3.28	8.2
	武澄锡虞区	18.18	19.43	−1.25	−6.4
	阳澄淀泖区	23.92	24.99	−1.07	−4.3
	太湖区	20.78	20.75	0.03	0.1
	杭嘉湖区	51.21	49.01	2.20	4.5
	浙西区	48.95	45.26	3.69	8.2
	浦东浦西区	31.95	28.22	3.73	13.2
	全流域	238.3	227.7	10.61	4.7

注：表中洪量不包含太湖流域 3 个自排片。

表 5.29　太湖流域“99 南部”100 a 一遇设计洪量对比表

统计时段	分区	本书改进的模型（亿 m^3）	防洪规划模型（亿 m^3）	绝对差（亿 m^3）	相对差（%）
30 d	湖西区	34.30	31.38	2.92	9.3
	武澄锡虞区	11.40	12.34	−0.94	−7.6
	阳澄淀泖区	17.42	18.04	−0.62	−3.4
	太湖区	16.44	16.67	−0.23	−1.4
	杭嘉湖区	33.35	32.79	0.56	1.7
	浙西区	29.15	26.53	2.62	9.9
	浦东浦西区	22.32	20.81	1.51	7.3
	全流域	164.4	158.6	5.82	3.7
60 d	湖西区	45.16	41.63	3.53	8.5
	武澄锡虞区	17.23	18.20	−0.97	−5.3
	阳澄淀泖区	21.49	22.33	−0.84	−3.8
	太湖区	20.41	20.45	−0.04	−0.2
	杭嘉湖区	45.27	42.47	2.80	6.6
	浙西区	42.48	38.88	3.60	9.3
	浦东浦西区	28.87	26.63	2.24	8.4
	全流域	220.9	210.6	10.32	4.9

续表

统计时段	分区	本书改进的模型（亿 m^3）	防洪规划模型（亿 m^3）	绝对差（亿 m^3）	相对差（%）
90 d	湖西区	47.87	44.15	3.72	8.4
	武澄锡虞区	20.22	21.35	−1.13	−5.3
	阳澄淀泖区	26.42	27.49	−1.07	−3.9
	太湖区	22.85	22.82	0.03	0.1
	杭嘉湖区	55.75	53.59	2.16	4.0
	浙西区	53.23	49.46	3.77	7.6
	浦东浦西区	34.71	30.96	3.75	12.1
	全流域	261.1	249.8	11.23	4.5

注：表中洪量不包含太湖流域 3 个自排片。

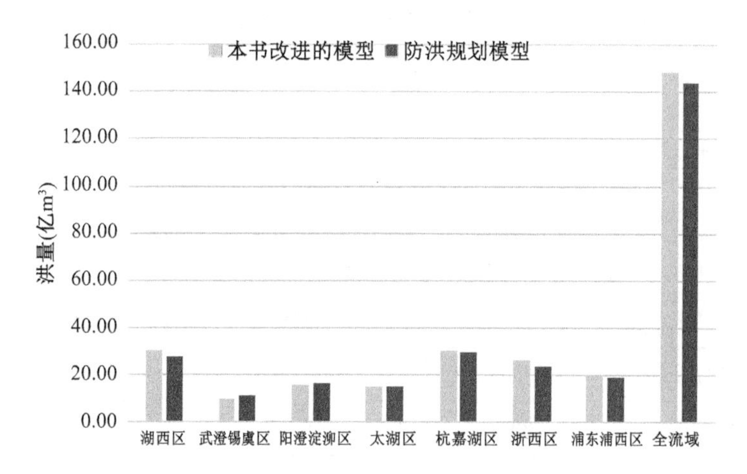

图 5.8 太湖流域“99 南部”50 a 一遇设计暴雨最大 30 d 洪量对比

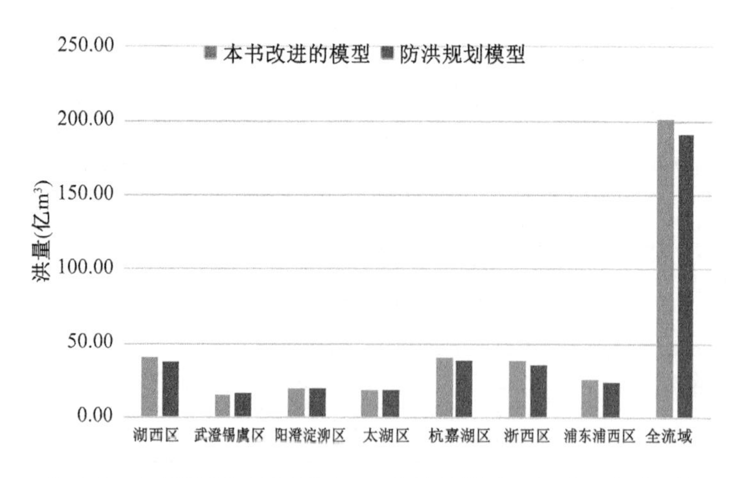

图 5.9 太湖流域“99 南部”50 a 一遇设计暴雨最大 60 d 洪量对比

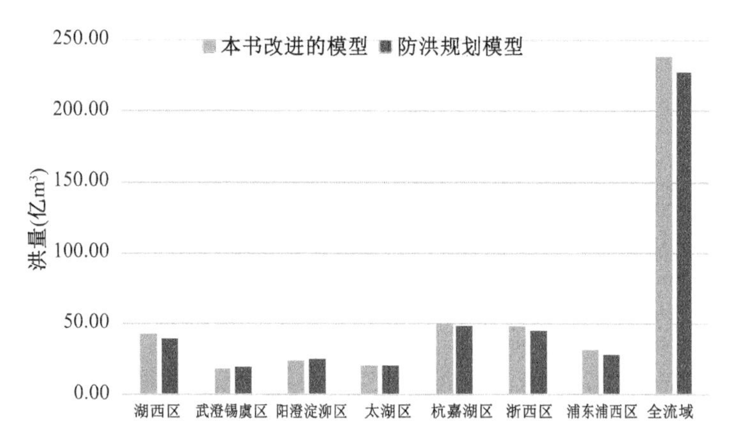

图 5.10　太湖流域“99 南部”50 a 一遇设计暴雨最大 90 d 洪量对比

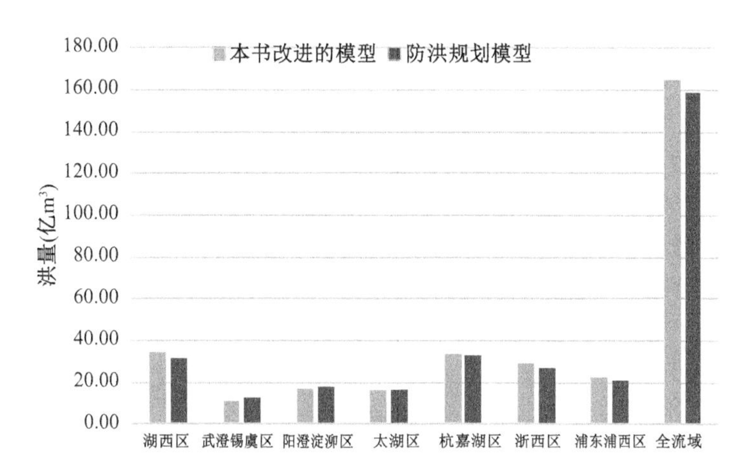

图 5.11　太湖流域“99 南部”100 a 一遇设计暴雨最大 30 d 洪量对比

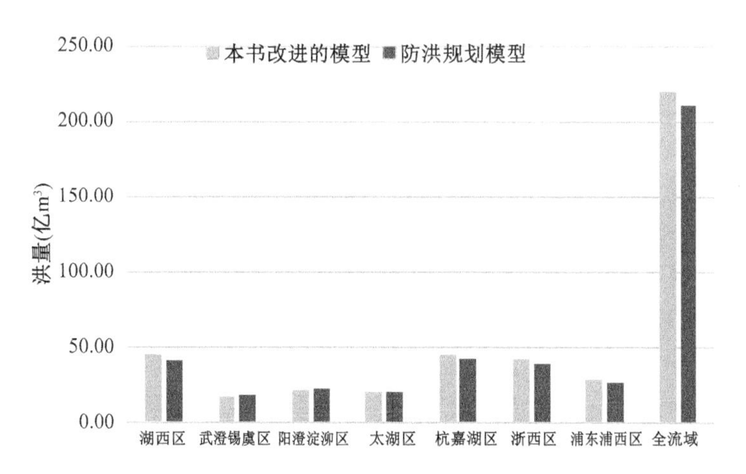

图 5.12　太湖流域“99 南部”100 a 一遇设计暴雨最大 60 d 洪量对比

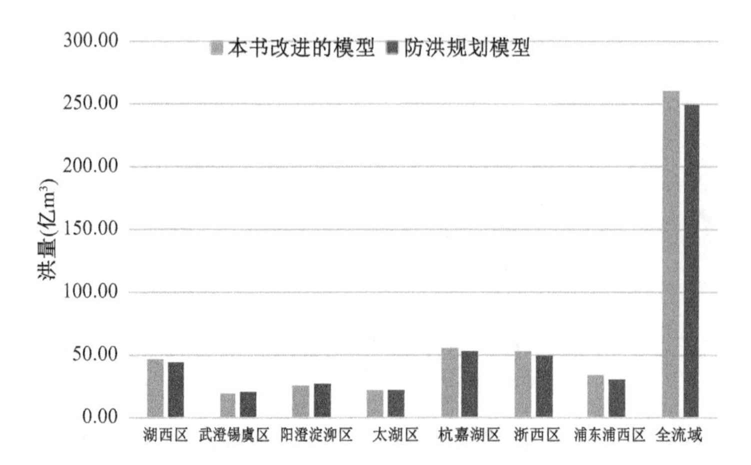

图 5.13　太湖流域“99 南部”100 a 一遇设计暴雨最大 90 d 洪量对比

① 总体上,“99 南部”设计暴雨差别比“91 北部”小,与太湖流域防洪规划成果相比,本书改进后的模型计算的全流域不同时段洪量差别基本在 5%以内,其中流域最大 60 d 洪量差别最大,为 5%左右,30 d 洪量差别最小,小于 4%。本书改进后的模型计算的全流域最大 30 d、60 d 和 90 d 洪量均大于太湖流域防洪规划成果。

② 改进后的模型计算的成果与太湖流域防洪规划成果相比,各水利分区最大 30 d、60 d 和 90 d 洪量差别基本都控制在 10%以内。

5.4.2　设计暴雨成果对太湖流域洪量的影响

本书计算的设计暴雨是在太湖流域防洪规划成果的基础上,将降水系列从 1999 年延长至 2015 年,重新进行暴雨频率分析后得到的。

5.4.2.1　“91 北部”设计洪量的影响

根据本书计算的“91 北部”50 a 一遇设计暴雨过程,采用改进后的太湖流域产汇流模型(下同)对设计暴雨过程进行模拟计算(其中“91 北部”100 a 一遇设计暴雨不进行比较,因为太湖流域防洪规划中该设计暴雨缩放方式与其他 3 种设计暴雨不同),并根据计算结果统计流域及各水利分区的设计洪量,分析设计暴雨变化对流域洪量的影响。本书计算的设计暴雨与太湖流域防洪规划设计暴雨的最大产流时段的起讫时间一致。设计洪量统计结果见表 5.30,设计洪量对比见图 5.14～图 5.16。分析可知:对于“91 北部”50 a 一遇设计暴雨过程,与太湖流域防洪规划成果相比,全流域洪量差别均在 2%以内,最大 30 d、60 d 洪量比太湖流域防洪规划成果略偏小,最大 90 d 洪量略偏大;各水利分区最大 30 d、60 d、90 d 洪量与太湖流域防洪规划成果相比,总体上,除浙西区和浦东浦西区少数时段的洪量差别达到 3%～6%外,其余分区各时段洪量相差基本在 3%以内。

续表

时段	分区	本书修订后的设计暴雨（亿 m^3）	防洪规划成果（亿 m^3）	差值（亿 m^3）	百分比（%）
90 d	湖西区	44.35	44.15	0.20	0.5
	武澄锡虞区	22.42	21.35	1.07	5.0
	阳澄淀泖区	26.44	27.49	−1.05	−3.8
	太湖区	24.18	22.82	1.36	6.0
	杭嘉湖区	51.23	53.59	−2.36	−4.4
	浙西区	46.52	49.46	−2.94	−5.9
	浦东浦西区	33.47	30.96	2.51	8.1
	全流域	248.6	249.8	−1.21	−0.5

注：表中洪量不包含太湖流域 3 个自排片。

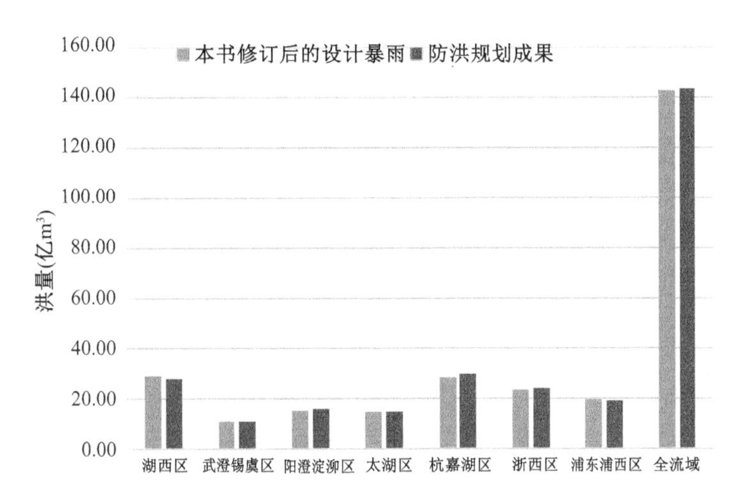

图 5.17　太湖流域“99 南部”50 a 一遇设计暴雨最大 30 d 洪量对比

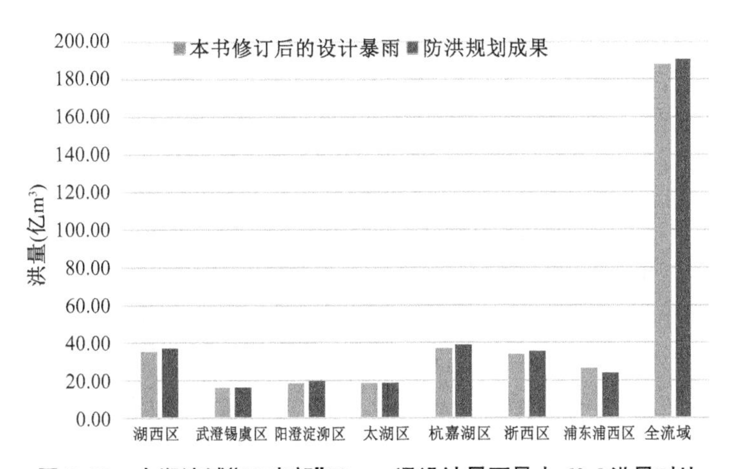

图 5.18　太湖流域“99 南部”50 a 一遇设计暴雨最大 60 d 洪量对比

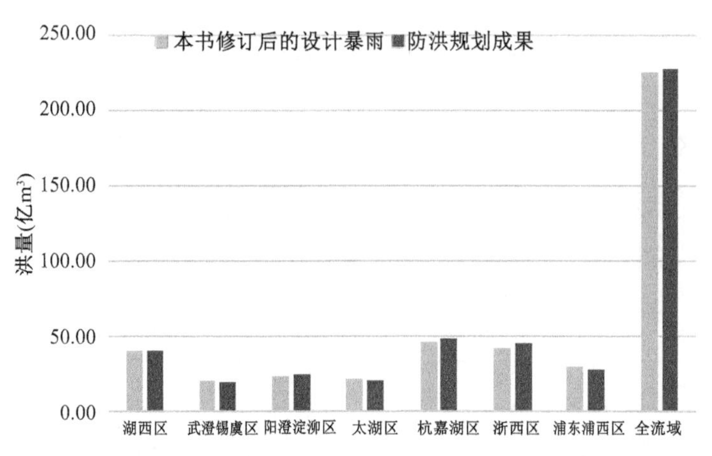

图 5.19　太湖流域“99 南部”50 a 一遇设计暴雨最大 90 d 洪量对比

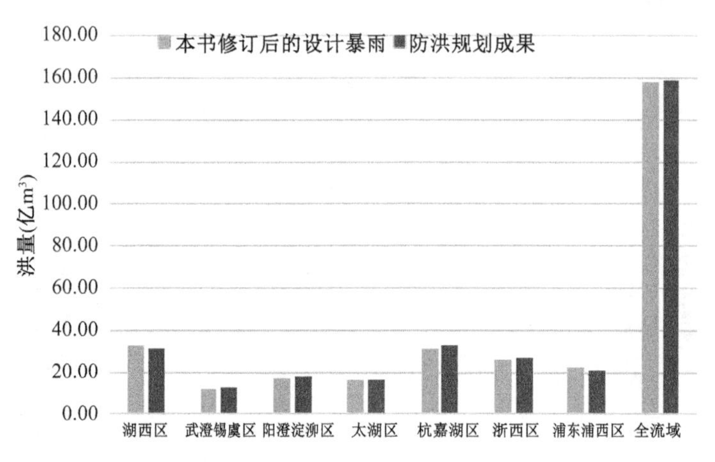

图 5.20　太湖流域“99 南部”100 a 一遇设计暴雨最大 30 d 洪量对比

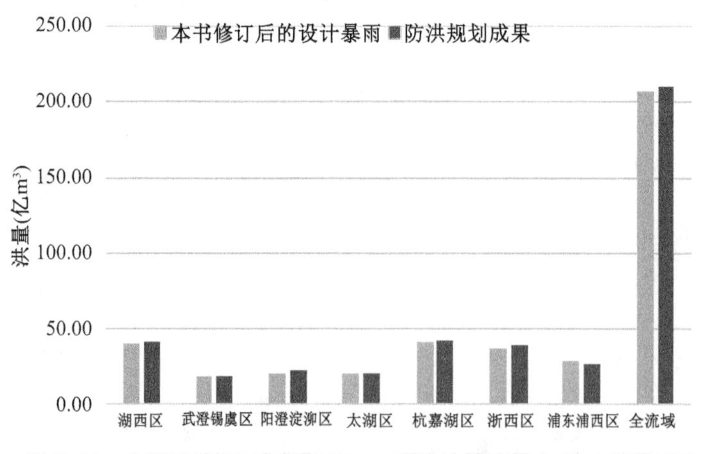

图 5.21　太湖流域“99 南部”100 a 一遇设计暴雨最大 60 d 洪量对比

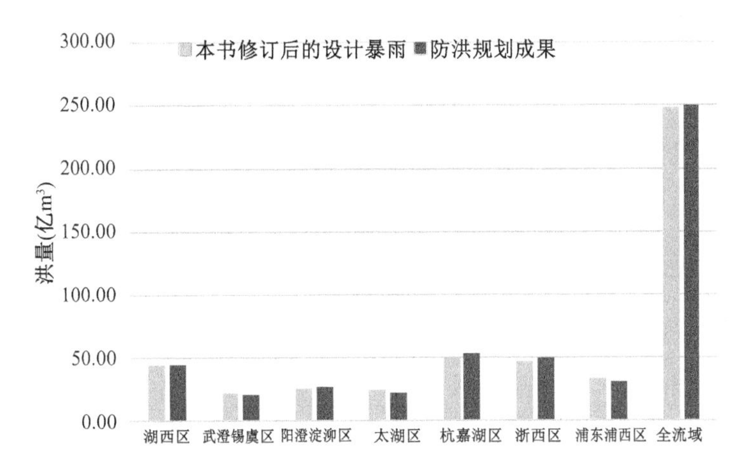

图 5.22　太湖流域“99 南部”100 a 一遇设计暴雨最大 90 d 洪量对比

总的来说，本书修订的全流域设计洪量与太湖流域防洪规划成果相比，变化较小；另外，由于太湖流域防洪规划编制时1999年降水资料为报汛资料，经整编后数据有些变化，受降水影响，“99 南部”浦东浦西区设计洪量变幅大于其余各水利分区；各水利分区设计洪量的变化规律与降水量变化规律基本一致。

5.4.3　下垫面变化条件下流域设计洪量分析

太湖流域防洪规划洪量计算采用1997年下垫面数据。本书收集了太湖流域2010年下垫面资料。本书利用太湖流域防洪规划采用的设计暴雨在流域2010年下垫面条件下进行了洪量计算，对比太湖流域防洪规划成果，分析下垫面变化对洪量的影响。

据初步统计，2010年与1997年流域下垫面比较，耕地大幅减少，减少面积约4 472 km^2，其中水田面积减少约4 018 km^2，旱地面积减少约454 km^2；建设用地大幅增加，增加面积约4 355 km^2，武澄锡虞区、阳澄淀泖区、杭嘉湖区和浦东浦西区建设用地增加均超过700 km^2。

5.4.3.1　“91 北部”设计洪量的影响

本书对太湖流域防洪规划“91 北部”50 a 一遇、100 a 一遇设计暴雨过程，在2010年太湖流域下垫面资料条件下，采用太湖流域产汇流模型进行模拟计算，并根据计算结果统计流域及各水利分区的设计洪量，分析下垫面变化对流域洪量的影响。设计洪量统计结果见表5.33、表5.34，设计洪量对比见图5.23～图5.28。分析可知：

表 5.33　下垫面变化条件下太湖流域“91 北部”50 a 一遇设计洪量对比表

时段	分区	本书采用的下垫面（2010 年）（亿 m³）	防洪规划成果（1997 年下垫面）（亿 m³）	差值（亿 m³）	百分比（%）
30 d	湖西区	31.04	30.80	0.24	0.8
	武澄锡虞区	14.71	13.82	0.89	6.4
	阳澄淀泖区	22.13	21.65	0.48	2.2
	太湖区	15.16	15.08	0.08	0.5
	杭嘉湖区	25.74	25.66	0.08	0.3
	浙西区	17.97	17.81	0.16	0.9
	浦东浦西区	20.28	19.64	0.64	3.3
	全流域	147.0	144.5	2.57	1.8
60 d	湖西区	41.33	40.73	0.60	1.5
	武澄锡虞区	18.89	18.20	0.69	3.8
	阳澄淀泖区	25.35	24.61	0.74	3.0
	太湖区	18.11	17.99	0.12	0.7
	杭嘉湖区	35.74	35.09	0.65	1.9
	浙西区	29.91	29.91	0.00	0.0
	浦东浦西区	25.14	24.11	1.03	4.3
	全流域	194.5	190.6	3.83	2.0
90 d	湖西区	49.58	48.70	0.88	1.8
	武澄锡虞区	22.81	21.65	1.16	5.4
	阳澄淀泖区	28.69	27.50	1.19	4.3
	太湖区	19.38	19.18	0.20	1.0
	杭嘉湖区	38.83	37.79	1.04	2.8
	浙西区	36.34	36.26	0.08	0.2
	浦东浦西区	28.02	26.42	1.60	6.1
	全流域	223.7	217.5	6.15	2.8

注：表中洪量不包含太湖流域 3 个自排片。

表 5.34　下垫面变化条件下太湖流域“91 北部”100 a 一遇设计洪量对比表

时段	分区	本书采用的下垫面（2010 年）（亿 m^3）	防洪规划成果（1997 年下垫面）（亿 m^3）	差值（亿 m^3）	百分比（%）
30 d	湖西区	37.02	36.81	0.21	0.6
	武澄锡虞区	17.64	17.37	0.27	1.6
	阳澄淀泖区	24.00	23.73	0.27	1.1
	太湖区	16.51	16.47	0.04	0.2
	杭嘉湖区	28.88	28.70	0.18	0.6
	浙西区	20.15	20.13	0.02	0.1
	浦东浦西区	21.71	21.34	0.37	1.7
	全流域	165.9	164.6	1.36	0.8
60 d	湖西区	49.22	48.95	0.27	0.6
	武澄锡虞区	22.29	21.66	0.63	2.9
	阳澄淀泖区	28.06	27.56	0.50	1.8
	太湖区	20.06	19.98	0.08	0.4
	杭嘉湖区	39.41	39.16	0.25	0.6
	浙西区	33.47	33.44	0.03	0.1
	浦东浦西区	24.48	23.81	0.67	2.8
	全流域	217.0	214.6	2.43	1.1
90 d	湖西区	55.10	54.24	0.86	1.6
	武澄锡虞区	25.03	23.93	1.10	4.6
	阳澄淀泖区	31.37	30.24	1.13	3.7
	太湖区	21.32	21.13	0.19	0.9
	杭嘉湖区	42.74	41.77	0.97	2.3
	浙西区	39.94	39.89	0.05	0.1
	浦东浦西区	30.60	29.07	1.53	5.3
	全流域	246.1	240.3	5.83	2.4

注：表中洪量不包含太湖流域 3 个自排片。

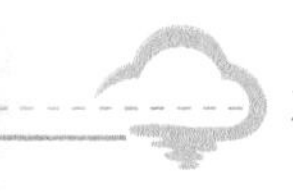

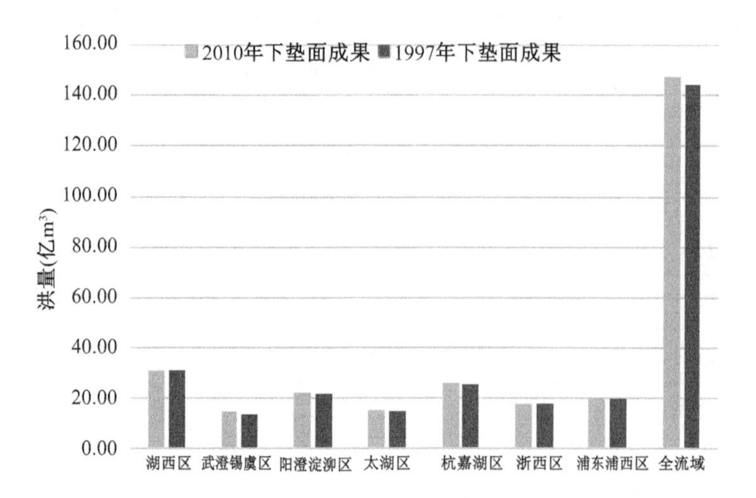

图 5.23　太湖流域“91 北部”50 a 一遇设计暴雨最大 30 d 洪量对比

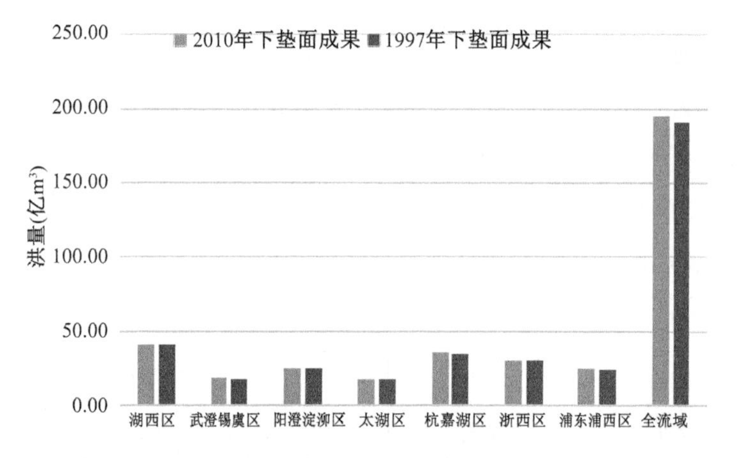

图 5.24　太湖流域“91 北部”50 a 一遇设计暴雨最大 60 d 洪量对比

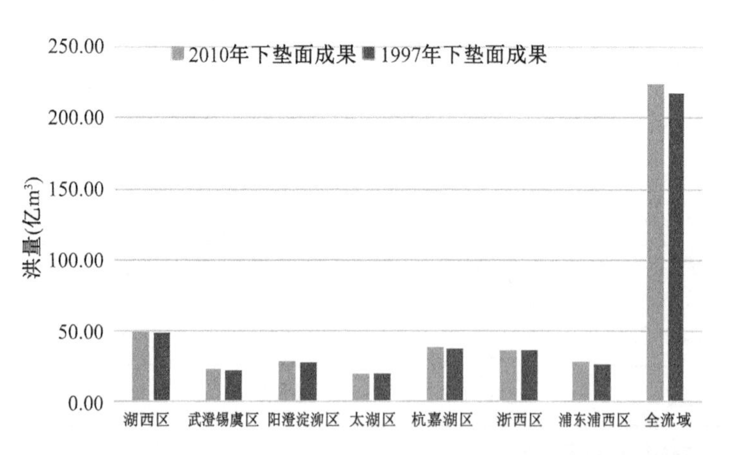

图 5.25　太湖流域“91 北部”50 a 一遇设计暴雨最大 90 d 洪量对比

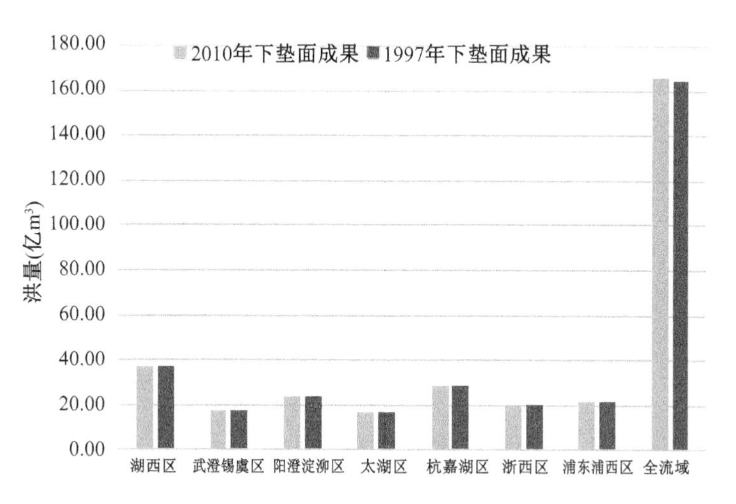

图 5.26　太湖流域“91 北部”100 a 一遇设计暴雨最大 30 d 洪量对比

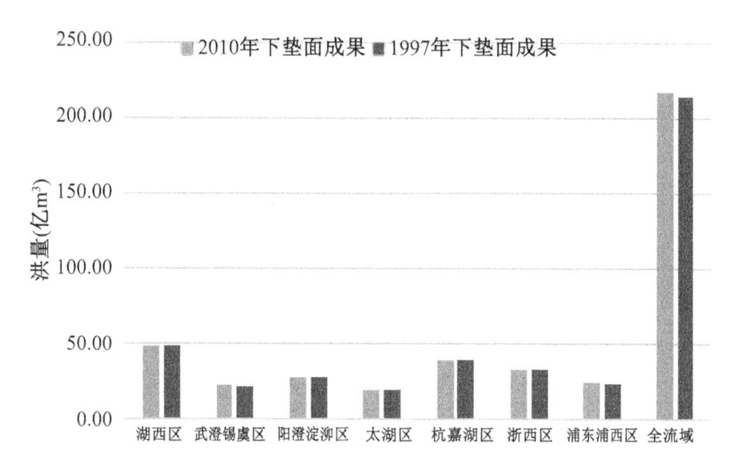

图 5.27　太湖流域“91 北部”100 a 一遇设计暴雨最大 60 d 洪量对比

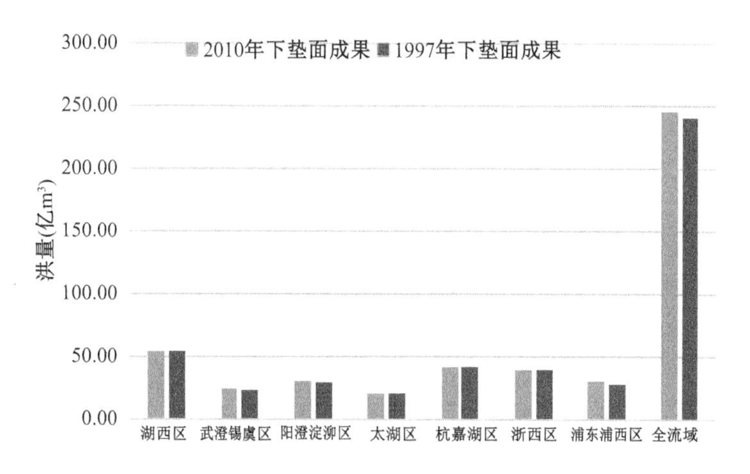

图 5.28　太湖流域“91 北部”100 a 一遇设计暴雨最大 90 d 洪量对比

(1) 与太湖流域防洪规划成果(1997 年下垫面)相比,在 2010 年下垫面条件下,"91 北部"50 a 一遇、100 a 一遇设计暴雨过程,全流域最大 30 d、60 d、90 d 洪量差别在 3%以内,2010 年下垫面条件下不同时段的洪量均略大于太湖流域防洪规划成果。

(2) 各水利分区最大 30 d、60 d、90 d 洪量与太湖流域防洪规划成果相比,相差均在 7%以内,武澄锡虞区和浦东浦西区相差相对较大,武澄锡虞区"91 北部"50 a 一遇最大 30 d 设计洪量比太湖流域防洪规划成果偏大 6.4%,浦东浦西区"91 北部"50 a 一遇最大 90 d 设计洪量比太湖流域防洪规划成果偏大 6.1%,这与该两区城市化率相对较大有关。阳澄淀泖区虽然城市化率也较高,但由于 1991 年型该区降雨不大,从而未造成洪量的较大区别。

5.4.3.2 "99 南部"设计洪量的影响

本书对太湖流域防洪规划"99 南部"50 a 一遇、100 a 一遇设计暴雨过程,在 2010 年太湖流域下垫面资料条件下,采用太湖流域产汇流模型进行模拟计算,并根据计算结果统计流域及各水利分区的设计洪量,分析下垫面变化对流域洪量的影响。设计洪量统计结果见表 5.35、表 5.36,设计洪量对比见图 5.29～图 5.34。分析可知:

① 与太湖流域防洪规划成果(1997 年下垫面)相比,在 2010 年下垫面条件下,"99 南部"50 a 一遇、100 a 一遇设计暴雨过程,全流域最大 30 d、60 d、90 d 洪量差别在 2%～3%之间,2010 年下垫面条件下不同时段的洪量均略大于太湖流域防洪规划成果,50 a 一遇最大 30 d 洪量相差最大,相对差为 2.8%。

② 各水利分区最大 30 d、60 d、90 d 洪量与太湖流域防洪规划成果相比,相差均在 6%以内,武澄锡虞区、阳澄淀泖区和浦东浦西区相差相对较大。武澄锡虞区"99 南部"50 a 一遇最大 30 d、60 d、90 d 设计洪量比太湖流域防洪规划成果偏大 5.5%～5.7%,100 a 一遇最大 30 d、60 d、90 d 设计洪量比太湖流域防洪规划成果偏大 4.8%～5.3%;阳澄淀泖区"99 南部"50 a 一遇最大 30 d、60 d、90 d 设计洪量比太湖流域防洪规划成果偏大 4.0%～4.3%,100 a 一遇最大 30 d、60 d、90 d 设计洪量比太湖流域防洪规划成果偏大 3.5%～4.0%;浦东浦西区"99 南部"50 a 一遇最大 30 d、60 d、90 d 设计洪量比太湖流域防洪规划成果偏大 5.1%～5.5%,100 a 一遇最大 30 d、60 d、90 d 设计洪量比太湖流域防洪规划成果偏大 4.5%～5.2%,这与该三区城市化率相对较大有关。

总体来说,2010 年下垫面与防洪规划成果相比,流域洪量有所增加,但流域总量增加不超过 3%,分区洪量增幅最大为 6%左右。在各水利分区中,浦东浦西区、武澄锡虞区洪量增加最明显,这两个区"91 北部"、"99 南部"50 a 一遇、100 a 一遇设计暴雨,最大 90 d 洪量增加 4.6%～6.1%。

表 5.35　下垫面变化条件下太湖流域“99 南部”50 a 一遇设计洪量对比表

时段	分区	本书采用的下垫面（2010 年）（亿 m^3）	防洪规划成果（1997 年下垫面）（亿 m^3）	差值（亿 m^3）	百分比（%）
30 d	湖西区	28.59	28.08	0.51	1.8
	武澄锡虞区	11.68	11.05	0.63	5.7
	阳澄淀泖区	17.09	16.38	0.71	4.3
	太湖区	15.32	15.18	0.14	0.9
	杭嘉湖区	30.70	29.83	0.87	2.9
	浙西区	24.14	24.07	0.07	0.3
	浦东浦西区	20.02	18.97	1.05	5.5
	全流域	147.5	143.6	3.98	2.8
60 d	湖西区	37.99	37.31	0.68	1.8
	武澄锡虞区	17.20	16.31	0.89	5.5
	阳澄淀泖区	21.09	20.27	0.82	4.0
	太湖区	18.79	18.62	0.17	0.9
	杭嘉湖区	39.73	38.70	1.03	2.7
	浙西区	35.40	35.33	0.07	0.2
	浦东浦西区	25.53	24.28	1.25	5.1
	全流域	195.7	190.8	4.91	2.6
90 d	湖西区	40.78	40.04	0.74	1.8
	武澄锡虞区	20.51	19.43	1.08	5.6
	阳澄淀泖区	26.03	24.99	1.04	4.2
	太湖区	20.92	20.75	0.17	0.8
	杭嘉湖区	50.35	49.01	1.34	2.7
	浙西区	45.35	45.26	0.09	0.2
	浦东浦西区	29.65	28.22	1.43	5.1
	全流域	233.6	227.7	5.89	2.6

注：表中洪量不包含太湖流域 3 个自排片。

表 5.36　下垫面变化条件下太湖流域“99 南部”100 a 一遇设计洪量对比表

时段	分区	本书采用的下垫面（2010 年）（亿 m³）	防洪规划成果（1997 年下垫面）（亿 m³）	差值（亿 m³）	百分比（%）
30 d	湖西区	31.91	31.38	0.53	1.7
	武澄锡虞区	12.99	12.34	0.65	5.3
	阳澄淀泖区	18.77	18.04	0.73	4.0
	太湖区	16.82	16.67	0.15	0.9
	杭嘉湖区	33.67	32.79	0.88	2.7
	浙西区	26.59	26.53	0.06	0.2
	浦东浦西区	21.89	20.81	1.08	5.2
	全流域	162.6	158.6	4.08	2.6
60 d	湖西区	42.32	41.63	0.69	1.7
	武澄锡虞区	19.08	18.20	0.88	4.8
	阳澄淀泖区	23.12	22.33	0.79	3.5
	太湖区	20.61	20.45	0.16	0.8
	杭嘉湖区	43.45	42.47	0.98	2.3
	浙西区	38.93	38.88	0.05	0.1
	浦东浦西区	27.84	26.63	1.21	4.5
	全流域	215.4	210.6	4.76	2.3
90 d	湖西区	44.90	44.15	0.75	1.7
	武澄锡虞区	22.41	21.35	1.06	5.0
	阳澄淀泖区	28.51	27.49	1.02	3.7
	太湖区	23.00	22.82	0.18	0.8
	杭嘉湖区	54.89	53.59	1.30	2.4
	浙西区	49.53	49.46	0.07	0.1
	浦东浦西区	32.37	30.96	1.41	4.6
	全流域	255.6	249.8	5.79	2.3

注：表中洪量不包含太湖流域 3 个自排片。

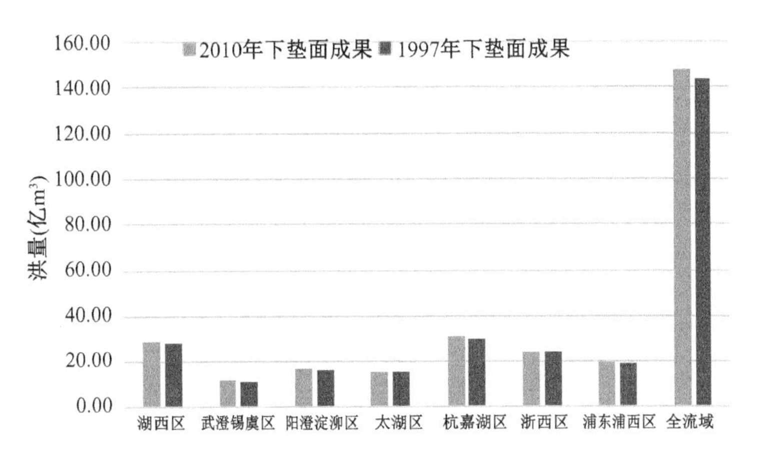

图 5.29　太湖流域"99 南部"50 a 一遇设计暴雨最大 30 d 洪量对比

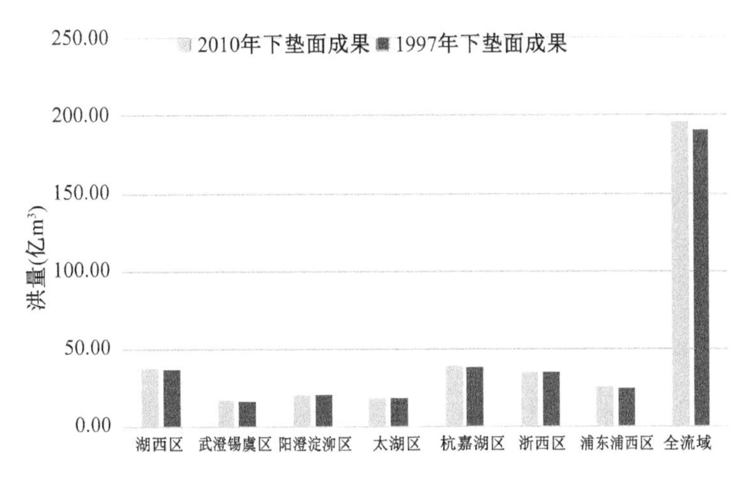

图 5.30　太湖流域"99 南部"50 a 一遇设计暴雨最大 60 d 洪量对比

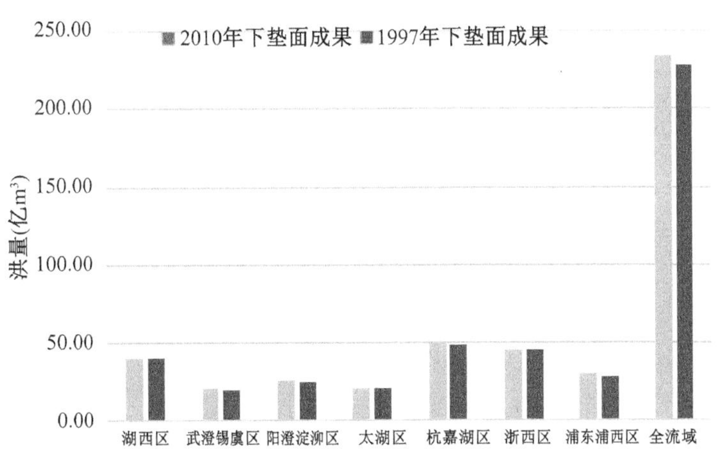

图 5.31　太湖流域"99 南部"50 a 一遇设计暴雨最大 90 d 洪量对比

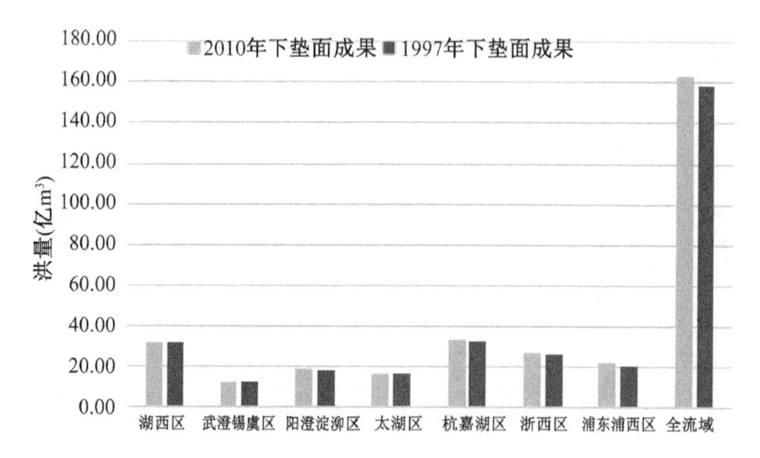

图 5.32　太湖流域“99 南部”100 a 一遇设计暴雨最大 30 d 洪量对比

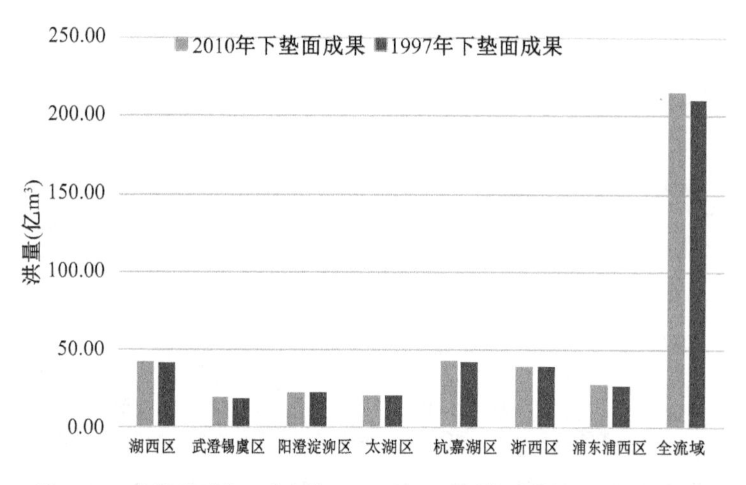

图 5.33　太湖流域“99 南部”100 a 一遇设计暴雨最大 60 d 洪量对比

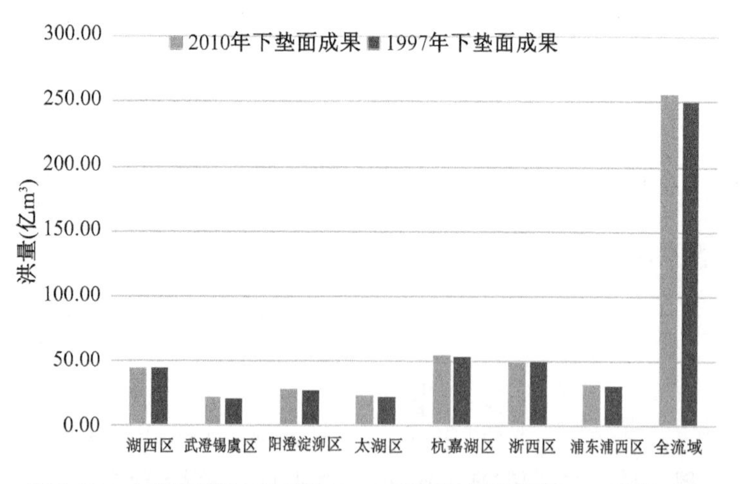

图 5.34　太湖流域“99 南部”100 a 一遇设计暴雨最大 90 d 洪量对比

5.4.4　综合因素对太湖流域洪量的影响

基于2010年太湖流域下垫面数据，利用太湖流域产汇流模型对本书计算的设计暴雨过程进行模拟计算，并根据计算结果统计流域及各水利分区的设计洪量，通过与太湖流域防洪规划成果对比，分析设计洪量的综合影响，结果见表5.37～表5.39。

表5.37　综合因素影响下太湖流域"91北部"50 a一遇设计洪量对比

时段	区域	本书计算成果（亿 m^3）	防洪规划成果（亿 m^3）	差值（亿 m^3）	百分比（%）
30 d	湖西区	30.82	30.80	0.02	0.1
	武澄锡虞区	15.03	13.82	1.21	8.8
	阳澄淀泖区	22.55	21.65	0.90	4.2
	太湖区	15.11	15.08	0.03	0.2
	杭嘉湖区	25.26	25.66	−0.40	−1.6
	浙西区	17.97	17.81	0.16	0.9
	浦东浦西区	19.36	19.64	−0.28	−1.4
	全流域	146.1	144.5	1.64	1.1
60 d	湖西区	40.72	40.73	−0.01	−0.0
	武澄锡虞区	19.05	18.20	0.85	4.7
	阳澄淀泖区	25.74	24.61	1.13	4.6
	太湖区	17.98	17.99	−0.01	−0.1
	杭嘉湖区	35.86	35.09	0.77	2.2
	浙西区	28.38	29.91	−1.53	−5.1
	浦东浦西区	23.75	24.11	−0.36	−1.5
	全流域	191.5	190.6	0.84	0.4
90 d	湖西区	49.66	48.70	0.96	2.0
	武澄锡虞区	23.11	21.65	1.46	6.7
	阳澄淀泖区	29.52	27.50	2.02	7.3
	太湖区	19.83	19.18	0.65	3.4
	杭嘉湖区	39.27	37.79	1.48	3.9
	浙西区	35.09	36.26	−1.17	−3.2
	浦东浦西区	27.24	26.42	0.82	3.1
	全流域	223.7	217.5	6.22	2.9

注：1. 本书计算成果指2010年下垫面、本书计算的设计暴雨成果条件下，利用本书改进的太湖流域产汇流模型计算的洪量。
2. 表中洪量不包含太湖流域3个自排片。

表 5.38　综合因素影响下太湖流域“99 南部”50 a 一遇设计洪量对比

时段	区域	本书计算成果（亿 m^3）	防洪规划成果（亿 m^3）	差值（亿 m^3）	百分比（%）
30 d	湖西区	29.87	28.08	1.79	6.4
	武澄锡虞区	11.52	11.05	0.47	4.3
	阳澄淀泖区	16.08	16.38	−0.30	−1.8
	太湖区	15.10	15.18	−0.08	−0.5
	杭嘉湖区	29.23	29.83	−0.60	−2.0
	浙西区	23.86	24.07	−0.21	−0.9
	浦东浦西区	20.30	18.97	1.33	7.0
	全流域	146.0	143.6	2.40	1.7
60 d	湖西区	36.66	37.31	−0.65	−1.7
	武澄锡虞区	17.36	16.31	1.05	6.4
	阳澄淀泖区	19.92	20.27	−0.35	−1.7
	太湖区	18.97	18.62	0.35	1.9
	杭嘉湖区	38.03	38.70	−0.67	−1.7
	浙西区	34.02	35.33	−1.31	−3.7
	浦东浦西区	27.22	24.28	2.94	12.1
	全流域	192.2	190.8	1.36	0.7
90 d	湖西区	40.97	40.04	0.93	2.3
	武澄锡虞区	21.41	19.43	1.98	10.2
	阳澄淀泖区	24.91	24.99	−0.08	−0.3
	太湖区	22.08	20.75	1.33	6.4
	杭嘉湖区	47.90	49.01	−1.11	−2.3
	浙西区	42.29	45.26	−2.97	−6.6
	浦东浦西区	31.75	28.22	3.53	12.5
	全流域	231.3	227.7	3.61	1.6

注：1. 本书计算成果指 2010 年下垫面、本书计算的设计暴雨成果条件下，利用本书改进的太湖流域产汇流模型计算的洪量。
2. 表中洪量不包含太湖流域 3 个自排片。

表 5.39　综合因素影响下太湖流域“99 南部”100 a 一遇设计洪量对比

时段	区域	本书计算成果（亿 m^3）	防洪规划成果（亿 m^3）	差值（亿 m^3）	百分比（%）
30 d	湖西区	33.42	31.38	2.04	6.5
	武澄锡虞区	12.83	12.34	0.49	4.0
	阳澄淀泖区	17.71	18.04	−0.33	−1.8

续表

时段	区域	本书计算成果（亿 m^3）	防洪规划成果（亿 m^3）	差值（亿 m^3）	百分比（%）
30 d	太湖区	16.62	16.67	−0.05	−0.3
	杭嘉湖区	32.14	32.79	−0.65	−2.0
	浙西区	26.33	26.53	−0.20	−0.8
	浦东浦西区	22.27	20.81	1.46	7.0
	全流域	161.3	158.6	2.76	1.7
60 d	湖西区	40.60	41.63	−1.03	−2.5
	武澄锡虞区	19.17	18.20	0.97	5.3
	阳澄淀泖区	22.06	22.33	−0.27	−1.2
	太湖区	20.90	20.45	0.45	2.2
	杭嘉湖区	41.84	42.47	−0.63	−1.5
	浙西区	37.55	38.88	−1.33	−3.4
	浦东浦西区	29.88	26.63	3.25	12.2
	全流域	212.0	210.6	1.41	0.7
90 d	湖西区	45.16	44.15	1.01	2.3
	武澄锡虞区	23.46	21.35	2.11	9.9
	阳澄淀泖区	27.48	27.49	−0.01	−0.0
	太湖区	24.36	22.82	1.54	6.7
	杭嘉湖区	52.58	53.59	−1.01	−1.9
	浙西区	46.55	49.46	−2.91	−5.9
	浦东浦西区	34.74	30.96	3.78	12.2
	全流域	254.3	249.8	4.51	1.8

注：1. 本书计算成果指 2010 年下垫面、本书计算的设计暴雨成果条件下，利用本书改进的太湖流域产汇流模型计算的洪量。
2. 表中洪量不包含太湖流域 3 个自排片。

由表 5.37～表 5.39 可知，下垫面及设计暴雨均发生变化后，全流域 50 a 一遇、100 a 一遇各统计时段设计洪量与太湖流域防洪规划成果相比变幅最大为 2.9%。各水利分区中，“91 北部”型设计暴雨武澄锡虞区设计洪量变幅最大，最大 30 d 设计洪量变幅达 8.8%，其次为阳澄淀泖区，最大 90 d 设计洪量变幅达 7.3%；“99 南部”型设计暴雨浦东浦西区最大 60 d、90 d 设计洪量变幅最大，达 12%左右，其次为武澄锡虞区，最大 90 d 设计洪量变幅达 10%左右，其余各分区各时段设计洪量变幅均较小。

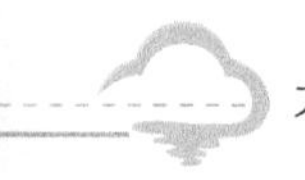

综上，流域下垫面发生变化，降水系列延长至2015年对流域设计暴雨进行修订后，无论哪一种设计暴雨类型，对流域30 d、60 d、90 d洪量影响均不大。由于“99南部”型暴雨空间分配与防洪规划相比有所变化，该种设计暴雨对浦东浦西区最大30 d、60 d、90 d设计洪量有一定影响，变幅在7%～12%之间，设计洪量对比见图5.35～图5.43。

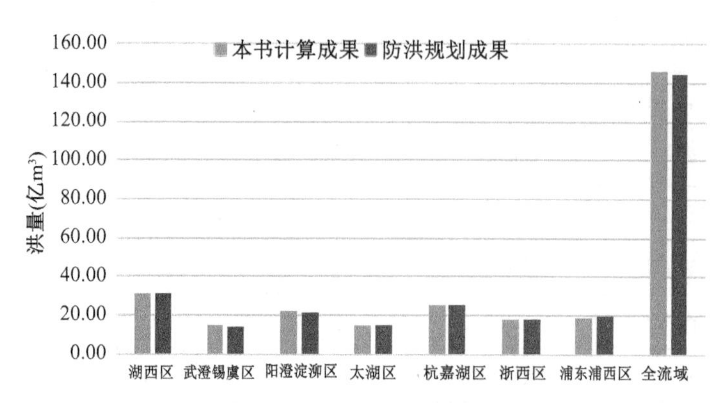

图5.35 太湖流域“91北部”50 a一遇设计暴雨最大30 d洪量对比

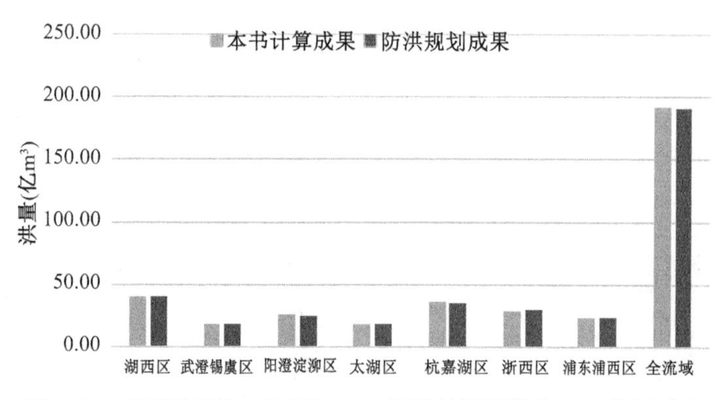

图5.36 太湖流域“91北部”50 a一遇设计暴雨最大60 d洪量对比

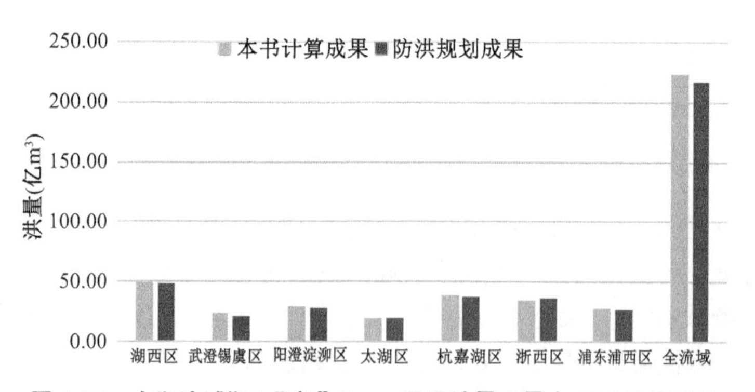

图5.37 太湖流域“91北部”50 a一遇设计暴雨最大90 d洪量对比

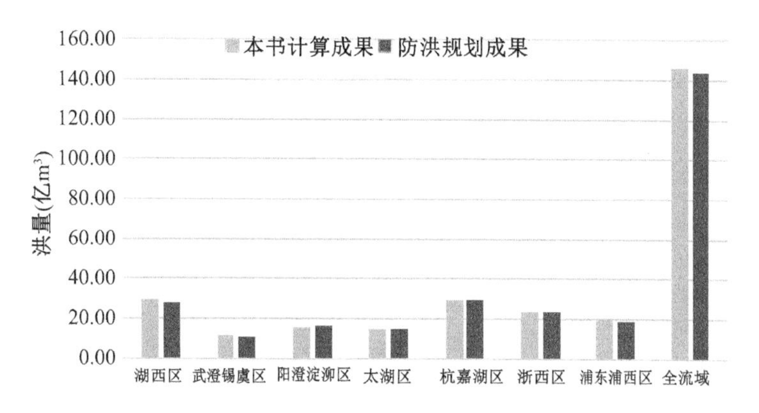

图 5.38　太湖流域"99 南部"50 a 一遇设计暴雨最大 30 d 洪量对比

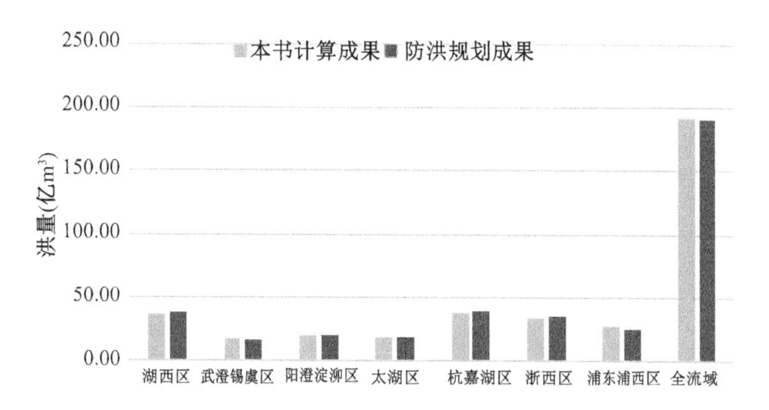

图 5.39　太湖流域"99 南部"50 a 一遇设计暴雨最大 60 d 洪量对比

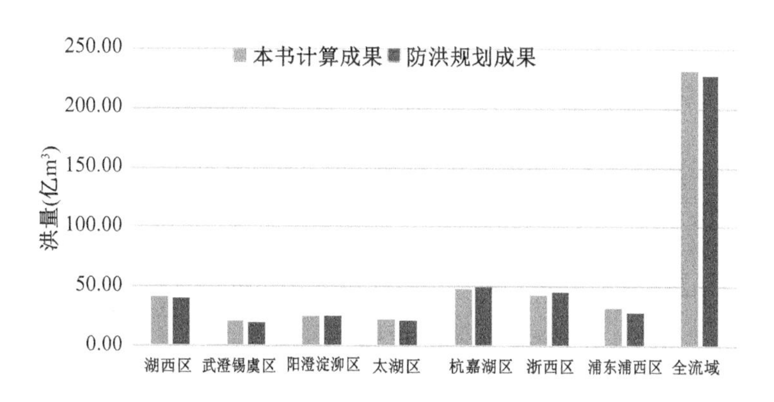

图 5.40　太湖流域"99 南部"50 a 一遇设计暴雨最大 90 d 洪量对比

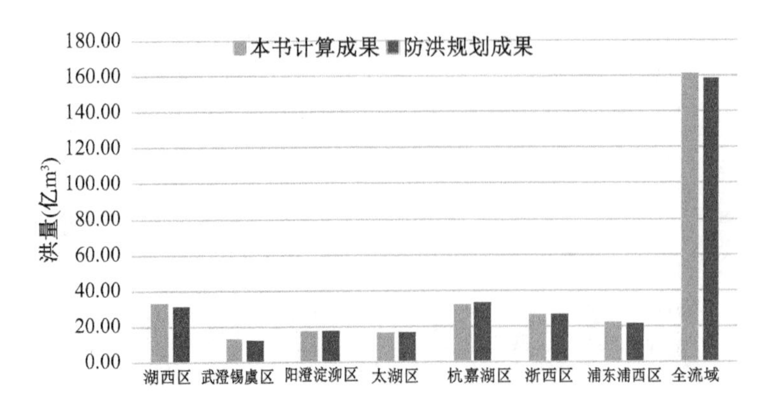

图 5.41　太湖流域“99 南部”100 a 一遇设计暴雨最大 30 d 洪量对比

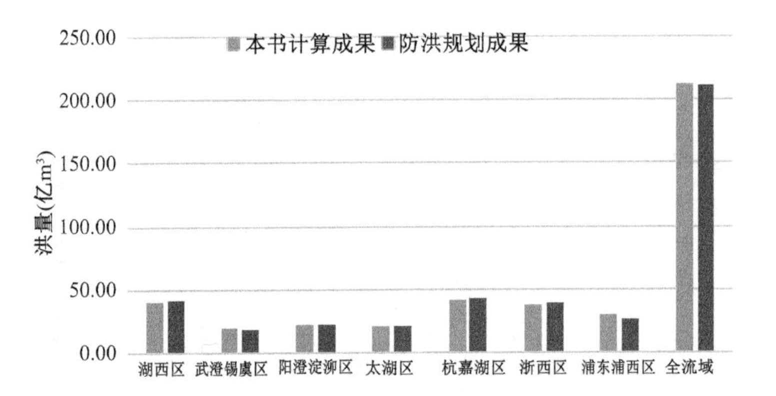

图 5.42　太湖流域“99 南部”100 a 一遇设计暴雨最大 60 d 洪量对比

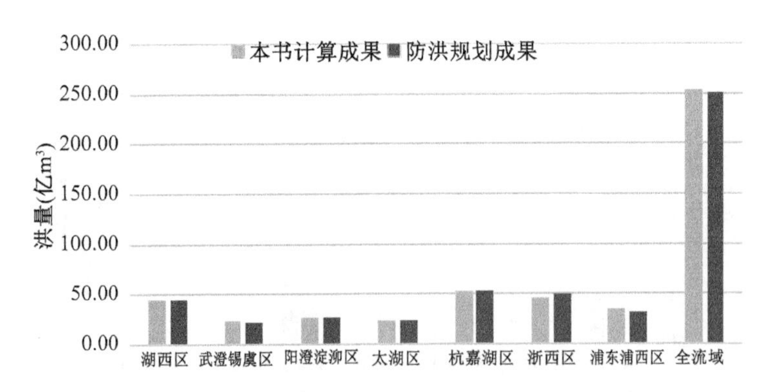

图 5.43　太湖流域“99 南部”100 a 一遇设计暴雨最大 90 d 洪量对比

5.5 小结

(1) 关于设计暴雨分析

通过对全流域、上游区、下游区、南部区、北部区及7大水利分区1951—2015年最大1 d、3 d、7 d、15 d、30 d、45 d、60 d、90 d降水量进行频率计算和分析，不同水利分区、不同时段统计参数与太湖流域防洪规划相比基本接近，太湖流域及各水利分区50 a重现期30～90 d降水量设计值与太湖流域防洪规划结果最大相差为6.1%，100 a重现期30～90 d降水量设计值最大相差6.3%，均发生在武澄锡虞区，其他分区多在5%以下。因此，降水系列延长至2015年后，对太湖流域及各水利分区暴雨设计值影响不大。

(2) 关于设计暴雨过程推求

继1991年、1999年大水后，截至2015年，太湖流域未发生流域性典型暴雨，目前太湖流域设计暴雨推求仍沿用原太湖流域防洪规划确定的1991年和1999年典型暴雨。通过不同方法对太湖流域设计暴雨过程进行推求，并开展成果合理性分析，认为采用多年平均法推求的流域设计暴雨过程更符合流域水文特性，并与流域3种典型设计暴雨方案的初衷一致，但在实际使用过程中，可结合实际情况选择其他推求方法。

(3) 关于设计洪量分析

流域下垫面发生变化后，采用延长至2015年的设计暴雨计算成果对流域设计洪量进行分析，无论采用哪一种典型设计暴雨类型，对流域30 d、60 d、90 d洪量影响均不大，与太湖流域防洪规划成果相比，变幅均在3%以下。但对水利分区洪量的影响相对大些，“91北部”型设计暴雨，与太湖流域防洪规划成果相比，变幅最大的为武澄锡虞区，最大30 d、60 d、90 d洪量变幅在5%～9%，其次是阳澄淀泖区，最大30 d、60 d、90 d洪量变幅在4%～7%；“99南部”型设计暴雨，变幅最大的为浦东浦西区，最大30 d、60 d、90 d设计洪量变幅在7%～12%，其次是武澄锡虞区，最大30 d、60 d、90 d洪量变幅在4%～10%。

第6章 太湖流域设计径流分析

太湖流域因水而兴，千年昌盛，得益于水。水资源是流域经济社会可持续发展的重要支撑，设计径流分析计算成果是流域进行水资源评价的重要依据，开展相关分析对保障流域供水安全、促进流域水资源优化配置具有重要意义。本章在对全流域及7大水利分区特征时段的降水资料进行频率分析的基础上，分析确定不同设计保证率的降水典型年，并利用太湖流域产汇流模型，对太湖流域全年及特征时段的径流量进行对比分析，以期为流域水资源调度提供更为可靠的依据。

6.1 设计径流计算方法

太湖流域径流量是根据设计降雨采用太湖流域产汇流模型间接推求得出，具体如下：

① 推求设计降雨。利用太湖流域及各分区年及特征时段（4—10月、5—9月、7—8月）长系列降水量资料进行频率分析，选取50%、75%、90%、95%降水保证率对应的典型年，如1990年、1976年、1971年、1967年分别作为50%、75%、90%、95%降水保证率的典型年。

② 推求设计径流。采用1990年、1976年、1971年、1967年四个典型年实测降水作为输入，利用太湖流域产汇流模型计算得到太湖流域及各分区径流量。太湖流域产汇流模型计算原理已在第4章中介绍，本章不再赘述。

6.2 太湖流域设计降雨分析与计算

6.2.1 设计降雨参数估计的原则

为了与太湖流域已有成果相衔接，本书降水量特征时段仍然选择全年、4—10月、5—9月、7—8月。各时段暴雨频率参数在计算机上采用目估适线法估计。其中，时段降水量均值按矩法估计，Cv和Cs的初值按绝对离差和最小为准则得出，然后通过目估适当调整统计参数。统计参数调整的原则如下：

① 时段降水量均值按矩法计算结果保持不变；

② 侧重考虑频率曲线中下部点据与分布曲线的配合优劣，以增加曲线外延的合理性；

③ 各时段降水量频率曲线参数随降水时段变化具有渐变性，频率曲线在分析使用范围不相交。

6.2.2　降水量频率计算分析

根据 1951—2015 年降水量资料，统计得出太湖流域多年平均降水量 1 194.9 mm，其中流域 5—9 月平均降水量 715.8 mm，约占年平均降水量的 59.9%；流域 4—10 月平均降水量 879.5 mm，约占年平均降水量的 73.6%。根据 1951—2015 年流域、上游区、下游区及各水利分区逐年降水量，进行流域及各水利分区特征时段降水量频率计算，相应的频率统计参数见表 6.1。

表 6.1　太湖流域特征时段降水量频率计算结果

区域	参数	全年	4—10 月	5—9 月	7—8 月
流域	EX(mm)	1 194.9	879.5	715.8	298.8
	Cv	0.17	0.22	0.25	0.36
	Cs/Cv	2.0	2.5	2.5	2.5
	$P_{50\%}$(mm)	1 183.4	861.8	697.3	282.9
	$P_{75\%}$(mm)	1 052.4	741.2	587.2	220.3
	$P_{90\%}$(mm)	943.1	645.7	501.7	175.4
	$P_{95\%}$(mm)	881.5	594.2	456.5	153.3
上游区	EX(mm)	1 249.7	924.3	752.6	322.5
	Cv	0.17	0.22	0.25	0.36
	Cs/Cv	2.0	2.0	2.0	2.0
	$P_{50\%}$(mm)	1 237.7	909.4	737.0	308.7
	$P_{75\%}$(mm)	1 100.6	780.3	618.6	238.5
	$P_{90\%}$(mm)	986.3	675.1	523.8	185.5
	$P_{95\%}$(mm)	922.0	617.1	472.1	158.0
下游区	EX(mm)	1 149.8	842.6	685.4	279.3
	Cv	0.18	0.24	0.27	0.41
	Cs/Cv	2.0	2.0	2.0	2.0
	$P_{50\%}$(mm)	1 137.4	826.5	668.8	263.8
	$P_{75\%}$(mm)	1 004.3	698.9	553.2	196.0
	$P_{90\%}$(mm)	893.8	596.0	461.5	146.2
	$P_{95\%}$(mm)	831.8	539.8	411.9	121.1
湖西区	EX(mm)	1 136.2	848.6	696.2	312.2
	Cv	0.19	0.25	0.29	0.46
	Cs/Cv	2.0	2.0	2.5	2.5
	$P_{50\%}$(mm)	1 122.6	831.0	672.0	285.3

续表

区域	参数	全年	4—10月	5—9月	7—8月
湖西区	$P_{75\%}$(mm)	984.1	697.6	550.1	206.7
	$P_{90\%}$(mm)	869.8	590.6	458.1	154.7
	$P_{95\%}$(mm)	805.9	532.3	410.6	131.0
武澄锡虞区	EX(mm)	1 091.3	826.9	684.5	305.3
	Cv	0.21	0.26	0.29	0.46
	Cs/Cv	2.5	2.5	2.5	2.5
	$P_{50\%}$(mm)	1 071.3	803.8	660.7	279.0
	$P_{75\%}$(mm)	927.8	672.1	540.9	202.1
	$P_{90\%}$(mm)	813.5	570.6	450.4	151.3
	$P_{95\%}$(mm)	751.5	517.2	403.7	128.1
阳澄淀泖区	EX(mm)	1 104.6	819.6	674.0	283.2
	Cv	0.19	0.23	0.28	0.45
	Cs/Cv	2.0	2.0	2.0	2.0
	$P_{50\%}$(mm)	1 091.3	805.2	656.5	264.3
	$P_{75\%}$(mm)	956.7	685.8	539.0	190.2
	$P_{90\%}$(mm)	845.6	589.2	446.3	137.0
	$P_{95\%}$(mm)	783.5	536.1	396.4	110.8
太湖区	EX(mm)	1 164.7	852.8	690.8	284.9
	Cv	0.19	0.24	0.28	0.44
	Cs/Cv	2.5	2.5	2.5	2.5
	$P_{50\%}$(mm)	1 147.2	832.4	668.4	262.4
	$P_{75\%}$(mm)	1 007.5	705.9	551.1	192.9
	$P_{90\%}$(mm)	894.7	607.1	461.9	146.1
	$P_{95\%}$(mm)	832.9	554.5	415.5	124.4
杭嘉湖区	EX(mm)	1 231.3	880.5	705.0	268.8
	Cv	0.19	0.25	0.29	0.45
	Cs/Cv	2.0	2.0	2.0	2.0
	$P_{50\%}$(mm)	1 216.5	862.2	685.3	250.9
	$P_{75\%}$(mm)	1 066.5	723.8	558.5	180.5
	$P_{90\%}$(mm)	942.6	612.8	458.9	130.0
	$P_{95\%}$(mm)	873.4	552.3	405.6	105.1

续表

区域	参数	全年	4—10月	5—9月	7—8月
浙西区	EX(mm)	1 440.0	1 059.3	857.8	355.7
	Cv	0.17	0.22	0.24	0.33
	Cs/Cv	2.5	2.5	2.5	2.5
	$P_{50\%}$(mm)	1 422.7	1 038.0	837.3	339.7
	$P_{75\%}$(mm)	1 266.8	892.7	710.1	270.3
	$P_{90\%}$(mm)	1 139.5	777.7	610.7	219.4
	$P_{95\%}$(mm)	1 069.0	715.7	557.7	193.7
浦东浦西区	EX(mm)	1 110.1	815.9	664.9	270.2
	Cv	0.21	0.27	0.31	0.48
	Cs/Cv	2.0	2.0	2.0	2.0
	$P_{50\%}$(mm)	1 093.8	796.2	643.7	249.8
	$P_{75\%}$(mm)	945.3	658.6	516.8	175.3
	$P_{90\%}$(mm)	823.8	549.4	418.2	122.9
	$P_{95\%}$(mm)	756.4	490.4	365.9	97.5

6.2.3 与太湖流域水资源综合规划降水量频率计算结果对比

太湖流域水资源综合规划设计降水量频率计算采用的资料系列为1956—2000年，而本书采用的资料为1951—2015年，为了分析资料延长后对设计值的影响，将本书计算的太湖流域特征时段降水量频率结果与太湖流域水资源综合规划相关成果进行对比（详见表6.2～表6.5）。与太湖流域水资源综合规划成果相比，年降水量均值、Cv、Cs较为相近，各水利分区不同保证率的设计降水量的差值均在5%以内。4—10月和5—9月流域及7个水利分区的均值与太湖流域水资源综合规划成果差别均不超过3.3%，Cs/Cv最大差别为0.5，Cv相差0～0.02；流域50%、75%、90%、95%保证率的设计降水量的差值均在1.4%以内，7个水利分区50%、75%、90%、95%保证率的设计降水量最大相差8.2%。与太湖流域水资源综合规划成果相比，7—8月降水量流域均值变化较小，各水利分区均值的差别最大为武澄锡虞区的8.5%，Cv总体变小，最大减小0.06；设计值变化相对较大（这符合时段越短，历年同期降雨变化越剧烈的实际情况），总体上，随着保证率的提高，设计降水量的相对差值增大，流域50%、75%、90%、95%降水保证率的设计降水量的差值分别为3.4%、9.1%、17.8%和25.0%。各水利分区中武澄锡虞区的设计降水量相对差值最大，其次是太湖区和阳澄淀泖区，50%保证率的设计降水量与太湖流域水资源综合规划成果的差值，武澄锡虞区为7.1%，阳澄淀泖区为6.7%，其他水利分区基本在3%以内；75%保证率的设计降水量差值，武澄锡虞区达10.5%，其次为阳澄淀泖区8.4%，其他水利分区基本在6%以内；90%保证率的设计降水量差值，武澄锡虞区达

18.4%，其次为太湖区 16.3%，其他水利分区基本控制在 10%以内；95%保证率的设计降水量差值，武澄锡虞区达 26.6%，其次为太湖区 25.8%，其余水利分区基本控制在 15%以内。

表 6.2　太湖流域年降水量频率计算结果与太湖流域水资源综合规划成果比较

参数	项目	流域	上游区	湖西区	武澄锡虞区	阳澄淀泖区	太湖区	杭嘉湖区	浙西区	浦东浦西区
均值	水资源规划(mm)	1 177.3	1 237.2	1 115.3	1 065.4	1 065.9	1 126.0	1 214.1	1 452.3	1 100.0
	本书计算(mm)	1 194.9	1 249.7	1 136.2	1 091.3	1 104.6	1 164.7	1 231.3	1 440.0	1 110.1
	绝对差(mm)	17.6	12.5	20.9	25.9	38.7	38.7	17.2	−12.3	10.1
	相对差(%)	1.5	1.0	1.9	2.4	3.6	3.4	1.4	−0.8	0.9
Cv	水资源规划	0.16	0.16	0.18	0.19	0.19	0.18	0.16	0.15	0.18
	本书计算	0.17	0.17	0.19	0.21	0.19	0.19	0.19	0.17	0.21
Cs/Cv	水资源规划	2.0	2.0	2.0	2.0	2.0	2.0	2.0	2.0	2.0
	本书计算	2.0	2.0	2.0	2.5	2.0	2.5	2.0	2.5	2.0
$P_{50\%}$	水资源规划(mm)	1 167.6	1 227.2	1 103.4	1 052.2	1 052.8	1 113.7	1 203.8	1 440.8	1 087.9
	本书计算(mm)	1 183.4	1 237.7	1 122.6	1 071.3	1 091.3	1 147.2	1 216.5	1 422.7	1 093.8
	绝对差(mm)	15.8	10.5	19.2	19.1	38.5	33.5	12.7	−18.1	5.9
	相对差(%)	1.4	0.9	1.7	1.8	3.7	3.0	1.1	−1.3	0.5
$P_{75\%}$	水资源规划(mm)	1 048.0	1 102.2	975.0	920.4	921.7	982.7	1 078.1	1 295.9	959.2
	本书计算(mm)	1 052.4	1 100.6	984.1	927.8	956.7	1 007.5	1 066.5	1 266.8	945.3
	绝对差(mm)	4.4	−1.6	9.1	7.4	35.0	24.8	−11.6	−29.1	−13.9
	相对差(%)	0.4	−0.1	0.9	0.8	3.8	2.5	−1.1	−2.2	−1.4
$P_{90\%}$	水资源规划(mm)	943.3	991.3	867.0	815.6	816.0	875.3	972.8	1 181.0	855.1
	本书计算(mm)	943.1	986.3	869.8	813.5	845.6	894.7	942.6	1 139.5	823.8
	绝对差(mm)	−0.2	−5.0	2.8	−2.1	29.6	19.4	−30.2	−41.5	−31.3
	相对差(%)	0.0	−0.5	0.3	−0.3	3.6	2.2	−3.1	−3.5	−3.7
$P_{95\%}$	水资源规划(mm)	890.7	937.8	808.5	751.1	753.0	813.0	913.2	1 105.1	792.7
	本书计算(mm)	881.5	922.0	805.9	751.5	783.5	832.9	873.4	1 069.0	756.4
	绝对差(mm)	−9.2	−15.8	−2.6	0.4	30.5	19.9	−39.8	−36.1	−36.3
	相对差(%)	−1.0	−1.7	−0.3	0.1	4.1	2.4	−4.4	−3.3	−4.6

表 6.3　太湖流域 4—10 月降水量频率计算结果与太湖流域水资源综合规划成果比较

参数	项目	流域	上游区	湖西区	武澄锡虞区	阳澄淀泖区	太湖区	杭嘉湖区	浙西区	浦东浦西区
均值	水资源规划(mm)	882.0	930.1	841.6	809.9	808.9	858.4	889.4	1 089.2	816.6
	本书计算(mm)	879.5	924.3	848.6	826.9	819.6	852.8	880.5	1 059.3	815.9
	绝对差(mm)	−2.5	−5.8	7.0	17.0	10.7	−5.6	−8.9	−29.9	−0.7
	相对差(%)	−0.3	−0.6	0.8	2.1	1.3	−0.7	−1.0	−2.7	−0.1
Cv	水资源规划	0.21	0.20	0.24	0.26	0.24	0.23	0.23	0.22	0.25
	本书计算	0.22	0.22	0.25	0.26	0.23	0.24	0.25	0.22	0.27
Cs/Cv	水资源规划	2.0	2.0	2.0	2.0	2.0	2.0	2.0	2.0	2.0
	本书计算	2.5	2.0	2.0	2.5	2.0	2.5	2.0	2.5	2.0
$P_{50\%}$	水资源规划(mm)	869.6	918.2	826.1	792.4	794.0	843.9	874.3	1 072.4	800.3
	本书计算(mm)	861.8	909.4	831.0	803.8	805.2	832.4	862.2	1 038.0	796.2
	绝对差(mm)	−7.8	−8.8	4.9	11.4	11.2	−11.5	−12.1	−34.4	−4.1
	相对差(%)	−0.9	−1.0	0.6	1.4	1.4	−1.4	−1.4	−3.2	−0.5
$P_{75\%}$	水资源规划(mm)	751.7	799.5	698.5	660.2	671.4	718.9	715.7	920.3	671.7
	本书计算(mm)	741.2	780.3	697.6	672.1	685.8	705.9	723.8	892.7	658.6
	绝对差(mm)	−10.5	−19.2	−0.9	11.9	14.4	−13.0	8.1	−27.6	−13.1
	相对差(%)	−1.4	−2.4	−0.1	1.8	2.1	−1.8	1.1	−3.0	−2.0
$P_{90\%}$	水资源规划(mm)	654.3	701.1	594.7	553.8	571.6	616.6	638.9	795.2	567.5
	本书计算(mm)	645.7	675.1	590.6	570.6	589.2	607.1	612.8	777.7	549.4
	绝对差(mm)	−8.6	−26.0	−4.1	16.8	17.6	−9.5	−26.1	−17.5	−18.1
	相对差(%)	−1.3	−3.7	−0.7	3.0	3.1	−1.5	−4.1	−2.2	−3.2
$P_{95\%}$	水资源规划(mm)	601.6	647.3	539.4	497.6	518.5	561.9	582.1	727.9	512.4
	本书计算(mm)	594.2	617.1	532.3	517.2	536.1	554.5	552.3	715.7	490.4
	绝对差(mm)	−7.4	−30.2	−7.1	19.6	17.6	−7.4	−29.8	−12.2	−22.0
	相对差(%)	−1.2	−4.7	−1.3	3.9	3.4	−1.3	−5.1	−1.7	−4.3

表 6.4　太湖流域 5—9 月降水量频率计算结果与太湖流域水资源综合规划成果比较

参数	项目	流域	上游区	湖西区	武澄锡虞区	阳澄淀泖区	太湖区	杭嘉湖区	浙西区	浦东浦西区
均值	水资源规划(mm)	713.9	754.1	685.2	662.5	659.6	691.4	710.5	881.6	658.9
	本书计算(mm)	715.8	752.6	696.2	684.5	674.0	690.8	705.0	857.8	664.9
	绝对差(mm)	1.9	−1.5	11.0	22.0	14.4	−0.6	−5.5	−23.8	6.0
	相对差(%)	0.3	−0.2	1.6	3.3	2.2	−0.1	−0.8	−2.7	0.9
Cv	水资源规划	0.26	0.25	0.27	0.30	0.29	0.29	0.27	0.23	0.30
	本书计算	0.25	0.25	0.29	0.29	0.28	0.28	0.29	0.24	0.31
Cs/Cv	水资源规划	2.0	2.0	2.0	2.0	2.0	2.0	2.0	2.0	2.0
	本书计算	2.5	2.0	2.5	2.5	2.0	2.5	2.0	2.5	2.0
$P_{50\%}$	水资源规划(mm)	689.5	739.0	669.2	643.4	641.8	672.8	693.9	866.7	640.6
	本书计算(mm)	697.3	737.0	672.0	660.7	656.5	668.4	685.3	837.3	643.7
	绝对差(mm)	7.8	−2.0	2.8	17.3	14.7	−4.4	−8.6	−29.4	3.1
	相对差(%)	1.1	−0.3	0.4	2.7	2.3	−0.7	−1.2	−3.4	0.5
$P_{75\%}$	水资源规划(mm)	582.0	620.2	553.6	520.6	523.2	548.4	574.0	738.3	517.9
	本书计算(mm)	587.2	618.6	550.1	540.9	539.0	551.1	558.5	710.1	516.8
	绝对差(mm)	5.2	−1.6	−3.5	20.3	15.8	2.7	−15.5	−28.2	−1.1
	相对差(%)	0.9	−0.3	−0.6	3.9	3.0	0.5	−2.7	−3.8	−0.2
$P_{90\%}$	水资源规划(mm)	488.1	524.1	460.8	423.6	429.0	449.7	477.8	633.2	420.6
	本书计算(mm)	501.7	523.8	458.1	450.4	446.3	461.9	458.9	610.7	418.2
	绝对差(mm)	13.6	−0.3	−2.7	26.8	17.3	12.2	−18.9	−22.5	−2.4
	相对差(%)	2.8	−0.1	−0.6	6.3	4.0	2.7	−4.0	−3.6	−0.6
$P_{95\%}$	水资源规划(mm)	438.6	473.2	412.1	373.1	379.8	398.1	427.3	577.0	369.7
	本书计算(mm)	456.5	472.1	410.6	403.7	396.4	415.5	405.6	557.7	365.9
	绝对差(mm)	17.9	−1.1	−1.5	30.6	16.6	17.4	−21.7	−19.3	−3.8
	相对差(%)	4.1	−0.2	−0.4	8.2	4.4	4.4	−5.1	−3.3	−1.0

表 6.5　太湖流域 7—8 月降水量频率计算结果与太湖流域水资源综合规划成果比较

参数	项目	流域	上游区	湖西区	武澄锡虞区	阳澄淀泖区	太湖区	杭嘉湖区	浙西区	浦东浦西区
均值	水资源规划(mm)	290.0	315.0	299.0	281.3	266.6	282.6	264.5	353.6	265.9
	本书计算(mm)	298.8	322.5	312.2	305.3	283.2	284.9	268.8	355.7	270.2
	绝对差(mm)	8.8	7.5	13.2	24.0	16.6	2.3	4.3	2.1	4.3
	相对差(%)	3.0	2.4	4.4	8.5	6.2	0.8	1.6	0.6	1.6
Cv	水资源规划	0.42	0.40	0.46	0.48	0.47	0.49	0.47	0.34	0.50
	本书计算	0.36	0.36	0.46	0.46	0.45	0.44	0.45	0.33	0.48
Cs/Cv	水资源规划	2.0	2.0	2.0	2.0	2.0	2.0	2.0	2.0	2.0
	本书计算	2.5	2.0	2.5	2.5	2.0	2.5	2.0	2.5	2.0
$P_{50\%}$	水资源规划(mm)	273.6	298.9	278.8	260.6	247.8	260.9	245.8	340.5	244.6
	本书计算(mm)	282.9	308.7	285.3	279.0	264.3	262.4	250.9	339.7	249.8
	绝对差(mm)	9.3	9.8	6.5	18.4	16.5	1.5	5.1	−0.8	5.2
	相对差(%)	3.4	3.3	2.3	7.1	6.7	0.6	2.1	−0.2	2.1
$P_{75\%}$	水资源规划(mm)	201.9	224.0	199.0	182.9	175.4	181.6	174.0	267.4	168.8
	本书计算(mm)	220.3	238.5	206.7	202.1	190.2	192.9	180.5	270.3	175.3
	绝对差(mm)	18.4	14.5	7.7	19.2	14.8	11.3	6.5	2.9	6.5
	相对差(%)	9.1	6.5	3.9	10.5	8.4	6.2	3.7	1.1	3.9
$P_{90\%}$	水资源规划(mm)	148.9	168.1	141.6	127.8	123.7	125.6	122.7	210.8	115.7
	本书计算(mm)	175.4	185.5	154.7	151.3	137.0	146.1	130.0	219.4	122.9
	绝对差(mm)	26.5	17.4	13.1	23.5	13.3	20.5	7.3	8.6	7.2
	相对差(%)	17.8	10.4	9.3	18.4	10.8	16.3	5.9	4.1	6.2
$P_{95\%}$	水资源规划(mm)	122.6	140.1	113.7	101.2	98.6	98.9	97.9	181.8	90.4
	本书计算(mm)	153.3	158.0	131.0	128.1	110.8	124.4	105.1	193.7	97.5
	绝对差(mm)	30.7	17.9	17.3	26.9	12.2	25.5	7.2	11.9	7.1
	相对差(%)	25.0	12.8	15.2	26.6	12.4	25.8	7.4	6.5	7.9

6.2.4 成果合理性检查

流域及各水利分区各统计时段的频率分析成果是否合理需进行合理性检查，合理性检查的方法是将同一区域不同统计时段7—8月、5—9月、4—10月及年降水量4条频率曲线绘在一张图上(见图6.1)。由图6.1可看出：

第一，同一区域不同历时频率曲线之间互不相交，说明适线结果是合理的。

第二，同一区域的变差系数Cv值随着统计时段的增长而递减。以全流域为例，7—8月Cv值为0.36，5—9月Cv值为0.25，4—10月Cv值为0.22，年降水量的Cv值为0.17，结果符合实际情况。

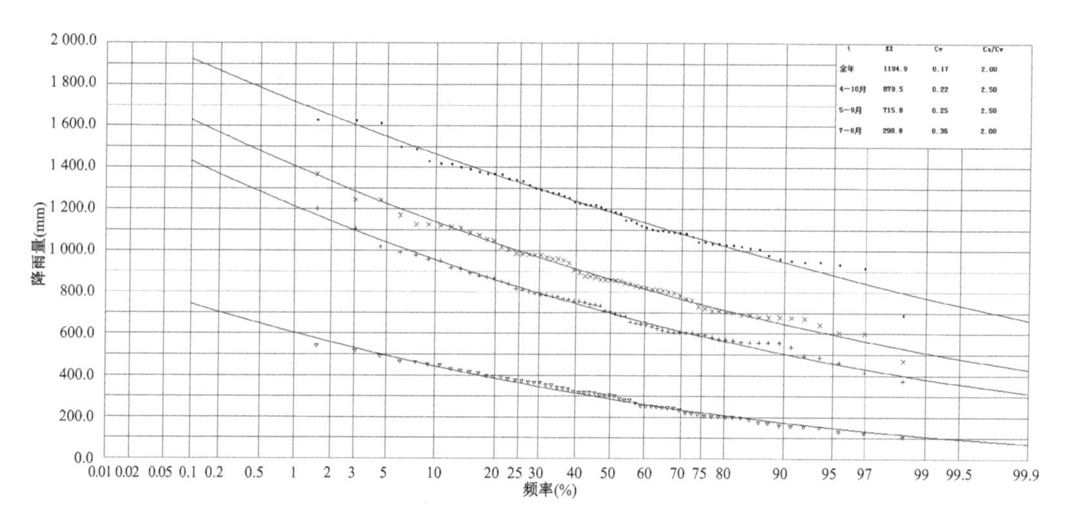

图6.1 太湖流域时段降水频率曲线图(以全流域为例)

6.3 枯水典型年复核

6.3.1 典型年复核

在太湖流域水资源综合规划中，选择的典型年主要依据原则为：第一，典型年应具有较好的代表性；第二，分析农业灌溉和环境用水需求的特殊时段降水频率；第三，主要依赖太湖供水区域的降水频率；第四，有多个降水频率相近的典型年时，尽可能选择实测年代较近的典型年。为此，选择1990年、1976年、1971年、1967年作为50%、75%、90%、95%降水保证率的典型年，另选择1978年作为降水特枯典型年。

由于降水系列延长后，频率统计参数略有变化，对以上5个枯水典型年的降水频率用本书计算的统计参数进行了复核，并与水资源综合规划成果进行了对比，详见表6.6。

表 6.6　不同保证率的典型年降水频率与水资源综合规划成果比较

典型年	区域	项目	频率(%)			
			全年	4—10 月	5—9 月	7—8 月
50%（1990 年）	流域	规划成果	32.4	52.8	48.9	34.6
		本书成果	35.3	53.5	50.9	37.0
	湖西区	规划成果	46.4	53.9	59.9	57.2
		本书成果	47.6	63.0	58.4	41.6
	武澄锡虞区	规划成果	36.4	50.9	47.3	37.6
		本书成果	36.8	54.7	53.2	45.0
	阳澄淀泖区	规划成果	27.8	42.0	37.5	32.8
		本书成果	28.9	46.8	42.3	39.4
	太湖区	规划成果	37.7	49.0	45.5	30.8
		本书成果	31.4	47.7	45.9	28.5
	杭嘉湖区	规划成果	33.8	55.3	52.4	36.7
		本书成果	44.8	62.7	60.0	44.1
	浙西区	规划成果	24.7	43.4	42.6	26.6
		本书成果	25.8	38.6	38.7	25.6
	浦东浦西区	规划成果	25.9	48.0	46.5	33.1
		本书成果	30.6	48.3	45.3	34.9
75%（1976 年）	流域	规划成果	76.4	68.3	74.5	75.8
		本书成果	79.1	66.5	74.1	80.6
	湖西区	规划成果	79.6	64.2	71.8	51.3
		本书成果	79.6	64.7	71.5	85.1
	武澄锡虞区	规划成果	74.2	68.7	77.9	79.3
		本书成果	81.4	70.1	80.4	87.6
	阳澄淀泖区	规划成果	75.3	56.9	64.6	65.7
		本书成果	76.5	64.4	68.4	67.4
	太湖区	规划成果	74.1	70.9	72.9	65.7
		本书成果	75.4	64.4	70.2	66.1
	杭嘉湖区	规划成果	70.1	67.3	79.6	72.9
		本书成果	73.7	62.7	72.1	75.9
	浙西区	规划成果	84.6	77.0	84.4	82.8
		本书成果	83.2	77.1	82.5	87.2
	浦东浦西区	规划成果	53.5	44.2	46.1	38.1
		本书成果	57.1	44.7	46.4	36.4

续表

典型年	区域	项目	频率(%)			
			全年	4—10月	5—9月	7—8月
90%(1971年)	流域	规划成果	83.8	65.5	62.1	94.1
		本书成果	86.2	62.7	62.0	99.0
	湖西区	规划成果	81.9	64.5	60.2	96.5
		本书成果	83.8	64.0	59.7	94.0
	武澄锡虞区	规划成果	85.1	80.3	72.6	92.5
		本书成果	91.0	83.2	77.7	98.0
	阳澄淀泖区	规划成果	94.8	79.6	72.7	95.6
		本书成果	95.0	85.9	80.0	98.3
	太湖区	规划成果	89.9	65.5	67.6	91.3
		本书成果	87.9	67.0	68.1	96.4
	杭嘉湖区	规划成果	78.8	57.4	60.0	99.7
		本书成果	79.6	50.5	54.5	98.3
	浙西区	规划成果	72.5	45.4	52.7	91.2
		本书成果	66.7	37.6	44.6	92.4
	浦东浦西区	规划成果	69.4	50.1	42.7	90.1
		本书成果	81.1	59.9	50.9	94.7
95%(1967年)	流域	规划成果	91.2	95.0	97.0	90.2
		本书成果	92.3	94.2	97.9	95.8
	湖西区	规划成果	86.6	89.5	91.0	80.5
		本书成果	85.2	87.9	90.5	82.7
	武澄锡虞区	规划成果	84.4	86.8	92.1	70.7
		本书成果	85.1	87.3	93.7	73.7
	阳澄淀泖区	规划成果	92.5	93.0	98.3	89.8
		本书成果	93.9	95.1	98.9	92.4
	太湖区	规划成果	88.7	93.5	97.8	90.2
		本书成果	84.1	89.1	97.8	92.7
	杭嘉湖区	规划成果	91.8	94.0	97.4	93.6
		本书成果	91.0	90.1	93.6	94.7
	浙西区	规划成果	89.3	93.2	96.6	93.6
		本书成果	90.0	93.8	97.4	96.0
	浦东浦西区	规划成果	88.7	93.4	98.1	91.9
		本书成果	94.8	95.3	98.5	95.7

续表

典型年	区域	项目	频率(%)			
			全年	4—10 月	5—9 月	7—8 月
特枯 (1978 年)	流域	规划成果	99.8	99.5	98.5	98.7
		本书成果	99.8	99.6	99.2	99.8
	湖西区	规划成果	99.97	99.9	99.4	93.0
		本书成果	99.9	99.9	99.8	99.1
	武澄锡虞区	规划成果	99.7	99.4	98.8	95.5
		本书成果	99.2	98.8	97.6	87.6
	阳澄淀泖区	规划成果	99.8	99.1	97.7	97.8
		本书成果	99.8	99.5	98.5	97.9
	太湖区	规划成果	99.9	99.4	98.3	97.6
		本书成果	99.9	99.7	99.3	99.9
	杭嘉湖区	规划成果	98.5	97.6	96.0	96.6
		本书成果	98.7	96.2	94.3	98.3
	浙西区	规划成果	99.7	98.5	98.2	98.2
		本书成果	99.2	98.2	97.9	98.6
	浦东浦西区	规划成果	98.5	97.7	95.3	98.4
		本书成果	99.2	97.9	96.6	99.2

注:规划成果指太湖流域水资源综合规划成果。

由表 6.6 可以看出,本书计算结果与水资源综合规划相比,各典型年不同时段降水频率基本没有数量级差别,特征期降水量频率变化的趋势是一致的,说明降水量系列延长至 2015 年对选择降水典型年没有明显影响,太湖流域水资源综合规划选定的典型年仍然适用。不同降水保证率流域及各水利分区设计降水量与太湖流域水资源综合规划成果对比见图 6.2～图 6.17。

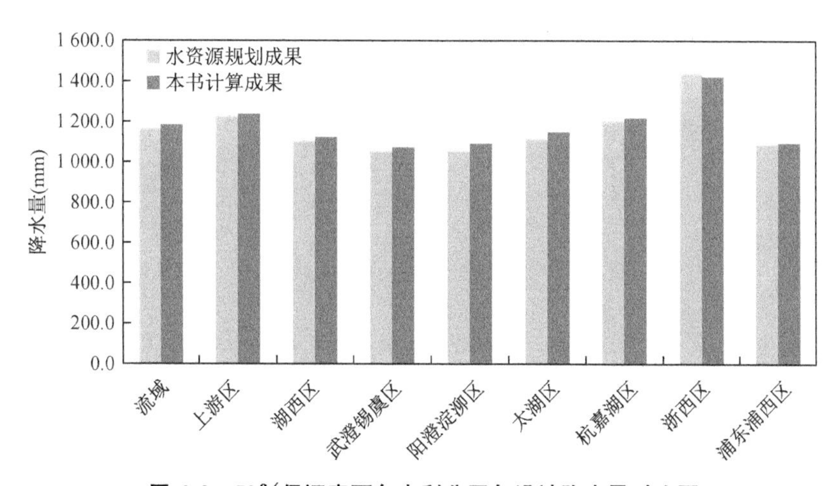

图 6.2　50%保证率下各水利分区年设计降水量对比图

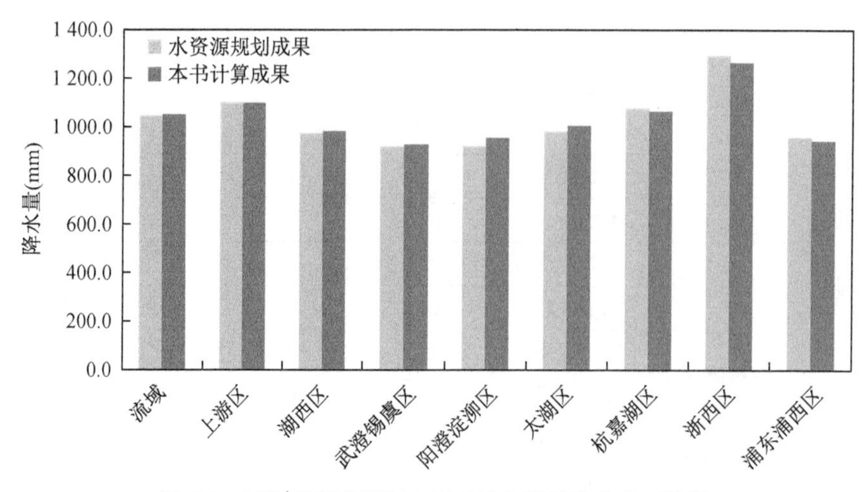

图 6.3　75%保证率下各水利分区年设计降水量对比图

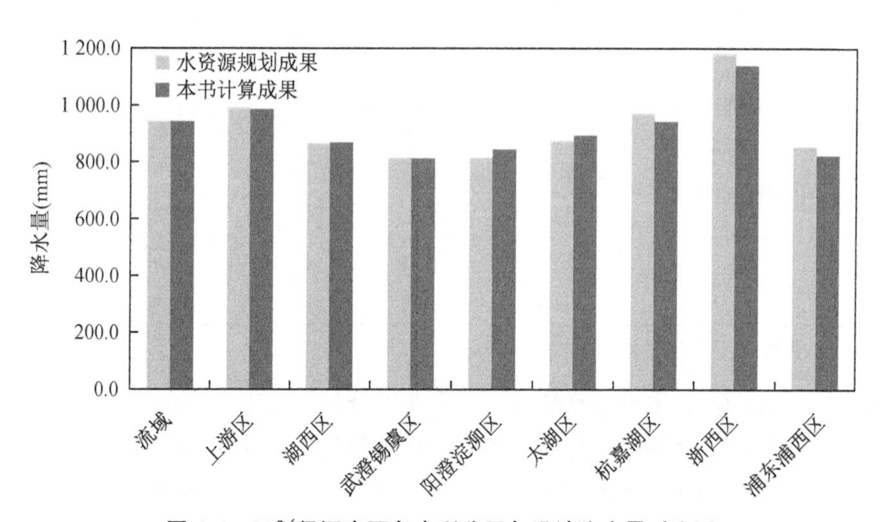

图 6.4　90%保证率下各水利分区年设计降水量对比图

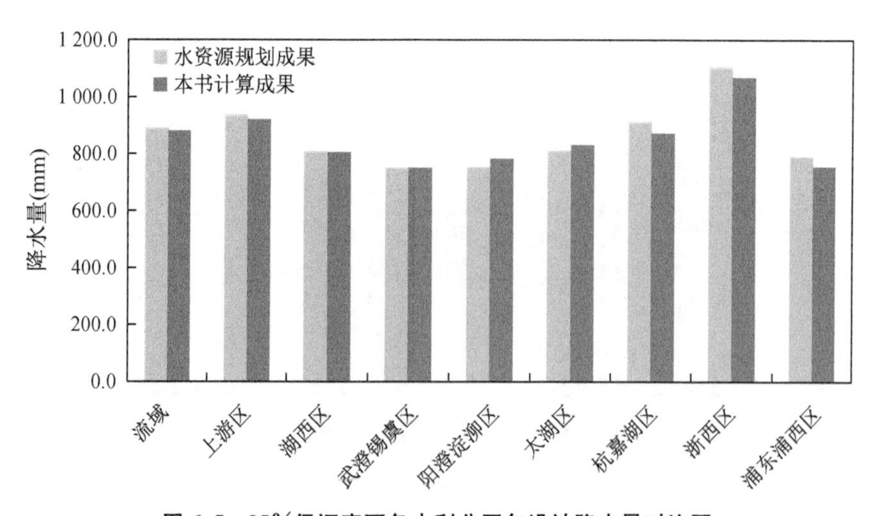

图 6.5　95%保证率下各水利分区年设计降水量对比图

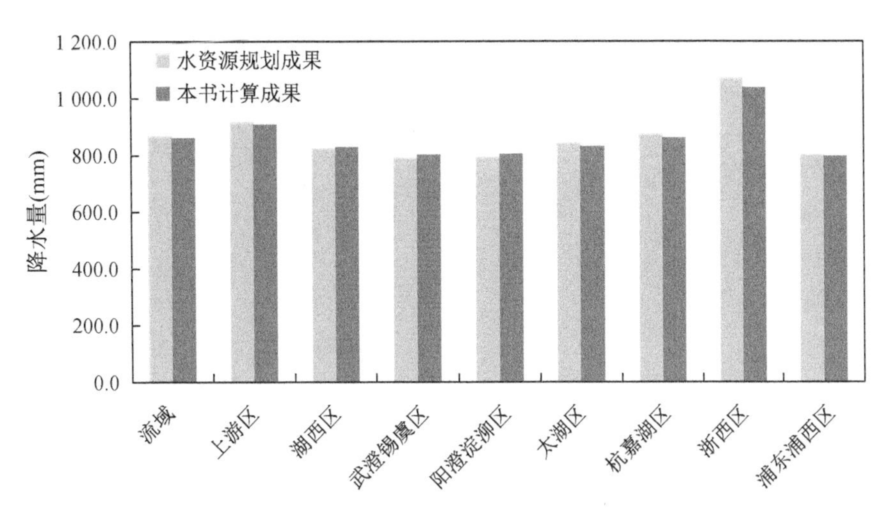

图 6.6　50%保证率下各水利分区 4—10 月设计降水量对比图

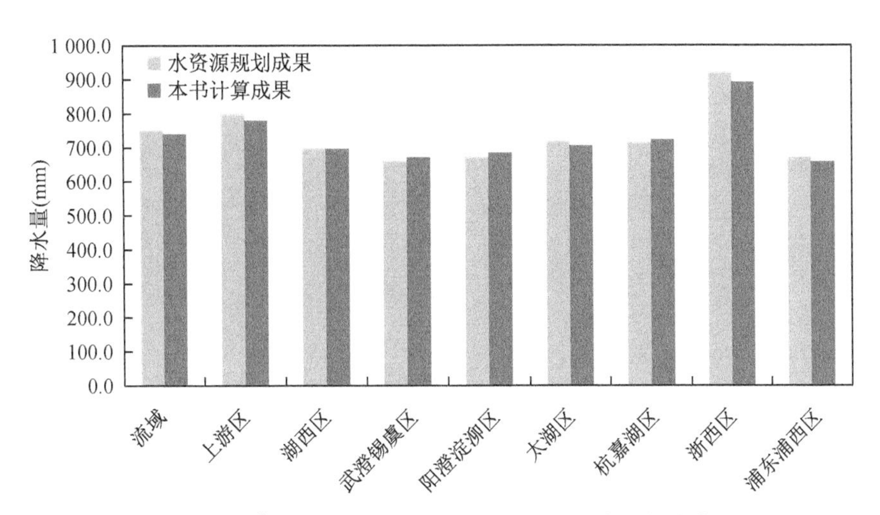

图 6.7　75%保证率下各水利分区 4—10 月设计降水量对比图

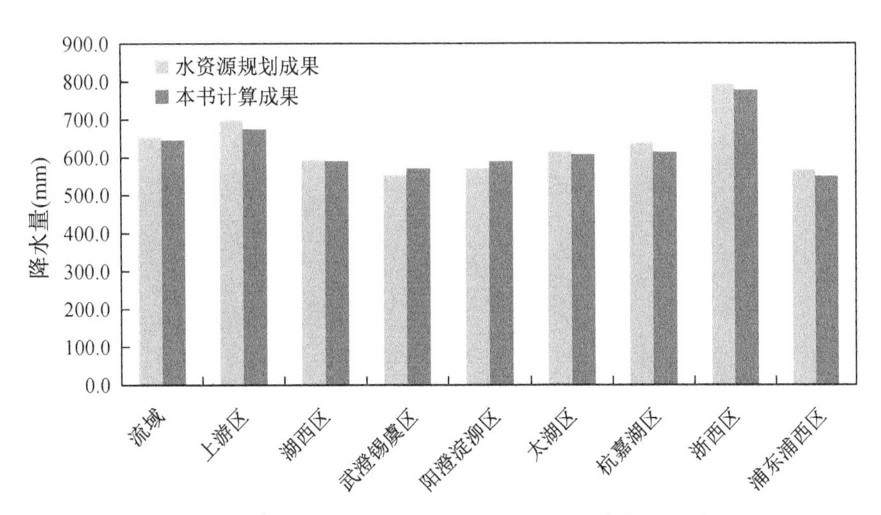

图 6.8　90%保证率下各水利分区 4—10 月设计降水量对比图

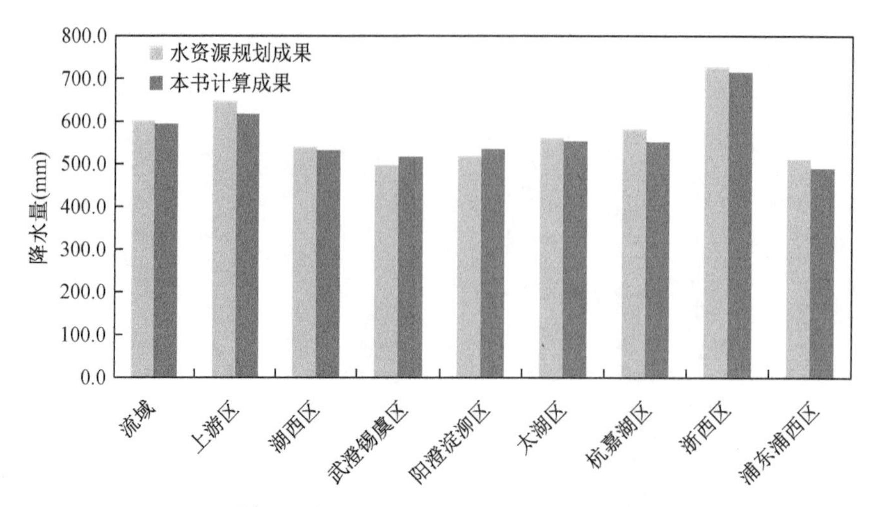

图 6.9　95%保证率下各水利分区 4—10 月设计降水量对比图

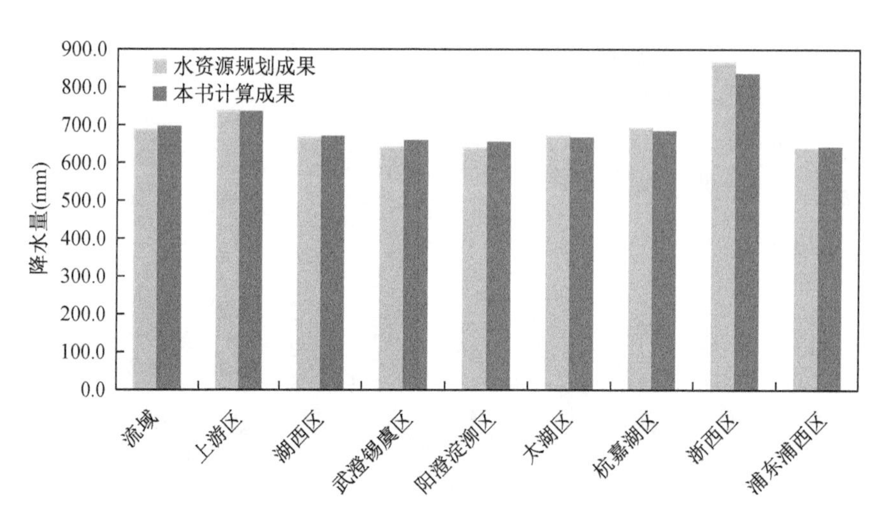

图 6.10　50%保证率下各水利分区 5—9 月设计降水量对比图

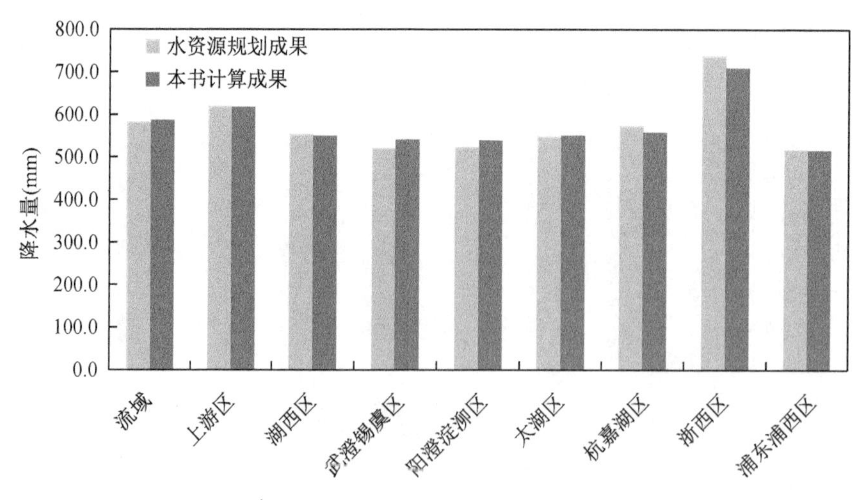

图 6.11　75%保证率下各水利分区 5—9 月设计降水量对比图

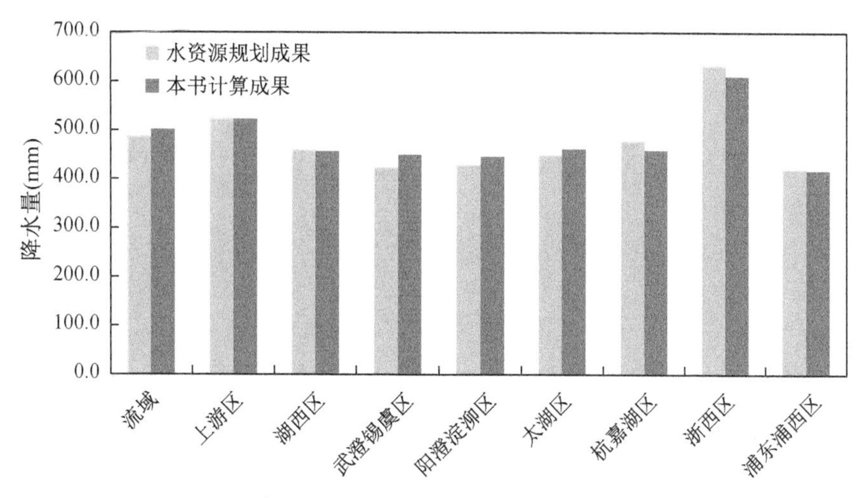

图 6.12　90%保证率下各水利分区 5—9 月设计降水量对比图

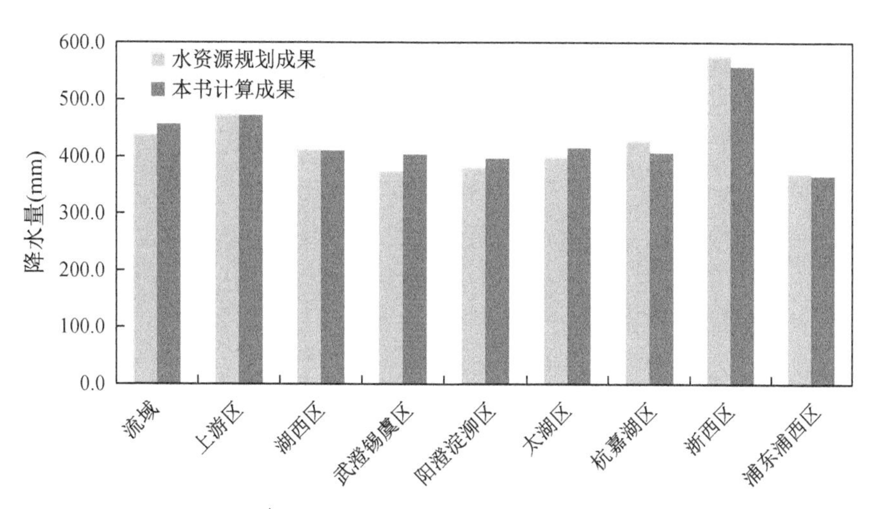

图 6.13　95%保证率下各水利分区 5—9 月设计降水量对比图

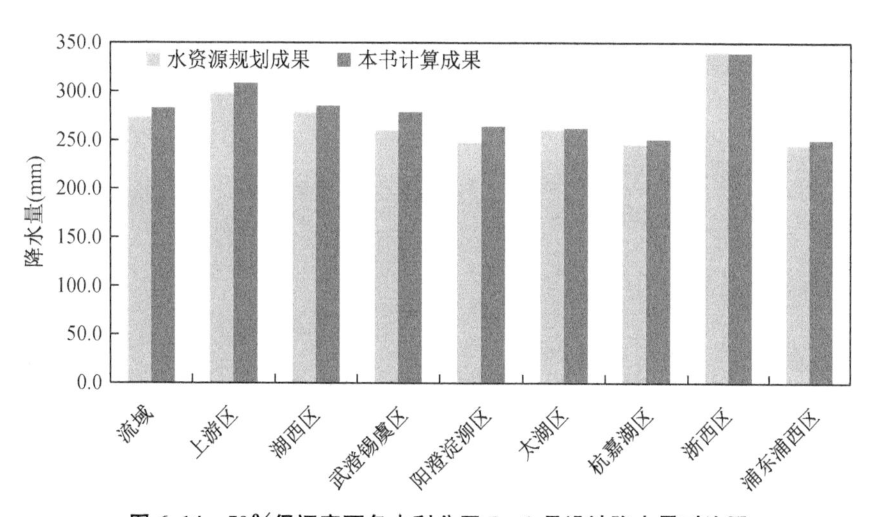

图 6.14　50%保证率下各水利分区 7—8 月设计降水量对比图

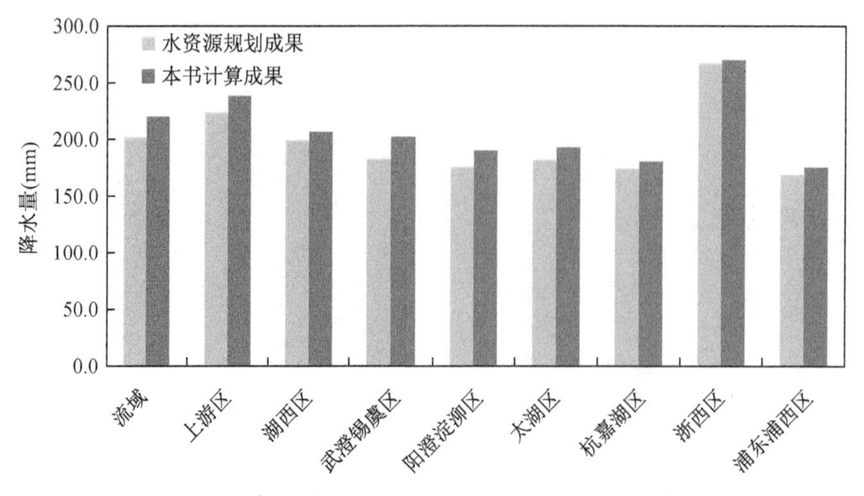

图 6.15　75%保证率下各水利分区 7—8 月设计降水量对比图

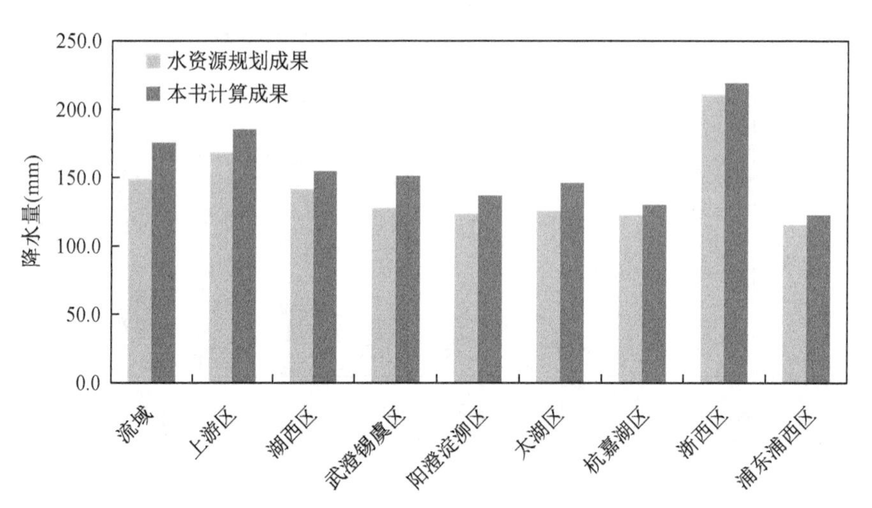

图 6.16　90%保证率下各水利分区 7—8 月设计降水量对比图

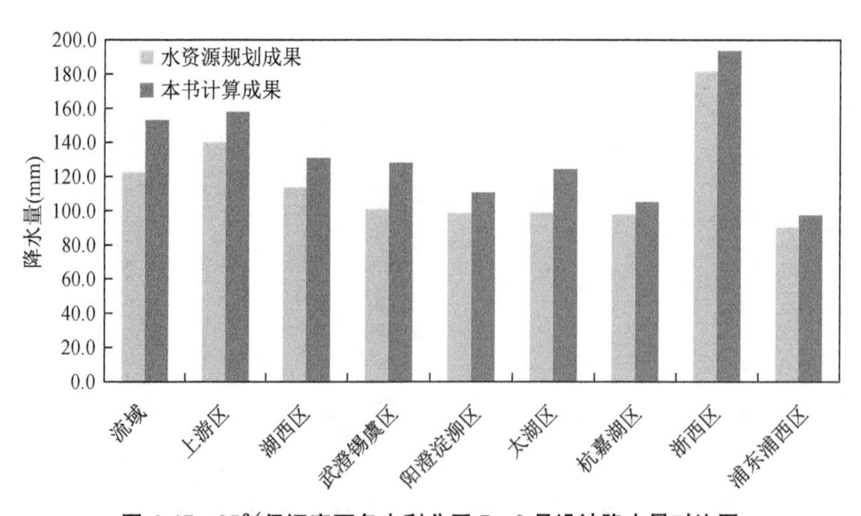

图 6.17　95%保证率下各水利分区 7—8 月设计降水量对比图

6.3.2　新增降水系列典型年分析

相比太湖流域水资源综合规划来说，本书降水系列新增 2001—2015 年，对 15 a 的年降水量和 4—10 月、5—9 月、7—8 月降水量及相应频率进行了统计分析，结果见表 6.7。在此基础上，分析论证 2001—2015 年作为 50%、75%、90%、95%保证率降水典型年的可能。

表 6.7　太湖流域新增降水系列各时段降水量及相应频率统计

降水区	年份	全年		4—10 月		5—9 月		7—8 月	
		降水量（mm）	频率（%）	降水量（mm）	频率（%）	降水量（mm）	频率（%）	降水量（mm）	频率（%）
流域	2001	1 218.5	43.17	856.9	51.04	740.5	40.51	364.9	23.79
	2002	1 369.8	18.99	968.2	29.76	736.8	41.29	280.3	51.00
	2003	935.7	90.73	600.2	94.53	460.6	94.63	244.1	65.54
	2004	1 033.0	78.19	680.8	85.30	580.6	76.37	195.9	83.82
	2005	1 026.7	79.19	732.4	76.65	603.6	71.47	365.6	23.62
	2006	1 082.1	69.73	679.1	85.55	572.3	78.05	250.5	62.93
	2007	1 145.7	57.48	859.0	50.60	641.0	63.01	302.7	42.60
	2008	1 232.8	40.47	940.2	34.59	801.9	28.70	279.4	51.35
	2009	1 338.5	23.07	876.0	47.06	779.3	32.78	449.6	9.22
	2010	1 218.0	43.27	808.8	61.25	632.2	65.04	351.2	27.30
	2011	1 131.2	60.35	980.3	27.80	890.7	16.00	431.5	11.43
	2012	1 365.7	19.49	857.9	50.83	754.4	37.64	393.9	17.50
	2013	1 083.9	69.40	823.1	58.21	556.8	81.07	172.9	90.66
	2014	1 284.6	31.30	977.8	28.20	811.1	27.14	465.6	7.59
	2015	1 625.4	2.48	1 169.6	7.77	978.2	8.24	340.2	30.39
湖西区	2001	1 103.6	53.54	738.0	67.78	636.1	57.41	371.8	28.25
	2002	1 343.2	16.64	982.6	24.71	771.3	31.69	247.8	61.67
	2003	1 139.0	46.96	785.1	58.83	598.6	65.24	351.7	32.55
	2004	1 012.2	70.29	685.4	77.04	571.2	70.85	165.4	87.28
	2005	998.5	72.63	749.6	65.61	592.9	66.42	361.5	30.40
	2006	1 104.3	53.41	729.3	69.38	608.7	63.14	294.6	47.27
	2007	1 077.3	58.47	832.8	49.66	677.9	48.81	395.3	23.80
	2008	1 073.0	59.28	817.8	52.52	672.6	49.88	301.5	45.30
	2009	1 401.5	11.38	970.3	26.41	889.2	16.31	505.9	9.90
	2010	1 113.7	51.65	762.3	63.20	604.9	63.93	356.2	31.55

续表

降水区	年份	全年		4—10月		5—9月		7—8月	
		降水量(mm)	频率(%)	降水量(mm)	频率(%)	降水量(mm)	频率(%)	降水量(mm)	频率(%)
湖西区	2011	1 199.2	36.33	1 069.6	14.81	1 012.0	7.28	581.1	5.19
	2012	1 211.7	34.26	790.7	57.75	677.5	48.89	427.5	18.64
	2013	980.8	75.54	764.1	62.86	619.6	60.86	232.2	66.73
	2014	1 275.0	24.79	951.8	29.09	768.9	32.08	503.9	10.07
	2015	1 624.6	1.96	1 269.8	3.53	1 102.9	3.76	282.9	50.71
武澄锡虞区	2001	1 138.4	38.62	796.7	51.34	710.2	40.20	350.4	31.08
	2002	1 197.6	29.70	905.9	32.23	739.3	34.92	194.3	77.53
	2003	977.8	66.64	702.7	69.43	565.8	69.99	365.1	27.94
	2004	1 013.2	60.38	707.3	68.57	606.0	61.54	218.0	69.75
	2005	868.2	83.69	632.9	81.54	513.4	80.18	279.1	49.96
	2006	1 021.4	58.91	681.8	73.27	562.8	70.61	324.7	37.21
	2007	1 067.3	50.71	862.4	39.34	731.2	36.35	469.0	12.31
	2008	1 061.6	51.72	812.7	48.31	707.2	40.76	290.0	46.71
	2009	1 207.0	28.40	854.8	40.66	782.4	27.89	411.8	19.58
	2010	977.3	66.72	694.4	70.97	552.4	72.72	355.8	29.90
	2011	1 314.2	16.20	1 187.4	6.09	1 131.8	2.60	713.0	1.34
	2012	1 072.3	49.83	691.1	71.58	602.2	62.35	410.5	19.78
	2013	922.1	75.90	730.2	64.20	528.4	77.41	173.6	83.91
	2014	1 296.9	17.85	1 016.5	17.99	854.7	18.40	572.0	5.02
	2015	1 656.8	1.54	1 322.3	2.28	1 186.7	1.67	283.6	48.60
阳澄淀泖区	2001	1 322.0	14.98	975.6	19.60	868.0	15.04	407.2	15.75
	2002	1 304.0	16.83	966.6	20.80	775.5	27.25	303.3	38.06
	2003	848.7	89.69	562.8	92.77	433.9	91.45	229.5	61.73
	2004	1 105.1	47.38	748.7	62.18	642.9	52.93	247.2	55.69
	2005	1 006.2	66.26	737.0	64.67	630.5	55.63	378.6	20.47
	2006	1 054.1	57.17	645.2	82.18	532.0	76.35	271.7	47.62
	2007	1 140.0	40.90	879.9	34.88	681.6	44.69	342.8	27.87
	2008	1 090.0	50.26	824.9	45.83	714.1	38.15	236.1	59.47
	2009	1 254.7	22.73	855.2	39.64	770.8	28.01	439.0	11.59
	2010	1 054.1	57.17	723.8	67.43	576.2	67.40	322.6	32.82

续表

降水区	年份	全年		4—10月		5—9月		7—8月	
		降水量(mm)	频率(%)	降水量(mm)	频率(%)	降水量(mm)	频率(%)	降水量(mm)	频率(%)
阳澄淀泖区	2011	945.1	76.91	797.0	51.76	710.3	38.89	339.3	28.69
	2012	1 109.2	46.60	653.7	80.77	566.8	69.37	298.0	39.58
	2013	1 010.8	65.41	773.0	56.94	495.6	82.86	169.2	81.54
	2014	1 225.4	26.81	945.3	23.84	783.3	26.02	450.3	10.36
	2015	1 577.1	2.00	1 142.5	5.44	973.0	6.85	297.3	39.79
太湖区	2001	1 203.3	40.09	835.4	49.41	693.7	44.75	361.5	23.16
	2002	1 294.8	26.08	901.1	37.06	694.0	44.69	236.9	58.94
	2003	915.3	87.81	593.5	91.51	446.7	91.87	227.4	62.39
	2004	1 037.8	69.90	664.0	82.17	563.3	72.53	193.8	74.67
	2005	998.4	76.45	721.5	72.11	579.9	69.07	336.5	28.59
	2006	1 016.5	73.52	605.4	90.20	521.0	80.73	242.0	57.10
	2007	1 107.5	57.31	823.5	51.78	620.8	60.26	260.6	50.60
	2008	1 213.3	38.41	935.2	31.32	777.9	29.32	202.3	71.59
	2009	1 267.8	29.86	820.8	52.32	738.9	36.02	444.9	10.81
	2010	1 102.7	58.20	739.0	68.75	578.0	69.47	346.8	26.24
	2011	999.3	76.31	866.7	43.35	786.8	27.91	373.9	20.80
	2012	1 324.3	22.31	814.2	53.65	711.2	41.26	368.2	21.86
	2013	1 023.4	72.36	762.1	64.17	522.1	80.53	177.9	80.23
	2014	1 225.7	36.37	919.4	33.91	736.3	36.49	396.5	17.00
	2015	1 521.6	6.42	1 087.9	12.80	884.5	15.44	312.2	34.74
杭嘉湖区	2001	1 196.8	53.40	842.6	53.62	724.4	42.44	286.3	38.53
	2002	1 454.6	16.73	974.8	30.97	690.5	48.98	312.6	31.10
	2003	777.2	98.55	415.9	99.51	314.8	99.06	150.7	84.52
	2004	946.9	89.61	581.7	92.85	497.4	85.02	151.0	84.43
	2005	1 005.0	83.38	666.5	83.62	552.9	76.01	340.8	24.30
	2006	1 060.4	75.90	635.3	87.55	540.2	78.24	158.2	82.28
	2007	1 143.6	62.57	805.6	60.50	539.5	78.36	160.4	81.60
	2008	1 357.7	27.90	1 018.2	24.89	871.0	19.74	257.2	47.85
	2009	1 325.4	32.44	790.3	63.33	675.5	51.96	374.6	17.70
	2010	1 424.6	19.79	903.4	42.61	697.8	47.54	366.6	19.11

续表

降水区	年份	全年		4—10月		5—9月		7—8月	
		降水量(mm)	频率(%)	降水量(mm)	频率(%)	降水量(mm)	频率(%)	降水量(mm)	频率(%)
杭嘉湖区	2011	1 073.8	73.90	893.6	44.33	777.0	33.11	295.5	35.82
	2012	1 575.7	7.84	966.1	32.29	868.5	20.04	383.3	16.25
	2013	1 233.2	47.15	919.4	39.85	566.0	73.63	132.0	89.53
	2014	1 243.1	45.48	930.6	37.96	786.4	31.57	425.1	10.61
	2015	1 550.9	9.25	989.9	28.76	772.2	33.91	317.6	29.81
浙西区	2001	1 394.8	54.62	989.0	58.63	830.1	51.43	446.5	20.09
	2002	1 516.3	35.36	1 024.5	52.36	731.3	71.06	302.8	63.38
	2003	1 105.8	92.68	714.7	95.06	552.9	95.35	247.0	82.57
	2004	1 155.0	88.58	786.2	89.14	693.7	77.90	259.8	78.53
	2005	1 234.8	79.44	877.1	77.41	704.5	76.01	449.8	19.44
	2006	1 193.9	84.50	760.4	91.62	653.4	84.38	275.6	73.17
	2007	1 332.6	64.87	968.2	62.29	650.4	84.82	265.9	76.51
	2008	1 540.2	31.97	1 182.1	27.62	1 018.6	20.45	367.5	40.64
	2009	1 527.6	33.74	951.3	65.24	841.0	49.28	521.1	9.09
	2010	1 479.9	40.83	957.0	64.25	718.0	73.55	378.1	37.33
	2011	1 411.9	51.78	1 236.0	21.14	1 105.3	11.91	459.3	17.67
	2012	1 736.7	11.69	1 103.7	39.02	980.8	25.34	505.9	10.78
	2013	1 303.3	69.52	976.3	60.87	624.6	88.32	203.2	93.39
	2014	1 393.9	54.77	1 043.9	48.98	872.5	43.21	432.4	23.03
	2015	1 803.3	7.77	1 249.6	19.69	1 008.5	21.68	499.6	11.55
浦东浦西区	2001	1 194.4	33.63	858.4	39.00	759.8	29.37	349.6	23.64
	2002	1 349.1	15.18	961.8	23.72	753.4	30.36	336.0	26.47
	2003	694.3	97.73	394.5	98.95	291.6	98.71	133.8	87.34
	2004	993.3	67.33	620.0	81.07	513.7	75.56	168.9	77.08
	2005	1 014.4	63.77	712.2	65.59	642.6	50.22	386.6	17.12
	2006	1 060.3	55.83	643.1	77.52	541.2	70.43	215.9	61.29
	2007	1 118.7	45.75	848.7	40.64	630.6	52.61	276.2	41.82
	2008	1 191.0	34.14	925.4	28.58	804.4	23.07	250.3	49.82
	2009	1 252.3	25.62	838.6	42.39	719.2	35.96	432.0	11.23
	2010	1 157.6	39.33	767.2	55.37	619.1	54.91	308.8	32.87

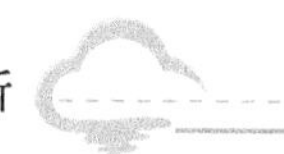

续表

降水区	年份	全年		4—10 月		5—9 月		7—8 月	
		降水量(mm)	频率(%)	降水量(mm)	频率(%)	降水量(mm)	频率(%)	降水量(mm)	频率(%)
浦东浦西区	2011	855.2	86.84	713.8	65.29	629.5	52.82	252.2	49.22
	2012	1 323.5	17.58	844.2	41.41	742.7	32.05	304.3	34.02
	2013	975.6	70.24	733.4	61.68	455.6	85.10	100.4	94.53
	2014	1 314.1	18.52	1 053.6	14.07	884.7	14.27	475.2	7.34
	2015	1 609.0	2.55	1 147.2	7.70	961.0	8.60	369.8	19.87

太湖流域 2015 年全年、4—10 月、5—9 月、7—8 月降水量频率分别为 2.48%、7.77%、8.24%、30.39%，显著偏丰，不宜作为枯水典型年。2002 年、2009 年、2012 年、2014 年全年降水量频率分别为 18.99%、23.07%、19.49%、31.30%，整体上也属于降水偏丰年份，不宜作为枯水典型年。

太湖流域 2004 年、2005 年、2006 年、2013 年全年降水量频率约为 75%，但 2005 年 7—8 月降水量频率为 23.62%，显著偏丰，2006 年 4—10 月降水量频率、2013 年 7—8 月降水量频率分别为 85.55%、90.66%，与 75%比较显著偏枯，年内分配不均，不宜作为 75%的枯水典型年。2004 年全年、4—10 月、5—9 月、7—8 月降水量频率整体接近 75%，但各水利分区中，阳澄淀泖区较 75%偏丰，特别是年降水量达到 47%，为平略偏丰；杭嘉湖区和浙西区较 75%偏枯，各时段降水保证率基本达到 90%。为保持成果延续性，建议太湖流域 75%降水保证率典型年仍采用 1976 年，2004 年可作为 75%枯水典型年的备选方案。

太湖流域 2001 年、2007 年、2008 年、2010 年、2011 年全年降水量频率均在 50%左右，但 2001 年、2010 年 7—8 月降水量频率分别为 23.79%、27.30%，与 50%比较显著偏丰，年内分配不均；2007 年各分区分布不均匀，武澄锡虞区和阳澄淀泖区明显偏丰，特别是武澄锡虞区 7—8 月降水频率为 12.31%；2008 年太湖流域 4—10 月、5—9 月降水量频率分别为 34.59%、28.70%，整体偏丰，2011 年 4—10 月、5—9 月、7—8 月频率均低于 30%，属于显著偏丰年份。总体上，以上各年没有表现出比原 50%的枯水典型年更加典型。

太湖流域 2003 年全年降水量频率为 90.73%，4—10 月、5—9 月频率约为 95%，但 7—8 月频率仅 65.54%，接近平水年；各水利分区分布不均匀，北丰南枯，湖西区偏丰，武澄锡虞区接近平水年，其余各分区与 90%较为接近。整体来说，2003 年不宜作为 90%的枯水典型年。

根据流域及各水利分区的年降水量统计及频率分析，本书计算成果与太湖流域水资源综合规划差别不大，降水量频率统计参数和设计值在合理变化范畴之内。对太湖流域水资源综合规划确定的 50%、75%、90%、95%和特枯典型年用本书设计成果进行重新复核，认为 1990 年作为 50%降水保证率典型年、1976 年作为 75%降水保证率典型年、1971 年作为 90%降水保证率典型年、1967 年作为 95%降水保证率典型年、1978 年作为特枯降水典型年是合适的。另外，通过分析新增降水系列2001—2015年的时段降水量频率，认为该期间没有比原来选定的枯水典型年更适合作为流域50%、75%、90%、95%和特枯的降水典型年。因此，典型年仍沿用太湖流域水资源综合规划确定的成果，但2004年可作为75%枯水典型年的备选方案。

6.4 太湖流域设计径流量分析

6.4.1 枯水典型年径流量分析

本书利用太湖流域产汇流模型计算2010年下垫面情况下遇流域降水保证率50%、75%、90%、95%典型年的设计径流量，并与太湖流域水资源综合规划成果（2000年下垫面）进行比较，结果见表6.8。与太湖流域水资源综合规划成果相比，2010年下垫面条件下，4种典型枯水年径流量增加在5%～8%。

表6.8 太湖流域枯水典型年设计径流量

典型年	本书计算（2010年下垫面）（亿m^3）	水资源综合规划（亿m^3）	增量（亿m^3）	增幅（%）
1967年（95%降水保证率）	105.1	97.2	7.9	8.1
1971年（90%降水保证率）	109.1	102.2	6.9	6.8
1976年（75%降水保证率）	112.9	107.0	5.9	5.5
1990年（50%降水保证率）	202.1	191.8	10.3	5.4

6.4.2 历年径流量分析

根据本书采用的降水系列资料，在2010年太湖流域下垫面资料条件下，利用太湖流域产汇流模型对太湖流域1951—2015年径流量进行计算，结果见表6.9。

1956—2000年太湖流域水资源综合规划成果流域多年平均径流量177.4亿m^3（各省市协调结果为176亿m^3），本书分析结果在2010年下垫面条件下流域同期平均径流量为188.1亿m^3，相比增加了10.7亿m^3，增幅为6.0%。本书分析全流域1951—2015年65 a平均径流量为193.1亿m^3，比相同条件下1956—2000年45 a的多年平均值多5.0亿m^3。2010年下垫面与2000年下垫面相比，径流量增幅最大的年份为1968年，达20.3%。2010年下垫面条件下流域径流量与太湖流域水资源综合规划成果对比见图6.18。

表6.9 2010年流域下垫面下历年流域径流量与水资源综合规划成果对比

年份	2010年下垫面（亿m^3）	水资源综合规划（亿m^3）	增量（亿m^3）	增幅（%）
1951	261.8			
1952	280.8			

续表

年份	2010年下垫面（亿 m^3）	水资源综合规划（亿 m^3）	增量（亿 m^3）	增幅（%）
1953	156.3			
1954	345.3			
1955	115.1			
1956	252.0	235.3	16.7	7.1
1957	294.8	273.5	21.3	7.8
1958	123.2	111.8	11.4	10.2
1959	179.4	166.5	12.9	7.7
1960	216.4	209.9	6.5	3.1
1961	189.5	187.7	1.8	1.0
1962	209.3	200.7	8.6	4.3
1963	179.8	169.7	10.1	6.0
1964	158.0	146.4	11.6	7.9
1965	140.5	124.3	16.2	13.0
1966	149.5	133.3	16.2	12.2
1967	105.1	97.20	7.9	8.1
1968	94.80	78.80	16.0	20.3
1969	177.8	163.2	14.6	8.9
1970	182.0	165.3	16.7	10.1
1971	109.1	102.2	6.9	6.8
1972	127.9	110.9	17.0	15.3
1973	214.7	203.6	11.1	5.5
1974	177.4	161.1	16.3	10.1
1975	212.0	204.6	7.4	3.6
1976	112.9	107.0	5.9	5.5
1977	264.8	249.5	15.3	6.1
1978	47.80	41.60	6.2	14.9
1979	125.1	107.7	17.4	16.2
1980	241.6	227.4	14.2	6.2
1981	196.1	183.6	12.5	6.8
1982	133.0	126.3	6.7	5.3
1983	254.9	253.3	1.6	0.6

续表

年份	2010年下垫面（亿 m^3）	水资源综合规划（亿 m^3）	增量（亿 m^3）	增幅（%）
1984	196.6	186.3	10.3	5.5
1985	233.6	220.6	13.0	5.9
1986	137.1	130.1	7.0	5.4
1987	250.7	239.0	11.7	4.9
1988	128.7	116.6	12.1	10.4
1989	250.8	232.8	18.0	7.7
1990	202.1	191.8	10.3	5.4
1991	307.4	303.1	4.3	1.4
1992	157.3	148.3	9.0	6.1
1993	298.0	288.8	9.2	3.2
1994	117.0	114.0	3.0	2.6
1995	200.0	191.9	8.1	4.2
1996	239.4	225.3	14.1	6.3
1997	162.7	155.1	7.6	4.9
1998	214.6	213.7	0.9	0.4
1999	352.1	343.7	8.4	2.4
2000	148.5	137.5	11.0	8.0
2001	193.5			
2002	259.4			
2003	126.2			
2004	127.9			
2005	133.6			
2006	143.7			
2007	164.0			
2008	203.5			
2009	247.6			
2010	196.9			
2011	170.9			
2012	244.7			
2013	149.7			
2014	215.7			

续表

年份	2010年下垫面（亿 m³）	水资源综合规划（亿 m³）	增量（亿 m³）	增幅（%）
2015	346.3			
1956—2000年均值	188.1	177.4	10.7	6.0
1951—2015年均值	193.1			

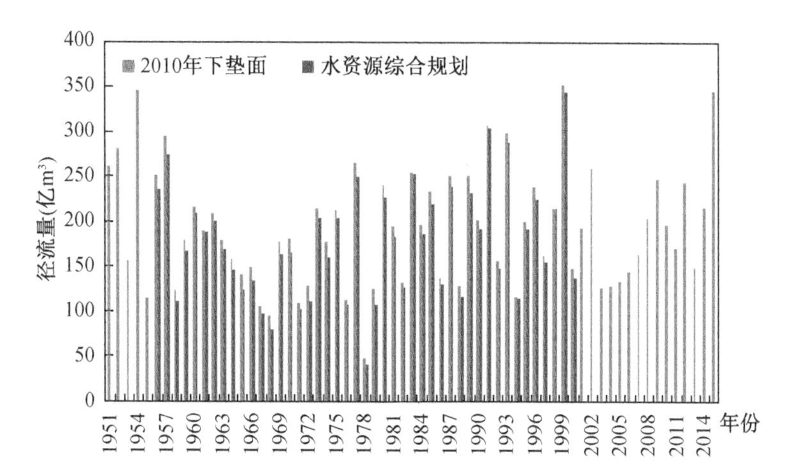

图6.18　2010年下垫面条件下流域径流量与水资源综合规划成果对比图

6.4.3　径流成果合理性分析

本书计算的径流量与太湖流域水资源综合规划径流量均为太湖流域产汇流模型计算所得，两者存在差别，主要原因有两个：一是模型在太湖流域水资源综合规划基础上进行了完善；二是下垫面由2000年更新为2010年，农田面积减少，农业结构发生变化（比如稻田减少、大棚增加等），导致产汇流特性的变化。为进一步复核本书径流量的合理性，将本书计算成果与经江浙沪两省一市认可的太湖流域水资源公报刊印的水资源量进行比较，结果见表6.10。2004—2015年本书计算的径流量（水资源量）与水资源公报刊印的水资源量相比，除2011年偏小达12.4%外，其他年份基本接近，说明本书计算结果是合理的。

表6.10　本书计算径流量与水资源公报数据对比表

年份	本书计算（亿 m³）	水资源公报（亿 m³）	绝对差（亿 m³）	相对差（%）
2004	127.9	125.9	2.0	1.6
2005	133.6	133.7	−0.1	−0.1
2006	143.7	146.2	−2.5	−1.7
2007	164.0	172.7	−8.7	−5.0
2008	203.5	199.4	4.1	2.1

续表

年份	本书计算(亿 m³)	水资源公报(亿 m³)	绝对差(亿 m³)	相对差(%)
2009	247.6	248.1	−0.5	−0.2
2010	196.9	209.8	−12.9	−6.1
2011	170.9	195.0	−24.1	−12.4
2012	244.7	233.3	11.4	4.9
2013	149.7	160.5	−10.8	−6.7
2014	215.7	228.9	−13.2	−5.8
2015	346.3	342.4	3.9	1.1

6.5 小结

关于设计降雨分析，降雨系列由1956—2000年延长至1951—2015年后，本书计算的设计降雨成果与太湖流域水资源综合规划成果相比，50%、75%、90%、95%保证率年降水量设计值最大相差4.0%，4—10月和5—9月降水量设计值相差不超过8.2%，但7—8月降水量设计值相差相对较大，其中武澄锡虞区95%保证率的设计值比水资源综合规划成果偏大最多，达26.6%，说明原太湖流域水资源综合规划成果是偏安全的。

关于枯水典型年确定，在太湖流域水资源综合规划枯水典型年分析的基础上，本书根据延长后的降水系列资料对不同保证率的降水典型作了进一步分析。由分析成果可知，用延长后的降水系列得到的统计参数对太湖流域水资源综合规划选定的太湖流域50%、75%、90%、95%和特枯典型年不同时段的降水频率的计算结果与太湖流域水资源综合规划成果相比，变化较小，说明降水量系列延长至2015年对枯水典型年的保证率没有明显影响。另外，通过对新增降水系列2001—2015年的降水量频率分析，总体上，新增降水系列中没有表现出比原太湖流域水资源综合规划选定的50%、75%、90%、95%和特枯典型年更加典型的年份。因此，太湖流域水资源综合规划选定的典型年仍然适用。

在2010年下垫面条件下遇流域降水保证率50%、75%、90%、95%典型年，其径流量与太湖流域水资源综合规划成果(2000年下垫面)相比增加了5%～8%；全流域1956—2000年45 a平均径流量为188.1亿 m³，比太湖流域水资源综合规划多年平均水资源量177.4亿 m³(省市协调结果为176亿 m³)偏多6.0%。在2010年下垫面条件下，1951—2015年65 a流域平均径流量为193.1亿 m³，比相同条件下1956—2000年45 a的多年平均值多5.0亿 m³。

第7章 土地利用变化及对水文设计成果影响分析

受经济社会快速发展影响，太湖流域土地利用发生了较大变化，特别是2000年以来，建设用地增加了近一倍，对流域水文特性产生了重要影响。摸清流域水情变化规律，对保障太湖流域在新形势下的防洪和供水安全具有重要的实践意义。本章针对这一应用需求，在收集、整理前期土地利用数据基础上，进一步通过遥感解译方法获得近年不同阶段土地利用数据，分析并揭示太湖流域土地利用时空变化特征和规律及对流域径流量的影响。

7.1 土地利用动态遥感监测

遥感是获取土地利用信息的主要手段。20世纪80年代以来常用的卫星数据源有美国陆地卫星TM/ETM、法国地球观测卫星SPOT，近年来随着技术的发展，分辨率逐渐提高，出现了中高分辨率的ALOS、RapidEye、资源三号和高分辨率的Iknos和QuickBird等。本书1985年、1995年、2000年、2005年和2010年前后5个时间段土地利用以TM/ETM为信息提取的数据源，对太湖流域土地利用数据进行信息提取和解译，在选择土地利用分类时同时考虑现行国土部门的分类系统与不同土地利用类型的下垫面水文特性差异，共划定4种土地利用类型。各类型的特点见表7.1。

表7.1 土地利用类型划分

土地利用类型	含义
水田	有水源保证和灌溉设施，在一般年景能正常灌溉，用以种植水稻、莲藕等水生农作物的耕地，包括实行水稻和旱地作物轮种的耕地
旱地	无灌溉水源及设施，靠天然降水生长作物的耕地；针叶林、阔叶林等天然林、人工林、少量草地和滩涂
建设用地	包括城镇、工矿、交通和其他建设用地，以及农村居民点等
水面	陆地上各种淡水湖、咸水湖、水库及坑塘、河流

7.2 土地利用现状及时空变化

7.2.1 土地利用现状及分布

太湖流域是我国土地利用程度最高的区域之一。流域土地利用分布有一定差异，耕

地广泛分布于太湖流域的平原地区或者丘陵山区平坦的河谷地带，林地主要分布于流域上游丘陵山地或者平原河流、道路、建设用地周围，建设用地主要分布于大型城镇地区，其中以上海、苏州、无锡、常州和嘉兴地区最为集中。

土地利用类型在整个太湖流域的分布并不是均匀的，受社会经济水平、区域土地政策和地形地貌条件等影响，在空间上呈现出明显的分布差异。依据浙西区、湖西区、杭嘉湖区、阳澄淀泖区、武澄锡虞区和浦东浦西区 7 个不同水利分区统计 4 种主要用地类型的面积，结果显示：浦东浦西区和武澄锡虞区的建设用地分布最为密集，在各分区的占比高达 59.9%和 48.2%；浙西区和湖西区旱地分布集中，在各分区的占比均在 40.0%以上；水面（太湖除外）主要集中分布在湖西区、阳澄淀泖区和杭嘉湖区，这三个区域的水面总面积占全流域水面面积（太湖水面除外）的 72.8%。

7.2.2 不同时期土地利用结构变化

近 20 年来，受不同阶段经济发展方向、土地政策制度调整等影响，不同时期土地利用结构呈现出较大的差异。由本书分析统计的不同时期土地利用结构及其变化可以看出：太湖流域不同时期土地利用结构变化的主要特征表现为建设用地的扩张和水田面积的减少。特别是 2000—2010 年，受经济加速发展和国家住房改革政策实施影响，土地利用结构变化剧烈（见表 7.2、表 7.3 和图 7.1），流域内建设用地所占比例持续快速增加，接近翻一番，到 2010 年，建设用地面积已经达到流域总面积的 24.2%，成为面积位居第二的土地利用类型；耕地面积下降了 10.7%，年平均变化速度是 1985—2000 年平均变化速度的 3.3 倍。太湖流域水面面积总体变化不大，1985—2005 年水面面积增长了 590.7 km^2，约为流域总面积的 1.6%，2005—2010 年水面面积减少了 293.1 km^2。

表 7.2 太湖流域土地利用类型组成 单位：km^2

	1985 年	1995 年	2000 年	2005 年	2010 年
水面面积	4 741.0	4 921.4	5 067.8	5 331.7	5 038.6
水田面积	21 730.5	20 736.4	20 306.4	18 298.7	16 718.2
旱地面积	7 109.3	6 863.6	6 818.8	6 642.9	6 409.3
建设用地面积	3 598.3	4 657.6	4 986.0	6 905.8	9 013.0

表 7.3 太湖流域土地利用结构及其变化表 单位：%

	水面	水田	旱地	建设用地
1985 年	12.8	58.4	19.1	9.7
1995 年	13.2	55.8	18.5	12.5
2000 年	13.6	54.6	18.3	13.4
2005 年	14.3	49.2	17.9	18.6
2010 年	13.6	45.0	17.2	24.2

续表

	水面	水田	旱地	建设用地
1985—1995 年	0.4	−2.6	−0.6	2.8
1995—2000 年	0.4	−1.2	−0.2	0.9
2000—2005 年	0.7	−5.4	−0.4	5.2
2005—2010 年	−0.7	−4.2	−0.7	5.6

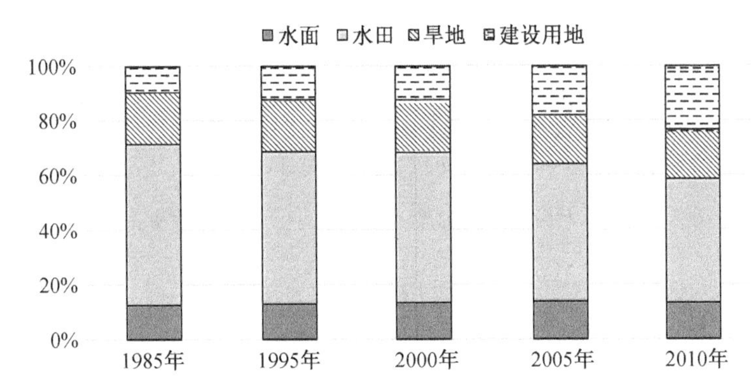

图 7.1　太湖流域土地利用结构图

7.2.3　土地利用变化的空间差异

太湖流域按照水文水利条件，分为湖西区、武澄锡虞区、阳澄淀泖区、太湖区、杭嘉湖区、浙西区、浦东浦西区 7 个区域。这 7 个区域依次占太湖流域总面积的 20.3%、10.8%、11.6%、8.6%、20.3%、16.0%和 12.4%。各水利分区之间社会经济发展水平、各阶段的土地政策和自然条件存在显著差异，因此区域的土地利用结构特征各不相同（见图 7.2、图 7.3）。

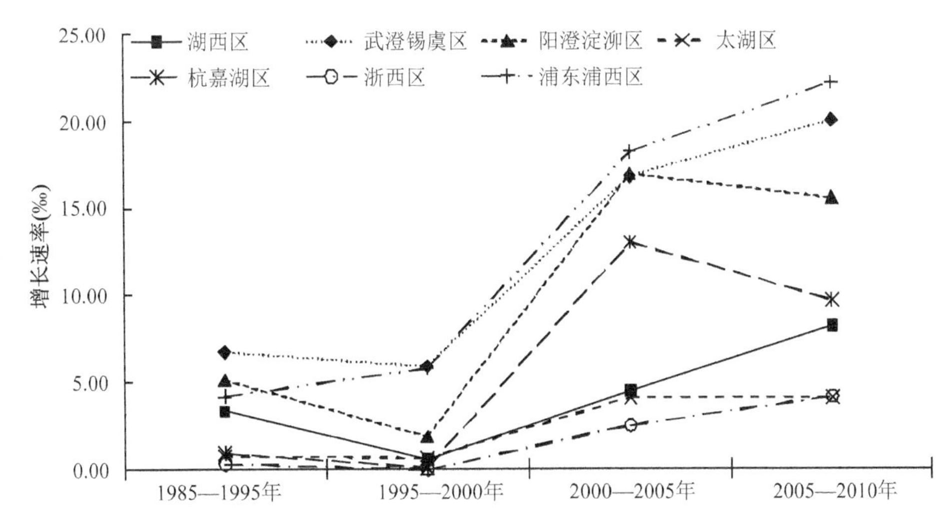

图 7.2　各水利分区不同时期建设用地面积年平均增长速率变化图

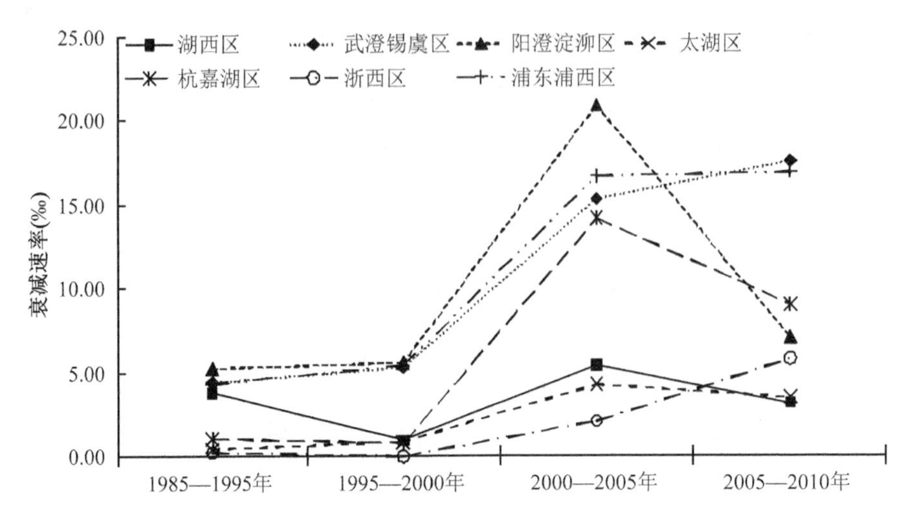

图 7.3　各水利分区不同时期水田面积年平均衰减速率变化图

空间差异主要表现为:不同分区建设用地增长的速率不一样,增长较快的是浦东浦西区、武澄锡虞区和阳澄淀泖区,多年平均增长速率(每年增长面积占流域分区总面积的比例)均在10‰以上,其次是杭嘉湖区,湖西区、太湖区和浙西区最低,仅为3.0‰左右。由此可见,城市已有规模越大,增长越快,导致太湖流域的城市增长呈现出集聚的趋势。

受经济发展水平和区域土地资源的限制,2005年以后,虽然以城市化为主的建设用地增长仍然是各区域的主要土地利用类型变化方式,但各个区域建设用地面积增长的趋势已经表现出差异。社会经济水平以及城市化水平相对更高的浦东浦西区和阳澄淀泖区建设用地加速扩大,是城市区域建设用地面积增长最快的区域,受此影响,水田面积极速下降;受后备土地资源和城市化水平已达到较高水平的影响,武澄锡虞区的建设用地面积虽然也在扩大,但是速度有所放缓;杭嘉湖区建设用地扩大速度在流域中处于中等,但水田面积下降速度较快;浙西区和湖西区建设用地处于扩大阶段但速率不大。另外,水面的面积变化幅度相对比较小。

对各水利分区的具体土地利用结构变化分析如下。

湖西区:湖西区位于太湖流域的西北方,地形地貌以平原为主,分布少量的低山丘陵,在太湖流域社会经济发展水平相对落后。1985年以前区域内水田面积最大为4 612.1 km^2,其次是旱地1 685.5 km^2,两者达到区域总面积的83.2%;分区内建设用地面积最小,占总面积的7.4%。

1985—2000年期间,水田面积呈减少趋势,15 a减少了321.3 km^2,占区域总面积的4.2%。2000—2010年,水田开发呈现加速的趋势,在一定时期内,水田和旱地向建设用地的转换是湖西区的主要土地利用变化方式。其间水田面积占比由56.7%减少到52.4%;旱地面积占比由21.5%减少到19.6%;建设用地增长速度相应加快,占比由11.1%增长到17.4%;水面面积比例在渔业发展和水环境保护政策的影响下,出现先增长后降低的小范围波动,详见表7.4和图7.4。

表7.4 湖西区各时期土地利用结构表

湖西区		1985年	1995年	2000年	2005年	2010年
水面	面积(km²)	712.0	794.4	812.6	893.7	802.1
	比例(%)	9.4	10.5	10.7	11.8	10.6
水田	面积(km²)	4 612.1	4 326.8	4 290.8	4 086.2	3 966.4
	比例(%)	60.9	57.1	56.7	54.0	52.4
旱地	面积(km²)	1 685.5	1 632.5	1 627.9	1 581.3	1 483.0
	比例(%)	22.3	21.6	21.5	20.9	19.6
建设用地	面积(km²)	561.7	817.6	840.0	1 010.1	1 319.8
	比例(%)	7.4	10.8	11.1	13.3	17.4
总面积(km²)		7 571.3	7 571.3	7 571.3	7 571.3	7 571.3

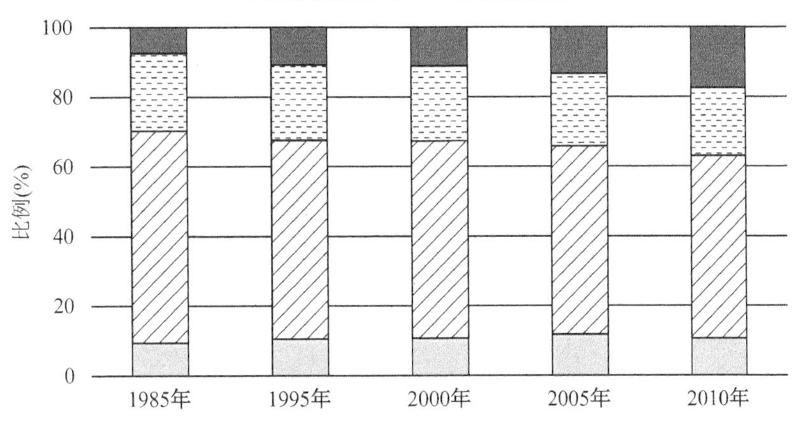

图7.4 湖西区各时期土地利用结构图

武澄锡虞区：太湖流域重要的经济发达区之一，江苏省乃至太湖流域、全国范围内重要的人口集聚地和商品进出口贸易区，其建设用地增长速率在研究期内处于相对较高水平。1985年以前，区域内土地利用类型以水田为主，占该区总面积的75.1%；建设用地面积占比为13.0%；水面面积最小，仅占比4.2%。

1985—2000年期间，水田、旱地总体呈减少趋势，建设用地呈增加趋势，占区域总面积的比例由13.0%增长到22.7%，水面面积变化较小。2000—2010年期间，受社会经济发展加速的影响，该区域表现出大中城市建设用地集聚的趋势，水田减少和建设用地增加仍然是该区域的主要土地利用变化方式。与2000年相比，2010年水田面积占比减少16.4%，建设用地面积占比增大了18.4%，水面面积变化不大，详见表7.5和图7.5。

表 7.5　武澄锡虞区各时期土地利用结构表

武澄锡虞区		1985 年	1995 年	2000 年	2005 年	2010 年
水面	面积(km^2)	166.7	170.6	170.3	170.2	149.9
	比例(%)	4.2	4.3	4.2	4.2	3.7
水田	面积(km^2)	3 012.6	2 836.1	2 729.9	2 423.1	2 070.9
	比例(%)	75.1	70.7	68.0	60.4	51.6
旱地	面积(km^2)	312.3	214.3	202.5	172.7	144.3
	比例(%)	7.8	5.3	5.0	4.3	3.6
建设用地	面积(km^2)	521.0	791.6	909.9	1 246.6	1 647.5
	比例(%)	13.0	19.7	22.7	31.1	41.1
总面积(km^2)		4 012.6	4 012.6	4 012.6	4 012.6	4 012.6

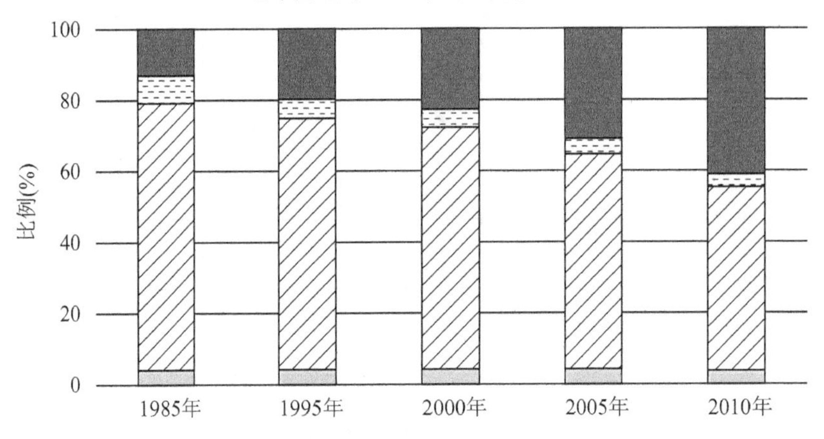

图 7.5　武澄锡虞区各时期土地利用结构图

阳澄淀泖区：与武澄锡虞区一样，也是太湖流域重要的经济发达区，是江苏省乃至太湖流域、全国范围内重要的人口集聚地和商品进出口贸易区，其建设用地增长速率在研究期内处于相对较高水平。1985 年以前，区域内土地利用类型以水田为主，占比为 69.8%。

1985—2000 年期间，水田、旱地面积呈减少趋势，但总体变化不大；建设用地占区域总面积比例由 8.1%增长到 14.2%。2000—2010 年期间，受社会经济发展加速的影响，该区域表现出大中城市建设用地集聚的趋势，水田减少和建设用地增长是该区域的主要土地利用变化方式。与 2000 年相比，2010 年水田面积占比由 61.7%缩减至 47.8%，建设用地面积翻了一番以上，占比由 14.2%增长至 30.4%，详见表 7.6 和图 7.6。

表 7.6　阳澄淀泖区各时期土地利用结构表

阳澄淀泖区		1985 年	1995 年	2000 年	2005 年	2010 年
水面	面积(km^2)	688.8	763.4	844.6	954.6	797.0
	比例(%)	16.0	17.7	19.6	22.2	18.5
水田	面积(km^2)	3 001.5	2 776.0	2 656.0	2 206.9	2 055.5
	比例(%)	69.8	64.5	61.7	51.3	47.8
旱地	面积(km^2)	262.1	191.4	189.6	165.4	140.7
	比例(%)	6.1	4.4	4.4	3.8	3.3
建设用地	面积(km^2)	349.1	570.7	611.3	974.6	1 308.3
	比例(%)	8.1	13.3	14.2	22.7	30.4
总面积(km^2)		4 301.5	4 301.5	4 301.5	4 301.5	4 301.5

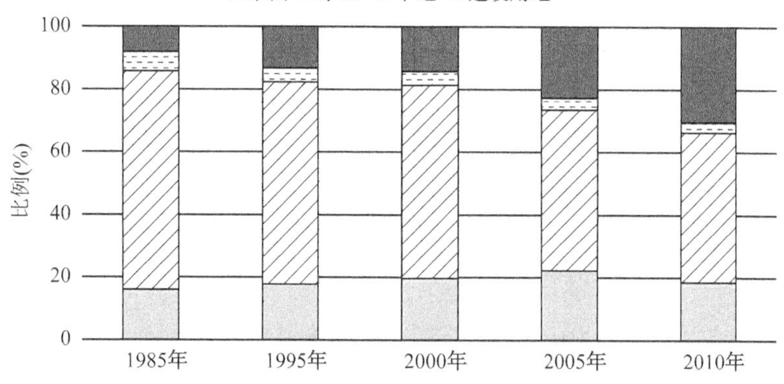

图 7.6　阳澄淀泖区各时期土地利用结构图

太湖区:以太湖及其周边地区为主,土地利用类型以水面为主。该区域的水面主要是太湖湖面,因此水面面积变化不大。

1985—2000 年期间,各种用地类型面积变化不大。2000—2010 年期间,受社会经济发展加速的影响,水田面积有所减少,而建设用地增长了一倍以上,详见表 7.7 和图 7.7。

表 7.7　太湖区各时期土地利用结构表

太湖区		1985 年	1995 年	2000 年	2005 年	2010 年
水面	面积(km^2)	2 446.6	2 445.0	2 450.3	2 464.1	2 452.2
	比例(%)	76.7	76.6	76.8	77.2	76.8
水田	面积(km^2)	419.8	406.4	392.6	324.8	269.0
	比例(%)	13.2	12.7	12.3	10.2	8.4
旱地	面积(km^2)	247.2	236.7	234.9	223.1	225.7
	比例(%)	7.7	7.4	7.4	7.0	7.1

续表

太湖区		1985 年	1995 年	2000 年	2005 年	2010 年
建设用地	面积(km^2)	77.7	103.2	113.5	179.3	244.4
	比例(%)	2.4	3.2	3.6	5.6	7.7
总面积(km^2)		3 191.3	3 191.3	3 191.3	3 191.3	3 191.3

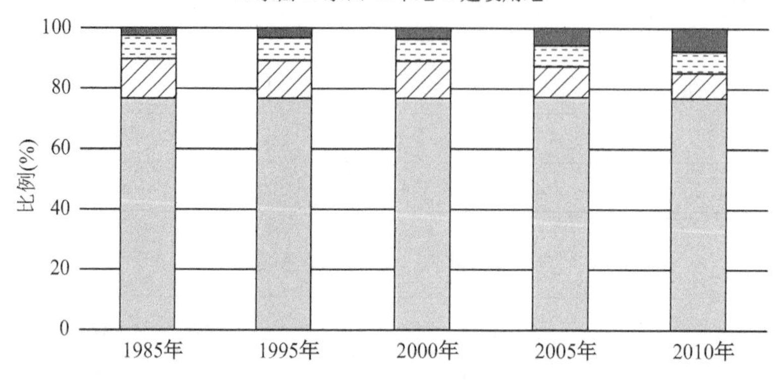

图 7.7 太湖区各时期土地利用结构图

杭嘉湖区:杭嘉湖区是平原水网区,位于浙江省北部,介于杭州湾和太湖之间,是太湖流域耕地最为集中的地区,也是基本农田保护的重要区域。1985 年以前,区域内土地利用类型以水田为主,占比为 76.3%。

1985—2000 年期间,各种用地类型面积变化不大。2000—2010 年期间,受社会经济发展加速的影响,耕地面积持续转化为开发用地,水田和旱地面积呈下降趋势,建设用地呈现出加速开发的趋势,与 2000 年相比,2010 年建设用地增加了 11.3%,详见表 7.8 和图 7.8。

表 7.8 杭嘉湖区各时期土地利用结构表

杭嘉湖区		1985 年	1995 年	2000 年	2005 年	2010 年
水面	面积(km^2)	399.8	418.0	446.4	515.6	505.7
	比例(%)	5.3	5.5	5.9	6.8	6.7
水田	面积(km^2)	5 759.8	5 679.8	5 650.3	5 116.3	4 776.2
	比例(%)	76.3	75.2	74.8	67.7	63.2
旱地	面积(km^2)	329.1	319.5	317.2	291.6	277.2
	比例(%)	4.4	4.2	4.2	3.9	3.7
建设用地	面积(km^2)	1 063.4	1 134.8	1 138.2	1 628.6	1993.0
	比例(%)	14.1	15.0	15.1	21.6	26.4
总面积(km^2)		7 552.1	7 552.1	7 552.1	7 552.1	7 552.1

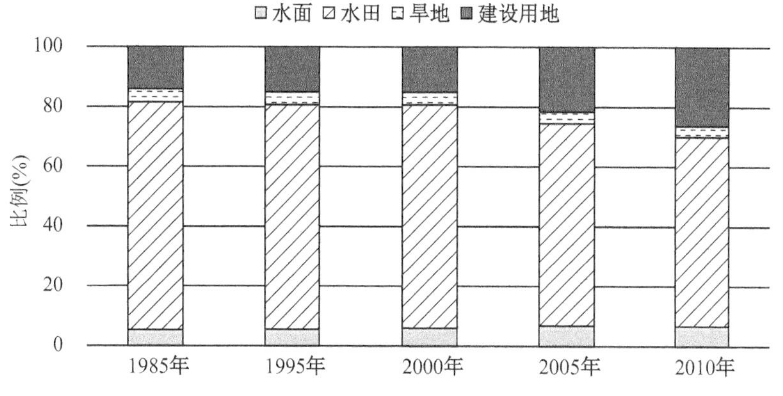

图 7.8　杭嘉湖区各时期土地利用结构图

浙西区：位于太湖流域西南部，是太湖流域丘陵山地的主要分布区域，在太湖流域各水利分区中社会经济发展水平相对落后。1985 年以前，旱地和水田是该区域的主要用地类型，占区域总面积的 96.2%；建设用地和水面面积占比较小，均在 2%左右。

1985—2000 年期间，各种用地类型面积基本没有变化。2000—2010 年，与其他水利分区相比，下垫面变化也不大，就其本身而言，耕地略有转化成建设用地，建设用地由 2000 年 142.5 km^2 增加到 2010 年的 340.8 km^2，涨幅达 139.2%，占区域总面积的比例由 2000 年的 2.4%增加到 2010 年的 5.7%，详见表 7.9 和图 7.9。

表 7.9　浙西区各时期土地利用结构表

浙西区		1985 年	1995 年	2000 年	2005 年	2010 年
水面	面积(km^2)	100.8	101.4	102.1	112.8	108.9
	比例(%)	1.7	1.7	1.7	1.9	1.8
水田	面积(km^2)	1 765.0	1 751.3	1 751.2	1 689.6	1 517.6
	比例(%)	29.7	29.5	29.5	28.4	25.5
旱地	面积(km^2)	3 953.9	3 947.4	3 947.0	3 923.2	3 975.5
	比例(%)	66.5	66.4	66.4	66.0	66.9
建设用地	面积(km^2)	123.1	142.7	142.5	217.2	340.8
	比例(%)	2.1	2.4	2.4	3.7	5.7
总面积(km^2)		5 942.8	5 942.8	5 942.8	5 942.8	5 942.8

浦东浦西区：上海是我国经济金融中心，浦东浦西区的社会经济发展水平在太湖流域是处于领先地位的，尤其是浦东被誉为中国的三个增长极之一。受社会经济发展加速的影响，水田减少和建设用地增加是该区域的主要土地利用变化方式，而且这种变化在一定时期内呈现加速的趋势。

1985—2010 年，在经济开发的推动下，耕地面积呈现加速削减的趋势，尤其是 2000 年以后，10 a 时间耕地面积缩减了 29.0%，占区域总面积的 19.7%，而在 1985—2000 年的 15 a 时间里，耕地面积仅缩减了区域总面积的 7.5%。研究期内建设用地面积呈现加

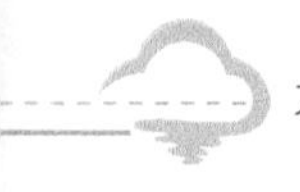

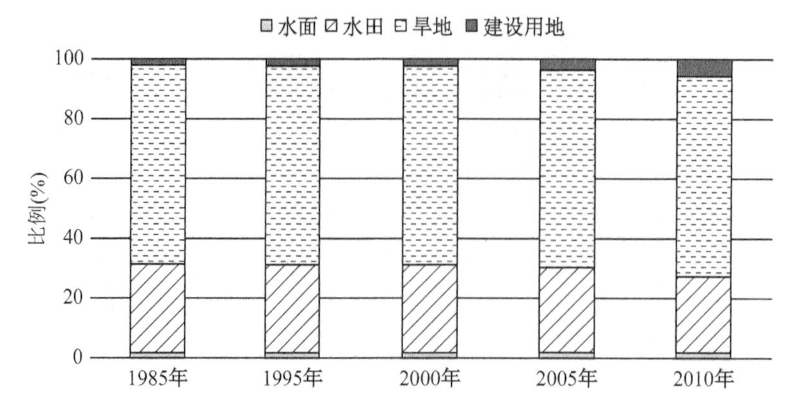

图 7.9　浙西区各时期土地利用结构图

速增长的趋势。自从 1992 年政府作出“开发浦东”的决策后，建设用地快速增长，至 2010 年，建设用地已占区域总面积的近一半，与 1985 年相比，涨幅达 139.3%，详见表 7.10 和图 7.10。

表 7.10　浦东浦西区各时期土地利用结构表

浦东浦西区		1985 年	1995 年	2000 年	2005 年	2010 年
水面	面积(km^2)	226.1	228.6	241.5	220.7	222.8
	比例(%)	4.9	5.0	5.2	4.8	4.8
水田	面积(km^2)	3 159.7	2 960.0	2 835.6	2 451.8	2 062.6
	比例(%)	68.6	64.2	61.5	53.2	44.8
旱地	面积(km^2)	319.2	321.8	299.7	285.5	162.9
	比例(%)	6.9	7.0	6.5	6.2	3.5
建设用地	面积(km^2)	902.3	1 096.9	1 230.5	1 649.3	2 159.0
	比例(%)	19.6	23.8	26.7	35.8	46.9
总面积(km^2)		4 607.3	4 607.3	4 607.3	4 607.3	4 607.3

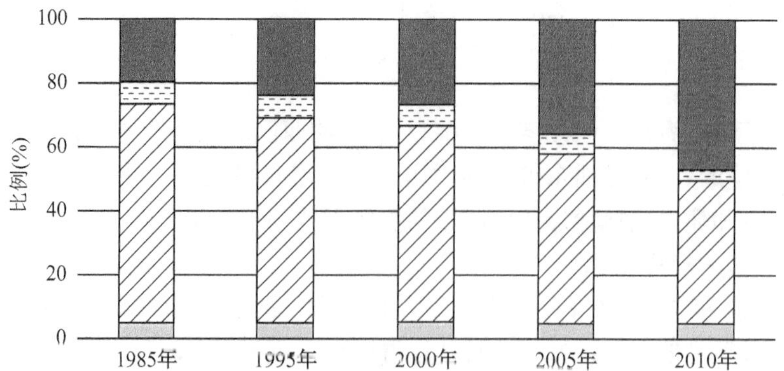

图 7.10　浦东浦西区各时期土地利用结构图

7.3　下垫面变化对流域洪水典型年洪量的影响分析

7.3.1　对洪水典型年设计时段洪量的影响分析

本节主要分析下垫面从 1985 年变化到 2010 年，太湖流域 1954 年、1991 年、1999 年典型洪水年设计时段（即最大 90 d 设计暴雨时段，下同）洪量的变化情况，其中 1954 年典型年设计时段为 5 月 3 日至 7 月 31 日，1991 年典型年设计时段为 5 月 10 日至 8 月 7 日，1999 年典型年设计时段为 6 月 7 日至 9 月 4 日。根据太湖流域产汇流模型对以上 3 个典型年设计时段进行模拟，结果见表 7.11～表 7.13，洪量随下垫面变化的统计结果见表 7.14。

表 7.11　不同下垫面情况下 1954 年设计时段内洪量统计表　　单位：亿 m^3

区域	1985 年下垫面	1995 年下垫面	2000 年下垫面	2005 年下垫面	2010 年下垫面
湖西区	41.2	41.8	41.9	42.5	43.1
浙西区	48.7	48.7	48.7	49.0	48.9
太湖区	18.3	18.3	18.4	18.5	18.6
武澄锡虞区	16.0	16.4	16.6	17.2	17.8
阳澄淀泖区	20.4	20.6	20.7	21.2	21.3
杭嘉湖区	52.7	52.9	52.8	53.6	54.5
浦东浦西区	25.4	25.8	25.9	26.5	27.3
全流域	222.7	224.5	225.0	228.5	231.5

表 7.12　不同下垫面情况下 1991 年设计时段内洪量统计表　　单位：亿 m^3

区域	1985 年下垫面	1995 年下垫面	2000 年下垫面	2005 年下垫面	2010 年下垫面
湖西区	54.3	54.8	54.9	55.5	55.5
浙西区	25.1	25.1	25.1	25.5	25.8
太湖区	14.0	14.1	14.1	14.2	14.3
武澄锡虞区	24.7	25.0	25.2	25.9	26.6
阳澄淀泖区	20.2	20.7	20.8	21.5	22.0
杭嘉湖区	29.5	29.5	29.5	29.9	30.4
浦东浦西区	17.8	18.2	18.4	19.3	20.1
全流域	185.6	187.4	188.0	191.8	194.7

表 7.13 不同下垫面情况下 1999 年设计时段内洪量统计表 单位:亿 m³

区域	1985 年下垫面	1995 年下垫面	2000 年下垫面	2005 年下垫面	2010 年下垫面
湖西区	42.6	42.8	42.8	43.1	43.0
浙西区	59.5	59.5	59.5	59.8	59.6
太湖区	27.1	27.1	27.1	27.2	27.3
武澄锡虞区	24.0	24.5	24.8	25.6	26.4
阳澄淀泖区	29.7	29.9	30.1	30.7	30.9
杭嘉湖区	60.1	60.1	60.0	60.3	61.0
浦东浦西区	37.2	37.7	37.7	38.4	38.9
全流域	280.2	281.6	282.0	285.1	287.1

表 7.14 不同下垫面情况各洪水典型年设计时段内洪量增幅统计表 单位:%

典型年	1954 年		1991 年		1999 年	
下垫面	1985—2010 年	2000—2010 年	1985—2010 年	2000—2010 年	1985—2010 年	2000—2010 年
湖西区	4.6	2.9	2.2	1.1	0.9	0.5
浙西区	0.4	0.4	2.8	2.8	0.2	0.2
太湖区	1.6	1.1	2.1	1.4	0.7	0.7
武澄锡虞区	11.3	7.2	7.7	5.6	10.0	6.5
阳澄淀泖区	4.4	2.9	8.9	5.8	4.0	2.7
杭嘉湖区	3.4	3.2	3.1	3.1	1.5	1.7
浦东浦西区	7.5	5.4	12.9	9.2	4.6	3.2
全流域	4.0	2.9	4.9	3.6	2.5	1.8

随着城市化进程加快,城镇建设用地不断增加,同样的降水产生的洪量也随之增加,在 2010 年下垫面条件下,1954 年型降水在设计时段的洪量比 1985 年下垫面条件下要增加 8.8 亿 m³,增加比例为 4.0%;1991 年型降水在设计时段的洪量比 1985 年下垫面条件下要增加 9.1 亿 m³,增加比例为 4.9%;1999 年型降水在设计时段的洪量比 1985 年下垫面条件下要增加 6.9 亿 m³,增加比例为 2.5%。洪量随下垫面变化而增加的量主要集中在 1954 年、1991 年、1999 年从 1985—2010 年下垫面变化引起的洪量增量中,2000—2010 年下垫面变化引起的增量分别占总增量的 73.9%、73.6%和 73.9%。

各水利分区除太湖区、浙西区增幅较小外,其他各水利分区 1954 年典型年设计时段洪量从 1985 年下垫面到 2010 年下垫面增幅为 3%~12%,1991 年典型年设计时段洪量增幅为 2%~13%,1999 年典型年设计时段洪量增幅为 1%~10%。总体来说,降水越丰沛,洪量增幅越小;同时,城市建设发展越快的区域增幅越大,如武澄锡虞区、浦东浦西区、阳澄淀泖区洪量增幅是各区中相对较大的。各典型年在不同下垫面条件下设计时段洪量对比见图 7.11~图 7.13。

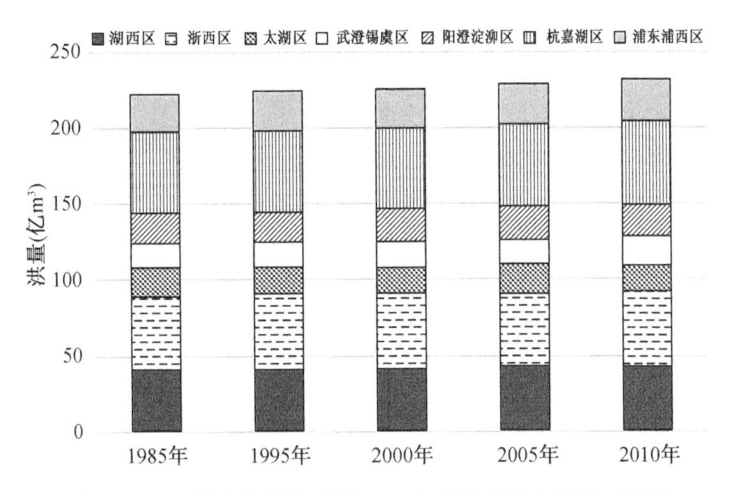

图 7.11 不同下垫面情况下 1954 年设计时段内洪量对比图

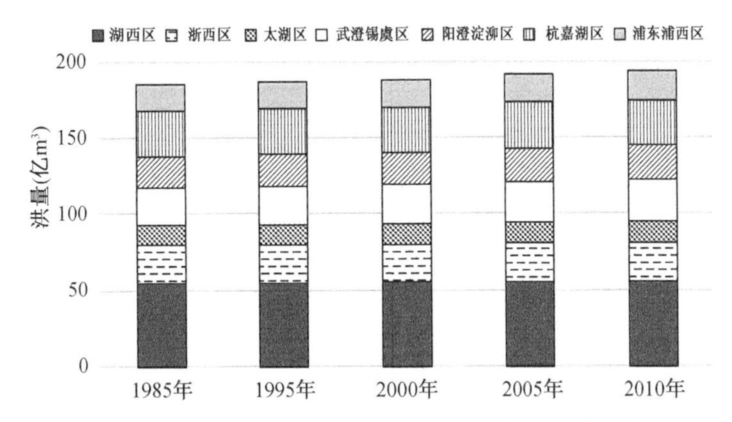

图 7.12 不同下垫面情况下 1991 年设计时段内洪量对比图

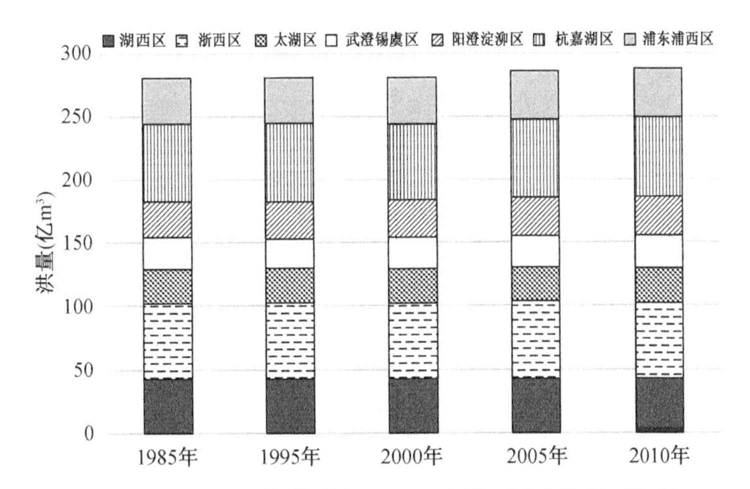

图 7.13 不同下垫面情况下 1999 年设计时段内洪量对比图

7.3.2 对洪水典型年涨水段洪量的影响分析

本小节主要分析下垫面从1985年变化到2010年，太湖流域1991年、1999年典型洪水年涨水段洪量变化情况(1954年设计时段与涨水段基本一致，本书不再分析)，其中1991年涨水段为6月11日至7月15日，1999年涨水段为6月7日至7月8日。对以上两个典型年涨水段洪量进行统计，结果见表7.15、表7.16，洪量随下垫面变化的统计结果见表7.17。

表7.15 不同下垫面情况下1991年涨水段洪量统计表 单位:亿 m^3

区域	1985年下垫面	1995年下垫面	2000年下垫面	2005年下垫面	2010年下垫面
湖西区	44.6	45.1	45.1	45.5	45.9
浙西区	15.4	15.5	15.6	15.8	15.7
太湖区	11.6	11.6	11.6	11.6	11.7
武澄锡虞区	19.8	19.9	20.0	20.2	20.4
阳澄淀泖区	15.8	15.9	15.9	16.1	16.0
杭嘉湖区	19.6	19.5	19.5	19.7	19.7
浦东浦西区	12.1	12.1	12.1	12.4	12.5
全流域	138.9	139.6	139.8	141.3	141.9

表7.16 不同下垫面情况下1999年涨水段洪量统计表 单位:亿 m^3

区域	1985年下垫面	1995年下垫面	2000年下垫面	2005年下垫面	2010年下垫面
湖西区	30.5	30.9	30.9	31.1	31.3
浙西区	37.9	38.0	38.0	38.1	38.0
太湖区	19.9	19.9	19.9	19.9	20.0
武澄锡虞区	12.9	13.1	13.2	13.5	13.6
阳澄淀泖区	20.2	20.3	20.5	20.9	20.9
杭嘉湖区	40.4	40.2	40.1	40.3	40.6
浦东浦西区	26.0	26.2	26.3	27.0	27.3
全流域	187.8	188.6	188.9	190.8	191.7

表7.17 不同下垫面情况各洪水典型年涨水段内洪量增幅统计表 单位:%

典型年	1991年		1999年	
下垫面	1985—2010年	2000—2010年	1985—2010年	2000—2010年
湖西区	2.9	1.8	2.6	1.3
浙西区	1.9	0.6	0.3	0.0
太湖区	0.9	0.9	0.5	0.5
武澄锡虞区	3.0	2.0	5.4	3.0
阳澄淀泖区	1.3	0.6	3.5	2.0

续表

典型年	1991 年		1999 年	
下垫面	1985—2010 年	2000—2010 年	1985—2010 年	2000—2010 年
杭嘉湖区	0.5	1.0	0.5	1.2
浦东浦西区	3.3	3.3	5.0	3.8
全流域	2.2	1.5	2.1	1.5

随着下垫面从 1985 年到 2010 年变化，1991 年暴雨在涨水段的洪量增加 3.0 亿 m^3，增幅为 2.2%，1999 年暴雨在涨水段的洪量增加 3.9 亿 m^3，增幅为 2.1%；其中 2000—2010 年下垫面变化引起的洪量增加占整个增加量的 70%左右。

各水利分区 1991 年典型年涨水段洪量从 1985 年下垫面到 2010 年下垫面增幅为 1%～4%，1999 年典型年设计时段洪量增幅为 1%～6%。总体来说，城市建设发展越快的区域增幅相对较大，其中武澄锡虞区、浦东浦西区、阳澄淀泖区增幅相对较大，浙西区、太湖区则较小。各典型年在不同下垫面条件下涨水段洪量对比见图 7.14、图 7.15。

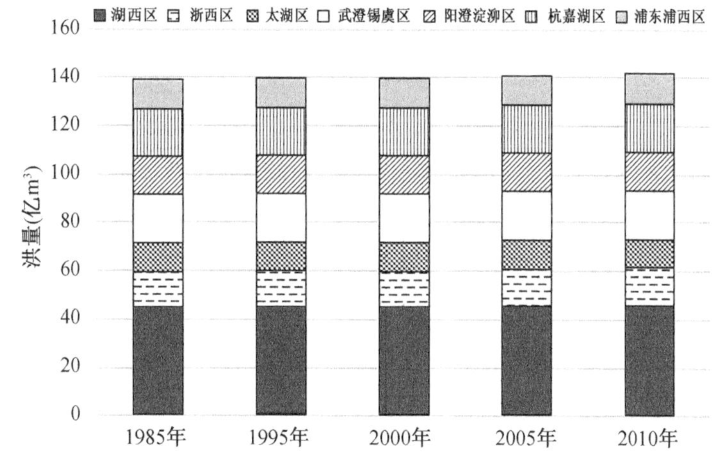

图 7.14　不同下垫面情况下 1991 年涨水段洪量对比图

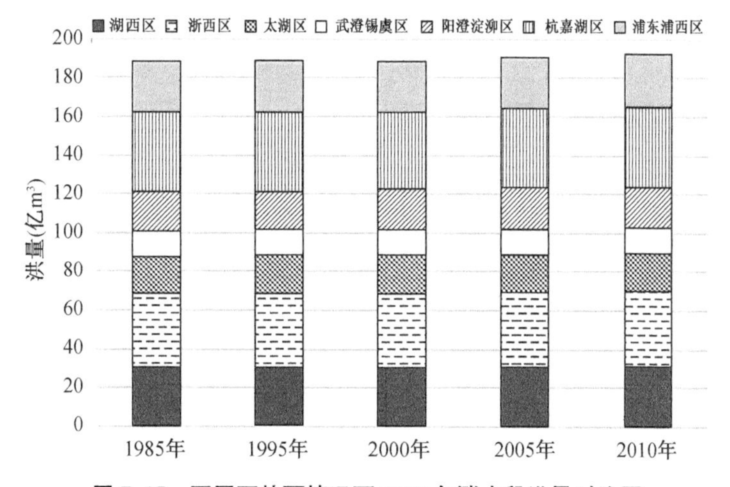

图 7.15　不同下垫面情况下 1999 年涨水段洪量对比图

7.4 下垫面变化对流域平枯水典型年径流的影响分析

根据太湖流域产汇流模型对第 6 章分析的 4 个平枯水典型年降水进行模拟，结果见表 7.18～表 7.21；径流量随下垫面变化的统计结果见表 7.22。

表 7.18 不同下垫面情况下 1967 年典型年(95%)径流量统计表 单位：亿 m^3

区域	1985 年下垫面	1995 年下垫面	2000 年下垫面	2005 年下垫面	2010 年下垫面
湖西区	17.9	18.0	17.9	17.9	19.0
浙西区	28.8	28.9	28.9	29.0	29.2
太湖区	−3.9	−3.8	−3.8	−3.8	−3.6
武澄锡虞区	10.9	11.5	11.7	12.4	13.2
阳澄淀泖区	8.1	8.1	7.7	7.7	9.3
杭嘉湖区	21.3	21.4	21.3	22.1	22.8
浦东浦西区	13.0	13.2	13.5	14.3	15.2
全流域	96.1	97.3	97.2	99.6	105.1

表 7.19 不同下垫面情况下 1971 年典型年(90%)径流量统计表 单位：亿 m^3

区域	1985 年下垫面	1995 年下垫面	2000 年下垫面	2005 年下垫面	2010 年下垫面
湖西区	18.6	18.8	18.8	18.9	19.9
浙西区	32.2	32.2	32.2	32.4	32.5
太湖区	−4.6	−4.5	−4.5	−4.5	−4.3
武澄锡虞区	10.7	11.3	11.6	12.3	13.2
阳澄淀泖区	7.9	8.0	7.6	7.7	9.3
杭嘉湖区	20.8	20.9	20.9	21.8	22.6
浦东浦西区	13.5	13.9	14.1	14.9	15.9
全流域	99.1	100.6	100.7	103.5	109.1

表 7.20 不同下垫面情况下 1976 年典型年(75%)径流量统计表 单位：亿 m^3

区域	1985 年下垫面	1995 年下垫面	2000 年下垫面	2005 年下垫面	2010 年下垫面
湖西区	20.2	20.7	20.7	21.0	21.9
浙西区	24.8	24.8	24.8	25.1	25.2
太湖区	−0.7	−0.7	−0.7	−0.5	−0.4
武澄锡虞区	10.7	11.4	11.7	12.5	13.6
阳澄淀泖区	9.9	10.2	10.0	10.6	11.8
杭嘉湖区	21.6	21.7	21.7	22.8	23.7
浦东浦西区	14.3	14.6	15.2	16.1	17.1
全流域	100.8	102.7	103.4	107.6	112.9

表 7.21　不同下垫面情况下 1990 年典型年(50%)径流量统计表　　单位:亿 m³

区域	1985 年下垫面	1995 年下垫面	2000 年下垫面	2005 年下垫面	2010 年下垫面
湖西区	35.3	35.7	35.7	36.0	36.8
浙西区	47.7	47.7	47.7	47.9	47.9
太湖区	11.8	11.8	11.8	11.9	12.1
武澄锡虞区	18.8	19.3	19.5	20.2	21.0
阳澄淀泖区	19.7	20.0	20.0	20.6	21.3
杭嘉湖区	36.5	36.5	36.5	37.4	38.1
浦东浦西区	22.4	23.0	23.3	24.1	24.9
全流域	192.2	194.0	194.5	198.1	202.1

表 7.22　不同下垫面情况下各平枯水典型年径流量增幅统计表　　单位:%

典型年	1967 年		1971 年	
下垫面	1985—2010 年	2000—2010 年	1985—2010 年	2000—2010 年
湖西区	6.1	6.1	7.0	5.9
浙西区	1.4	1.0	0.9	0.9
太湖区	—	—	—	—
武澄锡虞区	21.1	12.8	23.4	13.8
阳澄淀泖区	14.8	20.8	17.7	22.4
杭嘉湖区	7.0	7.0	8.7	8.1
浦东浦西区	16.9	12.6	17.8	12.8
全流域	9.4	8.1	10.1	8.3
典型年	1976 年		1990 年	
下垫面	1985—2010 年	2000—2010 年	1985—2010 年	2000—2010 年
湖西区	8.4	5.8	4.2	3.1
浙西区	1.6	1.6	0.4	0.4
太湖区	—	—	2.5	2.5
武澄锡虞区	27.1	16.2	11.7	7.7
阳澄淀泖区	19.2	18.0	8.1	6.5
杭嘉湖区	9.7	9.2	4.4	4.4
浦东浦西区	19.6	12.5	11.2	6.9
全流域	12.0	9.5	5.2	3.9

分析下垫面从 1985 年变化到 2010 年,由太湖流域 1967 年、1971 年、1976 年、1990 年 4 个平枯水典型年径流量的变化情况可知,随着城镇建设用地不断增加,同样的降水产生

的径流量也随之增加。在 2010 年下垫面条件下，1967 年型降水（95%保证率）产生的径流量比 1985 年下垫面条件下要增加 9.0 亿 m³，增加比例为 9.4%；1971 年型降水（90%保证率）产生的径流量比 1985 年下垫面条件下要增加 10.0 亿 m³，增加比例为 10.1%；1976 年型降水（75%保证率）产生的径流量比 1985 年下垫面条件下要增加 12.1 亿 m³，增加比例为 12.0%；1990 年型降水（50%保证率）产生的径流量比 1985 年下垫面条件下要增加 9.9 亿 m³，增加比例为 5.2%。径流量随下垫面变化而增加的量主要集中在 2000—2010 年，1967 年、1971 年、1976 年、1990 年从 1985—2010 年下垫面变化引起的径流量增量中，2000—2010 年下垫面变化引起的增量分别占总增量的 87.8%、84.0%、78.5% 和 76.8%。

下垫面从 1985 年变化到 2010 年，平枯水典型年各水利分区径流量除太湖区增幅为负，其他各区增幅在 1%～26%，平水年增幅在 0.5%～12%，其中，武澄锡虞区、浦东浦西区、阳澄淀泖区等城市化发展较快的区域，其径流量增幅明显大于其他各水利分区。各平枯典型年在不同下垫面条件下径流量变化对比见图 7.16～图 7.19。

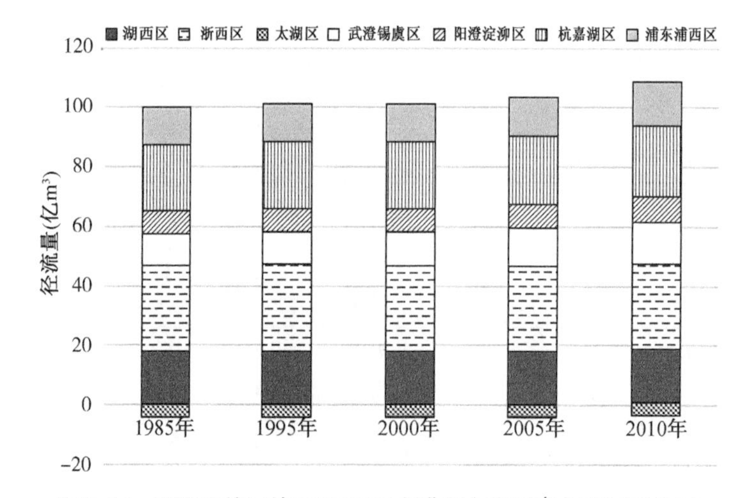

图 7.16　不同下垫面情况下 1967 年典型年(95%)径流量对比图

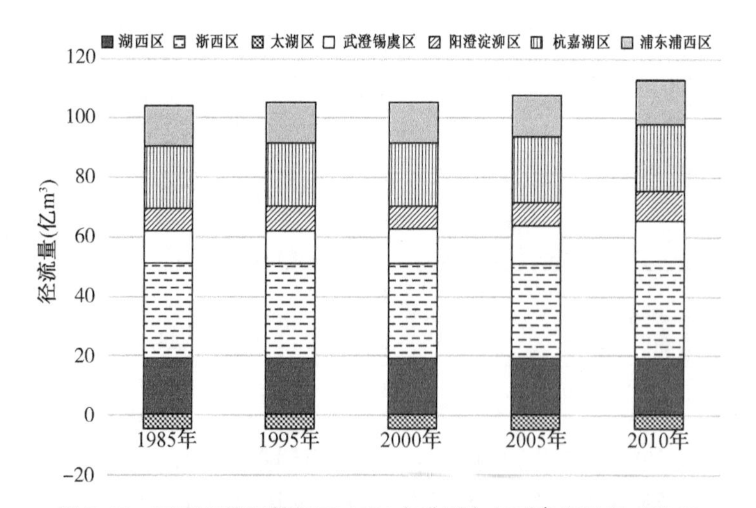

图 7.17　不同下垫面情况下 1971 年典型年(90%)径流量对比图

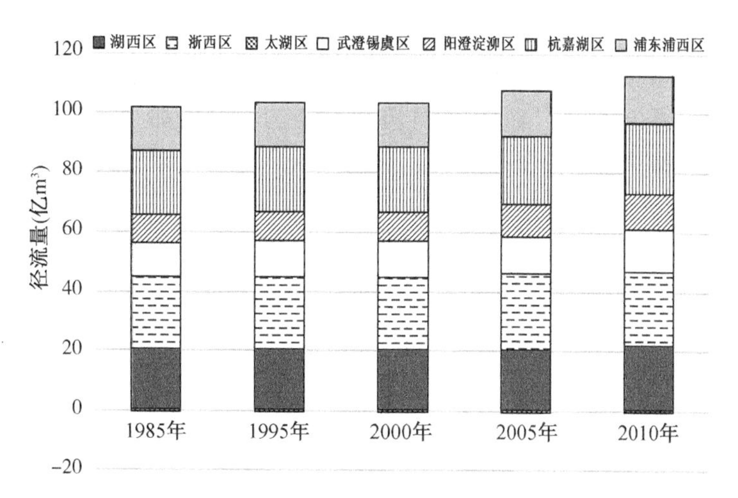

图 7.18 不同下垫面情况下 1976 年典型年(75%)径流量对比图

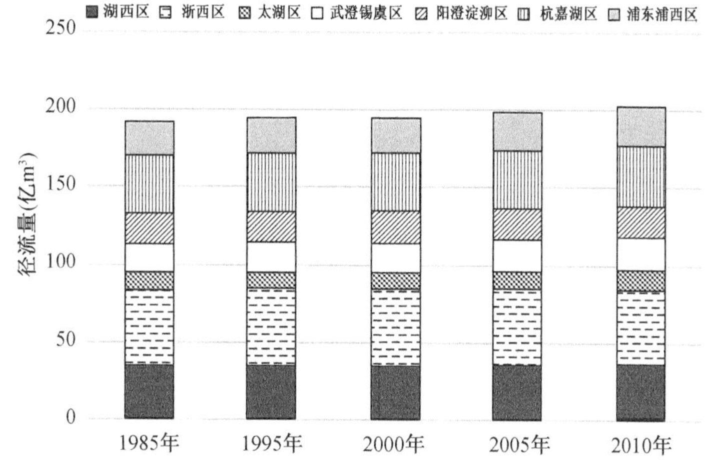

图 7.19 不同下垫面情况下 1990 年典型年(50%)径流量对比图

7.5 小结

据 2010 年土地利用数据，太湖流域总面积 37 179.1 km²，现有水田及旱地占流域总面积的 62.2%，城镇建设用地占流域总面积的 24.2%，水面面积占流域总面积的 13.6%。受社会经济发展水平影响，浦东浦西区和武澄锡虞区的建设用地分布最为密集，分别占本区域面积比达到 46.9%和 41.1%；阳澄淀泖区和杭嘉湖区也达到 25%以上。由此可见，太湖流域已经是高度城市化的地区。

太湖流域土地利用呈现快速变化，变化主要表现为耕地向建设用地的转换。2010 年太湖流域建设用地为 1985 年的 2.5 倍，建设用地主要集中在 2000—2010 年增加，平均每年增加建设用地 402.7 km²，而 1985—2000 年平均每年增加建设用地仅 92.5 km²，2000—2010 年建设用地年均增加值约为 1985—2000 年的 4.4 倍。这主要是受住房制度

改革政策影响，2000 年后建设用地进入加速发展的时期。

下垫面变化对洪量和年径流量的影响：下垫面从 1985 年变化到 2010 年，1954 年、1991 年、1999 年等大水典型年最大 90 d 降水产生的洪量增加 2%～5%；1967 年、1971 年、1976 年枯水典型年的年径流量增加 9%～12%，1990 年平水年的年径流量增加 5%左右。由于 1998 年国家出台了住房制度改革政策，建设用地快速增加，因此上述洪量和年径流量的增加中有 70%～90%集中在 2000—2010 年间。各水利分区中，城市化发展较快的浦东浦西区、武澄锡虞区和阳澄淀泖区的径流量增幅较大。

第 8 章 结论与展望

太湖流域是我国经济最发达的地区之一，随着流域城镇建设和城市化进程的进一步加快，下垫面发生了显著变化，导致流域产汇流特性发生改变，从而影响流域设计洪水（径流）。太湖流域属于典型平原河网地区，水流四通八达、往复不定，流域内没有控制断面，流域设计洪水（径流）是根据设计暴雨（降雨）利用太湖流域产汇流模型计算得出。本书以浙西区、杭嘉湖区、武澄锡虞区为例，分析了典型区域水文特性的变化以及工程运用、下垫面变化对洪水（径流）的影响。同时，在太湖流域防洪规划、水资源综合规划成果基础上，将降水量资料系列从防洪规划的 1997 年、水资源综合规划的 2000 年延长至 2015 年，对太湖流域设计暴雨、设计降雨进行了进一步统计分析，在新的流域下垫面条件下对太湖流域设计洪水、设计径流等水文设计成果进行了计算，并与太湖流域防洪规划和水资源综合规划进行了比较。

8.1 主要结论

8.1.1 太湖流域水文特性变化

（1）降水年际变化趋势不明显，但具有明显的丰枯演变趋势

从年际变化上看，太湖流域及典型分区年降水量、汛期降水量及最大连续 1 d、3 d、7 d、15 d、30 d、45 d、60 d、90 d 极值降水量均未表现出显著的上升或下降趋势，但 2002 年以后太湖流域和杭嘉湖区年降水量、汛期降水量及浙西区年降水量均在 95％的置信水平上显著上升，其他年际变化趋势不显著。从丰枯变化看，太湖流域及浙西区、杭嘉湖区年降水量、汛期降水量相应的丰枯转折点较为一致，分别是 1962 年、1982 年、1999 年、2007 年；武澄锡虞区丰枯突变点略有不同，分别是 1963 年、1982 年、1991 年、2007 年。

（2）降水量年内呈“双峰型”分布，且汛期降水量有向 6—8 月集中的态势

从年内分配上看，太湖流域及典型分区逐旬降水量在年内呈“双峰型”分布，分别为 6 月上旬至 7 月中旬的梅雨期降水和 8 月上旬到 9 月中旬的台风期降水。其中 6 月下旬降水最为丰沛，台风期极值主要出现在 9 月上中旬；全年降水量汛前降水比重均呈上升趋势，尤其是浙西区和杭嘉湖区上升趋势显著，汛期比重除武澄锡虞区外均呈下降趋势；但汛期降水在 6—8 月更趋于集中，尤其是 7—8 月降水比重呈显著上升趋势，5 月和 9 月的比重呈显著下降趋势。

（3）各特征水位年内分布与降水年内分配基本一致

从年内分配上看，太湖及典型区域年最高水位主要受降水影响，在年内主要呈现两个

明显峰值，分别是梅雨期和台风期。其中梅雨期出现频次明显高于其他时段，是造成流域各站出现年最高水位的重要因素。年最低水位多出现于12月和1—4月等流域枯水期，以2月中下旬和12月中旬居多。

(4) 太湖及山区年最高水位周期性变化与降水丰枯基本一致，河网代表站年最高水位不仅与降水有关，还与圩区、沿江引水等工程调度有关，年最低水位受工程调度影响明显

从年际变化来看，太湖和浙西区代表站年最高水位的周期性变化与流域或区域降水丰枯的周期性变化基本一致，而杭嘉湖区、武澄锡虞区代表站年最高水位不仅与区域降水量丰枯有关，还受城市防洪大包围面积和圩区等工程调度影响，武澄锡虞区代表站年最高水位还与沿江引水量有关；年最低水位受沿江引水等影响明显。自20世纪80年代初期起，由于沿长江引水量加大，即使处于枯水期，太湖年最低水位仍呈持续上升态势，尤其是2002年后受引江济太等水资源调度因素影响比较明显，太湖年最低水位上涨趋势更加显著；太湖年平均水位的周期性变化与年最低水位类似，但变化幅度小于年最低水位。武澄锡虞区各代表站年最高水位、年最低水位自20世纪80年代起均出现显著上升趋势，尤其是年最低水位上升趋势更加明显，这主要是由于沿江大量引水，抬高了河网底水，从而对最高水位造成影响。浙西区杭长桥站年最高水位、年最低水位及杭嘉湖区代表站年最高水位均呈上升趋势，杭嘉湖区年最低水位自2002年起呈显著上升趋势。

(5) 水库、水闸及城防工程等水利工程运用对区域水位影响显著

2009年"莫拉克"台风期间，通过浙西区上游水库的调蓄作用，下游河道代表站最高水位和最大流量的错峰削峰作用明显，东西苕溪瓶窑站、港口站水位削峰率均可达11%左右，杭长桥站水位削峰率可达4%左右；各站最大流量削峰率均在40%以上，其中德清大闸站最大，达67%，其次为瓶窑站，达52%，港口站、杭长桥站、横塘村站的流量削峰率分别为47%、45%、43%。

杭嘉湖南排工程对于降低杭嘉湖平原特别是南排片水位效果明显。2009年"莫拉克"台风影响期间，如果南排工程不运用，杭嘉湖区水位整体将上升0.15～0.20 m。东导流分洪对杭嘉湖西部水位影响大于东部，当东导流以250 m^3/s开闸向杭嘉湖分洪时，杭嘉湖西部代表站水位普遍将上涨0.13 m左右，东部嘉兴等站水位将上升0.07 m左右。太浦闸泄洪对杭嘉湖区有一定影响，每增加100 m^3/s，将减少杭嘉湖北排流量10 m^3/s左右，王江泾、嘉兴等水位将升高0.02～0.03 m。

无锡城市防洪工程对于降低城市内河水位是十分有效的，但同时会增加圩外区域的防洪风险，圩外最高水位和超警持续时间均会有所增加。当区域发生100 mm以上强降水时，运用无锡城市大包围后，无锡(二)、青阳等站最高水位将上升0.20 m以上。

8.1.2 太湖流域设计暴雨和设计洪水

(1) 设计暴雨

通过对全流域及7大水利分区1951—2015年最大1 d、3 d、7 d、15 d、30 d、45 d、60 d、90 d降水量进行频率计算和参数分析，降水系列从太湖流域防洪规划的1997年(1999年降水报汛资料参与了分析)延长至2015年后，不同水利分区、不同时段统计参数变化不

大，太湖流域及各水利分区50～100 a重现期30～90 d降水量设计值与太湖流域防洪规划结果最大相差6.3%，发生在武澄锡虞区，其他水利分区多在5%以下。因此，降水系列延长后，对太湖流域及各水利分区暴雨设计值影响不大。

（2）设计暴雨过程推求

1991年、1999年太湖流域大水后，至2015年，太湖流域未发生流域性典型暴雨，目前太湖流域设计暴雨推求仍沿用原太湖流域防洪规划确定的1991年和1999年典型暴雨。通过典型年法和多年平均法对太湖流域设计暴雨过程进行推求，由推求的成果可知，采用多年平均法推求的流域设计暴雨过程更符合流域水文特性，而采用典型年法推求的暴雨过程会出现相应区域的频率远远小于同频区域频率的不合理现象。但在实际使用过程中，可结合实际情况选择相应的推求方法。

（3）设计洪水

流域下垫面发生变化后，采用延长至2015年设计暴雨计算成果对流域设计洪量进行分析，无论采用哪一种典型设计暴雨类型，对流域30 d、60 d、90 d洪量影响均不大，与太湖流域防洪规划成果相比，变幅均在3%以下。但对水利分区洪量的影响相对大些，"91北部"型设计暴雨，与太湖流域防洪规划成果相比，变幅最大的为武澄锡虞区，最大30 d、60 d、90 d洪量变幅在5%～9%，其次是阳澄淀泖区，最大30 d、60 d、90 d洪量变幅在4%～7%；"99南部"型设计暴雨，变幅最大的为浦东浦西区，最大30 d、60 d、90 d设计洪量变幅在7%～12%，其次是武澄锡虞区，最大30 d、60 d、90 d洪量变幅在4%～10%。

8.1.3　太湖流域设计降雨和径流

（1）设计降水

降水系列由1956—2000年延长至1951—2015年后，对流域、上游区、下游区及7大水利分区的全年、4—10月、5—9月和7—8月降水量频率进行计算，计算成果与太湖流域水资源综合规划（降水系列1956—2000年）成果相比，太湖流域50%、75%、90%、95%降水保证率的设计年降水量最大相差4.0%，4—10月和5—9月降水量设计值相差不超过8.2%，但7—8月降水量设计值相差相对较大，其中武澄锡虞区95%保证率的设计值比水资源综合规划成果偏大最多，达26.6%。

（2）平枯水典型年

在太湖流域水资源综合规划枯水典型年分析的基础上，本书根据延长后的降水系列资料得到的统计参数对太湖流域水资源综合规划选定的1990年（50%）、1976年（75%）、1971年（90%）、1967年（95%）和1978年（特枯）5个降水典型年进行了进一步的分析。结果表明，本书分析得到的设计降水频率成果与太湖流域水资源综合规划成果相比没有发生数量级差别。通过对新增降水系列2001—2015年降水量频率进行分析可知，总体上，新增降水系列中没有表现出比原太湖流域水资源综合规划选定的50%、75%、90%、95%和特枯典型年更加典型的年份。因此，在今后的工作实践中，太湖流域水资源综合规划选定的典型年仍然适用。

（3）径流量分析

根据2010年太湖流域下垫面资料，利用太湖流域产汇流模型计算了1951—2015年

65 a径流量成果，并分析了50%、75%、90%、95%降水典型年的径流量。结果表明，在2010年太湖流域下垫面条件下，降水保证率50%、75%、90%、95%典型年，其径流量与太湖流域水资源综合规划成果（2000年下垫面）相比，增加了5%～8%；太湖流域1956—2000年多年平均径流量为188.1亿m^3，比太湖流域水资源综合规划同期多年平均径流量多10.7亿m^3，增幅为6.0%；1951—2015年65 a流域平均径流量为193.1亿m^3，比同样在2010年下垫面条件下1956—2000年45 a的多年平均值多5.0亿m^3。

8.1.4 太湖流域土地利用变化及对洪量与径流量的影响

（1）太湖流域城市化水平高

据2010年土地利用数据，太湖流域总面积37 179.1 km^2，现有水田及旱地占流域总面积的62.2%，城镇建设用地占流域总面积的24.2%，水面面积占流域总面积的13.6%。受社会经济发展水平影响，浦东浦西区和武澄锡虞区的建设用地分布最为密集，分别占本区域面积比例达到46.9%和41.1%，阳澄淀泖区和杭嘉湖区也达到25%以上，由此可见，太湖流域已经是高度城市化的地区。

（2）太湖流域土地利用变化主要表现为耕地向建设用地的快速转换

2010年太湖流域建设用地为1985年的2.5倍，增加的建设用地主要集中在2000—2010年，平均每年增加建设用地402.7 km^2，而1985—2000年平均每年增加建设用地仅92.5 km^2，2000—2010年建设用地年均增加值为1985—2000年的4.4倍，这主要是受住房制度改革政策影响，2000年后建设用地进入加速发展的时期。

（3）太湖流域建设用地的快速增加使得相同降水的产水量呈增加趋势，城市化发展较快的区域尤为明显

1985—2010年太湖流域耕地面积呈明显减少趋势，建设用地面积呈快速增加趋势，使得相同降水的产水量呈增加的趋势。据分析，下垫面从1985年变化到2010年，1954年、1991年、1999年3个洪水典型年最大90 d洪量增加2%～5%；1990年平水年年径流量增加5%左右；1967年、1971年、1976年枯水典型年年径流量增加9%～12%。1998年国家出台了住房制度改革政策，建设用地快速增加，因此上述洪量和年径流量的增加中有70%～90%集中在2000—2010年。各水利分区中，城市化发展较快的武澄锡虞区和浦东浦西区径流量增幅最大。

8.2 展望

本书在太湖流域水文要素演变规律、工程运用对区域水位特性的影响以及太湖流域水文设计成果等方面取得的研究成果，对流域防洪和水资源保护等工作具有一定的指导意义。结合本书分析成果，针对下一步太湖流域相关研究管理工作，提几点建议。

（1）进一步深化城市水文效应研究

改革开放以来，太湖流域逐步进入城镇化快速发展阶段，目前已形成以上海为核心，以苏州、无锡、常州、嘉兴等城市为次级中心的大规模都市绵延区。在快速城镇化推动经济社会迅猛发展的同时，土地大规模开发利用和基础设施高速建设也剧烈地改变了地表

环境,水文循环过程受到强烈干扰,从而导致了内涝频发等一系列城市病。并且近年局地短历时强降水时有发生,因此仍需进一步加强城市水文效应研究。该项研究对于认识流域水文循环规律变化、提升城市防洪治涝能力、合理制定城市规划等具有重要意义。

(2) 进一步加强对太湖流域模型的完善应用

太湖流域为平原河网地区,水流往复不定,很难选取具有代表性的流量控制断面,流域规划的径流量、洪量等均是根据降水采用太湖流域产汇流模型推求得出。该模型已在流域规划、工程建设和调度管理中得到了广泛运用,并在实际工作中,不断更新下垫面、工程资料,完善模型机理等,使模型更贴近流域实际情况。但第 5 章的研究成果表明,模型参数不同,计算的径流量就不同,有时甚至会相差较大。鉴于模型在流域管理与治理工作中的重要性,今后应根据新的水文资料,不断开展模型的率定与验证工作,进一步完善模型参数,并加强对模型的应用,在实践中总结提高精度。

(3) 开展太湖流域古洪水研究

现行频率计算方法使用的实测资料有限,即使加入历史洪水并作特大值处理,频率计算结果也未必完全与实际相符。对于特大历史洪水,往往以文献考证所得的最远年限为依据,至于考证期以前是否出现过更大洪水不得而知,这就给拟定历史洪水的重现期和排序工作带来困难,古洪水的研究为克服这方面的困难开辟了新的途径。古洪水计算和研究成果已在一些水利规划设计部门中得到应用,建议今后在太湖流域尝试开展相关研究以提高频率计算成果的可靠性。